CAMBRIDGE LIBRARY COLLECTION

Books of enduring scholarly value

Mathematical Sciences

From its pre-historic roots in simple counting to the algorithms powering modern desktop computers, from the genius of Archimedes to the genius of Einstein, advances in mathematical understanding and numerical techniques have been directly responsible for creating the modern world as we know it. This series will provide a library of the most influential publications and writers on mathematics in its broadest sense. As such, it will show not only the deep roots from which modern science and technology have grown, but also the astonishing breadth of application of mathematical techniques in the humanities and social sciences, and in everyday life.

Oeuvres complètes

Augustin-Louis, Baron Cauchy (1789-1857) was the pre-eminent French mathematician of the nineteenth century. He began his career as a military engineer during the Napoleonic Wars, but even then was publishing significant mathematical papers, and was persuaded by Lagrange and Laplace to devote himself entirely to mathematics. His greatest contributions are considered to be the Cours d'analyse de l'École Royale Polytechnique (1821), Résumé des leçons sur le calcul infinitésimal (1823) and Leçons sur les applications du calcul infinitésimal à la géométrie (1826-8), and his pioneering work encompassed a huge range of topics, most significantly real analysis, the theory of functions of a complex variable, and theoretical mechanics. Twenty-six volumes of his collected papers were published between 1882 and 1958. The first series (volumes 1–12) consists of papers published by the Académie des Sciences de l'Institut de France; the second series (volumes 13–26) of papers published elsewhere.

Cambridge University Press has long been a pioneer in the reissuing of out-of-print titles from its own backlist, producing digital reprints of books that are still sought after by scholars and students but could not be reprinted economically using traditional technology. The Cambridge Library Collection extends this activity to a wider range of books which are still of importance to researchers and professionals, either for the source material they contain, or as landmarks in the history of their academic discipline.

Drawing from the world-renowned collections in the Cambridge University Library, and guided by the advice of experts in each subject area, Cambridge University Press is using state-of-the-art scanning machines in its own Printing House to capture the content of each book selected for inclusion. The files are processed to give a consistently clear, crisp image, and the books finished to the high quality standard for which the Press is recognised around the world. The latest print-on-demand technology ensures that the books will remain available indefinitely, and that orders for single or multiple copies can quickly be supplied.

The Cambridge Library Collection will bring back to life books of enduring scholarly value across a wide range of disciplines in the humanities and social sciences and in science and technology.

Oeuvres complètes

Series 1

VOLUME 7

AUGUSTIN LOUIS CAUCHY

CAMBRIDGE
UNIVERSITY PRESS

CAMBRIDGE UNIVERSITY PRESS

Cambridge New York Melbourne Madrid Cape Town Singapore São Paolo Delhi

Published in the United States of America by Cambridge University Press, New York

www.cambridge.org
Information on this title: www.cambridge.org/9781108002738

This edition first published 1892
This digitally printed version 2009

ISBN 978-1-108-00273-8

ŒUVRES

COMPLÈTES

D'AUGUSTIN CAUCHY

PARIS. — IMPRIMERIE GAUTHIER-VILLARS ET FILS,
16854 Quai des Grands-Augustins, 55.

ŒUVRES

COMPLÈTES

D'AUGUSTIN CAUCHY

PUBLIÉES SOUS LA DIRECTION SCIENTIFIQUE

DE L'ACADÉMIE DES SCIENCES

ET SOUS LES AUSPICES

DE M. LE MINISTRE DE L'INSTRUCTION PUBLIQUE.

I

PARIS,

GAUTHIER-VILLARS ET FILS, IMPRIMEURS-LIBRAIRES

DU BUREAU DES LONGITUDES, DE L'ÉCOLE POLYTECHNIQUE,

Quai des Augustins, 55.

MDCCCXCII

PREMIÈRE SÉRIE.

MÉMOIRES, NOTES ET ARTICLES

EXTRAITS DES

RECUEILS DE L'ACADÉMIE DES SCIENCES

DE L'INSTITUT DE FRANCE.

III.

NOTES ET ARTICLES

EXTRAITS DES

COMPTES RENDUS HEBDOMADAIRES DES SÉANCES

DE L'ACADÉMIE DES SCIENCES.

(SUITE.)

NOTES ET ARTICLES

EXTRAITS DES

COMPTES RENDUS HEBDOMADAIRES DES SÉANCES

DE L'ACADÉMIE DES SCIENCES.

169.

Calcul intégral. — *Mémoire sur l'emploi du nouveau calcul, appelé calcul des limites, dans l'intégration d'un système d'équations différentielles.*

C. R., T. XV, p. 14 (4 juillet 1842).

§ I. — *Considérations générales.*

Soit donné, entre la variable indépendante t et les inconnues

$$x, \quad y, \quad z, \quad \ldots,$$

un système d'équations différentielles de la forme

$$(1) \qquad D_t x = X, \qquad D_t y = Y, \qquad D_t z = Z, \qquad \ldots,$$

X, Y, Z, ... désignant des fonctions connues de

$$x, \quad y, \quad z, \quad \ldots, \quad t.$$

Soient d'ailleurs

$$\xi, \quad \eta, \quad \zeta, \quad \ldots$$

les valeurs nouvelles qu'acquièrent les inconnues

$$x, \quad y, \quad z, \quad \ldots$$

quand la variable t acquiert une valeur nouvelle désignée par τ. Lorsqu'on remplacera

$$x \text{ par } \xi, \quad y \text{ par } \eta, \quad z \text{ par } \zeta, \quad \ldots,$$

une fonction donnée

$$R = F(x, y, z, \ldots) \tag{2}$$

des inconnues $x, y, z, \ldots$ acquerra elle-même une valeur nouvelle représentée par

$$F(\xi, \eta, \zeta, \ldots);$$

et, si cette valeur nouvelle est développable par la formule de Taylor en série convergente ordonnée suivant les puissances ascendantes de $\tau - t$, on aura

$$F(\xi, \eta, \zeta, \ldots) = R + \frac{\tau - t}{1} D_t R + \frac{(\tau - t)^2}{1.2} D_t^2 R + \ldots. \tag{3}$$

Si dans l'équation (2) on remplace successivement la fonction $F(x)$ par chacune des inconnues

$$x, \quad y, \quad z, \quad \ldots,$$

on obtiendra les formules

$$\left\{\begin{aligned} \xi &= x + \frac{\tau - t}{1} D_t x + \frac{(\tau - t)^2}{1.2} D_t^2 x + \ldots, \\ \eta &= y + \frac{\tau - t}{1} D_t y + \frac{(\tau - t)^2}{1.2} D_t^2 y + \ldots, \\ \zeta &= z + \frac{\tau - t}{1} D_t z + \frac{(\tau - t)^2}{1.2} D_t^2 z + \ldots, \end{aligned}\right. \tag{4}$$

qui représenteront les intégrales des équations (1), toutes les fois que les séries

$$\left\{\begin{array}{llll} x, & \frac{\tau - t}{1} D_t x, & \frac{(\tau - t)^2}{1.2} D_t^2 x, & \ldots, \\ y, & \frac{\tau - t}{1} D_t y, & \frac{(\tau - t)^2}{1.2} D_t^2 y, & \ldots, \\ \ldots & \ldots & \ldots & \ldots \end{array}\right. \tag{5}$$

seront convergentes. C'est du moins ce que l'on peut aisément démontrer à l'aide d'un théorème général que j'ai donné sur le développement des fonctions en séries. Donc, pour établir l'existence des intégrales générales des équations (1), il suffira de prouver qu'on peut attribuer à $\tau - t$ un module assez petit pour rendre convergentes les séries (5), toutes comprises dans la série plus générale

$$(6) \qquad \mathrm{R}, \quad \frac{\tau - t}{1}\mathrm{D}_t\mathrm{R}, \quad \frac{(\tau - t)^2}{1.2}\mathrm{D}_t^2\mathrm{R}, \quad \ldots.$$

Donc, si l'on désigne par ι le module de $\tau - t$, et par

$$\mathfrak{I}_0, \quad \mathfrak{I}_1, \quad \mathfrak{I}_2, \quad \ldots$$

des limites supérieures aux modules des quantités

$$\mathrm{R}, \quad \frac{1}{1}\mathrm{D}_t\mathrm{R}, \quad \frac{1}{1.2}\mathrm{D}_t^2\mathrm{R}, \quad \ldots,$$

il suffira de prouver que le module ι peut devenir assez petit pour rendre convergente la série

$$(7) \qquad \mathfrak{I}_0, \quad \mathfrak{I}_1\iota, \quad \mathfrak{I}_2\iota^2, \quad \ldots.$$

Observons maintenant que, en vertu de la formule (2), jointe aux équations (1), on aura

$$(8) \quad \left\{\begin{array}{l} \mathrm{D}_t\mathrm{R} = \mathrm{D}_x\mathrm{F}(x, y, z, \ldots)\mathrm{X} + \mathrm{D}_y\mathrm{F}(x, y, z, \ldots)\mathrm{Y} + \ldots, \\ \mathrm{D}_t^2\mathrm{R} = \mathrm{D}_x^2\mathrm{F}(x, y, z, \ldots)\mathrm{X}^2 + \mathrm{D}_y^2\mathrm{F}(x, y, z, \ldots)\mathrm{Y}^2 + \ldots \\ \qquad + 2\mathrm{D}_x\mathrm{D}_y\mathrm{F}(x, y, z, \ldots)\mathrm{XY} + \ldots \\ \qquad + \mathrm{D}_x\mathrm{F}(x, y, z, \ldots)\mathrm{D}_t\mathrm{X} + \mathrm{D}_y\mathrm{F}(x, y, z, \ldots)\mathrm{D}_t\mathrm{Y} + \ldots, \\ \ldots\ldots\ldots\ldots\ldots\ldots\ldots\ldots\ldots\ldots\ldots\ldots, \end{array}\right.$$

en sorte que la valeur générale de $\mathrm{D}_t^n\mathrm{R}$ se composera de termes dont chacun sera le produit d'un nombre entier par une des dérivées partielles de divers ordres de la fonction $\mathrm{F}(x, y, z, \ldots)$, et par des puissances des fonctions X, Y, Z, ... ou de leurs dérivées. Cela posé, soient

$$\mathrm{x}, \quad \mathrm{y}, \quad \mathrm{z}, \quad \ldots, \quad \mathrm{t}$$

les modules d'accroissements imaginaires attribués aux quantités variables

$$x, \quad y, \quad z, \quad \ldots, \quad t,$$

et tellement choisis que, pour ces modules, ou pour des modules plus petits, les fonctions

$$X, \quad Y, \quad Z, \quad \ldots, \quad F(x, y, z, \ldots),$$

modifiées en vertu de ces accroissements, restent continues par rapport aux arguments et aux modules des accroissements dont il s'agit. Soient encore

$$\mathfrak{X}, \quad \mathfrak{Y}, \quad \mathfrak{Z}, \quad \ldots, \quad \mathfrak{R}$$

les plus grands modules des fonctions

$$X, \quad Y, \quad Z, \quad \ldots, \quad R = F(x, y, z, \ldots)$$

correspondants aux modules

$$\mathrm{x}, \quad \mathrm{y}, \quad \mathrm{z}, \quad \ldots, \quad \mathrm{t}$$

des accroissements imaginaires attribués aux variables

$$x, \quad y, \quad z, \quad \ldots, \quad t.$$

En vertu du théorème établi dans la séance précédente (¹), pour obtenir des limites

$$\mathfrak{I}_0, \quad \mathfrak{I}_1, \quad \mathfrak{I}_2, \quad \ldots$$

respectivement supérieures aux modules des quantités

$$R, \quad \frac{1}{1} D_t R, \quad \frac{1}{1.2} D_t^2 R, \quad \ldots,$$

il suffira de calculer ces quantités dans le cas particulier où l'on a

$$(9) \qquad \begin{cases} X = a x^{-1} y^{-1} z^{-1} \ldots t^{-1}, \\ Y = b x^{-1} y^{-1} z^{-1} \ldots t^{-1}, \\ Z = c x^{-1} y^{-1} z^{-1} \ldots t^{-1}, \\ \ldots\ldots\ldots\ldots\ldots\ldots, \end{cases}$$

$$(10) \qquad R = K x^{-1} y^{-1} z^{-1} \ldots,$$

$a, b, c, \ldots$ désignant des facteurs constants, puis d'attribuer aux variables

$$x, \quad y, \quad z, \quad \ldots, \quad t$$

et aux constantes

$$a, \quad b, \quad c, \quad \ldots, \quad K$$

(¹) *OEuvres de Cauchy*, S. I, T. VI, p. 464. — Extrait nº 167.

les valeurs que détermine le système des formules

$$(11)\qquad \left\{\begin{array}{lllll} x = -\mathrm{x}, & y = -\mathrm{y}, & z = -\mathrm{z}, & \ldots, & t = -\mathrm{t}, \\ \mathrm{X} = \mathcal{X}, & \mathrm{Y} = \mathcal{Y}, & \mathrm{Z} = \mathcal{Z}, & \ldots, & \mathrm{R} = \mathcal{R}, \end{array}\right.$$

jointes aux équations (9) et (10). D'ailleurs, pour déduire la série (7) de la série (6), il suffira de joindre aux formules (11) la suivante

$$(12)\qquad \tau - t = \iota,$$

et, dans le cas particulier que l'on considère, la série (6) ne cessera pas de représenter le développement de

$$\mathrm{F}(\xi, \eta, \zeta, \ldots)$$

correspondant aux valeurs de ξ, η, ζ, ... que fournit l'intégration des équations (1). Enfin, si le module ι de $\tau - t$ est assez petit pour que la série (7) soit convergente, il rendra convergente à plus forte raison la série (6). Donc, pour établir l'existence des intégrales générales des équations (1), et même pour obtenir une limite en deçà de laquelle la différence $\tau - t$ puisse varier sans que les intégrales cessent d'être développables en séries convergentes ordonnées suivant les puissances entières de cette différence, il suffit d'intégrer le système des équations auxiliaires

$$(13)\qquad \left\{\begin{array}{l} \mathrm{D}_t x = a\,x^{-1} y^{-1} z^{-1} \ldots t^{-1}, \\ \mathrm{D}_t y = b\,x^{-1} y^{-1} z^{-1} \ldots t^{-1}, \\ \mathrm{D}_t z = c\,x^{-1} y^{-1} z^{-1} \ldots t^{-1}, \\ \ldots\ldots\ldots\ldots\ldots\ldots\ldots\ldots \end{array}\right.$$

Si les fonctions

$$\mathrm{X},\quad \mathrm{Y},\quad \mathrm{Z},\quad \ldots$$

ne renfermaient pas la variable t, alors, dans les valeurs de ces fonctions que déterminent les formules (9), on devrait évidemment supprimer le facteur t^{-1}. Donc alors les formules (9) deviendraient

$$(14)\qquad \left\{\begin{array}{l} \mathrm{X} = a\,x^{-1} y^{-1} z^{-1} \ldots, \\ \mathrm{Y} = b\,x^{-1} y^{-1} z^{-1} \ldots, \\ \mathrm{Z} = c\,x^{-1} y^{-1} z^{-1} \ldots, \\ \ldots\ldots\ldots\ldots\ldots\ldots, \end{array}\right.$$

et les équations (13) se réduiraient aux suivantes :

$$(15)\quad \begin{cases} D_t x = a x^{-1} y^{-1} z^{-1} \ldots, \\ D_t y = b x^{-1} y^{-1} z^{-1} \ldots, \\ D_t z = c x^{-1} y^{-1} z^{-1} \ldots, \\ \ldots\ldots\ldots\ldots\ldots\ldots \end{cases}$$

§ II. — *Intégration des équations auxiliaires.*

Considérons le système des équations auxiliaires

$$(1)\quad \begin{cases} D_t x = a x^{-1} y^{-1} z^{-1} \ldots t^{-1}, \\ D_t y = b x^{-1} y^{-1} z^{-1} \ldots t^{-1}, \\ D_t z = c x^{-1} y^{-1} z^{-1} \ldots t^{-1}, \\ \ldots\ldots\ldots\ldots\ldots\ldots\ldots, \end{cases}$$

dans lesquelles a, b, c, ... désignent des quantités constantes. On en tirera

$$(2)\quad \frac{D_t x}{a} = \frac{D_t y}{b} = \frac{D_t z}{c} = \ldots,$$

puis, en intégrant la formule (2), et désignant par

$$\xi, \quad \eta, \quad \zeta, \quad \ldots, \quad \tau$$

un nouveau système de valeurs correspondantes des quantités variables

$$x, \quad y, \quad z, \quad \ldots, \quad t,$$

on trouvera

$$(3)\quad \frac{x-\xi}{a} = \frac{y-\eta}{b} = \frac{z-\zeta}{c} = \ldots.$$

Concevons maintenant que l'on représente la valeur commune de chacun des rapports qui constituent les divers membres de la formule (3) par la lettre $\mathfrak{z}$, ou même par le rapport

$$\frac{\mathfrak{z}}{\mathrm{k}},$$

k désignant une constante nouvelle que l'on pourra choisir arbitrairement. Alors la formule

(4) $$\frac{x-\xi}{a}=\frac{y-\eta}{b}=\frac{z-\zeta}{c}=\ldots=\frac{\text{ɛ}}{\mathrm{k}}$$

donnera

(5) $$x=\xi+\frac{a}{\mathrm{k}}\text{ɛ},\qquad y=\eta+\frac{b}{\mathrm{k}}\text{ɛ},\qquad z=\zeta+\frac{c}{\mathrm{k}}\text{ɛ},\qquad \ldots;$$

et de ces dernières équations, combinées avec la formule (2), on conclura

$$D_t\text{ɛ}=\mathrm{k}\,x^{-1}y^{-1}z^{-1}\ldots t^{-1},$$

ou, ce qui revient au même,

(6) $$\frac{dt}{t}=xyz\ldots\frac{d\text{ɛ}}{\mathrm{k}};$$

puis, en intégrant les deux membres de la formule (6), après avoir substitué à $x, y, z, \ldots$ leurs valeurs tirées des formules (5), on trouvera

(7) $$\mathrm{l}\left(\frac{t}{\tau}\right)=\int_0^{\text{ɛ}}\left(\xi+\frac{a}{\mathrm{k}}\theta\right)\left(\eta+\frac{b}{\mathrm{k}}\theta\right)\left(\zeta+\frac{c}{\mathrm{k}}\theta\right)\ldots\frac{d\theta}{\mathrm{k}}.$$

Ainsi les intégrales des équations auxiliaires se trouvent représentées par les formules (5), la valeur de ɛ étant déterminée par la formule (7). On pourrait, dans ces formules, réduire la constante k à l'unité; mais, pour rendre plus faciles les applications qu'il s'agit d'en faire, il sera mieux de ne pas supposer $\mathrm{k}=1$.

Si les équations auxiliaires se réduisaient aux suivantes

(8) $$\left\{\begin{array}{l} D_t x=a\,x^{-1}y^{-1}z^{-1}\ldots,\\ D_t y=b\,x^{-1}y^{-1}z^{-1}\ldots,\\ D_t z=c\,x^{-1}y^{-1}z^{-1}\ldots,\\ \ldots\ldots\ldots\ldots\ldots\ldots\ldots, \end{array}\right.$$

alors le premier membre de la formule (6) se réduirait simplement à la différentielle dt, et, à la place de l'équation (7), on obtiendrait celle-ci

(9) $$t-\tau=\int_0^{\text{ɛ}}\left(\xi+\frac{a}{\mathrm{k}}\theta\right)\left(\eta+\frac{b}{\mathrm{k}}\theta\right)\left(\zeta+\frac{c}{\mathrm{k}}\theta\right)\ldots\frac{d\theta}{\mathrm{k}}.$$

§ III. — *Conséquences des formules établies dans les paragraphes précédents.*

Dans le cas particulier où le système des équations différentielles données se réduit au système des équations auxiliaires, et où l'on suppose en outre

$$R = F(x, y, z, \ldots) = K x^{-1} y^{-1} z^{-1} \ldots,$$

non seulement on a, en vertu des formules (4) du § II,

$$(1) \qquad \xi = x - \frac{a}{k}\beta, \qquad \eta = y - \frac{b}{k}\beta, \qquad \zeta = z - \frac{c}{k}\beta, \qquad \ldots,$$

la valeur de β étant déterminée par la formule (7) du même paragraphe, qui peut être réduite à

$$1\left(\frac{t}{\tau}\right) = \int_0^{\beta} \left[x + \frac{a}{k}(\theta - \beta)\right]\left[y + \frac{b}{k}(\theta - \beta)\right] \ldots \frac{d\theta}{k},$$

ou, ce qui revient au même, à

$$(2) \qquad 1\left(\frac{t}{\tau}\right) = \int_0^{\beta} \left(x - \frac{a}{k}\theta\right)\left(y - \frac{b}{k}\theta\right) \ldots \frac{d\theta}{k},$$

mais aussi on a de plus

$$F(\xi, \eta, \zeta, \ldots) = K \xi^{-1} \eta^{-1} \zeta^{-1} \ldots,$$

et, par conséquent, eu égard aux formules (1),

$$(3) \qquad F(\xi, \eta, \zeta, \ldots) = K\left(x - \frac{a}{k}\beta\right)^{-1}\left(y - \frac{b}{k}\beta\right)^{-1}\left(z - \frac{c}{k}\beta\right)^{-1} \ldots.$$

Cela posé, concevons que, dans le cas général où les équations différentielles et la fonction $F(x, y, z, \ldots)$ offrent des formes quelconques, on construise la série

$$(4) \qquad R, \quad \frac{\tau - t}{1} D_t R, \quad \frac{(\tau - t)^2}{1.2} D_t^2 R, \quad \ldots,$$

qui, d'après la formule de Taylor, devrait représenter le développement de

$$F(\xi, \eta, \zeta, \ldots)$$

suivant les puissances ascendantes de $\tau - t$. Pour obtenir une autre série

(5) $$\mathfrak{I}_0, \quad \mathfrak{I}_1 \iota, \quad \mathfrak{I}_2 \iota^2, \quad \ldots,$$

dont les différents termes soient respectivement supérieurs aux modules des termes de la série (4), il suffira, en vertu des principes établis dans le § I, de développer, suivant les puissances ascendantes de ι, la valeur s de $F(\xi, \eta, \zeta, \ldots)$ que détermine la formule (3), jointe à l'équation (2), après avoir substitué aux quantités

$$x, \quad y, \quad z, \quad \ldots, \quad t, \quad \tau, \qquad a, \quad b, \quad c, \quad \ldots, \quad K$$

leurs valeurs tirées des formules (9), (10), (11), (12) du § I. Or, si l'on choisit la constante k de manière que l'on ait

$$(-\mathrm{x})(-\mathrm{y})(-\mathrm{z})\ldots(-\mathrm{t}) = -\mathrm{k},$$

les formules (9), (10), (11), (12) du § I donneront, non seulement

$$x = -\mathrm{x}, \qquad y = -\mathrm{y}, \qquad z = -\mathrm{z}, \qquad \ldots, \qquad t = -\mathrm{t}, \qquad \tau = \iota - \mathrm{t},$$

et, par suite,

$$\frac{\tau}{t} = 1 - \frac{\iota}{\mathrm{t}},$$

mais encore

$$\frac{a}{\mathrm{k}} = -\mathfrak{X}, \qquad \frac{b}{\mathrm{k}} = -\mathfrak{Y}, \qquad \frac{c}{\mathrm{k}} = -\mathfrak{Z}, \qquad \ldots,$$

$$\mathrm{K} = \frac{\mathrm{k}}{\mathrm{t}} \mathfrak{R}.$$

Donc, pour obtenir la série (5), il suffira de développer, suivant les puissances ascendantes de ι, la valeur particulière $\mathfrak{s}$ de $F(\xi, \eta, \zeta, \ldots)$ déterminée par le système des formules

(6) $$\mathrm{t}\,\mathrm{l}\left(1 - \frac{\iota}{\mathrm{t}}\right)^{-1} = \int_0^{\mathfrak{s}} \left(1 - \frac{\mathfrak{X}}{\mathrm{x}}\theta\right)\left(1 - \frac{\mathfrak{Y}}{\mathrm{y}}\theta\right)\left(1 - \frac{\mathfrak{Z}}{\mathrm{z}}\theta\right)\ldots d\theta,$$

(7) $$\mathfrak{S} = \mathfrak{R}\left(1 - \frac{\mathfrak{X}}{\mathrm{x}}\mathfrak{s}\right)^{-1}\left(1 - \frac{\mathfrak{Y}}{\mathrm{y}}\mathfrak{s}\right)^{-1}\left(1 - \frac{\mathfrak{Z}}{\mathrm{z}}\mathfrak{s}\right)^{-1}\ldots.$$

D'ailleurs, pour que la série (4) soit convergente, il suffira que la série (5) le soit. On peut donc énoncer la proposition suivante :

Théorème I. — *Soit donné, entre la variable indépendante t et les inconnues*

$$x,\quad y,\quad z,\quad \ldots,$$

un système d'équations différentielles. Soient de plus

$$\xi,\quad \eta,\quad \zeta,\quad \ldots$$

de nouvelles valeurs de ces inconnues, qui correspondent à une nouvelle valeur τ de la variable t. On pourra tirer des équations différentielles données des valeurs de

$$\xi,\quad \eta,\quad \zeta,\quad \ldots \qquad \textit{et même de} \qquad \mathrm{F}(\xi, \eta, \zeta, \ldots),$$

développables en séries convergentes suivant les puissances ascendantes de $\tau - t$, si la valeur de s que détermine l'équation (7), jointe à la formule (6), est elle-même développable en une série convergente ordonnée suivant les puissances ascendantes de ι.

Corollaire I. — Si l'on pose, pour abréger,

$$(8) \qquad \varepsilon = \mathrm{t}\,\mathrm{l}\left(1 - \frac{\iota}{\mathrm{t}}\right)^{-1},$$

la formule (6) deviendra

$$(9) \qquad \varepsilon = \int_0^{s} \left(1 - \frac{\mathfrak{X}}{\mathrm{x}}\theta\right)\left(1 - \frac{\mathfrak{Y}}{\mathrm{y}}\theta\right)\left(1 - \frac{\mathfrak{Z}}{\mathrm{z}}\theta\right)\ldots d\theta.$$

Corollaire II. — Si les équations différentielles données ne renferment pas explicitement la variable t, alors, d'après ce qui a été dit précédemment (*voir* le § II), on pourra, dans la formule (2), remplacer le premier membre, c'est-à-dire le produit

$$\mathrm{l}\left(\frac{t}{\tau}\right),$$

par la différence $t - \tau$; et, en posant d'ailleurs

$$(-\mathrm{x})(-\mathrm{y})(-\mathrm{z})\ldots = -\mathrm{k},$$

on obtiendra, au lieu de la formule (6) ou (9), l'équation

$$(10)\qquad \iota = \int_0^{\varepsilon} \left(1 - \frac{\mathcal{X}}{x}\theta\right)\left(1 - \frac{\mathcal{Y}}{y}\theta\right)\left(1 - \frac{\mathcal{Z}}{z}\theta\right)\dots d\theta.$$

Corollaire III. — La valeur de ε que donne l'équation (8) se développe en série convergente par la formule

$$(11)\qquad \varepsilon = \iota + \frac{1}{2}\frac{\iota^2}{t} + \frac{1}{3}\frac{\iota^3}{t^2} + \dots,$$

lorsqu'on a

$$(12)\qquad \iota < t.$$

La valeur de ε, que détermine l'équation (9), se développe elle-même, par la formule de Lagrange, en une série convergente ordonnée suivant les puissances ascendantes de ε, lorsqu'on a

$$(13)\qquad \varepsilon < \int_0^{\iota} \left(1 - \frac{\mathcal{X}}{x}\theta\right)\left(1 - \frac{\mathcal{Y}}{y}\theta\right)\left(1 - \frac{\mathcal{Z}}{z}\theta\right)\dots d\theta,$$

ι étant le plus petit des rapports

$$\frac{x}{\mathcal{X}},\quad \frac{y}{\mathcal{Y}},\quad \frac{z}{\mathcal{Z}},\quad \dots;$$

et il suffit évidemment que les conditions (12), (13) soient remplies pour que la valeur de s, fournie par l'équation (7), soit elle-même développable en série convergente ordonnée suivant les puissances ascendantes de ι. Cela posé, on pourra énoncer encore la proposition suivante :

Théorème II. — *Les mêmes choses étant posées que dans le théorème I, les valeurs de*

$$\xi,\quad \eta,\quad \zeta,\quad \dots\qquad \text{et même de}\qquad F(\xi, \eta, \zeta, \dots)$$

seront développables en séries convergentes, suivant les puissances ascendantes de $\tau - t$*, si le module* ι *de* $\tau - t$ *vérifie simultanément les deux conditions*

$$(14)\qquad \iota < t,\qquad t\,l\left(1 - \frac{\iota}{t}\right) < \int_0^{\iota} \left(1 - \frac{\mathcal{X}}{x}\theta\right)\left(1 - \frac{\mathcal{Y}}{y}\theta\right)\left(1 - \frac{\mathcal{Z}}{z}\theta\right)\dots d\theta.$$

Alors aussi, en arrêtant après un certain nombre de termes la série qui représente le développement de $F(\xi, \eta, \zeta, \ldots)$, *suivant les puissances ascendantes de* $\tau - t$, *on obtiendra un reste dont le module sera inférieur au reste correspondant de la série que représente le développement de* s *suivant les puissances ascendantes de* ι.

Corollaire I. — Si les équations différentielles données ne renferment pas explicitement la variable t, alors, la formule (10) devant être substituée à la formule (13), la première des conditions (14) disparaîtra, et la seconde se trouvera remplacée par celle-ci :

$$\iota < \int_0^{\iota} \left(1 - \frac{\mathfrak{X}}{\mathrm{X}}\theta\right)\left(1 - \frac{\mathfrak{Y}}{\mathrm{Y}}\theta\right)\left(1 - \frac{\mathfrak{Z}}{\mathrm{Z}}\theta\right)\ldots d\vartheta. \tag{15}$$

En terminant ce Mémoire, nous ferons une observation importante. Les divers termes du développement de $F(\xi, \eta, \zeta, \ldots)$, suivant les puissances ascendantes de $\tau - t$, ne cesseront pas d'offrir des modules inférieurs aux termes correspondants du développement de s, si l'on fait croître ce dernier. Or c'est précisément ce qui arrivera si l'on substitue à chacun des rapports

$$\frac{\mathfrak{X}}{\mathrm{X}}, \quad \frac{\mathfrak{Y}}{\mathrm{Y}}, \quad \frac{\mathfrak{Z}}{\mathrm{Z}}, \quad \ldots$$

le plus grand d'entre eux, c'est-à-dire la quantité positive $\frac{1}{\iota}$, attendu que, dans le développement de s, chaque terme sera positif et proportionnel à une puissance positive de chacun de ces rapports. Il suit de cette observation que les formules (6), (7) pourraient être remplacées par les suivantes

$$\iota\,\mathrm{l}\left(1 - \frac{t}{\iota}\right)^{-1} = \int_0^{\varsigma} \left(1 - \frac{\theta}{\iota}\right)^{n-1} d\theta = \frac{\iota}{n}\left[1 - \left(1 - \frac{\varsigma}{\iota}\right)^{n}\right], \tag{16}$$

$$s = \mathcal{R}\left(1 - \frac{\varsigma}{\iota}\right)^{-(n-1)} \tag{17}$$

desquelles on tire

$$s = \mathcal{R}\left[1 - n\frac{1}{\iota}\,\mathrm{l}\left(1 - \frac{\iota}{t}\right)^{-1}\right]^{-\frac{n-1}{n}}, \tag{18}$$

n désignant le nombre total des variables $x, y, z, \ldots, t$.

En substituant la formule (10) à la formule (6), comme on peut le faire quand les équations différentielles données ne renferment pas explicitement la variable ι, on obtiendrait, au lieu de la formule (18), celle-ci

$$\mathcal{S} = \mathcal{R}\left(1 - n\frac{\iota}{\tau}\right)^{-\frac{n-1}{n}} \tag{19}$$

Pareillement, la seconde des conditions (14) et la condition (15) pourront être, si l'on veut, remplacées par les suivantes

$$\mathrm{t}\,\mathrm{l}\left(1 - \frac{\iota}{\mathrm{t}}\right) < \frac{\tau}{n} \tag{20}$$

et

$$\iota < \frac{\tau}{n}. \tag{21}$$

La formule (21), pour le cas où l'on suppose $n = 2$, se trouve déjà dans le Mémoire lithographié de 1835.

170.

Calcul intégral. — *Mémoire sur l'emploi du calcul des limites dans l'intégration des équations aux dérivées partielles.*

C. R., T. XV, p. 44 (11 juillet 1842).

Peut-on intégrer généralement une équation aux dérivées partielles d'un ordre quelconque, ou même un système quelconque de semblables équations? C'est là, comme je l'ai remarqué dans l'avant-dernière séance, une question dont l'importance n'est pas contestée, mais dont la solution ne se trouve nulle part. Or, à l'aide du théorème fondamental précédemment établi, je parviens, non seulement à résoudre la question dont il s'agit, mais encore à déterminer les limites des erreurs que l'on commet quand on arrête, après un nombre de termes plus ou moins considérable, certaines séries qui représentent les développements des intégrales. Entrons à ce sujet dans quelques détails.

En augmentant, s'il est nécessaire, le nombre des inconnues, on peut toujours réduire une ou plusieurs équations aux dérivées partielles d'un ordre quelconque à un système d'équations aux dérivées partielles du premier ordre. Cela posé, concevons qu'il s'agisse d'intégrer une ou plusieurs équations aux dérivées partielles du premier ordre entre une ou plusieurs inconnues et des variables indépendantes

$$x, \quad y, \quad z, \quad \ldots, \quad t,$$

dont la dernière t pourra être censée représenter le temps. Pour une valeur particulière τ de la variable indépendante t, les valeurs générales des inconnues se réduiront nécessairement à des fonctions des autres variables indépendantes $x, y, z, \ldots$; et, si ces valeurs générales peuvent être développées, par la formule de Taylor, en séries convergentes ordonnées suivant les puissances ascendantes de la différence $t - \tau$, les premiers termes de leurs développements seront précisément les fonctions dont il s'agit, et desquelles on pourra d'ailleurs disposer arbitrairement. Il est donc naturel de penser que les intégrales générales d'une ou de plusieurs équations aux dérivées partielles du premier ordre renfermeront une ou plusieurs fonctions arbitraires, qui pourront être censées représenter les valeurs initiales des inconnues, c'est-à-dire leurs valeurs particulières et correspondantes à une valeur particulière τ de la variable t. Il y a plus, pour être en état d'affirmer que les intégrales générales existent et sont représentées, du moins entre certaines limites, par les développements que fournit la formule de Taylor, il suffira de s'assurer que ces développements sont convergents, du moins pour des modules de la différence $t - \tau$ inférieurs à une certaine limite. Or, c'est ce que je parviens à démontrer à l'aide des considérations suivantes.

J'examine d'abord le cas particulier où les équations données sont, non seulement du premier ordre, mais de plus linéaires par rapport aux dérivées partielles des inconnues, et où il s'agit d'intégrer ces équations de manière que toutes les inconnues se réduisent à des constantes données pour une certaine valeur τ de la variable t. A l'aide du théorème fondamental précédemment rappelé, j'obtiens assez facilement, dans ce cas particulier, une limite en deçà de laquelle le module de la différence $t - \tau$ peut varier, sans que les séries déduites de la formule de Taylor cessent d'être convergentes. La détermination de cette limite se trouve ramenée, par le même théorème, à l'intégration d'une seule équation aux dérivées partielles du premier ordre, et une analyse, dont la simplicité paraît digne de quelque attention, me conduit à l'intégrale de l'équation dont il s'agit. Cette intégrale fournit immédiatement les moyens de calculer, non seulement la limite cherchée du module de la différence $t - \tau$, mais encore des limites des erreurs que l'on commet lorsqu'on arrête après un certain nombre de termes les développements des inconnues en séries convergentes.

Après avoir ainsi résolu, dans un cas particulier, la question que je m'étais proposée, je ramène à ce cas particulier le cas général, à l'aide des deux observations que je vais indiquer.

J'observe, en premier lieu, que, si les valeurs initiales des inconnues ne vérifient pas la condition admise, en se réduisant à des constantes données pour la valeur primitive τ de la variable t, on pourra représenter ces inconnues par leurs valeurs initiales augmentées d'inconnues nouvelles qui rempliront évidemment la condition dont il s'agit, puisqu'elles acquerront des valeurs constantes et même nulles pour $t = \tau$.

J'observe, en second lieu, qu'étant données une ou plusieurs équations aux dérivées partielles du premier ordre, mais de forme quelconque, il suffit de substituer à la recherche des inconnues la recherche de leurs dérivées du premier ordre, pour obtenir de nouvelles équations du premier ordre, qui soient linéaires par rapport aux dérivées partielles des nouvelles inconnues. A la vérité, quand il existe plus de deux variables indépendantes, le nombre des équations nouvelles semble devoir surpasser le nombre des nouvelles inconnues ;

mais je prouve que la vérification de quelques-unes de ces équations entraîne la vérification de toutes les autres.

ANALYSE.

Intégration par série des équations linéaires aux dérivées partielles du premier ordre.

Considérons d'abord une seule équation aux dérivées partielles du premier ordre, entre des variables indépendantes $x, y, z, \ldots, t$, dont la dernière pourra représenter le temps, et l'inconnue ϖ. Supposons d'ailleurs que cette équation, étant linéaire, au moins par rapport aux dérivées partielles de l'inconnue ϖ, puisse, en conséquence, se réduire à

$$D_t\varpi = A\,D_x\varpi + B\,D_y\varpi + \ldots + K, \tag{1}$$

ou, ce qui revient au même, à

$$s = Ap + Bq + \ldots + K, \tag{2}$$

les valeurs de $p, q, \ldots, s$ étant

$$p = D_x\varpi, \qquad q = D_y\varpi, \qquad \ldots, \qquad s = D_t\varpi, \tag{3}$$

et A, B, ..., K désignant des fonctions données de

$$x, \quad y, \quad z, \quad \ldots, \quad t, \quad \varpi.$$

Enfin représentons par ω la valeur particulière de ϖ qui correspond à une valeur donnée τ de la variable t, et qui ne peut être généralement fonction que des seules variables

$$x, \quad y, \quad z, \quad \ldots.$$

Si l'inconnue ϖ, assujettie à la double condition de vérifier, quel que soit t, l'équation (1), et, pour $t = \tau$, la condition

$$\varpi = \omega, \tag{4}$$

peut être développée, par la formule de Taylor ou de Maclaurin, en une série convergente ordonnée suivant les puissances ascendantes de la différence

$$t - \tau,$$

le développement sera de la forme

$$(5) \qquad \varpi = \omega + I_1(t-\tau) + I_2(t-\tau)^2 + \ldots,$$

la valeur de I_n étant donnée par la formule

$$(6) \qquad I_n = \frac{D_t^n \varpi}{1.2\ldots n},$$

dans laquelle on devra déterminer $D_t^n \varpi$ à l'aide de l'équation (1), puis remplacer, après les différentiations, t par τ et ϖ par ω. D'ailleurs, à l'aide du théorème général que j'ai donné sur le développement des fonctions en séries, on prouvera aisément que, si la série

$$(7) \qquad I_1(t-\tau), \quad I_2(t-\tau)^2, \quad \ldots$$

est convergente pour de très petits modules de $t - \tau$, la valeur de ϖ fournie par l'équation (5) vérifiera l'équation (1), tant que la série (7) sera convergente et que les fonctions

$$A, \quad B, \quad \ldots, \quad K$$

ne cesseront pas d'être continues par rapport aux variables dont elles dépendent. Donc, pour établir l'existence de l'intégrale générale de l'équation (1), il suffira de s'assurer que la série (7) est convergente, au moins pour les modules de la différence $t - \tau$ inférieurs à une certaine limite. C'est ce que nous allons démontrer, en supposant d'abord, pour plus de simplicité, la valeur initiale de ϖ, c'est-à-dire la valeur ω que ϖ acquiert pour $t = \tau$, réduite à une quantité constante.

La valeur de $D_t^n \varpi$, tirée dans cette hypothèse de l'équation (1), se composera évidemment de termes dont chacun sera le produit d'un nombre entier par des facteurs variables de la forme

$$(8) \qquad D_x^g D_y^h \ldots D_t^l D_\varpi^m K,$$

ou par des facteurs du même genre, mais dans lesquels la fonction K se trouvera remplacée par l'une des fonctions A, B, ... Représentons d'ailleurs par

$$\overline{\mathrm{A}}, \quad \overline{\mathrm{B}}, \quad \ldots, \quad \overline{\mathrm{K}}$$

ce que deviennent les fonctions

$$\mathrm{A}, \quad \mathrm{B}, \quad \ldots, \quad \mathrm{K},$$

quand on attribue aux quantités variables

$$x, \quad y, \quad z, \quad \ldots, \quad t, \quad \varpi$$

des accroissements imaginaires

$$\overline{x}, \quad \overline{y}, \quad \overline{z}, \quad \ldots, \quad \overline{t}, \quad \overline{\varpi},$$

dont les modules

$$\mathrm{x}, \quad \mathrm{y}, \quad \mathrm{z}, \quad \ldots, \quad \mathrm{t}, \quad \upsilon$$

soient tels que, pour ces modules ou pour des modules plus petits,

$$\overline{\mathrm{A}}, \quad \overline{\mathrm{B}}, \quad \ldots, \quad \overline{\mathrm{K}}$$

restent fonctions continues des arguments et des modules des accroissements imaginaires dont il s'agit. Enfin soient

$$\mathcal{A}, \quad \mathcal{B}, \quad \ldots, \quad \mathcal{K}$$

les plus grands modules des fonctions

$$\overline{\mathrm{A}}, \quad \overline{\mathrm{B}}, \quad \ldots, \quad \overline{\mathrm{K}}$$

correspondants aux modules

$$\mathrm{x}, \quad \mathrm{y}, \quad \mathrm{z}, \quad \ldots, \quad \mathrm{t}, \quad \upsilon$$

des accroissements imaginaires

$$\overline{x}, \quad \overline{y}, \quad \overline{z}, \quad \ldots, \quad \overline{t}, \quad \overline{\varpi};$$

de sorte que, en adoptant les notations du calcul des limites, on ait

$$(9) \qquad \mathcal{A} = \Lambda\overline{\mathrm{A}}, \qquad \mathcal{B} = \Lambda\overline{\mathrm{B}}, \qquad \ldots, \qquad \mathcal{K} = \Lambda\overline{\mathrm{K}}.$$

En vertu des principes de ce même calcul, et en supposant que, dans l'expression (8), on prenne après les différentiations

$$t = \tau, \qquad \varpi = \omega,$$

on trouvera

$$(10) \qquad \text{mod.}\, D_x^g D_y^h \ldots D_t^l D_\varpi^m K < N \frac{\mathcal{K}}{\mathrm{x}^g \mathrm{y}^h \ldots \mathrm{t}^l \upsilon^m},$$

la valeur de N étant

$$(11) \qquad N = (1.2\ldots g)(1.2\ldots h)\ldots(1.2\ldots l)(1.2\ldots m).$$

D'autre part, si l'on attribue aux fonctions

$$A, \quad B, \quad \ldots, \quad K$$

les formes particulières que déterminent les équations

$$(12) \qquad \begin{cases} A = a x^{-1} y^{-1} \ldots t^{-1} \varpi^{-1}, \\ B = b x^{-1} y^{-1} \ldots t^{-1} \varpi^{-1}, \\ \ldots\ldots\ldots\ldots\ldots\ldots, \\ K = k x^{-1} y^{-1} \ldots t^{-1} \varpi^{-1}, \end{cases}$$

a, b, ..., k désignent des quantités constantes; alors, en posant après les différentiations

$$t = \tau, \qquad \varpi = \omega,$$

on trouvera

$$(13) \qquad D_x^g D_y^h \ldots D_t^l D_\varpi^m K = N \frac{K}{(-x)^g (-y)^h \ldots (-\tau)^l (-\omega)^m};$$

et, pour obtenir le second membre de la formule (10), il suffira évidemment de prendre, dans le second membre de la formule (13),

$$(14) \qquad x = -\mathrm{x}, \quad y = -\mathrm{y}, \quad \ldots, \quad \tau = -\mathrm{t}, \quad \omega = -\upsilon,$$

$$(15) \qquad K = \mathcal{K}.$$

Cela posé, soit $\mathfrak{I}_n$ ce que devient, dans l'équation (5), le coefficient

$$I_n = \frac{D_t^n \varpi}{1.2.3\ldots n}$$

lorsque, dans les divers termes dont ce coefficient se compose, on remplace les facteurs variables ou de la forme

$$D_x^g D_y^h \ldots D_t^l D_\varpi^m K$$

par des limites supérieures à leurs modules, tirées de la formule (10) et des formules analogues. Si d'ailleurs on nomme ι le module de $t - \tau$, alors, pour que la série (7) soit convergente, il suffira que la série

(16) $$\mathfrak{I}_1 \iota, \quad \mathfrak{I}_2 \iota^2, \quad \ldots$$

le soit elle-même; et si, en supposant cette condition remplie, on prend

(17) $$\mathfrak{s} = \mathfrak{I}_1 \iota + \mathfrak{I}_2 \iota^2 + \ldots,$$

$\mathfrak{s}$ sera précisément ce que devient la valeur de $\varpi - \omega$, tirée de l'équation (1), et donnée par la formule (5), quand on attribue à $x, y, z, \ldots, \tau, \omega$ les valeurs que déterminent les équations (14), puis à la différence $t - \tau$ et aux constantes

$$a, \quad b, \quad \ldots, \quad k$$

les valeurs que déterminent, d'une part, la formule

(18) $$t - \tau = \iota,$$

d'autre part les équations

(19) $$A = \mathcal{A}, \qquad B = \mathcal{B}, \qquad \ldots, \qquad K = \mathcal{K},$$

jointes aux formules (12), ou plutôt à celles-ci

(20) $$\begin{cases} A = a x^{-1} y^{-1} \ldots \tau^{-1} \omega^{-1}, \\ B = b x^{-1} y^{-1} \ldots \tau^{-1} \omega^{-1}, \\ \ldots\ldots\ldots\ldots\ldots\ldots\ldots, \\ K = k x^{-1} y^{-1} \ldots \tau^{-1} \omega^{-1}, \end{cases}$$

attendu qu'en calculant la valeur de I_n on doit, dans les diverses dérivées de A, B, ..., K, remplacer t par τ et ϖ par ω. Il nous reste à intégrer l'équation (1) jointe aux formules (12), c'est-à-dire, l'équation linéaire aux dérivées partielles

$$s = \frac{ap + bq + \ldots + k}{xyz \ldots t\varpi}, \tag{21}$$

ou

$$\frac{sxyz \ldots t\varpi}{ap + bq + \ldots + k} = 1, \tag{22}$$

que l'on peut encore présenter sous la forme

$$\mathrm{l}\left(\frac{sxyz \ldots t\varpi}{ap + bq + \ldots + k}\right) = 0, \tag{23}$$

et à l'intégrer de manière que la valeur initiale de ϖ se réduise à la constante ω, par conséquent, de manière que, pour $t = \tau$, on ait

$$\varpi = \omega, \qquad p = 0, \qquad q = 0, \qquad \ldots. \tag{24}$$

Or, pour intégrer sous ces conditions l'équation (23), il suffira, d'après ce que nous avons dit ailleurs, d'éliminer de nouvelles variables

$$\xi, \quad \eta, \quad \zeta, \quad \ldots$$

entre les intégrales de la formule

$$\left\{\begin{aligned} &\frac{dx}{\mathrm{P}} = \frac{dy}{\mathrm{Q}} = \ldots = \frac{dt}{\mathrm{S}} = \frac{d\varpi}{\mathrm{P}p + \mathrm{Q}q + \ldots + \mathrm{S}s} \\ &\quad = \frac{dp}{-(\mathrm{X} + p\Pi)} = \frac{dq}{-(\mathrm{Y} + q\Pi)} = \ldots = \frac{ds}{-(\mathrm{T} + s\Pi)}, \end{aligned}\right. \tag{25}$$

pourvu que l'on suppose

$$\left\{\begin{aligned} &\mathrm{X} = \frac{1}{x}, \qquad \mathrm{Y} = \frac{1}{y}, \qquad \ldots, \qquad \mathrm{T} = \frac{1}{t}, \qquad \Pi = \frac{1}{\varpi}, \\ &\mathrm{P} = \frac{-a}{ap + bq + \ldots + k}, \qquad \mathrm{Q} = \frac{-b}{ap + bq + \ldots + k}, \qquad \ldots, \qquad \mathrm{S} = \frac{1}{s}, \end{aligned}\right. \tag{26}$$

et que l'on intègre la formule (25), de manière à vérifier pour $t = \tau$ les conditions (24) jointes à celles-ci

$$x = \xi, \qquad y = \eta, \qquad z = \zeta, \qquad \ldots, \qquad s = \varsigma, \tag{27}$$

la valeur de ς étant

$$\varsigma = \frac{k}{\xi\eta\zeta\ldots\varpi\omega}, \tag{28}$$

afin que l'une des intégrales dont il s'agit se réduise précisément à l'équation (21).

Observons maintenant que, de la formule (25), jointe aux équations (26), on tire non seulement

$$\frac{P}{a} = \frac{Q}{b} = \ldots = \frac{Pp + Qq + \ldots + Ss}{-k},$$

et par suite

$$\frac{dx}{a} = \frac{dy}{b} = \ldots = \frac{d\varpi}{-k},$$

puis en intégrant

$$\frac{x - \xi}{a} = \frac{y - \eta}{b} = \ldots = \frac{\omega - \varpi}{k}, \tag{29}$$

mais encore

$$Ss - Tt = 0,$$

et par suite

$$\frac{d\varpi}{Pp + Qq + \ldots + Ss} = \frac{s\,dt + t\,ds}{-st\Pi} = -\frac{s\,dt + t\,ds}{\left(\frac{st}{\varpi}\right)}. \tag{30}$$

D'ailleurs les formules (26) et (21) donnent

$$Pp + Qq + \ldots + Ss = \frac{k}{ap + bq + \ldots + k} = \frac{k}{xyz\ldots st\varpi}.$$

Donc la formule (30) pourra être réduite à

$$xyz\ldots\frac{d\varpi}{k} = -\frac{s\,dt + t\,ds}{s^2t^2} = d\left(\frac{1}{st}\right);$$

et, comme la formule (29) donne

$$x = \xi - \frac{a}{k}(\varpi - \omega), \qquad y = \eta - \frac{b}{k}(\varpi - \omega), \qquad \ldots, \tag{31}$$

on aura encore

$$d\left(\frac{1}{st}\right) = \left(\xi - a\frac{\varpi - \omega}{k}\right)\left(\eta - b\frac{\varpi - \omega}{k}\right)\ldots\frac{d\varpi}{k}.$$

En intégrant cette dernière équation, on trouvera

$$\frac{1}{st} - \frac{1}{\varsigma\tau} = \int_0^{\varpi - \omega} \left(\xi - a\frac{\theta}{k}\right)\left(\eta - b\frac{\theta}{k}\right)\cdots\frac{d\theta}{k},$$

ou, ce qui revient au même, eu égard à la formule (28),

$$(32) \qquad \frac{1}{st} = \xi\eta\zeta\ldots\frac{\omega}{k} + \int_0^{\varpi - \omega} \left(\xi - a\frac{\theta}{k}\right)\left(\eta - b\frac{\theta}{k}\right)\cdots\frac{d\theta}{k};$$

et si, à l'aide des formules (31), on élimine ξ, η, ζ, ... de l'équation (32), celle que l'on obtiendra, et que l'on pourra simplifier en vertu de la formule

$$\int_0^{\varpi - \omega} f(\varpi - \omega - \theta)\,d\theta = \int_0^{\varpi - \omega} f(\theta)\,d\theta,$$

c'est-à-dire, l'équation

$$(33) \qquad \left\{\begin{aligned} \frac{1}{st} = {} & \frac{\omega}{k}\left(x + a\frac{\varpi - \omega}{k}\right)\left(y + b\frac{\varpi - \omega}{k}\right)\cdots \\ & + \int_0^{\varpi - \omega}\left(x + a\frac{\theta}{k}\right)\left(y + b\frac{\theta}{k}\right)\cdots\frac{d\theta}{k}, \end{aligned}\right.$$

fournira, sinon la valeur même de l'inconnue ϖ considérée comme une fonction de x, y, z, ..., t propre à vérifier la formule (21), du moins une relation entre cette inconnue ϖ et sa dérivée partielle

$$s = \mathrm{D}_t\varpi.$$

Cela posé, pour obtenir la valeur même de ϖ, il suffira évidemment de multiplier par

$$s\,dt = \mathrm{D}_t\varpi\,dt$$

les deux membres de la formule (33), puis d'intégrer ces deux membres, en considérant x, y, z, ... comme constantes, et ϖ comme fonction de t. En opérant ainsi, et ayant égard aux formules

$$\int_0^t f(\varpi - \omega)\,\mathrm{D}_t\varpi\,dt = \int_0^{\varpi - \omega} f(\theta)\,d\theta,$$

$$\int_\omega^\varpi \int_0^{\varpi - \omega} f(\theta)\,d\varpi\,d\theta = \int_0^{\varpi - \omega}\int_0^\theta f(\theta)\,d\theta\,d\theta = \int_0^{\varpi - \omega}(\varpi - \omega - \theta)\,f(\theta)\,d\theta,$$

on trouvera

$$(34)\qquad \mathrm{I}\left(\frac{t}{\tau}\right)=\int_0^{\varpi-\omega}(\varpi-\theta)\left(x+a\frac{\theta}{k}\right)\left(y+b\frac{\theta}{k}\right)\cdots\frac{d\theta}{k}.$$

Telle est l'intégrale cherchée de l'équation (21). Il est d'ailleurs facile de s'assurer directement que la valeur de ϖ, déterminée par la formule (34), possède en effet la double propriété de vérifier, quel que soit t, l'équation aux dérivées partielles

$$\mathrm{D}_t\varpi=\frac{a\,\mathrm{D}_x\varpi+b\,\mathrm{D}_y\varpi+\ldots+k}{xyz\ldots t\varpi},$$

et, pour $t=\tau$, la condition

$$\varpi=\omega.$$

Ajoutons que l'équation (34) peut encore s'écrire comme il suit :

$$(35)\qquad \mathrm{I}\left(\frac{t}{\tau}\right)=\frac{xyz\ldots}{k}\int_0^{\varpi-\omega}(\varpi-\theta)\left(1+\frac{a}{k}\frac{\theta}{x}\right)\left(1+\frac{b}{k}\frac{\theta}{y}\right)\ldots d\theta.$$

Concevons à présent que l'on veuille calculer la valeur de $\mathfrak{z}$ déterminée par l'équation (17). Pour y parvenir, il suffira de chercher la valeur de $\varpi-\omega$ que fournit l'équation (35) combinée avec les formules (14), (18), (19), (20); par conséquent, il suffira de poser dans l'équation (35), non seulement

$$x=-\mathrm{x},\qquad y=-\mathrm{y},\qquad \ldots,\qquad \varpi-\omega=\mathfrak{z},\qquad \varpi=\mathfrak{z}-\upsilon,\qquad \frac{t}{\tau}=1-\frac{1}{\mathrm{t}},$$

mais encore

$$\frac{xyz\ldots}{k}=\frac{1}{\mathcal{K}\upsilon\mathrm{t}},\qquad \frac{a}{k}=\frac{\mathcal{A}}{\mathcal{K}},\qquad \frac{b}{k}=\frac{\mathcal{B}}{\mathcal{K}},\qquad \ldots.$$

On trouvera ainsi

$$(36)\qquad \mathrm{t}\,\mathrm{I}\left(1-\frac{1}{\mathrm{t}}\right)^{-1}=\int_0^{\mathfrak{z}}\left(1+\frac{\theta-\mathfrak{z}}{\upsilon}\right)\left(1-\frac{\mathcal{A}}{\mathcal{K}}\frac{\theta}{\mathrm{x}}\right)\left(1-\frac{\mathcal{B}}{\mathcal{K}}\frac{\theta}{\mathrm{y}}\right)\cdots\frac{d\theta}{\mathcal{K}};$$

puis en posant, pour abréger,

$$\mathrm{t}\,l\left(1-\frac{\iota}{\mathrm{t}}\right)^{-1}=\varepsilon, \tag{37}$$

$$s_1=\frac{\mathcal{A}}{\mathcal{K}\mathrm{x}}+\frac{\mathcal{B}}{\mathcal{K}\mathrm{y}}+\ldots,\qquad s_2=\frac{\mathcal{A}\mathcal{B}}{\mathcal{K}^2\mathrm{xy}}+\frac{\mathcal{A}\mathcal{C}}{\mathcal{K}^2\mathrm{xz}}+\ldots,\qquad \ldots\ldots, \tag{38}$$

on en conclura

$$\varepsilon=\left[1-\frac{\mathfrak{z}}{2}\left(s_1+\frac{1}{\upsilon}\right)+\frac{\mathfrak{z}^2}{3}\left(s_2+\frac{s_1}{2\upsilon}\right)-\frac{\mathfrak{z}^3}{4}\left(s_3+\frac{s_2}{3\upsilon}\right)+\ldots\right]\frac{\mathfrak{z}}{\mathcal{K}}. \tag{39}$$

Si d'ailleurs on nomme n le nombre des variables indépendantes

$$x,\quad y,\quad z,\quad \ldots,\quad t,$$

l'équation (39), résolue par rapport à $\mathfrak{z}$, offrira $n+1$ racines, et celle de ces racines qui s'évanouira en même temps que ε sera précisément la valeur de $\mathfrak{z}$ que détermine l'équation (17). La racine dont il s'agit, développée en série suivant les puissances ascendantes de ε, se déduira aisément, par le théorème de Lagrange, de l'équation (39), présentée sous la forme

$$\mathfrak{z}=\left[1-\frac{\mathfrak{z}}{2}\left(s_1+\frac{1}{\upsilon}\right)+\frac{\mathfrak{z}^2}{3}\left(s_2+\frac{s_1}{2\upsilon}\right)-\frac{\mathfrak{z}^3}{4}\left(s_3+\frac{s_2}{3\upsilon}\right)+\ldots\right]^{-1}\mathcal{K}\varepsilon, \tag{40}$$

et se réduira simplement à

$$(41)\quad\left\{\begin{aligned}\mathfrak{z}=\mathcal{K}\varepsilon&+\left(\frac{\mathcal{A}}{\mathrm{x}}+\frac{\mathcal{B}}{\mathrm{y}}+\ldots+\frac{\mathcal{K}}{\upsilon}\right)\mathcal{K}\frac{\varepsilon^2}{1.2}\\&+\left[3\left(\frac{\mathcal{A}^2}{\mathrm{x}^2}+\frac{\mathcal{B}^2}{\mathrm{y}^2}+\ldots+\frac{\mathcal{K}^2}{\upsilon^2}\right)+4\left(\frac{\mathcal{A}}{\mathrm{x}}\frac{\mathcal{B}}{\mathrm{y}}+\ldots\right)+5\left(\frac{\mathcal{A}}{\mathrm{x}}+\frac{\mathcal{B}}{\mathrm{y}}+\ldots\right)\frac{\mathcal{K}}{\upsilon}\right]\mathcal{K}\frac{\varepsilon^3}{1.2.3}\\&+\ldots\ldots\ldots\ldots\ldots\ldots\ldots\ldots\ldots\ldots\end{aligned}\right.$$

Si l'on substitue dans cette dernière équation la valeur de ε développée en série suivant les puissances ascendantes de ι, savoir

$$\varepsilon=\iota+\frac{1}{2}\frac{\iota^2}{\mathrm{t}}+\frac{1}{3}\frac{\iota^3}{\mathrm{t}^2}+\ldots, \tag{42}$$

on obtiendra une valeur de $\mathfrak{z}$ composée, comme on devait s'y attendre, de termes tous positifs, et respectivement supérieurs aux modules des termes correspondants de la série qui, en vertu de l'équation (5), représenterait le développement de la différence $\varpi - \omega$ suivant les puissances ascendantes de $t - \tau$. Ajoutons que les séries comprises dans les seconds membres des formules (41), (42) ne cesseront pas d'être convergentes, tant qu'on aura simultanément

$$\iota < 1 \tag{43}$$

et

$$\varepsilon < \left[1 - \frac{\alpha}{2}\left(s_1 + \frac{1}{\upsilon}\right) + \frac{\alpha^2}{3}\left(s_2 + \frac{s_1}{2\upsilon}\right) - \frac{\alpha^3}{4}\left(s_3 + \frac{s_2}{3\upsilon}\right) + \ldots\right]\frac{\alpha}{\mathfrak{X}}, \tag{44}$$

α étant la plus petite valeur positive de ϵ propre à vérifier l'équation

$$D_\epsilon \int_0^\epsilon \left(1 + \frac{\theta - \epsilon}{\upsilon}\right)\left(1 - \frac{\mathfrak{A}}{\mathfrak{X}}\frac{\theta}{x}\right)\left(1 - \frac{\mathfrak{B}}{\mathfrak{X}}\frac{\theta}{y}\right)\ldots d\theta = 0, \tag{45}$$

ou, ce qui revient au même, la plus petite racine positive de l'équation

$$1 - \epsilon\left(s_1 + \frac{1}{\upsilon}\right) + \epsilon^2\left(s_2 + \frac{s_1}{2\upsilon}\right) - \epsilon^3\left(s_3 + \frac{s_2}{3\upsilon}\right) + \ldots = 0. \tag{46}$$

Lorsque le module ι de $t - \tau$ conservera une valeur assez petite pour que les conditions (44) soient satisfaites, la convergence de la série (16) entraînera celle de la série (7), ou, en d'autres termes, la formule (41) entraînera l'équation (5); et alors la somme de la série (7), c'est-à-dire la valeur de la différence $\varpi - \omega$, déterminée par l'équation (5), vérifiera certainement l'équation (1), si d'ailleurs le module de cette différence est inférieur à υ, ce qui aura nécessairement lieu si l'on a

$$\upsilon > \alpha. \tag{47}$$

D'ailleurs, on peut s'assurer que l'équation (45) entraîne toujours la formule (47). En conséquence, on peut énoncer la proposition suivante :

THÉORÈME. — *Supposons l'inconnue ϖ assujettie : 1° à vérifier, quel que soit t, l'équation*

$$D_t\varpi = AD_x\varpi + BD_y\varpi + \ldots + K,$$

dans laquelle A, B, ..., K *désignent des fonctions données de cette inconnue et des variables indépendantes* $x, y, z, \ldots, t$; 2° *à vérifier, pour* $t = \tau$, *la condition*

$$\varpi = \omega,$$

ω *étant une constante donnée. Soient d'ailleurs*

$$\overline{A}, \quad \overline{B}, \quad \ldots, \quad \overline{K}$$

ce que deviennent les fonctions

$$A, \quad B, \quad \ldots, \quad K,$$

lorsque, après avoir réduit t *à* τ *et* ϖ *à* ω, *on attribue aux quantités*

$$x, \quad y, \quad z, \quad \ldots, \quad t = \tau, \quad \varpi = \omega$$

des accroissements imaginaires

$$\overline{x}, \quad \overline{y}, \quad \overline{z}, \quad \ldots, \quad \overline{t}, \quad \overline{\varpi}.$$

Supposons encore les modules de ces accroissements imaginaires représentés par

$$\mathrm{x}, \quad \mathrm{y}, \quad \mathrm{z}, \quad \ldots, \quad \mathrm{t}, \quad \upsilon,$$

et tellement choisis que, pour ces modules ou pour des modules plus petits, les fonctions

$$\overline{A}, \quad \overline{B}, \quad \ldots, \quad \overline{K}$$

restent fonctions continues des arguments et des modules des accroissements dont il s'agit. Enfin, soient

$$\mathcal{A}, \quad \mathcal{B}, \quad \ldots, \quad \mathcal{K}$$

les plus grands modules des fonctions

$$\overline{A}, \quad \overline{B}, \quad \ldots, \quad \overline{K}$$

correspondants aux modules

$$\mathrm{x}, \quad \mathrm{y}, \quad \mathrm{z}, \quad \ldots, \quad \mathrm{t}, \quad \upsilon$$

des accroissements imaginaires

$$\overline{x}, \quad \overline{y}, \quad \overline{z}, \quad \ldots, \quad \overline{t}, \quad \overline{\varpi},$$

et nommons ι le module de la différence $t - \tau$. L'inconnue ϖ sera développable, par la formule de Taylor, en une série convergente ordonnée suivant les puissances ascendantes de la différence $t - \tau$, si le module ι de $t - \tau$ est assez petit pour que les conditions (43) et (44) se vérifient. Alors aussi, en arrêtant après un certain nombre de termes la série (7), c'est-à-dire le développement de $\varpi - \omega$ suivant les puissances ascendantes de $t - \tau$, on obtiendra un reste dont le module sera inférieur au reste correspondant de la série (16), qui représente le développement de z suivant les puissances ascendantes de ι.

Si les fonctions

$$A, \quad B, \quad \ldots, \quad K$$

ne renfermaient pas explicitement la variable t, on pourrait, dans le second membre de chacune des formules (12), supprimer le facteur t^{-1}. Par suite, on devrait, dans les formules (32), (35) et (36), remplacer

$$\frac{1}{st}, \quad l\left(\frac{t}{\tau}\right) \quad \text{et} \quad \mathrm{t}\, l\left(1 - \frac{\iota}{\mathrm{t}}\right)$$

par

$$\frac{1}{s}, \quad t - \tau \quad \text{et} \quad \iota.$$

Par suite aussi, la condition (43) disparaîtrait, et l'on devrait, dans les formules (39), (41), (44), poser

$$\varepsilon = \iota.$$

Nous avons supposé, dans ce qui précède, que la valeur ω de ϖ, correspondante à $t = \tau$, était une valeur constante. Pour ramener à ce cas particulier, et même au cas où l'on aurait $\omega = 0$, le cas général dans lequel ω serait représenté par une certaine fonction

$$f(x, y, z, \ldots)$$

des variables indépendantes autres que la variable t, il suffira évidemment de remplacer l'inconnue ϖ par une autre inconnue équivalente à $\varpi - \omega$.

Les principes que nous venons d'appliquer à l'intégration par série d'une seule équation linéaire aux dérivées partielles peuvent être évidemment étendus à l'intégration d'un système de semblables équations, et, par suite, en vertu des observations faites dans le préambule de ce Mémoire, à l'intégration des équations non linéaires. C'est d'ailleurs ce que nous expliquerons plus en détail dans un autre article.

Nota. — Les équations aux dérivées partielles se réduisent simplement à des équations différentielles, quand les variables indépendantes se réduisent à une seule. En conséquence, les résultats de l'analyse que nous venons d'exposer doivent comprendre ceux que nous avons obtenus dans le précédent Mémoire. C'est ce qu'il est aisé de reconnaître, en comparant les résultats avec les formules établies dans le *Compte rendu* de la dernière séance.

171.

CALCUL INTÉGRAL. — *Mémoire sur l'application du calcul des limites à l'intégration d'un système d'équations aux dérivées partielles.*

C. R., T. XV, p. 85 (18 juillet 1842).

§ I. — *Intégration d'un système d'équations linéaires.*

Comme, en augmentant, s'il est nécessaire, le nombre des inconnues, on peut toujours réduire des équations aux dérivées partielles à des équations du premier ordre, nous considérerons seulement ici un système d'équations qui renferment, avec les variables indépendantes

$$x,\quad y,\quad z,\quad \ldots,\quad t,$$

dont la dernière peut représenter le temps, certaines inconnues ϖ, ϖ_1, ... et leurs dérivées partielles du premier ordre. Si d'ailleurs ces équations sont linéaires par rapport aux dérivées des inconnues, elles pourront être généralement présentées sous la forme

$$(1)\quad \begin{cases} D_t\varpi = A\, D_x\varpi + B\, D_y\varpi + \ldots + A_1\, D_x\varpi_1 + B_1\, D_y\varpi_1 + \ldots + K, \\ D_t\varpi_1 = A'D_x\varpi + B'D_y\varpi + \ldots + A'_1\, D_x\varpi_1 + B'_1\, D_y\varpi_1 + \ldots + K', \\ \ldots\ldots\ldots\ldots\ldots\ldots\ldots\ldots\ldots\ldots\ldots, \end{cases}$$

$A, A', \ldots, B, B', \ldots, A_1, A'_1, \ldots, B_1, B'_1, \ldots, K, K', \ldots$ étant des fonctions données de

$$x,\ y,\ z,\ \ldots,\ t,\ \varpi,\ \varpi_1,\ \ldots.$$

Si ces mêmes fonctions s'évanouissent, les équations (1), réduites aux suivantes

$$(2)\qquad D_t\varpi = 0, \qquad D_t\varpi_1 = 0, \qquad \ldots,$$

donneront simplement

$$(3)\qquad \varpi = \omega, \qquad \varpi_1 = \omega_1, \qquad \ldots;$$

les lettres ω, ω_1 désignant les valeurs particulières de ϖ, ϖ_1, ... correspondantes à une valeur particulière τ de la variable t, c'est-à-dire des fonctions des seules variables $x, y, z, \ldots$, mais des fonctions que l'on pourra choisir arbitrairement. Si $A, A', \ldots, B, B', \ldots, A_1, A'_1, \ldots$ cessent de s'évanouir, et si d'ailleurs, comme nous le supposerons ici, le nombre des équations (1) est égal à celui des inconnues, on pourra se proposer d'intégrer ces équations de manière que les conditions (3) continuent d'être vérifiées, non plus en général, mais seulement pour $t = \tau$. On y parviendra, en effet, si le module ι de la différence $t - \tau$ ne dépasse pas une certaine limite, à l'aide de la méthode que nous allons indiquer.

Considérons d'abord le cas où les valeurs particulières de ϖ, ϖ_1, ... représentées par ω, ω_1, ... se réduisent à des quantités constantes. Si les valeurs générales de ϖ, ϖ_1, ... sont développables en séries convergentes ordonnées suivant les puissances ascendantes de la différence $t - \tau$, ces développements seront, en vertu du théorème de Taylor, fournis par des équations de la forme

$$(4)\qquad \varpi - \omega = I_1(t-\tau) + I_2(t-\tau)^2 + \ldots,$$

la valeur de I_n étant donnée par la formule

$$(5)\qquad I_n = \frac{D_t^n \varpi}{1.2\ldots n},$$

dans laquelle on devra déterminer $D_t^n\varpi$ à l'aide des équations (1), puis réduire, après les différentiations effectuées, t à τ et $\varpi, \varpi_1, \ldots$ à $\omega, \omega_1, \ldots$. Or la valeur de $D_t^n\varpi$, ainsi calculée, se composera évidemment de termes dont chacun sera le produit d'un nombre entier par des facteurs de la forme

$$(6)\qquad D_x^g D_y^h \ldots D_t^l D_\varpi^m D_{\varpi_1}^{m_1} \ldots K,$$

et par d'autres facteurs semblables, mais dans lesquels entreront, à la place de la lettre K, les lettres

$$A, A', \ldots, \quad B, B', \ldots, \quad A_1, A'_1, \ldots, \quad B_1, B'_1, \ldots, \quad \ldots, \quad K', \ldots.$$

Soit maintenant

$$\overline{A}, \overline{A'}, \ldots, \quad \overline{B}, \overline{B'}, \ldots, \quad \overline{A_1}, \overline{A'_1}, \ldots, \quad \overline{B_1}, \overline{B'_1}, \ldots, \quad \ldots, \quad \overline{K}, \overline{K'}, \ldots$$

ce que deviennent les fonctions

$$A, A', \ldots, \quad B, B', \ldots, \quad A_1, A'_1, \ldots, \quad B_1, B'_1, \ldots, \quad \ldots, \quad K, K', \ldots,$$

quand on attribue à

$$x, \quad y, \quad z, \quad \ldots, \quad t, \quad \varpi, \quad \varpi_1, \quad \ldots$$

des accroissements imaginaires

$$\overline{x}, \quad \overline{y}, \quad \overline{z}, \quad \ldots, \quad \overline{t}, \quad \overline{\varpi}, \quad \overline{\varpi_1}, \quad \ldots,$$

dont les modules

$$\mathrm{x}, \quad \mathrm{y}, \quad \mathrm{z}, \quad \ldots, \quad \mathrm{t}, \quad \upsilon, \quad \upsilon_1, \quad \ldots$$

soient tels que, pour ces modules ou pour des modules plus petits,

$$\overline{A}, \overline{A'}, \ldots, \quad \overline{B}, \overline{B'}, \ldots, \quad \overline{A_1}, \overline{A'_1}, \ldots, \quad \overline{B_1}, \overline{B'_1}, \ldots, \quad \overline{K}, \overline{K'}, \ldots,$$

restent fonctions continues des arguments et des modules des accroissements imaginaires dont il s'agit. Nommons

$$\Lambda\overline{\mathrm{A}},\ \Lambda\overline{\mathrm{A}'},\ \ldots,\ \ldots,\ \Lambda\overline{\mathrm{K}},\ \Lambda\overline{\mathrm{K}'},\ \ldots$$

les plus grands modules des fonctions

$$\overline{\mathrm{A}},\ \overline{\mathrm{A}'},\ \ldots,\ \ldots,\ \overline{\mathrm{K}},\ \overline{\mathrm{K}'},\ \ldots,$$

correspondants aux modules

$$\mathrm{x},\ \mathrm{y},\ \mathrm{z},\ \ldots,\ \mathrm{t},\ \upsilon,\ \upsilon_1,\ \ldots$$

des accroissements imaginaires

$$\overline{x},\ \overline{y},\ \overline{z},\ \ldots,\ \overline{t},\ \overline{\varpi},\ \overline{\varpi_1},\ \ldots.$$

Enfin concevons que, λ, μ, ν, ... désignant des quantités positives arbitrairement choisies, on nomme

$\mathcal{A}$ le plus grand des rapports $\frac{\Lambda\overline{\mathrm{A}}}{\lambda}$, $\frac{\Lambda\overline{\mathrm{A}'}}{\mu}$, ...,

$\mathcal{B}$ le plus grand des rapports $\frac{\Lambda\overline{\mathrm{B}}}{\lambda}$, $\frac{\Lambda\overline{\mathrm{B}'}}{\mu}$, ...,

.........................., ..., ..., ...,

$\mathcal{A}_1$ le plus grand des rapports $\frac{\Lambda\overline{\mathrm{A}_1}}{\lambda}$, $\frac{\Lambda\overline{\mathrm{A}'_1}}{\mu}$, ...,

$\mathcal{B}_1$ le plus grand des rapports $\frac{\Lambda\overline{\mathrm{B}_1}}{\lambda}$, $\frac{\Lambda\overline{\mathrm{B}'_1}}{\mu}$, ...,

.........................., ..., ..., ...,

$\mathcal{K}$ le plus grand des rapports $\frac{\Lambda\overline{\mathrm{K}}}{\lambda}$, $\frac{\Lambda\overline{\mathrm{K}'}}{\mu}$, ...

Des limites supérieures aux modules de l'expression (6) et des expressions analogues seront données par des formules semblables à celles-ci

$$(7)\qquad \text{mod.}\,\mathrm{D}_x^g\,\mathrm{D}_y^h\ldots\mathrm{D}_t^l\,\mathrm{D}_\varpi^m\,\mathrm{D}_{\varpi_1}^{m_1}\ldots\mathrm{K} < \mathrm{N}\,\frac{\lambda\mathcal{K}}{\mathrm{x}^g\,\mathrm{y}^h\ldots\mathrm{t}^l\,\upsilon^m\,\upsilon_1^{m_1}\ldots},$$

la valeur de N étant

$$N = (1.2\ldots g)(1.2\ldots h)\ldots(1.2\ldots l)(1.2\ldots m)(1.2\ldots m_1)\ldots.$$

D'autre part, si l'on considère le cas particulier où la fonction K serait de la forme

$$K = \lambda k x^{-1} y^{-1} \ldots t^{-1} \varpi^{-1} \varpi_1^{-1} \ldots,$$

k désignant une quantité constante; alors, en posant, après les différentiations

$$t = \tau, \qquad \varpi = \omega, \qquad \varpi_1 = \omega_1, \qquad \ldots,$$

on trouvera

$$(8) \quad D_x^g D_y^h \ldots D_t^l D_\varpi^m D_{\varpi_1}^{m_1} \ldots K = N \frac{K}{(-x)^g(-y)^h \ldots (-\varpi)^l(-\omega)^m(-\omega)^{m_1}\ldots};$$

et, pour déduire le second membre de la formule (7) du second membre de la formule (8), il suffira évidemment de poser dans celui-ci

$$(9) \quad x = -\mathrm{x}, \quad y = -\mathrm{y}, \quad \ldots, \quad \tau = -\mathrm{t}, \quad \omega = -\upsilon, \quad \omega_1 = -\upsilon_1, \quad \ldots,$$

et, de plus,

$$K = \lambda \mathrm{K} x^{-1} y^{-1} \ldots \tau^{-1} \omega^{-1} \omega_1^{-1} \ldots = \lambda \mathcal{K},$$

par conséquent

$$\mathrm{K} = \mathcal{K} x y \ldots \tau \omega \omega_1 \ldots,$$

les valeurs de $x, y, \ldots, \tau, \omega, \omega_1, \ldots$ étant celles que donnent les formules (9). Cela posé, ι étant toujours le module de $t - \tau$, veut-on trouver une fonction de ι qui, développée par le théorème de Maclaurin suivant les puissances ascendantes de ι, fournisse une série de termes respectivement supérieurs aux modules des termes correspondants de la série

$$(10) \qquad I_1(t-\tau), \quad I_2(t-\tau)^2, \quad \ldots,$$

à laquelle se réduirait, en vertu du théorème de Taylor, le développement de la différence $\varpi - \omega$? Il suffira évidemment de chercher la valeur particulière de $\varpi - \omega$ correspondante au cas où, dans les équations (1), on aurait simultanément

$$(11)\quad \begin{cases} \dfrac{A}{\lambda} = \dfrac{A'}{\mu} = \ldots = a\, x^{-1}y^{-1}\ldots t^{-1}\varpi^{-1}\varpi_1^{-1}\ldots, \\ \dfrac{B}{\lambda} = \dfrac{B'}{\mu} = \ldots = b\, x^{-1}y^{-1}\ldots t^{-1}\varpi^{-1}\varpi_1^{-1}\ldots, \\ \ldots\ldots\ldots\ldots\ldots\ldots\ldots\ldots, \\ \dfrac{A_1}{\lambda} = \dfrac{A'_1}{\mu} = \ldots = a_1 x^{-1}y^{-1}\ldots t^{-1}\varpi^{-1}\varpi_1^{-1}\ldots, \\ \dfrac{B_1}{\lambda} = \dfrac{B'_1}{\mu} = \ldots = b_1 x^{-1}y^{-1}\ldots t^{-1}\varpi^{-1}\varpi_1^{-1}\ldots, \\ \ldots\ldots\ldots\ldots\ldots\ldots\ldots\ldots, \\ \dfrac{K}{\lambda} = \dfrac{K'}{\mu} = \ldots = k\, x^{-1}y^{-1}\ldots t^{-1}\varpi^{-1}\varpi_1^{-1}\ldots, \end{cases}$$

puis de remplacer dans cette valeur particulière les quantités

$$x,\ y,\ \ldots,\ \tau,\ \omega,\ \omega_1,\ \ldots,\ a,\ b,\ a_1,\ b_1,\ \ldots,\ k$$

par leurs valeurs tirées des équations (9) jointes aux deux formules

$$(12)\quad \frac{a}{\mathcal{A}} = \frac{b}{\mathcal{B}} = \ldots = \frac{a_1}{\mathcal{A}_1} = \frac{b_1}{\mathcal{B}_1} = \ldots = \frac{k}{\mathcal{K}_1} = xyz\ldots\tau\omega\omega_1\ldots,$$

$$(13)\quad t - \tau = \iota.$$

En opérant ainsi, on verra d'abord les équations (1) se réduire à celles que comprend la formule

$$(14)\quad \frac{D_t\varpi}{\lambda} = \frac{D_t\varpi_1}{\mu} = \ldots = \frac{a D_x\varpi + b D_y\varpi + \ldots + a_1 D_x\varpi_1 + b_1 D_y\varpi_1 + \ldots + k}{xy\ldots t\varpi\varpi_1\ldots}.$$

On aura donc, en premier lieu,

$$\frac{D_t\varpi}{\lambda} = \frac{D_t\varpi}{\mu} = \ldots;$$

et, par suite, en assujettissant ϖ, ϖ_1, ... à vérifier les conditions (3), pour $t = \tau$,

$$\frac{\varpi - \omega}{\lambda} = \frac{\varpi_1 - \omega_1}{\mu} = \ldots.$$

Nommons $\mathfrak{s}$ la valeur commune de tous les rapports que renferme la dernière équation; on aura

$$\frac{\varpi - \omega}{\lambda} = \frac{\varpi_1 - \omega_1}{\mu} = \ldots = \aleph,$$

par conséquent

(15) $$\varpi - \omega = \lambda\aleph, \qquad \varpi_1 - \omega_1 = \mu\aleph_1, \qquad \ldots;$$

et la formule (14) donnera simplement

(16) $$D_t\aleph = \frac{(\lambda a + \mu a_1 + \ldots)D_x\aleph + (\lambda b + \mu b_1 + \ldots)D_y\aleph + \ldots + k}{xyz\ldots t(\omega + \lambda\aleph)(\omega_1 + \mu\aleph)\ldots}.$$

Il reste à intégrer cette dernière, de manière que la condition

(17) $$\aleph = 0,$$

à laquelle les conditions (3) se réduisent, en vertu des formules (15), se trouve vérifiée pour $t = \tau$. Or, sous cette condition, et en posant, pour abréger,

$$s = D_t\aleph,$$

on trouvera, par une analyse semblable à celle que nous avons développée dans le précédent Mémoire,

(18) $$\frac{1}{st} = \frac{xy\ldots\omega\omega_1\ldots}{k}\left[f(\aleph) + \int_0^{\aleph} f(\aleph - \theta)D_\theta\Theta\,d\theta\right],$$

les valeurs de Θ et de $f(\theta)$ étant

(19) $$\begin{cases} \Theta = \left(1 - \dfrac{\lambda}{\omega}\theta\right)\left(1 + \dfrac{\mu}{\omega_1}\theta\right)\ldots, \\ f(\theta) = \left(1 + \dfrac{\lambda a + \mu a_1 + \ldots}{kx}\theta\right)\left(1 + \dfrac{\lambda b + \mu b_1 + \ldots}{ky}\theta\right)\ldots; \end{cases}$$

puis, en intégrant l'équation (18) par rapport à t et à $\aleph$ considéré comme fonction de t, après avoir multiplié les deux membres par

$$s\,dt = D_t\aleph\,dt,$$

on en conclura

(20) $$l\left(\frac{t}{\tau}\right) = \frac{xy\ldots\omega\omega_1\ldots}{k}\left[\int_0^{\aleph} f(\aleph)\,d\aleph + \int_0^{\aleph}\int_0^{\aleph} f(\aleph - \theta)D_\theta\Theta\,d\theta\,d\aleph\right].$$

Si, dans les formules (19) et (20), on substitue les valeurs de

$$x,\quad y,\quad z,\quad \ldots,\quad t,\quad \tau,\quad \omega,\quad \omega_1,\quad \ldots,\quad a,\quad b,\quad \ldots,\quad a_1,\quad b_1,\quad \ldots,\quad k$$

fournies par les équations (9), (12) et (13), on trouvera

$$(21)\quad \left\{\begin{aligned} \Theta &= \left(1-\frac{\lambda}{\upsilon}\theta\right)\left(1-\frac{\mu}{\upsilon_1}\theta\right)\ldots,\\ \mathrm{f}(\theta) &= \left(1-\frac{\lambda\mathcal{A}+\mu\mathcal{A}_1+\ldots}{\mathcal{K}\mathrm{x}}\theta\right)\left(1-\frac{\lambda\mathcal{B}+\mu\mathcal{B}_1+\ldots}{\mathcal{K}\mathrm{y}}\theta\right)\ldots, \end{aligned}\right.$$

$$(22)\quad \mathrm{t\,l}\left(1-\frac{\iota}{\mathrm{t}}\right)^{-1} = \frac{1}{\mathcal{K}}\left[\int_0^{8}\mathrm{f}(8)\,d8+\int_0^{8}\int_0^{8}\mathrm{f}(8-\theta)\,\mathrm{D}_\theta\Theta\,d\theta\,d8\right].$$

Si, pour abréger, on pose

$$(23)\qquad \varepsilon = \mathrm{t\,l}\left(1-\frac{\iota}{\mathrm{t}}\right)^{-1},$$

ε sera développable en une série convergente ordonnée suivant les puissances de ι, tant que l'on aura

$$(24)\qquad \iota < \mathrm{t}.$$

Supposons cette condition remplie, l'équation (22), résolue par rapport à 8, offrira une racine positive qui pourra être elle-même développée par le théorème de Lagrange suivant les puissances ascendantes de ε et de ι, si l'on a

$$(25)\qquad \varepsilon < \frac{1}{\mathcal{K}}\left[\int_0^{\alpha}\mathrm{f}(8)\,d8+\int_0^{\alpha}\int_0^{8}\mathrm{f}(8-\theta)\,\mathrm{D}_\theta\Theta\,d8\,d\theta\right],$$

α étant la plus petite racine positive de l'équation

$$(26)\qquad \mathrm{f}(8)+\int_0^{8}\mathrm{f}(8-\theta)\,\mathrm{D}_\theta\Theta\,d\theta = 0.$$

Il est d'ailleurs facile de prouver que cette dernière équation admettra effectivement une ou plusieurs racines positives inférieures au plus petit des rapports

$$(27)\qquad \frac{\mathcal{K}\mathrm{x}}{\lambda\mathcal{A}+\mu_1\mathcal{A}_1+\ldots},\quad \frac{\mathcal{K}\mathrm{y}}{\lambda\mathcal{B}+\mu_1\mathcal{B}_1+\ldots},\quad \ldots,\quad \frac{\upsilon}{\lambda},\quad \frac{\upsilon_1}{\mu},\quad \ldots.$$

En résumé, quand le module ι de la différence $t - \tau$ offrira une valeur assez petite pour que les conditions (24) et (25) se vérifient, l'équation (22) offrira une racine développable, par la formule de Lagrange, en une série ordonnée suivant les puissances ascendantes de ε ou même de ι. Alors aussi, en vertu des principes ci-dessus établis, l'inconnue ϖ, ou même chacune des inconnues

$$\varpi, \quad \varpi_1, \quad \ldots,$$

sera développable, par la formule de Taylor, en une série ordonnée suivant les puissances ascendantes de ι, et les séries que l'on obtiendra en substituant le développement trouvé de $\mathfrak{z}$ dans les seconds membres des équations (15) se composeront de termes respectivement supérieurs aux modules des termes correspondants des séries qui représenteront les développements des différences

$$\varpi - \omega, \quad \varpi - \omega_1, \quad \ldots.$$

Il est bon de remarquer que si, dans les équations (1), les fonctions

$$A, A', \ldots, \quad B, B', \ldots, \quad A_1, A'_1, \ldots, \quad B_1, B'_1, \ldots, \quad \ldots, \quad K, K', \ldots$$

cessaient de renfermer explicitement la variable t, la condition (24) disparaîtrait. Alors aussi on pourrait, dans les formules (22) et (25), réduire simplement à ι le produit

$$\iota \mathrm{l}\left(1 - \frac{\iota}{\mathrm{i}}\right) = \varepsilon.$$

Nous avons supposé, dans ce qui précède, les valeurs initiales ω, ω_1, ... des inconnues ϖ, ϖ_1, ... réduites à des constantes. On peut aisément ramener à ce cas particulier le cas plus général où ω, ω_1, ... seraient des fonctions données de x, y, z, ..., en substituant aux inconnues ϖ, ϖ_1, ... des inconnues nouvelles qui seraient égales aux différences

$$\varpi - \omega, \quad \varpi_1 - \omega_1, \quad \ldots,$$

ou à ces différences augmentées de quantités constantes.

On pourrait simplifier un peu les formules obtenues dans ce paragraphe en réduisant à l'unité chacune des constantes positives

$$\lambda, \quad \mu, \quad \nu, \quad \ldots;$$

mais il est avantageux d'y laisser ces constantes indéterminées, afin de pouvoir en disposer, dans chaque cas particulier, de manière à augmenter autant que possible la limite supérieure au module ι.

En terminant ce paragraphe, nous ferons observer que si, dans les équations (1), l'on réduit à zéro les fonctions

$$A, \quad A', \quad \ldots, \quad B, \quad B', \quad \ldots, \quad A_1, \quad A'_1, \quad \ldots, \quad B_1, \quad B'_1, \quad \ldots,$$

sans faire évanouir K, K', ..., on obtiendra simplement les équations différentielles

$$D_t\varpi = K, \qquad D_t\varpi_1 = K', \qquad \ldots.$$

Alors aussi la seconde des formules (21) donnera

$$\mathfrak{f}(\theta) = 1;$$

et si l'on prend

$$\lambda = \mathrm{A}K, \qquad \mu = \mathrm{A}K',$$

on pourra supposer encore

$$\mathcal{K} = 1.$$

Cela posé, l'équation (26) étant réduite à

$$\left(1 - \frac{\lambda}{\upsilon} x\right)\left(1 - \frac{\mu}{\upsilon_1} x\right) \ldots = 0,$$

la plus petite racine positive α de cette même équation sera égale au plus petit des rapports

$$\frac{\upsilon}{\lambda}, \quad \frac{\upsilon_1}{\mu}, \quad \ldots;$$

et, à la place des formules (22), (25), on obtiendra les suivantes :

$$\mathrm{t}\,\mathrm{l}\left(1 - \frac{\iota}{\mathrm{t}}\right)^{-1} = \int_0^{x} \left(1 - \frac{\lambda}{\upsilon}\theta\right)\left(1 - \frac{\mu}{\upsilon_1}\theta\right) \ldots d\theta,$$

$$\varepsilon < \int_0^{\alpha} \left(1 - \frac{\lambda}{\upsilon}\theta\right)\left(1 - \frac{\mu}{\upsilon_1}\theta\right) \ldots d\theta.$$

On se trouvera ainsi ramené, pour un système d'équations différentielles, aux formules déjà obtenues dans un précédent Mémoire.

§ II. — *Application du calcul des limites à l'intégration des équations auxiliaires.*

Considérons maintenant des équations aux dérivées partielles qui ne soient pas linéaires, et supposons d'abord que ces équations soient du premier ordre; elles renfermeront, avec les variables indépendantes

$$x, \quad y, \quad z, \quad \ldots, \quad t,$$

et les inconnues

$$\varpi, \quad \varpi_1, \quad \ldots,$$

leurs dérivées du premier ordre

$$D_x\varpi, \quad D_y\varpi, \quad \ldots, \quad D_t\varpi; \qquad D_x\varpi_1, \quad D_y\varpi_1, \quad \ldots, \quad D_t\varpi_1, \quad \ldots$$

et pourront être généralement résolues par rapport aux dérivées

$$D_t\varpi, \quad D_t\varpi_1, \quad \ldots.$$

Si, en vertu des équations données, les valeurs générales de ces dernières s'évanouissaient, alors, ces équations pouvant être réduites aux suivantes

$$(1) \qquad D_t\varpi = 0, \qquad D_t\varpi_1 = 0, \qquad \ldots,$$

leurs intégrales seraient de la forme

$$(2) \qquad \varpi = \omega, \qquad \varpi_1 = \omega_1, \qquad \ldots,$$

ω, ω_1, ... désignant des fonctions des seules variables x, y, z, ..., et l'on pourrait d'ailleurs choisir arbitrairement les valeurs initiales de ϖ, ϖ_1, ... représentées par ω, ω_1, ... Si les équations données ne se réduisent pas aux formules (1), leurs intégrales ne seront plus représentées par les formules (2), mais on pourra se proposer d'intégrer ces équations de manière que les formules (2) se vérifient, pour une valeur particulière de t, par exemple, pour $t = \tau$. On y parviendra, en effet, à l'aide de l'analyse que nous allons indiquer.

Considérons, en premier lieu, le cas où les équations données se réduisent à une seule; celle-ci sera de la forme

$$(3) \qquad F(x, y, \ldots, t, \varpi, D_x\varpi, D_y\varpi, \ldots, D_t\varpi) = 0,$$

et il s'agira de l'intégrer de manière que, pour $t = \tau$, on ait

$$(4) \qquad \varpi = \omega,$$

ω étant une fonction donnée quelconque de $x, y, z, \ldots$. Or, à l'équation (3), qui n'est pas linéaire, on peut substituer la formule

$$(5) \qquad F(x, y, \ldots, t, \varpi, p, q, \ldots, s) = 0$$

jointe au système des équations

$$(6) \qquad p = D_x\varpi, \qquad q = D_y\varpi, \qquad \ldots, \qquad s = D_t\varpi,$$

qui sont toutes linéaires par rapport aux dérivées qu'elles renferment. Il y a plus, si ϖ n'entre pas explicitement dans la formule (5), c'est-à-dire si cette formule se réduit à

$$(7) \qquad F(x, y, \ldots, t, p, q, \ldots, s) = 0,$$

alors, pour réduire le problème à la détermination des seules inconnues $p, q, \ldots, s$, il suffira de joindre à la formule (7) celles que fournit l'élimination de ϖ entre les équations (6), ou, ce qui revient au même, les conditions d'intégrabilité de la formule

$$(8) \qquad d\varpi = p\,dx + q\,dy + \ldots + s\,dt,$$

et de substituer en même temps à la condition (4) le système des conditions

$$(9) \qquad p = D_x\omega, \qquad q = D_y\omega, \qquad \ldots,$$

qui devront toutes se vérifier pour $t = \tau$. D'ailleurs, parmi les conditions d'intégrabilité de la formule (8), les unes, savoir

$$(10) \qquad D_t p = D_x s, \qquad D_t q = D_y s, \qquad \ldots,$$

renfermeront les dérivées de $p, q, \ldots$ relatives à t, tandis que les autres, savoir

$$(11) \qquad D_y p = D_x q, \qquad \ldots,$$

renfermeront seulement les dérivées de p, q, ... relatives à x, y, ...; et il est clair que, après avoir éliminé s des équations (10) à l'aide de la formule (7), on obtiendra, entre les seules inconnues

$$p, \quad q, \quad \ldots,$$

des équations qui seront linéaires par rapport aux dérivées de ces inconnues. Donc, pour intégrer ces équations de manière à remplir les conditions (9), il suffira de recourir à la méthode exposée dans le § Ier. Mais on peut demander si, cette intégration étant effectuée, les valeurs trouvées de p, q, ... vérifieront les formules (11). Or on peut affirmer qu'il en sera ainsi. En effet, les formules (9) et (10) étant vérifiées, on aura : 1° pour $t = \tau$,

$$D_y p = D_x D_y \varpi = D_x q,$$

par conséquent

$$(12) \qquad D_y p - D_x q = 0;$$

2° quel que soit t,

$$D_y D_t p = D_x D_y s = D_x D_t q,$$

par conséquent

$$(13) \qquad D_t(D_y p - D_x q) = 0,$$

et il suffit d'intégrer par rapport à t la formule (13), en ayant égard à la condition (12), pour retrouver immédiatement la première des formules (11). Chacune des formules (11) pouvant être ainsi retrouvée, chacune d'elles sera nécessairement vérifiée par les valeurs de

$$p, \quad q, \quad \ldots$$

que l'on tirera des équations (7) et (10) jointes aux conditions (9). D'ailleurs, les valeurs de p, q, ... étant connues, celle de s et celle de l'inconnue ϖ seront immédiatement fournies par l'équation (7) et par la dernière des formules (6), de laquelle on tirera

$$(14) \qquad \varpi - \omega = \int_{\tau}^{t} s\,dt.$$

Si le premier membre de l'équation aux dérivées partielles qu'il s'agit d'intégrer renfermait implicitement l'inconnue ϖ, c'est-à-dire si l'équation (5) cessait de se réduire à la formule (7), on pourrait chercher à exprimer

$$p, \quad q, \quad \ldots, \quad s,$$

non plus seulement en fonction de $x, y, z, \ldots, t$, mais en fonction de

$$x, \quad y, \quad z, \quad \ldots, \quad t, \quad \varpi.$$

Alors, à la place des formules (10), on obtiendrait évidemment celles-ci

$$(15) \quad D_t p + s\,D_\varpi p = D_x s + p\,D_\varpi s, \qquad D_t q + s\,D_\varpi q = D_y s + q\,D_\varpi s, \qquad \ldots,$$

et pour trouver les valeurs des inconnues

$$p, \quad q, \quad \ldots$$

considérées comme fonctions de $x, y, z, \ldots, t, \varpi$, il suffirait d'appliquer la méthode d'intégration exposée dans le § I aux équations (15), après en avoir éliminé s à l'aide de la formule (5), et en assujettissant les inconnues $p, q, \ldots$ à vérifier, pour $t = \tau$, les conditions (9). Les valeurs de $p, q, \ldots$ étant calculées, celle de s se déduirait de la formule (7); et, en la substituant dans la dernière des formules (6), on verrait celle-ci se réduire à une seule équation différentielle entre ϖ et t. En intégrant cette équation différentielle de manière à vérifier la condition (4), on obtiendrait immédiatement la valeur de l'inconnue ϖ.

Nous venons d'examiner le cas particulier où les équations données se réduisent à une seule équation du premier ordre. Passons maintenant au cas plus général où l'on donne plusieurs équations du premier ordre entre les variables indépendantes

$$x, \quad y, \quad z, \quad \ldots, \quad t$$

et les inconnues

$$\varpi, \quad \varpi_1, \quad \ldots .$$

Si l'on pose, pour abréger,

$$\begin{array}{llll} p = D_x \varpi, & q = D_y \varpi, & \ldots, & s = D_t \varpi, \\ p_1 = D_x \varpi_1, & q_1 = D_y \varpi_1, & \ldots, & s_1 = D_t \varpi_1, \\ \ldots\ldots\ldots, & \ldots\ldots\ldots, & \ldots, & \ldots\ldots\ldots, \end{array}$$

ces équations seront de la forme

$$(16) \quad F(x, y, z, \ldots, t, \varpi, \varpi_1 \ldots, p, q, \ldots, s, p_1, q_1, \ldots, s_1, \ldots) = 0, \quad \ldots,$$

ou même plus simplement de la forme

$$(17) \quad F(x, y, z, \ldots, t, p, q, \ldots, s, p_1, q_1, \ldots, s_1, \ldots) = 0, \quad \ldots,$$

lorsqu'elles ne renfermeront pas explicitement les inconnues. Or, en raisonnant comme ci-dessus, on intégrera facilement le système des équations aux dérivées partielles (16) ou (17), de manière à vérifier les conditions (2). En effet, pour intégrer, sous ces conditions, le système des équations (17), il suffira d'intégrer le système des équations linéaires

$$(18) \quad D_t p = D_x s, \quad D_t q = D_y s, \quad \ldots, \quad D_t p_1 = D_x s_1, \quad D_t q_1 = D_y s_1, \quad \ldots,$$

après avoir éliminé $s, s_1, \ldots$ à l'aide des formules (17), et en assujettissant les inconnues

$$p, \quad q, \quad \ldots, \quad p_1, \quad q_1, \quad \ldots$$

à vérifier, pour $t = \tau$, les conditions

$$(19) \quad p = D_x \omega, \quad q = D_y \omega, \quad \ldots, \quad p_1 = D_x \omega_1, \quad q_1 = D_y \omega_1 \quad \ldots,$$

puis de déterminer

$$s, \quad s_1, \quad \ldots$$

à l'aide des formules (17), et

$$\varpi, \quad \varpi_1, \quad \ldots$$

à l'aide des équations différentielles

$$(20) \qquad D_t \varpi = s, \quad D_t \varpi_1 = s_1, \quad \ldots,$$

desquelles on tirera immédiatement

$$(21)\qquad \varpi - \omega = \int_\tau^t s\,dt, \qquad \varpi_1 - \omega_1 = \int_\tau^t s_1\,dt, \qquad \cdots.$$

Si, à la place des formules (17), on donne à intégrer les formules (16), alors, en considérant

$$p, \quad q, \quad \ldots, \quad p_1, \quad q_1, \quad \ldots$$

comme des fonctions de

$$x, \quad y, \quad z, \quad \ldots, \quad t, \quad \varpi, \quad \varpi_1, \quad \ldots,$$

on devra aux formules (19) substituer les suivantes

$$(22)\qquad \begin{array}{l} D_t p + s\,D_\varpi p + s_1\,D_{\varpi_1} p + \ldots = D_x s + p\,D_\varpi s + p_1\,D_{\varpi_1} s_1 + \ldots, \\ \ldots\ldots\ldots\ldots\ldots\ldots\ldots\ldots\ldots\ldots\ldots\ldots, \end{array}$$

et les valeurs des inconnues ϖ, ϖ_1, ... se déduiront, non plus des formules (21), mais seulement des formules (20), c'est-à-dire d'un système d'équations différentielles simultanées, que l'on devra intégrer en assujettissant les inconnues ϖ, ϖ_1, ... à vérifier, pour $t = \tau$, les conditions (2).

Nous venons de voir que, pour réduire l'intégration des équations non linéaires, mais du premier ordre, à l'intégration des équations linéaires, il suffisait de substituer aux inconnues données des inconnues nouvelles dont le nombre était plus considérable. A l'aide du même artifice de calcul, on pourra réduire l'intégration des équations d'ordres supérieurs à l'intégration d'équations du premier ordre. Ainsi, par exemple, étant donnée, entre les variables indépendantes x, t et l'inconnue ϖ, une équation du second ordre, qui ne renferme pas explicitement cette inconnue, et qui par conséquent soit de la forme

$$(23)\qquad F(x, t, D_x\varpi, D_t\varpi, D_x^2\varpi, D_x D_t\varpi, D_t^2\varpi) = 0,$$

veut-on intégrer cette équation de manière à remplir, pour $t = \tau$, les conditions

$$(24)\qquad \varpi = \omega, \qquad D_t\varpi = \omega',$$

ω, ω' désignant deux fonctions données de x? Il suffira de poser

$$p = D_x \varpi, \qquad s = D_t \varpi,$$

puis d'intégrer les équations du premier ordre

$$(25) \qquad F(x, t, p, s, D_x p, D_x s, D_t s) = 0, \qquad D_t p = D_x s,$$

de manière à vérifier, pour $t = \tau$, les conditions

$$(26) \qquad p = D_x \omega, \qquad s = \omega',$$

et enfin de déterminer l'inconnue ϖ à l'aide de l'équation

$$D_t \varpi = s,$$

de laquelle on tirera immédiatement

$$\varpi - \omega = \int_\tau^t s\,dt.$$

Au reste, on peut, dans tous les cas, et sans changer le nombre des variables indépendantes, remplacer un système d'équations aux dérivées partielles d'ordre quelconque entre les inconnues ϖ, ϖ_1, ... par un système d'équations du premier ordre qui soient linéaires au moins par rapport aux dérivées de ces inconnues et des inconnues nouvelles que l'on introduit dans la formule. Pour y parvenir, il suffit de représenter par une nouvelle lettre chacune des diverses dérivées de ϖ, ϖ_1, ... qui sont contenues dans les équations proposées, en joignant même à ces dérivées celles des ordres inférieurs, puis de prendre pour nouvelles inconnues toutes les quantités représentées par les lettres nouvelles, et de considérer les équations proposées comme des équations finies qui serviront à déterminer quelques-unes de ces inconnues en fonction des autres dont les dérivées relatives à t deviendront les premiers membres des équations linéaires qu'il s'agissait d'obtenir. C'est ce que nous expliquerons plus en détail dans un autre Article.

172.

Calcul intégral. — *Mémoire sur les intégrales des systèmes d'équations différentielles ou aux dérivées partielles, et sur les développements de ces intégrales en séries ordonnées suivant les puissances ascendantes d'un paramètre que renferment les équations proposées.*

C. R., t. XV, p. 101 (18 juillet 1842).

Dans les précédents Mémoires, nous avons développé les intégrales d'un système d'équations différentielles ou aux dérivées partielles en séries ordonnées suivant les puissances ascendantes d'un accroissement attribué à une variable indépendante qui, dans les questions de Mécanique, peut être censée représenter le temps. Souvent il arrive que les séries de cette espèce restent convergentes, même au bout d'un temps considérable; mais alors, le plus ordinairement, on est obligé, pour obtenir un degré suffisant d'approximation, de calculer un très grand nombre de termes, et ce nombre croît sans cesse avec le temps, ce qui rend les calculs de plus en plus difficiles. On peut éviter cet inconvénient, dans beaucoup de cas, en développant les intégrales, non plus suivant les puissances ascendantes d'un accroissement attribué à l'une des variables indépendantes, mais suivant les puissances ascendantes d'un paramètre que renferment les équations données, ou même suivant les puissances ascendantes d'un paramètre que l'on introduit arbitrairement dans ces équations, sauf à lui attribuer plus tard une valeur numérique déterminée, en le réduisant, par exemple, à l'unité. Ainsi, en particulier, s'agit-il d'intégrer les équations différentielles du mouvement des planètes, on pourra multiplier les masses de ces astres, qui sont très petites relativement à la masse du Soleil, par un même facteur α, comme je l'ai fait dans le Mémoire de 1831, puis développer les valeurs des inconnues suivant les puissances ascendantes de α, et poser, après les intégrations, $\alpha = 1$. Alors les approximations des divers ordres fourniront des termes représentés par des intégrales définies des divers ordres et respectivement proportionnels aux diverses puissances des masses.

En général, si les équations données, étant réduites à des équations du premier ordre, sont présentées sous une forme telle que leurs premiers membres soient précisément les dérivées des inconnues relatives au temps, et si, dans ce cas, on développe les valeurs des inconnues en séries ordonnées suivant les puissances ascendantes d'un paramètre avec lequel les seconds membres des équations s'évanouissent, les divers termes des séries obtenues seront représentés par des intégrales définies des divers ordres, et le *calcul des limites* fournira encore les conditions de la convergence des séries, avec les limites des erreurs que l'on commettra en arrêtant ces séries après un certain nombre de termes. La recherche de ces conditions et de ces limites est l'un des principaux objets de mon nouveau Mémoire.

Je ferai, en terminant cet Article, une remarque importante. Lorsqu'en Astronomie on intègre les équations des mouvements planétaires par la méthode ci-dessus rappelée, alors, dans la détermination des éléments elliptiques, les approximations successives, et même l'approximation du premier ordre, qui a pour objet la recherche des quantités proportionnelles à la première puissance des masses des planètes, introduisent dans les intégrales des termes *séculaires*, c'est-à-dire proportionnels au temps. Il était donc à désirer que l'on pût effectuer les développements des intégrales en séries de manière à éviter cette introduction. En m'occupant de cet objet, je suis encore parvenu à des résultats qui me paraissent dignes de quelque attention, et que j'exposerai dans un nouvel Article.

173.

Calcul intégral. — *Mémoire sur les systèmes d'équations aux dérivées partielles d'ordres quelconques, et sur leur réduction à des systèmes d'équations linéaires du premier ordre.*

C. R., t. XV, p. 131 (25 juillet 1842).

Considérons d'abord une seule équation aux dérivées partielles entre l'inconnue ϖ et plusieurs variables indépendantes

$$x, \quad y, \quad z, \quad \ldots, \quad t,$$

dont la dernière pourra représenter le temps. Si cette équation est du premier ordre, elle sera de la forme

$$(1) \qquad F(x, y, \ldots, t, \varpi, D_x\varpi, D_y\varpi, \ldots, D_t\varpi) = 0,$$

et pourra être généralement résolue par rapport à la dérivée $D_t\varpi$. Si la même équation se réduisait simplement à

$$(2) \qquad D_t\varpi = 0,$$

on la vérifierait en prenant

$$(3) \qquad \varpi = \omega,$$

ω désignant une fonction des seules variables $x, y, \ldots,$ qui pourrait d'ailleurs être choisie arbitrairement. Si l'équation (1) ne se réduit pas à la formule (2), son intégrale ne pourra plus être représentée par la formule (3); mais alors on pourra se proposer d'intégrer l'équation (1), de manière que la condition (3) soit vérifiée pour une valeur particulière de t, par exemple, pour $t = \tau$. D'ailleurs, pour intégrer l'équation (1), jointe à la condition (3), il suffira d'intégrer un système d'équations qui seront linéaires au moins par rapport aux dérivées des inconnues, de manière à vérifier plusieurs conditions de la même espèce. C'est en effet ce que l'on peut démontrer comme il suit.

Représentons par une seule lettre chacune des dérivées que renferme l'équation (1), et posons en conséquence

$$(4) \qquad p = D_x\varpi, \quad q = D_y\varpi, \quad \ldots, \quad s = D_t\varpi.$$

L'équation (1), réduite à

$$(5) \qquad F(x, y, z, \ldots, t, \varpi, p, q, \ldots, s) = 0,$$

renfermera, outre les variables indépendantes $x, y, \ldots, t$, les quantités variables

$$\varpi, \quad p, \quad q, \quad \ldots, \quad s,$$

qui pourront être censées représenter des inconnues, dont l'une s sera liée aux autres

$$\varpi, \quad p, \quad q, \quad \ldots$$

par cette même équation. D'ailleurs, si l'on différentie par rapport à t ces dernières inconnues, les dérivées que l'on obtiendra, savoir

$$D_t\varpi, \quad D_t p, \quad D_t q, \quad \ldots,$$

pourront être exprimées par la fonction s et par ses dérivées relatives à $x, y, z, \ldots$; car on aura évidemment

$$(6) \qquad D_t\varpi = s, \qquad D_t p = D_x s, \qquad D_t q = D_y s, \qquad \ldots.$$

Or, si l'on élimine s des équations (6) à l'aide de la formule (5), on obtiendra immédiatement, entre les variables indépendantes $x, y, \ldots, t$ et les inconnues

$$\varpi, \quad p, \quad q, \quad \ldots,$$

un système d'équations qui seront linéaires au moins par rapport aux dérivées des inconnues. J'ajoute que, si l'on intègre ces équations linéaires de manière à vérifier, pour $t = \tau$, la condition (3) et par conséquent les suivantes

$$(7) \qquad \varpi = \omega, \qquad p = D_x\omega, \qquad q = D_y\omega, \qquad \ldots,$$

l'équation (1) se trouvera par cela même intégrée, attendu que les valeurs trouvées de

$$\varpi, \quad p, \quad q, \quad \ldots$$

vérifieront, non seulement l'équation (1), mais encore les formules (4). Or, effectivement, la dernière des formules (4) coïncide avec la première des équations (6), et l'on tire de ces équations

$$D_t p = D_t D_x \varpi, \qquad D_t q = D_t D_y \varpi, \qquad \ldots;$$

puis, en intégrant par rapport à t, et ayant égard aux conditions (7), que l'on suppose vérifiées pour $t = \tau$, on trouve précisément

$$p = D_x \varpi, \qquad q = D_y \varpi, \qquad \ldots.$$

Considérons maintenant une équation linéaire de l'ordre n entre les variables indépendantes $x, y, \ldots, t$ et l'inconnue ϖ. Dans le cas le plus général, cette équation renfermera toutes les dérivées partielles de ϖ d'un ordre égal ou inférieur à n, et sera par conséquent de la forme

$$(8) \qquad F(x, y, \ldots, t, \varpi, D_x\varpi, D_y\varpi, \ldots, D_t\varpi, D_x^2\varpi, D_x D_y\varpi, \ldots, D_t^n\varpi) = 0.$$

Si cette même équation résolue par rapport à t se réduisait à

$$(9) \qquad D_t^n \varpi = 0,$$

on le vérifierait en prenant

$$(10) \qquad \varpi = \omega + \omega' \frac{t-\tau}{1} + \omega'' \frac{(t-\tau)^2}{1.2} + \ldots + \omega^{(n-1)} \frac{(t-\tau)^{n-1}}{1.2\ldots(n-1)},$$

τ désignant une valeur particulière de t, et

$$\omega, \quad \omega', \quad \omega'', \quad \ldots, \quad \omega^{(n-1)}$$

les valeurs correspondantes de

$$\varpi, \quad D_t\varpi, \quad D_t^2\varpi, \quad \ldots, \quad D_t^{n-1}\varpi.$$

Ajoutons que la valeur de ϖ, déterminée par la formule (10), a évidemment la double propriété de vérifier, quel que soit t, l'équation (9), et pour $t = \tau$, les conditions

$$(11) \qquad \varpi = \omega, \qquad D_t\varpi = \omega', \qquad D_t^2\varpi = \omega'', \qquad \ldots, \qquad D_t^{n-1}\varpi = \omega^{(n-1)}.$$

D'ailleurs, dans la formule (10),

$$\omega, \quad \omega', \quad \omega'', \quad \ldots, \quad \omega^{(n-1)}$$

peuvent être des fonctions données quelconques des seules variables

$$x, \quad y, \quad \ldots.$$

Si l'équation (8) ne se réduit pas à la formule (9), on pourra se proposer encore de l'intégrer de manière à vérifier les conditions (11). D'ailleurs, pour y parvenir, il suffira d'intégrer un système d'équations linéaires, de manière à vérifier diverses conditions semblables aux conditions (11), et en opérant comme il suit.

Posons

$$(12) \qquad s = D_t^n \varpi,$$

représentons encore par diverses lettres

$$p, \quad q, \quad \ldots$$

celles des dérivées de ϖ qui peuvent être renfermées généralement avec s dans l'équation (8), et prenons pour inconnues les quantités variables

$$\varpi, \quad p, \quad q, \quad \ldots, \quad s.$$

L'équation (8), réduite à la formule

$$(13) \qquad F(x, y, \ldots, t, \varpi, p, q, \ldots, s) = 0,$$

pourra être considérée comme propre à exprimer l'inconnue s en fonction des autres

$$\varpi, \quad p, \quad q, \quad \ldots$$

et des variables indépendantes. D'ailleurs, les lettres

$$u, \quad v$$

désignant deux quelconques des inconnues

$$\varpi, \quad p, \quad q, \quad \ldots, \quad s,$$

la valeur de $D_t u$ sera déterminée par une équation de la forme

$$D_t u = v, \tag{14}$$

si u représente une dérivée de ϖ d'un ordre inférieur à n, et par une équation de l'une des formes

$$D_t u = D_x v, \qquad D_t u = D_y v, \qquad \ldots, \tag{15}$$

si u représente une dérivée de ϖ de l'ordre n, mais distincte de s. Cela posé, il est facile de s'assurer que, pour intégrer l'équation (8) de manière à remplir les conditions (11), il suffira d'intégrer le système des équations linéaires qui se présentent sous les formes (14) et (15), après en avoir éliminé s à l'aide de la formule (13), et en assujettissant les inconnues

$$\varpi, \quad p, \quad q, \quad \ldots$$

à vérifier, pour $t = \tau$, les conditions qui se déduisent des formules (11). Ainsi, en particulier, l'équation proposée aux dérivées partielles est-elle une équation du second ordre entre l'inconnue ϖ et deux variables indépendantes x, t, ou, en d'autres termes, cette équation est-elle de la forme

$$F(x, t, \varpi, D_x \varpi, D_t \varpi, D_x^2 \varpi, D_x D_t \varpi, D_t^2 \varpi) = 0, \tag{16}$$

et s'agit-il d'intégrer cette équation de manière que, pour $t = \tau$, on ait

$$\varpi = \omega, \qquad D_t \varpi = \omega', \tag{17}$$

ω, ω' désignant deux fonctions de x, on posera

$$\left\{ \begin{array}{lll} p = D_x \varpi, & q = D_t \varpi, & \\ u = D_x^2 \varpi, & v = D_x D_t \varpi, & s = D_t^2 \varpi, \end{array} \right. \tag{18}$$

ce qui réduira l'équation (16) à

$$F(x, t, \varpi, p, q, u, v, s) = 0; \tag{19}$$

puis, après avoir déduit des formules (18) les équations

$$\left\{ \begin{array}{ll} & D_t \varpi = q, \\ D_t p = v, & D_t q = s, \\ D_t u = D_x v, & D_t v = D_x s, \end{array} \right. \tag{20}$$

et des formules (17) les conditions

$$(21)\qquad \begin{cases} \varpi = \omega, \\ p = D_x \omega, \qquad q = \omega', \\ u = D_x^2 \omega, \qquad v = D_x \omega', \end{cases}$$

on éliminera s des équations (20) à l'aide de la formule (19), et on intégrera ces équations de manière que les inconnues

$$\varpi,\quad p,\quad q,\quad u,\quad v$$

vérifient, pour $t = \tau$, les conditions (21). Or, pour prouver que cette intégration entraîne celle de l'équation (16), il suffit de faire voir que les valeurs trouvées de

$$p,\quad q,\quad u,\quad v$$

auront avec les valeurs trouvées de ϖ les relations indiquées par les formules (18). Effectivement, on tire : 1° des formules (20),

$$D_t u = D_t D_x p, \qquad D_t v = D_t D_x q,$$

puis, en intégrant par rapport à t, et ayant égard aux conditions (21),

$$(22)\qquad u = D_x p, \qquad v = D_x q;$$

2° des formules (20) et (22),

$$D_t p = D_t D_x \varpi,$$

puis, en intégrant par rapport à t, et ayant égard aux conditions (21),

$$(23)\qquad p = D_x \varpi.$$

D'ailleurs, les formules (20), (22), (23) entraînent immédiatement les formules (18). On peut remarquer, en outre, que parmi les conditions (21) se trouvent précisément comprises les conditions (17).

Par des raisonnements semblables à ceux qui précèdent, on prouverait généralement que les équations linéaires de la forme (14) ou (15), quand on les joint aux conditions déduites des formules (11), entraînent toutes les relations établies entre l'inconnue ϖ et les autres inconnues

$$p,\quad q,\quad \ldots,\quad s$$

par les formules mêmes qui servent à définir ces dernières inconnues, quand on passe de l'équation (8) à la formule (13). Donc, comme nous l'avions annoncé, pour intégrer l'équation (8) de manière que l'inconnue ϖ vérifie, pour $t = \tau$, les conditions (11), il suffira d'intégrer, sous les conditions correspondantes à celles-ci, les équations linéaires comprises sous les formes (14) et (15).

Concevons maintenant que plusieurs inconnues

$$\varpi, \quad \varpi_1, \quad \ldots$$

soient liées aux variables indépendantes

$$x, \quad y, \quad z, \quad \ldots, \quad t,$$

la première par une équation de l'ordre n, la seconde par une équation de l'ordre n_1, ..., et assujetties à vérifier chacune des conditions semblables aux conditions (11). Il est clair que, en raisonnant toujours de la même manière, on réduira l'intégration de ces diverses équations à l'intégration d'un système d'équations linéaires du premier ordre. Ajoutons que la même réduction pourra évidemment s'opérer encore de la même manière et à l'aide des mêmes formules, si les inconnues ϖ, ϖ_1, ... se trouvent, non plus séparées, mais, au contraire, mêlées les unes avec les autres dans les diverses équations données. Donc, l'intégration d'un système quelconque d'équations aux dérivées partielles d'ordres quelconques peut être généralement réduite à l'intégration d'un système d'équations du premier ordre dont chacune soit linéaire, au moins par rapport aux dérivées partielles des inconnues.

Nous remarquerons, en finissant, que, si les variables indépendantes se réduisent à une seule, le système des équations proposées se changera en un système d'équations différentielles. Donc encore, comme on le savait depuis longtemps, l'intégration d'un système d'équations différentielles d'ordres quelconques peut toujours être réduite à l'intégration d'un système d'équations différentielles du premier ordre.

174.

Calcul des limites. — *Note sur divers théorèmes relatifs au calcul des limites.*

C. R., T. XV, p. 138, 25 juillet 1842.

Dans le calcul des limites, pour obtenir des limites supérieures aux modules d'une fonction et de ses dérivées, on commence par attribuer aux diverses variables des accroissements imaginaires et par chercher le plus grand module de la fonction correspondant à des modules donnés de ces accroissements. Toutefois, les accroissements donnés, ou plutôt leurs modules, ne doivent pas être choisis arbitrairement : ils doivent remplir une certaine condition, ils doivent être tels que la fonction, venant à varier avec ces accroissements, ne cesse pas d'être continue.

En Mathématiques, on nomme *virtuelles* des quantités assujetties à remplir certaines conditions qui tiennent à la nature même des problèmes que l'on veut résoudre. Ainsi, par exemple, s'agit-il d'obtenir les lois d'équilibre ou de mouvement de corps ou de points matériels assujettis à des liaisons données? On nomme *vitesses virtuelles* celles qui sont compatibles avec ces liaisons, ou, en d'autres termes, celles que les divers points peuvent acquérir dans des mouvements que comportent les données de la question. S'agit-il, au contraire, de développer des fonctions en séries, alors, comme nous l'avons remarqué, la possibilité du développement, ou la convergence des séries, dépend de la continuité des fonctions. Cela posé, dans les théorèmes relatifs à la continuité des fonctions, et par suite dans le calcul des limites, des accroissements attribués aux variables que les fonctions renferment devront être naturellement appelés *accroissements virtuels*, s'ils sont tels que les fonctions ne cessent pas d'être continues. Nous adopterons désormais cette locution pour simplifier les énoncés des théorèmes. En conséquence, étant donnée une fonction

$$K = F(x, y, z, \ldots, t)$$

de plusieurs variables x, y, z, nous appellerons *accroissements virtuels* des accroissements réels ou imaginaires attribués à ces mêmes variables et tellement choisis que la fonction, altérée par ces accroissements, ne cesse pas d'être continue. Pareillement, nous appellerons *modules virtuels* les modules

$$\mathrm{x}, \quad \mathrm{y}, \quad \ldots, \quad \mathrm{t}$$

d'accroissements imaginaires

$$\bar{x}, \quad \bar{y}, \quad \ldots, \quad \bar{t},$$

attribués aux variables

$$x, \quad y, \quad \ldots, \quad t,$$

et tellement choisis que, pour ces modules ou pour des modules plus petits,

$$\bar{K} = F(x + \bar{x}, y + \bar{y}, \ldots, t + \bar{t})$$

reste fonction continue des arguments et des modules des accroissements imaginaires $\bar{x}, \bar{y}, \ldots, \bar{t}$. Enfin, pour abréger, nous appellerons *module virtuel de la fonction* K le plus grand des modules de $\bar{K}$ correspondants à des modules virtuels donnés des accroissements $\bar{x}, \bar{y}, \ldots, \bar{t}$. Ces définitions étant admises, le théorème fondamental que nous avons établi dans la séance du 27 juin dernier ([1]) peut s'énoncer de la manière suivante :

Théorème I. — *Étant donnée une fonction de plusieurs variables, pour obtenir une limite supérieure au module d'une dérivée quelconque de cette fonction, il suffit de chercher les valeurs particulières qu'acquiert cette dérivée, dans le cas où la fonction devient réciproquement proportionnelle à toutes les variables, puis de remplacer, dans le résultat trouvé, chaque variable prise en signe contraire par le module virtuel d'un accroissement*

([1]) *Œuvres de Cauchy*, S. I, T. VI, p. 461. — Extrait n° 167.

imaginaire attribué à cette variable, et la fonction elle-même par son module virtuel.

Corollaire I. — Si l'on supposait la valeur particulière de la fonction donnée réciproquement proportionnelle, non à chacune des variables, mais à la différence qui existe entre chaque variable et le module virtuel de son accroissement, alors, au lieu du théorème I, on obtiendrait évidemment la proposition suivante :

Théorème II. — *Étant donnée une fonction de plusieurs variables, pour obtenir une limite supérieure au module d'une dérivée quelconque de cette fonction, il suffit de chercher la valeur particulière qu'acquiert cette dérivée dans le cas où la fonction devient réciproquement proportionnelle à la différence qui existe entre chaque variable et un module virtuel d'un accroissement imaginaire attribué à cette variable; puis de remplacer dans le résultat trouvé la fonction par son module virtuel, en réduisant chaque variable à zéro.*

Le théorème I entraîne encore évidemment la proposition suivante :

Théorème III. — *Étant donné un polynôme dont chaque terme est le produit des dérivées, de divers ordres, d'une ou de plusieurs fonctions de certaines variables, pour obtenir une limite supérieure au module de ce polynôme, il suffit de chercher la valeur particulière qu'il acquiert, dans le cas où chaque fonction devient réciproquement proportionnelle à toutes les variables dont elle dépend, puis de remplacer, dans le résultat trouvé, chaque variable par le module virtuel d'un accroissement imaginaire attribué à cette variable, et chaque fonction par son module virtuel.*

Corollaire. — Si le polynôme donné était réel et renfermé sous le signe $\int$ dans une intégrale définie, réelle et multiple, dont chaque élément infiniment petit serait affecté du même signe que le polynôme lui-même, et si, d'ailleurs, le polynôme ne contenait pas de dérivées partielles, prises par rapport aux variables auxquelles les intégrations seraient relatives, alors, pour obtenir une limite supérieure au module de l'intégrale multiple, il suffirait évidemment de calculer, à l'aide du théorème précédent, une limite supérieure au module du polynôme, considéré comme une fonction des autres variables, en attribuant aux modules virtuels des fonctions dont les dérivées entreraient dans chaque terme les plus grandes valeurs que ces modules pourraient acquérir entre les limites des intégrations; puis de multiplier la limite supérieure au module du polynôme par la quantité positive à laquelle se réduirait l'intégrale, si le polynôme se réduisait à l'unité.

175.

Calcul intégral. — *Mémoire sur les intégrales des systèmes d'équations différentielles et aux dérivées partielles, et sur le développement de ces intégrales en séries ordonnées suivant les puissances ascendantes d'un paramètre que renferment les équations proposées.*

C. R., T. XV, p. 141 (25 juillet 1842).

Analyse.

Considérons d'abord une seule équation différentielle du premier ordre entre les deux variables x et t, dont la dernière, regardée comme indépendante, peut être censée représenter le temps; et supposons que cette équation renferme, avec x, t et $D_t x$, un certain paramètre α. Si on la résout par rapport à x, elle prendra la forme

$$D_t x = X. \tag{1}$$

Si d'ailleurs on nomme ξ la valeur particulière de x correspondante à $t = \tau$, ou, ce qui revient au même, si l'on assujettit l'inconnue x à vérifier, pour $t = \tau$, la condition

$$x_\tau = \xi, \tag{2}$$

la valeur générale de cette inconnue sera complètement déterminée, et l'on pourra essayer de la développer, non seulement en une série ordonnée suivant les puissances ascendantes de la différence $t-\tau$, mais aussi en une série ordonnée suivant les puissances ascendantes du paramètre α, sauf à démontrer ensuite, à l'aide du calcul des limites, que la série obtenue est convergente, du moins sous certaines conditions, et représente alors l'intégrale cherchée de l'équation (1). Or le développement de l'inconnue x en une série ordonnée suivant les puissances ascendantes de α se déduira aisément du théorème de Maclaurin, si le second membre X de l'équation (1) s'évanouit avec le paramètre α. Alors, en effet, on tirera de l'équation (1), en posant $\alpha=0$,

$$D_t x = 0, \qquad x=\xi,$$

et par suite le théorème de Maclaurin donnera

(3) $$x=\xi+I_1\alpha+I_2\alpha^2+\ldots,$$

la valeur de I_n étant déterminée par la formule

(4) $$I_n=\frac{D_\alpha^n x}{1.2\ldots n},$$

dans laquelle on devra poser, après les différentiations, $\alpha=0$ et $x=\xi$. D'ailleurs, X étant une fonction donnée de

$$x, \quad t, \quad \alpha,$$

on tirera successivement de l'équation (1)

$$\begin{aligned}
D_t D_\alpha x &= D_\alpha X + D_x X\, D_\alpha x,\\
D_t D_\alpha^2 x &= D_\alpha^2 X + 2 D_\alpha D_x X\, D_\alpha x + D_x^2 X (D_\alpha x)^2 + D_x X\, D_\alpha^2 x,\\
D_t D_\alpha^3 x &= D_\alpha^3 X + 3 D_\alpha^2 D_x X\, D_\alpha x + 3 D_\alpha D_x^2 X (D_\alpha x)^2 + D_x^3 X (D_\alpha x)^3\\
&\quad + 3 D_\alpha D_x X\, D_\alpha^2 x + 3 D_x^2 X\, D_\alpha x\, D_\alpha^2 x + D_x X\, D_\alpha^3 x,\\
&\ldots\ldots\ldots\ldots\ldots\ldots\ldots\ldots\ldots\ldots\ldots;
\end{aligned}$$

puis, en posant $\alpha=0$, et par suite

$$X=0, \qquad D_x X=0, \qquad D_x^2 X=0, \qquad D_x^3 X=0, \qquad \ldots,$$

on en conclura

$$(5)\quad \begin{cases} D_t D_\alpha x = D_\alpha X, \\ D_t D_\alpha^2 x = D_\alpha^2 X + 2 D_\alpha D_x X\, D_\alpha x, \\ D_t D_\alpha^3 x = D_\alpha^3 X + 3 D_\alpha^2 D_x X\, D_\alpha x + 3 D_\alpha D_x^2 X (D_\alpha x)^2 + 3 D_\alpha D_x X\, D_\alpha^2 x, \\ \ldots\ldots\ldots\ldots\ldots\ldots\ldots\ldots\ldots\ldots \end{cases}$$

Or, par des intégrations successives et relatives à t, on déduira aisément des formules (5) les valeurs de

$$D_\alpha x,\quad D_\alpha^2 x,\quad D_\alpha^3 x,\quad \ldots,$$

par conséquent la valeur de $D_\alpha^n x$; puis, en posant $\alpha = 0$, $x = \xi$, et ayant égard à l'équation (4), la valeur générale de I_n. Ajoutons que, pour satisfaire à la condition (2), il suffira d'assujettir les valeurs de

$$D_\alpha x,\quad D_\alpha^2 x,\quad D_\alpha^3 x,\quad \ldots,$$

fournies par l'intégration des équations (5), à s'évanouir pour $t = \tau$. En opérant ainsi, on trouvera successivement

$$(6)\quad \begin{cases} D_\alpha x = \int_\tau^t D_\alpha X\, dt, \\ D_\alpha^2 x = \int_\tau^t D_\alpha^2 X\, dt + 2\int_\tau^t D_\alpha D_x X\, D_\alpha x\, dt, \\ D_\alpha^3 x = \int_\tau^t D_\alpha^3 X\, dt + 3\int_\tau^t D_\alpha^2 D_x X\, D_\alpha x\, dt \\ \qquad\qquad + 3\int_\tau^t [D_\alpha D_x^2 X (D_\alpha x)^2 + D_\alpha D_x X\, D_\alpha^2 x]\, dt, \\ \ldots\ldots\ldots\ldots\ldots\ldots\ldots\ldots\ldots\ldots; \end{cases}$$

puis, en nommant

$$X',\quad X'',\quad X''',\quad \ldots$$

ce que devient la fonction X quand on y remplace la variable t par de nouvelles variables t', t'', t''', ..., on tirera des équations (6)

$$(7)\quad\left\{\begin{aligned}
D_\alpha x &= \int_\tau^t D_\alpha X'\,dt',\\
D_\alpha^2 x &= \int_\tau^t D_\alpha^2 X'\,dt' + 2\int_\tau^t\int_\tau^{t'} D_\alpha D_x X' D_\alpha X''\,dt'\,dt'',\\
D_\alpha^3 x &= \int_\tau^t D_\alpha^3 X'\,dt' + 3\int_\tau^t\int_\tau^{t'}(D_\alpha^2 D_x X' D_\alpha X'' + D_\alpha D_x X' D_\alpha^2 X'')\,dt'\,dt''\\
&\quad + 3\int_\tau^t\int_\tau^{t'}\int_\tau^{t''} D_\alpha D_x^2 X' D_\alpha X'' D_\alpha X'''\,dt'\,dt''\,dt'''\\
&\quad + 6\int_\tau^t\int_\tau^{t'}\int_\tau^{t''} D_\alpha D_x X' D_\alpha D_x X'' D_\alpha X'''\,dt'\,dt''\,dt''',\\
&\ldots\ldots\ldots\ldots\ldots\ldots\ldots\ldots\ldots
\end{aligned}\right.$$

Si l'on considère spécialement le cas où la fonction X ne renferme pas explicitement la variable t, on aura

$$X = X' = X'' = X''' = \ldots;$$

et alors les formules (7) donneront simplement

$$(8)\quad\left\{\begin{aligned}
D_\alpha x &= (t-\tau)\,D_\alpha X,\\
D_\alpha^2 x &= (t-\tau)\,D_\alpha^2 X + (t-\tau)^2 D_\alpha D_x X\,D_\alpha X,\\
D_\alpha^3 x &= (t-\tau)\,D_\alpha^3 X + \tfrac{3}{2}(t-\tau)^2(D_\alpha^2 D_x X\,D_\alpha X + D_\alpha D_x X\,D_\alpha^2 X)\\
&\quad + (t-\tau)^3[D_\alpha D_x^2 X(D_\alpha X)^2 + (D_\alpha D_x X)^2 D_\alpha X],\\
&\ldots\ldots\ldots\ldots\ldots\ldots\ldots\ldots\ldots
\end{aligned}\right.$$

Si, après avoir posé $x = \xi$ et $\alpha = 0$ dans les seconds membres des équations (7) ou (8), on combine ces équations avec la formule (4), on obtiendra les valeurs de

$$I_1,\quad I_2,\quad I_3,\quad \ldots;$$

puis on tirera de la formule (3) la valeur de x, en supposant toutefois les modules du paramètre α et de la différence $t-\tau$ assez petits pour que la série

$$(9)\qquad I_1\alpha,\quad I_2\alpha^2,\quad I_3\alpha^3,\quad \ldots$$

reste convergente, et pour que X ne cesse pas d'être fonction continue de α, x et t. Or ces conditions seront remplies si l'on peut développer, suivant les puissances ascendantes de α, une certaine valeur particulière de la différence $x - \xi$, ou plutôt une certaine fonction 8 qui se déduit immédiatement de cette différence. Supposons, pour fixer les idées, que le paramètre α soit positif; nommons ι le module de $t - \tau$; enfin nommons x, a les modules virtuels d'accroissements imaginaires

$$\bar{x}, \quad \bar{\alpha}$$

attribués dans la fonction X aux deux quantités

$$x, \quad \alpha;$$

et soit $\mathfrak{X}$ le module virtuel correspondant de X, ou du moins le plus grand des modules virtuels que X puisse acquérir quand le temps varie entre les deux limites τ et t. Si la fonction X ne contient pas explicitement la variable t, alors, en vertu des théorèmes énoncés dans la Note précédente, pour obtenir la fonction 8, il suffira d'intégrer l'équation différentielle

$$\mathrm{D}_t x = a(\alpha - \mathrm{a})^{-1} x^{-1} + a\,\mathrm{a}^{-1}\mathrm{x}^{-1}, \tag{10}$$

dans laquelle a désigne une quantité constante, puis de remplacer dans la valeur de $x - \xi$, que fournira cette intégration, ξ par $-$ x, $t - \tau$ par ι, et a par le produit

$$\mathrm{a}\,\mathrm{x}\,\mathfrak{X}.$$

En opérant ainsi, on trouvera d'abord

$$x - \xi = \xi\left[\left(1 - 2\frac{a\alpha}{\mathrm{a}\xi^2}\,\frac{t-\tau}{\mathrm{a}-\alpha}\right)^{\frac{1}{2}} - 1\right],$$

puis

$$8 = \mathrm{x}\left\{1 - \left[1 - 2\frac{\mathfrak{X}}{\mathrm{x}}\,\frac{\alpha\iota}{\mathrm{a}}\left(1 - \frac{\alpha}{\mathrm{a}}\right)^{-1}\right]^{\frac{1}{2}}\right\}. \tag{11}$$

Ajoutons que la formule (11) peut être étendue au cas même où X renferme t, avec cette seule différence que $\mathfrak{X}$, dans ce dernier cas, représentera, non plus le module virtuel de la fonction X, mais le plus grand des modules virtuels de cette fonction correspondants à une valeur du temps comprise entre les limites τ et t. Dans l'un et l'autre cas, la valeur de $\mathfrak{s}$, déterminée par la formule (9), sera développable en une série convergente ordonnée suivant les puissances ascendantes de α, si l'on a

$$(12) \qquad \alpha < \mathrm{a}, \qquad \iota\frac{\alpha}{\mathrm{a}}\left(1-\frac{\alpha}{\mathrm{a}}\right)^{-1} < \frac{1}{2}\frac{\mathrm{X}}{\mathcal{X}};$$

et, sous ces conditions, l'intégrale de l'équation (1) sera développable, par la formule (3), en une série ordonnée suivant les puissances ascendantes de α. Observons d'ailleurs que le reste de cette dernière série, arrêtée après un certain nombre de termes, offrira toujours un module inférieur au reste correspondant de la série qui représentera le développement de $\mathfrak{s}$ suivant les puissances ascendantes de ι.

Si, dans l'équation (1), la fonction X était simplement proportionnelle au paramètre α, en sorte que cette équation fût de la forme

$$(13) \qquad \mathrm{D}_t\bar{x} = \alpha f(x, t),$$

alors, en nommant $\mathcal{K}$ le plus grand des modules virtuels de $f(x, t)$ correspondants à une valeur du temps comprise entre τ et t, c'est-à-dire en posant

$$\mathcal{K} = \Lambda[f(x+\bar{x}, \theta)],$$

et en attribuant à θ une valeur comprise entre les limites τ, t, mais choisie de manière à rendre le module $\mathcal{K}$ le plus grand possible, on obtiendrait, pour déterminer la fonction $\mathfrak{s}$, non plus la formule (11), mais la suivante

$$(14) \qquad \mathfrak{s} = \mathrm{X}\left[1-\left(1-2\frac{\mathcal{K}}{\mathrm{X}}\alpha\iota\right)^{\frac{1}{2}}\right].$$

Par suite, la première des conditions (12) disparaîtrait, et la seconde se trouverait remplacée par celle-ci

$$(15) \qquad \alpha\iota < \frac{1}{2}\frac{\mathrm{X}}{\mathcal{K}}.$$

Les raisonnements dont nous avons fait usage et les formules que nous en avons déduites peuvent être évidemment étendus au cas où il s'agirait d'intégrer, non plus une seule équation différentielle du premier ordre, mais un système d'équations différentielles ou aux dérivées partielles d'ordres quelconques, et de développer les intégrales suivant les puissances ascendantes d'un paramètre α compris dans ces mêmes équations. C'est, au reste, ce que nous expliquerons plus en détail dans un nouvel article, ainsi que dans les *Exercices d'Analyse et de Physique mathématique*.

176.

ASTRONOMIE. — *Mémoire sur les variations des éléments du mouvement elliptique des planètes.*

C. R., T. XV, p. 186 (1er août 1842).

Les équations différentielles qui déterminent les éléments du mouvement elliptique d'une planète autour du centre du Soleil, pris pour origine, renferment les dérivées partielles d'une fonction perturbatrice différentiée par rapport à ces éléments. D'ailleurs cette fonction perturbatrice varie dans le passage d'une planète à une autre, et peut être développée, pour chaque planète, en une série de termes dont le premier ne renferme ni le temps ni les moyens mouvements, tandis que les autres termes varient avec le temps et sont périodiques. Ce premier terme est ce que nous nommerons la *partie séculaire* de la fonction perturbatrice; et, par analogie, nous appellerons *équations différentielles séculaires* celles auxquelles se réduisent les équations différentielles propres à déterminer les variations des éléments, quand on réduit la fonction perturbatrice à sa partie séculaire. L'intégration complète de ces équations différentielles séculaires serait certainement un grand pas fait en Astronomie; car cette intégration ferait immédiatement connaître, sinon les variations totales des éléments des orbites, du moins les parties de ces variations qui sont indépendantes des moyens mouvements. Or, en examinant avec soin les équations différentielles dont il s'agit, on voit qu'elles peuvent être censées renfermer les dérivées d'une seule fonction perturbatrice qui reste la même pour toutes les planètes; et que cette nouvelle fonction perturbatrice, représentée par une intégrale définie double, renferme, avec les grands axes, les excentricités et les inclinaisons des orbites, les longitudes des périhélies, et les angles compris entre les lignes des nœuds des diverses planètes combinées deux à deux. Cela posé, si, comme je l'ai déjà fait dans un précédent Mémoire (*voir* le *Compte rendu* de la séance du 21 septembre 1840) (¹), on prend pour éléments du mouvement elliptique de chaque planète l'époque du passage au périhélie, la longitude du périhélie, l'angle formé par un axe fixe avec la ligne des nœuds, le moment linéaire de la vitesse, la projection de ce moment linéaire sur un plan fixe, et la moitié du carré de la vitesse correspondante à l'instant où la planète passe par l'extrémité du petit axe, on établira facilement divers théorèmes dont plusieurs me paraissent dignes de remarque, et dont je vais donner les énoncés en peu de mots.

Lorsqu'on suppose les éléments du mouvement elliptique déterminés pour chaque planète par les équations différentielles séculaires, non seulement tous les grands axes demeurent invariables, mais on peut en dire autant de la fonction perturbatrice, qui reste alors la même pour toutes les planètes. Alors aussi, en supposant que l'on projette les moments linéaires des quantités de mouvement sur un plan fixe quelconque, on obtiendra pour la somme de leurs projections algébriques une quantité constante. En d'autres termes, le principe des aires sera vérifié rigoureusement à l'égard des aires décrites par les planètes autour du centre du Soleil, et comme si ce point était un centre fixe. En conséquence, outre les équations qui exprimeront l'in-

(¹) *Œuvres de Cauchy*, S. I, T. V, p. 321. — Extrait n° 97.

variabilité des grands axes, et qui seront en nombre égal à celui des planètes, on obtiendra quatre intégrales générales correspondantes aux équations des forces vives et des aires.

Soit maintenant n le nombre des planètes. Six éléments étant relatifs à chaque planète, le nombre total des équations différentielles séculaires sera $6n$. Mais, dans la recherche des intégrales de ces équations, on pourra laisser de côté deux inconnues relatives à chaque planète, savoir : 1° la moitié du carré de la vitesse qui correspond à l'extrémité du petit axe, et qui reste invariable avec le grand axe; 2° l'époque du passage au périhélie qui n'est pas comprise dans la fonction perturbatrice. Donc le nombre total des inconnues pourra être réduit à $4n$, et même à $4n - 4$, eu égard aux quatre intégrales générales dont nous avons parlé. Il y a plus, l'un des angles formés par la ligne des nœuds avec un axe fixe pourra encore être éliminé, puisque les différences seules entre ces angles, combinés deux à deux, se trouveront renfermées dans la fonction perturbatrice. Donc le nombre des inconnues comprises dans les équations différentielles séculaires pourra être réduit à $4n - 5$.

Considérons à présent le cas où toutes les planètes se mouvraient dans le même plan. Alors, le nombre des éléments étant réduit à quatre pour chaque planète, le nombre total des équations différentielles séculaires sera $4n$. Mais, dans la recherche de leurs intégrales, on pourra, comme ci-dessus, laisser de côté deux inconnues relatives à chaque planète, savoir, les deux inconnues que nous avons déjà signalées. Donc le nombre total des inconnues pourra être réduit à $2n$, et même à $2n - 2$, eu égard aux deux intégrales générales dont l'une correspondra au principe des forces vives, l'autre au principe des aires. Il y a plus, l'une des longitudes des périhélies pourra encore être éliminée, attendu que les différences seules entre ces longitudes se trouveront renfermées dans la fonction perturbatrice. Donc le nombre des inconnues comprises dans les équations différentielles séculaires se trouvera réduit à $2n - 3$. Or le nombre $2n - 3$ sera précisément l'unité, si l'on a $n = 2$. Donc, en supposant les éliminations faites, on obtiendra une équation définitive qui renfermera seulement une inconnue et sa dérivée prise par rapport au temps. D'ailleurs, en vertu d'une semblable équation, le temps pourra être exprimé par une intégrale définie. On peut donc énoncer la proposition suivante :

L'intégration des équations différentielles séculaires peut être ramenée aux quadratures pour le système de trois corps, savoir, du Soleil et de deux planètes, lorsque ces trois corps se meuvent dans un même plan.

A la vérité, le théorème précédent suppose les inconnues réduites à une seule par l'élimination; mais l'élimination dont il s'agit peut en effet s'opérer à l'aide d'intégrales définies, de semblables intégrales étant propres à représenter les racines d'équations algébriques ou même transcendantes, et les fonctions de semblables racines.

Observons enfin que, en supposant intégrées les équations différentielles séculaires, on pourrait avec avantage appliquer la théorie de la variation des constantes arbitraires aux nouvelles constantes introduites par cette intégration même.

Dans un autre article, j'examinerai en particulier, sous le rapport de la convergence, les séries que l'on obtient en développant, suivant les puissances ascendantes des excentricités, les intégrales relatives au problème de trois corps qui se meuvent dans un même plan; et je considérerai aussi ce qui arrive lorsque les trois corps sont, non plus le Soleil et deux planètes, mais le Soleil, une planète et un satellite de cette planète.

177.

Calcul des limites. — *Mémoire sur le calcul des limites appliqué de diverses manières à l'intégration des systèmes d'équations différentielles.*

C. R., T. XV, p. 188 (1er août 1842).

Comme nous l'avons déjà dit, l'intégration des systèmes d'équations différentielles d'ordres quelconques est toujours réductible à l'intégration d'un système d'équations différentielles du premier ordre entre une variable indépendante t, qui peut être censée représenter le temps, et diverses inconnues x, y, z, ... D'ailleurs, étant donné un semblable système, avec les valeurs initiales ξ, η, ζ, ... de x, y, z, ..., correspondantes à une valeur particulière τ du temps t, on peut chercher à développer, par la formule de Taylor ou de Maclaurin, les valeurs générales de x, y, z, ..., ou suivant les puissances ascendantes de la différence $t - \tau$, ou même suivant les puissances ascendantes d'un paramètre α que renfermeraient les équations données, ou enfin suivant les puissances ascendantes d'un paramètre α que l'on introduirait dans ces équations, sauf à lui donner plus tard une valeur numérique en le réduisant, par exemple, à l'unité. On doit surtout remarquer le cas où, en vertu des équations que l'on considère, les dérivées des inconnues, prises par rapport au temps, s'évanouissent toutes avec le paramètre α. Alors les coefficients des diverses puissances de α, dans les séries obtenues, se déduisent les uns des autres par des intégrations relatives à t, dont chacune doit être effectuée, à partir de $t = \tau$; et, en conséquence, les divers termes des développements se trouvent représentés par des intégrales définies multiples, les fonctions sous le signe $\int$ étant des sommes de produits dont les facteurs variables sont les dérivées de fonctions connues différentiées une ou plusieurs fois par rapport aux variables x, y, z, ... et au paramètre α. D'autre part, en vertu du théorème général sur le développement des fonctions, les séries obtenues représenteront effectivement les intégrales des équations données, si le module de la différence $t - \tau$, ou du paramètre α, est tel que, pour ce module ou pour un module plus petit, ces séries ne cessent pas d'être convergentes, ni les valeurs de $D_t x$, $D_t y$, ... que déterminent les équations différentielles d'être des fonctions continues des variables x, y, z, ..., t et du paramètre α. Enfin, la recherche de ces conditions se trouvera toujours réduite, par les théorèmes énoncés dans la Note que renferme le *Compte rendu* de la séance précédente, à l'intégration de certaines équations auxiliaires, dont le système sera compris, comme cas particulier, dans celui des équations différentielles proposées. Donc, pour s'assurer que l'on peut intégrer par séries ces dernières équations, il suffira de s'assurer que l'on peut intégrer par séries les équations auxiliaires, ou, ce qui revient au même, que l'on peut développer en séries convergentes les intégrales des équations auxiliaires, exprimées en termes finis. Il y a plus, les restes des séries, qui représenteront les intégrales des équations auxiliaires, seront des quantités positives supérieures aux modules des restes correspondants des séries qui représenteront les intégrales des équations données; ce qui permettra de fixer une limite supérieure à l'erreur que l'on commettra quand on arrêtera l'une quelconque de ces séries après un certain nombre de termes.

Dans le présent Mémoire, j'applique les principes que je viens d'exposer, d'abord à des équations différentielles quelconques du premier ordre, puis à des équations d'une forme particulière et qui méritent une attention spéciale, attendu que leur intégration permet de résoudre un des problèmes les plus importants de l'Astronomie. La méthode analytique, employée jusqu'ici pour la détermination approximative des mouvements planétaires, est fondée, comme on sait, sur le développement des éléments variables des ellipses décrites par les planètes en séries ordonnées suivant les puissances ascendantes des masses de ces mêmes astres. Cette méthode paraît légitime, quand on admet que les séries ainsi formées sont convergentes. Mais il n'était démontré nulle part qu'elles le fussent même pour un temps très court, et il était nécessaire d'éclaircir ce point, sur lequel aucune lumière n'a été répandue par les travaux de nos plus illustres géomètres. A l'aide des formules auxquelles je parviens dans ce nouveau Mémoire, on peut aisément s'assurer que les éléments du mouvement elliptique des planètes sont effectivement développables, suivant les puissances ascendantes des masses, en séries qui resteront convergentes pendant un temps supérieur à une limite dépendante de ces mêmes masses, et dont ces formules déterminent la valeur.

Analyse.

Je me bornerai ici à énoncer les principaux théorèmes auxquels je parviens dans ce nouveau Mémoire, qui sera publié en entier dans les *Exercices d'Analyse et de Physique mathématique*.

Théorème I. — *Supposons les n inconnues* $x, y, z, \ldots$ *assujetties à vérifier : 1° quel que soit le temps t, les équations différentielles*

$$D_t x = X, \qquad D_t y = Y, \qquad D_t z = Z, \qquad \ldots,$$

dans lesquelles X, Y, Z, ... *représentent des fonctions données de*

$$x, \quad y, \quad z, \quad \ldots, \quad t;$$

2° pour $t = \tau$, *les conditions*

$$x = \xi, \qquad y = \eta, \qquad z = \zeta, \qquad \ldots.$$

Soient d'ailleurs ι *le module de la différence* $t - \tau$, *et*

$$\mathrm{x}, \quad \mathrm{y}, \quad \mathrm{z}, \quad \ldots$$

les modules virtuels d'accroissements imaginaires, attribués dans les fonctions X, Y, Z, ... *aux valeurs particulières*

$$\xi, \quad \eta, \quad \zeta, \quad \ldots$$

des variables $x, y, z, \ldots$. *Soient enfin*

$$\mathfrak{X}, \quad \mathfrak{Y}, \quad \mathfrak{Z}, \quad \ldots$$

les modules virtuels correspondants des fonctions

$$X, \quad Y, \quad Z, \quad \ldots,$$

ou du moins les plus grandes valeurs que ces modules virtuels puissent acquérir, tandis qu'on fait varier le temps entre les limites τ *et* t. *Les valeurs générales des inconnues pourront être développées par la formule de Maclaurin en séries convergentes ordonnées suivant les puissances ascendantes d'un paramètre* α *par lequel on multiplierait les fonctions* X, Y,

Z, ..., *sauf à le réduire plus tard à l'unité, si l'on peut développer, par le théorème de Lagrange, suivant les puissances ascendantes de* ι, *la plus petite racine positive* ȣ *de l'équation*

$$\int_0^{ȣ}\left(1-\frac{\mathfrak{X}}{X}\theta\right)\left(1-\frac{\mathfrak{Y}}{Y}\theta\right)\left(1-\frac{\mathfrak{Z}}{Z}\theta\right)\ldots d\theta=\iota,$$

ce qui aura lieu si l'on a

$$\iota<\int_0^{\text{ι}}\left(1-\frac{\mathfrak{X}}{X}\theta\right)\left(1-\frac{\mathfrak{Y}}{Y}\theta\right)\left(1-\frac{\mathfrak{Z}}{Z}\theta\right)\ldots d\theta,$$

et, à plus forte raison, si l'on a

$$\iota<\frac{\text{ι}}{n+1},$$

ι *désignant le plus petit des rapports*

$$\frac{X}{\mathfrak{X}},\quad\frac{Y}{\mathfrak{Y}},\quad\frac{Z}{\mathfrak{Z}},\quad\ldots.$$

Ajoutons que les valeurs générales des distances

$$x-\xi,\quad y-\eta,\quad z-\zeta,\quad\ldots$$

se trouveront représentées par des séries dont les termes et les restes offriront des modules inférieurs aux termes et aux restes des séries que l'on obtiendrait si l'on développait suivant les puissances ascendantes de ι les valeurs données pour ces mêmes différences par les formules

$$x-\xi=\mathfrak{X}ȣ,\qquad y-\eta=\mathfrak{Y}ȣ,\qquad z-\zeta=\mathfrak{Z}ȣ,\qquad\ldots,$$

en prenant pour ȣ la plus petite racine positive de l'équation

$$\int_0^{ȣ}\left(1-\frac{\mathfrak{X}}{X}\theta\right)\left(1-\frac{\mathfrak{Y}}{Y}\theta\right)\left(1-\frac{\mathfrak{Z}}{Z}\theta\right)\ldots d\theta=\iota,$$

ou bien encore, en supposant

$$ȣ=\text{ι}\left[1-\left(1-\frac{n+1}{\text{ι}}\iota\right)^{\frac{1}{n+1}}\right].$$

Théorème II. — *Supposons les inconnues $x, y, z, \ldots$ assujetties à vérifier : 1° quel que soit le temps t, les équations différentielles*

$$D_t x = X, \qquad D_t y = Y, \qquad D_t z = Z, \qquad \ldots,$$

dans lesquelles les fonctions de $x, y, z, \ldots, t$, représentées par $X, Y, Z, \ldots$, s'évanouissent toutes avec un certain paramètre α ; 2° pour $t = \tau$, les conditions

$$x = \xi, \qquad y = \eta, \qquad z = \zeta, \qquad \ldots.$$

Soient d'ailleurs ι le module de la différence $t - \tau$,

$$\mathrm{x}, \quad \mathrm{y}, \quad \mathrm{z}, \quad \ldots, \quad \mathrm{a}$$

les modules virtuels d'accroissements imaginaires attribués, dans les fonctions $X, Y, Z, \ldots$, aux valeurs $\xi, \eta, \zeta, \ldots$ des variables $x, y, z, \ldots$ et au paramètre α. Soient enfin

$$\mathfrak{X}, \quad \mathfrak{Y}, \quad \mathfrak{Z}, \quad \ldots$$

les modules virtuels correspondants des fonctions $X, Y, Z, \ldots$, ou du moins les plus grandes valeurs que ces modules puissent acquérir quand on y fait varier le temps entre les limites τ et t ; et supposons, pour plus de simplicité, le paramètre α positif. On pourra développer, par la formule de Maclaurin, suivant les puissances ascendantes de α, les valeurs générales des inconnues $x, y, z, \ldots$, si l'on peut développer par le théorème de Lagrange, suivant ces mêmes puissances, la plus petite racine positive ε de l'équation

$$\int_0^{\varepsilon} \left(1 - \frac{\mathfrak{X}}{\mathrm{x}}\theta\right)\left(1 - \frac{\mathfrak{Y}}{\mathrm{y}}\theta\right)\left(1 - \frac{\mathfrak{Z}}{\mathrm{z}}\theta\right)\ldots d\theta = \frac{\alpha}{\mathrm{a} - \alpha}\iota ;$$

ce qui aura lieu si l'on a

$$\alpha < \mathrm{a}\left(1 + \frac{\iota}{\mathfrak{R}}\right)^{-1},$$

$\mathfrak{R}$ désignant la valeur de l'intégrale

$$\int_0^{\iota} \left(1 - \frac{\mathfrak{X}}{\mathrm{x}}\theta\right)\left(1 - \frac{\mathfrak{Y}}{\mathrm{y}}\theta\right)\left(1 - \frac{\mathfrak{Z}}{\mathrm{z}}\theta\right)\ldots d\theta,$$

et ι le plus petit des rapports

$$\frac{\mathrm{x}}{\mathfrak{X}},\quad \frac{\mathrm{y}}{\mathfrak{Y}},\quad \frac{\mathrm{z}}{\mathfrak{Z}},\quad \dots,$$

ou même, à plus forte raison, si l'on a

$$\alpha < a\left(1+\frac{n+1}{\iota}\right)^{-1}.$$

Ajoutons qu'alors les valeurs générales des différences

$$x-\xi,\quad y-\eta,\quad z-\zeta,\quad \dots$$

se trouveront représentées par des séries dont les termes et les restes offriront des modules inférieurs aux termes et aux restes correspondants des séries que l'on obtiendrait si l'on développait suivant les puissances ascendantes de α les valeurs données pour ces mêmes différences par les formules

$$x-\xi=\mathfrak{X}\varkappa,\qquad y-\eta=\mathfrak{Y}\varkappa,\qquad z-\zeta=\mathfrak{Z}\varkappa,\qquad \dots,$$

en prenant pour $\varkappa$ la plus petite racine positive de l'équation

$$\int_0^{\varkappa}\left(1-\frac{\mathfrak{X}}{\mathrm{x}}\theta\right)\left(1-\frac{\mathfrak{Y}}{\mathrm{y}}\theta\right)\left(1-\frac{\mathfrak{Z}}{\mathrm{z}}\theta\right)\dots d\theta=\frac{\alpha}{a-\alpha}t,$$

ou du moins en supposant

$$\varkappa=\iota\left[1-\left(1-\frac{n+1}{\iota}\,\frac{\alpha}{a-\alpha}\,t\right)^{\frac{1}{n+1}}\right].$$

Théorème III. — *Supposons les $2n$ inconnues*

$$x,\quad y,\quad z,\quad \dots,\quad u,\quad v,\quad w,\quad \dots$$

assujetties à vérifier : 1° quel que soit le temps t, les $2n$ équations différentielles

$$D_t x=D_u K,\qquad D_t y=D_v K,\qquad D_t z=D_w K,\qquad \dots,$$
$$D_t u=D_x K,\qquad D_t v=D_y K,\qquad D_t w=D_z K,\qquad \dots,$$

dans lesquelles K *désigne une fonction donnée de ces mêmes inconnues et du temps t*; 2° *pour* $t=\tau$, *les conditions*

$$x=\xi,\quad y=\eta,\quad z=\zeta,\quad \ldots,$$
$$u=\lambda,\quad v=\mu,\quad w=\nu,\quad \ldots.$$

Soient d'ailleurs ι *le module de la différence* $t-\tau$,

$$\mathrm{x},\quad \mathrm{y},\quad \mathrm{z},\quad \ldots,\quad \mathrm{u},\quad \mathrm{v},\quad \mathrm{w},\quad \ldots$$

les modules d'accroissements imaginaires attribués, dans la fonction K, *aux valeurs*

$$\xi,\quad \eta,\quad \zeta,\quad \ldots,\quad \lambda,\quad \mu,\quad \nu,\quad \ldots$$

des variables

$$x,\quad y,\quad z,\quad \ldots,\quad u,\quad v,\quad w,\quad \ldots.$$

Soit enfin $\mathfrak{K}$ *le module virtuel correspondant de la fonction* K, *ou du moins la plus grande valeur que ce module virtuel puisse acquérir quand on y fait varier le temps t entre les limites* τ *et t. On pourra, sous certaines conditions, développer, par la formule de Maclaurin, les valeurs générales de*

$$x-\xi,\quad y-\eta,\quad z-\zeta,\quad \ldots,\quad u-\lambda,\quad v-\mu,\quad w-\nu,\quad \ldots$$

en séries convergentes dont les termes soient de divers ordres par rapport à la fonction K, *c'est-à-dire en séries dont les divers termes deviennent respectivement proportionnels aux diverses puissances de* α, *quand on remplace* K *par* αK.

En effet, les développements dont il s'agit seront convergents si l'on peut développer par le théorème de Lagrange, suivant les puissances ascendantes de ι, la plus petite racine positive s de l'équation

$$\int_0^{\mathrm{s}}\left(1-\frac{\theta}{\mathrm{ux}}\right)\left(1-\frac{\theta}{\mathrm{vy}}\right)\left(1-\frac{\theta}{\mathrm{wz}}\right)\ldots d\theta=2\mathfrak{K}\iota,$$

ce qui aura lieu si l'on a

$$\iota<\frac{1}{2\mathfrak{K}}\int_0^{\mathrm{r}}\left(1-\frac{\theta}{\mathrm{ux}}\right)\left(1-\frac{\theta}{\mathrm{vy}}\right)\left(1-\frac{\theta}{\mathrm{wz}}\right)\ldots d\theta,$$

r désignant le plus petit des produits

$$\mathrm{ux},\quad \mathrm{vy},\quad \mathrm{wz},\quad \ldots.$$

ou même, à plus forte raison, si l'on a

$$\iota < \frac{1}{2(n+1)}\,\frac{\text{z}}{\mathcal{K}},$$

n désignant le nombre de ces mêmes produits. Ajoutons qu'alors les termes et les restes des séries dont les sommes représenteront les valeurs générales des différences

$$x-\xi,\quad y-\eta,\quad z-\zeta,\quad \ldots,\quad u-\lambda,\quad v-\mu,\quad w-\nu,\quad \ldots$$

offriront des modules inférieurs aux termes et aux restes correspondants des séries que l'on obtiendrait si l'on développait, suivant les puissances ascendantes de ι, les valeurs données, pour ces mêmes différences, par le système des formules

$$\frac{x-\xi}{\text{x}} = \frac{u-\lambda}{\text{u}} = 1-\left(1-\frac{\text{z}}{\text{ux}}\right)^{\frac{1}{2}},$$

$$\frac{y-\eta}{\text{y}} = \frac{v-\mu}{\text{v}} = 1-\left(1-\frac{\text{z}}{\text{vy}}\right)^{\frac{1}{2}},$$

$$\ldots\ldots\ldots\ldots\ldots\ldots\ldots\ldots,$$

z désignant toujours la plus petite racine positive de l'équation

$$\int_0^{\text{z}}\left(1-\frac{\theta}{\text{ux}}\right)\left(1-\frac{\theta}{\text{vy}}\right)\left(1-\frac{\theta}{\text{wz}}\right)\ldots d\theta = 2\mathcal{K}\iota,$$

ou du moins par la formule

$$\frac{x-\xi}{\text{x}} = \frac{y-\eta}{\text{y}} = \ldots = \frac{u-\lambda}{\text{u}} = \frac{v-\mu}{\text{v}} = \ldots = 1-\left[1-\frac{2(n+1)}{\text{z}}\mathcal{K}\iota\right]^{\frac{1}{2(n+1)}}$$

Théorème IV. — *Supposons que des inconnues, partagées en l groupes distincts, se trouvent, dans chacun de ces groupes, en nombre égal à $2n$, et soient représentées, dans le premier groupe, par*

$$x_1,\quad y_1,\quad z_1,\quad \ldots,\quad u_1,\quad v_1,\quad w_1,\quad \ldots;$$

dans le second groupe, par

$$x_2,\quad y_2,\quad z_2,\quad \ldots,\quad u_2,\quad v_2,\quad w_2,\quad \ldots,$$

etc.

Supposons encore que les inconnues comprises dans chaque groupe se trouvent assujetties à vérifier, quel que soit le temps t, $2n$ équations différentielles de la forme

$$D_t x = D_u K, \quad D_t y = D_v K, \quad D_t z = D_w K, \quad \ldots,$$
$$D_t u = D_x K, \quad D_t v = D_y K, \quad D_t w = D_z K, \quad \ldots,$$

les lettres

$$x, \quad y, \quad z, \quad \ldots, \quad u, \quad v, \quad w, \quad \ldots,$$

non affectées d'indices, étant ici employées pour représenter les inconnues qui appartiennent à l'un quelconque des groupes, et K *étant une fonction donnée de toutes les variables*

$$x_1, \ y_1, \ z_1, \ \ldots, \ u_1, \ v_1, \ w_1, \ \ldots; \ x_2, \ y_2, \ z_2, \ \ldots, \ u_2, \ v_2, \ w_2, \ \ldots, \ t.$$

Le nombre total des équations différentielles sera, comme le nombre des inconnues, égal au produit $2nl$; et, si l'on nomme

$$\xi_1, \ \eta_1, \ \zeta_1, \ \ldots, \ \lambda_1, \ \mu_1, \ \nu_1, \ \ldots; \ \xi_2, \ \eta_2, \ \zeta_2, \ \ldots, \ \lambda_2, \ \mu_2, \ \nu_2, \ \ldots$$

les valeurs initiales des inconnues, c'est-à-dire leurs valeurs correspondantes à une valeur particulière τ de la variable t, on pourra, sous certaines conditions, développer, par la formule de Maclaurin, les valeurs générales des inconnues en séries de termes qui soient de divers ordres relativement à la fonction K, *et qui deviennent respectivement proportionnels aux diverses puissances de α, quand on remplace* K *par* αK. *Supposons d'ailleurs la fonction* K *décomposée, par une équation de la forme*

$$K = K_{1,2} + K_{1,3} + \ldots + K_{2,3} + \ldots,$$

en diverses parties dont la première $K_{1,2}$ *dépende uniquement du temps t et des inconnues qui portent l'indice* 1 *ou l'indice* 2, *la seconde* $K_{1,3}$ *du temps t et des inconnues qui portent l'indice* 1 *ou l'indice* 3, *etc. Soit ι le module de $t - \tau$; soient encore*

$$\mathrm{x}, \quad \mathrm{y}, \quad \mathrm{z}, \quad \ldots, \quad \mathrm{u}, \quad \mathrm{v}, \quad \mathrm{w}, \quad \ldots$$

des quantités positives propres à représenter des modules virtuels d'accrois-

sements imaginaires, attribués, dans les diverses parties de la fonction K, *aux valeurs*

$$\xi_1,\quad \eta_1,\quad \zeta_1,\quad \ldots,\quad \lambda_1,\quad \mu_1,\quad \nu_1,\quad \ldots$$

des inconnues

$$x_1,\quad y_1,\quad z_1,\quad \ldots,\quad u_1,\quad v_1,\quad w_1,\quad \ldots,$$

ou bien aux valeurs

$$\xi_2,\quad \eta_2,\quad \zeta_2,\quad \ldots,\quad \lambda_2,\quad \mu_2,\quad \nu_2,\quad \ldots$$

des inconnues

$$x_2,\quad y_2,\quad z_2,\quad \ldots,\quad u_2,\quad v_2,\quad w_2,\quad \ldots$$

ou bien, etc. Soient enfin

$$\mathcal{K}_{1,2},\quad \mathcal{K}_{1,3},\quad \ldots,\quad \mathcal{K}_{2,3},\quad \ldots$$

les modules correspondants des fonctions

$$\mathrm{K}_{1,2},\quad \mathrm{K}_{1,3},\quad \ldots,\quad \mathrm{K}_{2,3},\quad \ldots,$$

ou du moins les plus grandes valeurs que ces modules puissent acquérir, quand on y fait varier le temps entre les limites τ, t; *et nommons*

$$\mathcal{K}$$

le plus grand des modules $\mathcal{K}_{1,2}$, $\mathcal{K}_{1,3}$, ..., $\mathcal{K}_{2,3}$, ... *Pour que les développements des inconnues, déduits, comme il a été dit ci-dessus, du théorème de Maclaurin, soient convergents, il suffira que l'on puisse développer suivant les puissances ascendantes de* ι *la plus petite racine positive* ε *de l'équation*

$$\int_0^{\varepsilon}\left(1-\frac{\theta}{\mathrm{ux}}\right)^2\left(1-\frac{\theta}{\mathrm{vy}}\right)^2\left(1-\frac{\theta}{\mathrm{wz}}\right)^2\cdots d\theta = 2(l-1)\mathcal{K}\iota,$$

ce qui aura lieu si l'on a

$$\iota < \frac{1}{2(l-1)\mathcal{K}}\int_0^{\mathfrak{r}}\left(1-\frac{\theta}{\mathrm{ux}}\right)^2\left(1-\frac{\theta}{\mathrm{vy}}\right)^2\left(1-\frac{\theta}{\mathrm{wz}}\right)^2\cdots d\theta,$$

$\mathfrak{r}$ *étant le plus petit des produits*

$$\mathrm{ux},\quad \mathrm{vx},\quad \mathrm{wz},\quad \ldots,$$

et, à plus forte raison, si l'on a

$$\iota < \frac{1}{2(l-1)(2n+1)}\frac{\mathfrak{r}}{\mathcal{K}}.$$

Ajoutons que les termes et les restes des séries dont les sommes représenteront les valeurs générales des différences

$$\begin{matrix} x_1-\xi_1, & y_1-\eta_1, & z_1-\zeta_1, & \ldots, & u_1-\lambda_1, & v_1-\mu_1, & w_1-\nu_1, & \ldots, \\ x_2-\xi_2, & y_2-\eta_2, & z_2-\zeta_2, & \ldots, & u_2-\lambda_2, & v_2-\mu_2, & w_2-\nu_2, & \ldots \end{matrix}$$

offriront des modules inférieurs aux termes et aux restes correspondants des séries que l'on obtiendrait si l'on développait, suivant les puissances ascendantes de ι, les valeurs données pour ces mêmes différences par les formules

$$\frac{x_1-\xi_1}{\mathrm{x}} = \frac{x_2-\xi_2}{\mathrm{x}} = \ldots = \frac{u_1-\lambda_1}{\mathrm{u}} = \frac{u_2-\lambda_2}{\mathrm{u}} = \ldots = 1-\left(1-\frac{8}{\mathrm{ux}}\right)^{\frac{1}{2}},$$

$$\frac{y_1-\eta_1}{\mathrm{y}} = \frac{y_2-\eta_2}{\mathrm{y}} = \ldots = \frac{v_1-\mu_1}{\mathrm{v}} = \frac{v_2-\mu_2}{\mathrm{v}} = \ldots = 1-\left(1-\frac{8}{\mathrm{vy}}\right)^{\frac{1}{2}},$$

....,

8 désignant toujours la plus petite racine positive de l'équation

$$\int_0^{8}\left(1-\frac{\theta}{\mathrm{ux}}\right)^2\left(1-\frac{\theta}{\mathrm{vy}}\right)^2\left(1-\frac{\theta}{\mathrm{wz}}\right)^2\ldots d\theta = 2(l-1)\mathcal{K}\iota,$$

ou du moins les valeurs données par la formule

$$\frac{x_1-\xi_1}{\mathrm{x}} = \frac{x_2-\xi_2}{\mathrm{x}} = \ldots = \frac{u_1-\lambda_1}{\mathrm{u}} = \frac{u_2-\lambda_2}{\mathrm{u}} = \ldots$$

$$= \frac{y_1-\eta_1}{\mathrm{y}} = \frac{y_2-\eta_2}{\mathrm{y}} = \ldots = \frac{v_1-\mu_1}{\mathrm{v}} = \frac{v_2-\mu_2}{\mathrm{v}} = \ldots$$

$$= \ldots\ldots\ldots = 1-\left[1-\frac{2(l-1)(2n+1)}{\mathfrak{r}}\mathcal{K}\iota\right]^{\frac{1}{2(2n+1)}}$$

THÉORÈME V. — *Les mêmes choses étant posées que dans les théorèmes III ou IV, la convergence des séries dont les sommes représenteront les valeurs des inconnues sera encore assurée, sous les conditions énoncées dans ces théorèmes, si chaque système d'équations différentielles est de la forme*

$$\begin{matrix} D_t x = D_u K, & D_t y = D_v K, & D_t z = D_w K, & \ldots, \\ D_t u = -D_x K, & D_t v = -D_y K, & D_t w = -D_z K, & \ldots; \end{matrix}$$

ou même si, dans le passage d'un système d'équations différentielles à un autre, les diverses parties de la fonction

$$K = K_{1,2} + K_{1,3} + \ldots + K_{2,3} + \ldots$$

se trouvent modifiées. Seulement, dans cette dernière hypothèse, on devra prendre pour $\mathcal{K}$ *la plus grande des diverses valeurs que pourront acquérir les modules virtuels*

$$\mathcal{K}_{1,2}, \quad \mathcal{K}_{1,3}, \quad \ldots, \quad \mathcal{K}_{2,3}, \quad \ldots,$$

eu égard aux modifications dont il s'agit.

Comme je l'ai prouvé dans un autre Mémoire (*voir* le *Compte rendu* de la séance du 21 septembre 1840) [1], la théorie de la variation des constantes arbitraires fournira en Astronomie des équations différentielles semblables à celles qui sont indiquées dans le théorème V, si l'on prend pour éléments du mouvement elliptique d'une planète l'époque du passage de cette planète au périhélie, la longitude du périhélie et l'angle formé par un axe fixe avec la ligne des nœuds, en remplaçant d'ailleurs l'excentricité par le moment linéaire de la vitesse, l'inclinaison de l'orbite sur un plan fixe par la projection de ce moment linéaire sur le même plan, et le demi grand axe de l'orbite par la force vive correspondante à l'instant où la planète passe par l'extrémité du petit axe. Donc le théorème V peut être immédiatement appliqué aux développements des éléments elliptiques en séries ordonnées suivant les puissances ascendantes des masses des planètes, et il fournit, avec une limite inférieure au temps pendant lequel les séries demeureront convergentes, des limites supérieures aux restes qui compléteront les mêmes séries arrêtées chacune après un certain nombre de termes. C'est, au reste, ce que nous expliquerons plus en détail dans un nouvel article.

(1) *Œuvres de Cauchy*, S. I, T. V, p. 321. — Extrait n° 97.

178.

Calcul intégral. — *Note sur une loi de réciprocité qui existe entre deux systèmes de valeurs de variables assujetties à vérifier des équations différentielles du premier ordre, et sur un théorème relatif à ces mêmes équations.*

C. R., T. XV, p. 200 (1er août 1842).

Soient données les équations différentielles du premier ordre entre une variable indépendante t, qui pourra être censée représenter le temps, et diverses inconnues $x, y, z, \ldots$. Si l'on nomme

$$\xi,\quad \eta,\quad \zeta,\quad \ldots$$

les valeurs initiales des inconnues, c'est-à-dire leurs valeurs particulières correspondantes à une valeur particulière τ du temps t, les intégrales générales des équations différentielles fourniront les valeurs générales des inconnues en fonction de la variable t et des valeurs initiales de toutes les variables. Mais, comme le système des valeurs initiales

$$\xi,\quad \eta,\quad \zeta,\quad \ldots,\quad \tau$$

peut être lui-même l'un quelconque des systèmes de valeurs qu'admettent les variables

$$x,\quad y,\quad z,\quad \ldots,\quad t,$$

il en résulte que, dans les intégrales générales des équations différentielles données, et dans toutes les formules déduites de ces intégrales, on peut échanger entre eux le système des valeurs initiales des variables et le système de leurs valeurs générales. Cette loi de réciprocité se trouve déjà indiquée dans mon Mémoire lithographié de 1835, et sa démonstration rigoureuse peut aisément se déduire des principes établis dans ce Mémoire.

La considération des valeurs initiales des inconnues qui doivent vérifier un système d'équations différentielles du premier ordre fournit encore le moyen d'établir un théorème digne de remarque, et qui comprend comme cas particulier le beau théorème de M. Poisson relatif à la variation des constantes arbitraires. Entrons à ce sujet dans quelques détails.

Supposons que, les inconnues étant de deux espèces, on fasse correspondre à chaque inconnue de première espèce une inconnue de seconde espèce, et que la dérivée de chaque inconnue, prise par rapport au temps, se réduise, en vertu des équations différentielles données, à la dérivée partielle d'une certaine fonction différentiée par rapport à l'inconnue correspondante, et prise avec le signe — ou avec le signe +, suivant que cette inconnue est de première ou de seconde espèce. Supposons encore que, après avoir intégré les équations proposées, on forme une fonction différentielle alternée avec les dérivées partielles des inconnues prises par rapport à deux constantes arbitraires introduites par l'intégration. Comme je l'ai remarqué dans un Mémoire présenté à l'Académie de Turin en octobre 1831, la dérivée de cette fonction différentielle, prise par rapport au temps, sera nulle, et, par suite, cette fonction sera indépendante du temps. Il y a plus, si les deux constantes arbitraires représentent les valeurs initiales de deux inconnues, la valeur initiale et, par suite, la valeur générale de la fonction différentielle alternée se réduiront évidemment à l'unité ou à zéro, suivant qu'il s'agira ou non de deux inconnues correspondantes l'une à l'autre. Or, en partant de cette dernière proposition et en observant que toute constante arbitraire introduite par l'intégration se réduit nécessairement à une certaine fonction des valeurs initiales des inconnues, on démontre facilement le nouveau théorème déjà établi dans le Mémoire de 1831, mais par une méthode qui, suivant la judicieuse observation de l'un de nos plus savants confrères, n'était pas à l'abri de toute objection. Ce nouveau théorème offre d'ailleurs, relativement à l'intégration des intégrations différentielles proposées, les avantages que M. Jacobi a signalés dans le théorème de M. Poisson. Suivant la remarque de l'illustre auteur de la *Nouvelle Théorie des fonctions elliptiques*, un nombre quelconque de points matériels étant tirés par des forces et soumis à des conditions telles que le principe de la conservation des forces vives ait lieu, si l'on connaît, outre l'intégrale fournie par ce principe, deux autres intégrales, on en peut déduire une troisième d'une manière directe, et sans même employer les quadratures. Or, eu égard au nouveau théorème, la même remarque s'applique à tous les systèmes d'équations différentielles qui se présentent sous la forme que j'ai précédemment indiquée.

179.

Mécanique céleste. — *Théorie nouvelle des mouvements planétaires, ou application du Calcul des résidus à l'Astronomie.*

C. R., T. XV, p. 255 (8 août 1842).

Les beaux Mémoires de Lagrange, de Laplace et de Poisson sur la variation des constantes arbitraires ont réduit la détermination des mouvements planétaires à l'intégration d'équations différentielles qui renferment, avec le temps et les éléments de chaque orbite, les dérivées partielles d'une fonction perturbatrice, prises par rapport à ces mêmes éléments. La question étant ramenée à ce point, les perfectionnements ultérieurs de l'Analyse appliquée à l'Astronomie, et la simplicité plus ou moins grande des calculs à l'aide desquels on obtiendra, par des approximations successives, des valeurs plus ou moins exactes des éléments, dépendront surtout de la forme assignée au développement de la fonction perturbatrice. Or, après avoir de nouveau réfléchi sur ce sujet, j'ai acquis la conviction que les formes de développement jusqu'ici adoptées par les géomètres n'étaient pas celles qui se prêtaient le mieux à des approximations rapides; et j'ajouterai que, même après les modifications que j'ai fait subir dans plusieurs Mémoires aux formes dont il s'agit, elles laissaient encore beaucoup à désirer sous le double rapport de la simplicité des résultats et de l'économie de temps. Le présent Mémoire a pour objet une nouvelle forme de développement qui, sous l'un et l'autre rapport, offre des avantages importants et inespérés. Entrons à cet égard dans quelques détails.

Un théorème du calcul des résidus sert à exprimer en termes finis une intégrale dans laquelle la fonction sous le signe $\int$ est une fonction rationnelle, souvent même une fonction transcendante d'une exponentielle trigonométrique, lorsque cette intégrale est prise entre deux limites de l'argument dont la première se réduit à zéro, la seconde à une circonférence entière. Suivant un autre théorème, si, après avoir multiplié, dans une semblable intégrale, l'exponentielle trigonométrique par un module quelconque, on fait varier ce module, la valeur de l'intégrale restera invariable, tant que la fonction sous le signe $\int$ ne cessera pas d'être une fonction continue de l'argument. Or ces deux théorèmes fournissent en Astronomie, pour le développement de la fonction perturbatrice relative à chaque planète, une méthode digne de remarque et que je vais indiquer en peu de mots.

On sait que, dans chaque fonction perturbatrice, les termes dont les développements se calculent avec le plus de peine sont les termes réciproquement proportionnels aux distances mutuelles des planètes. Ainsi, dans la question qui nous occupe, il s'agit principalement de développer en série convergente la première puissance négative de la distance effective entre deux planètes. Or Euler a donné un moyen fort simple de développer cette puissance en une série de cosinus des multiples de la distance apparente. Ce moyen consiste à décomposer la distance effective, élevée à la puissance du degré -1, en deux facteurs imaginaires, puis à multiplier l'un par l'autre les développements de ces deux facteurs. Après cette multiplication, le coefficient de chaque cosinus se trouve représenté par une série dont la somme peut être convertie en une intégrale définie dans laquelle la différentielle de la distance apparente se trouve divisée par la distance effective. Si, dans une semblable intégrale, on remplace successivement la distance mutuelle entre deux planètes par chacune de ses puissances entières et positives, puis les distances de deux planètes au Soleil par deux nombres égaux, le premier à l'unité, le second au rapport des grands axes des deux orbites; si enfin on joint aux intégrales ainsi formées leurs dérivées relatives au second des deux nombres, on obtiendra la série triple des transcendantes généralement introduites dans le développement de la fonction perturbatrice. Le calcul direct de la plupart de ces transcendantes était à peu près impraticable, et, même avec les formules nouvelles que l'auteur de la *Mécanique céleste* avait construites sur la demande de M. Bouvard, le calcul était encore très long et très pénible, comme le faisait observer un jour notre honorable confrère. Cette difficulté, qui a engagé M. Le Verrier à donner, pour la détermination des transcendantes dont il s'agit, de nouvelles méthodes de calcul, n'existe pas lorsqu'on adopte pour la fonction perturbatrice la forme de développement que je propose; et je vais en dire la raison. Les deux facteurs imaginaires dans lesquels se décompose la première puissance négative de la distance mutuelle entre deux planètes offrent des modules égaux, et chacun de ces facteurs, représenté par un binôme élevé à une puissance dont le degré est $-\frac{1}{2}$, peut devenir infini quand les distances des deux planètes au Soleil deviennent égales entre elles. Il y a plus : l'ancienne méthode, généralement employée pour le développement de la fonction perturbatrice, a l'inconvénient grave d'introduire dans ce développement d'autres transcendantes où les mêmes facteurs se trouvent successivement élevés au carré, au cube, et à des puissances d'un degré supérieur; par conséquent, des transcendantes dont la valeur devient de plus en plus considérable quand les distances des deux planètes au Soleil sont entre elles dans un rapport qui ne diffère pas beaucoup de l'unité. J'évite cet inconvénient en me servant de l'un des théorèmes rappelés ci-dessus, pour rendre inégaux les modules des deux facteurs en question et réduire l'un de ces facteurs à une fonction de la seule distance apparente des deux planètes. Alors, à la place de la triple série des transcendantes comprises dans l'ancien développement, j'obtiens une série double de transcendantes beaucoup plus faciles à calculer. Pour donner une idée de la réduction ainsi opérée dans les calculs, considérons en particulier le cas où les deux planètes données sont Jupiter et Saturne. Alors, en suivant l'ancienne méthode, on devra former le Tableau qui se trouve inséré dans le IIIe Volume de la *Mécanique céleste,* aux pages 81, 82, 83, et calculer en conséquence plus de quatre-vingt-dix transcendantes, dont plusieurs offriront des valeurs considérables, qui pourront s'élever jusqu'au nombre 800 et au delà. Au contraire, en suivant la nouvelle méthode, pour arriver au même degré d'approximation, on aura seulement à calculer une vingtaine de transcendantes dont les douze premières sont déjà connues, et dont la plus grande surpasse à peine le nombre 2.

Je passe maintenant à la propriété la plus extraordinaire du nouveau développement. Les diverses transcendantes qui, comme je l'ai dit, forment une série triple suivant l'ancienne méthode, et une série double suivant la nouvelle, sont, dans le développement de la fonction perturbatrice, multipliées chacune par un facteur variable, qui renferme, avec les éléments de deux orbites, les anomalies moyennes de deux planètes, et qui peut être développé en une série de termes dont l'un, indépendant des anomalies, est ce qu'on nomme un *terme séculaire,* tandis que les autres sont des termes périodiques proportionnels aux sinus et cosinus de multiples des deux anomalies. Or, en m'appuyant sur le calcul des résidus et sur le premier des théorèmes précédemment rappelés, je prouve : 1° que chaque terme séculaire peut être exprimé sous forme finie par une certaine fonction des éléments des orbites, qui demeure algébrique par rapport aux grands axes et aux excentricités; 2° que, dans chaque terme périodique, le coefficient des sinus ou cosinus des multiples des anomalies moyennes est la somme d'une série simple de quantités, dont chacune peut encore être exprimée sous forme finie par une certaine fonction des éléments, qui demeure algébrique par rapport aux grands axes, mais devient transcendante par rapport aux excentricités. Ajoutons qu'à la somme de cette dernière série on peut substituer la somme de deux fonctions : l'une exprimée sous forme finie, l'autre représentée par une intégrale définie, dont le module s'approche indéfiniment de zéro, tandis qu'un certain nombre entier n, dont elle dépend, devient de plus en plus considérable.

En rédigeant le présent Mémoire, j'ai cherché à montrer combien je désirais me rendre digne, s'il était possible, de l'honneur que m'ont fait, il y a trois années, les maîtres de la Science, en m'appelant à une place jadis occupée par un grand géomètre, par celui-là même qui avait eu pour moi tant de bienveillance, par notre illustre Lagrange. Comme mes nouvelles recherches paraissent devoir simplifier sensiblement les calculs relatifs à l'Astronomie, il semblerait convenable que je pusse les discuter sérieusement avec ceux de mes illustres confrères qui ont jugé ma coopération à leurs travaux utile sous ce rapport. Mon désir de contribuer, autant que mes forces me le permettront, aux progrès de sciences qui ont fait la gloire de ma patrie répond assez de l'empressement avec lequel je prendrais part à une semblable discussion le jour où il serait reconnu que le Bureau des Longitudes a pu se croire autorisé, par le texte de sa constitution même, à résoudre librement une question de Géométrie, et qu'il n'y a nul inconvénient à ce que ses divers membres se réunissent pour calculer ensemble les mouvements du Soleil ou des planètes, le jour où se terminerait une quarantaine déjà prolongée bien au delà des limites ordinairement prescrites par les règlements sanitaires les plus rigoureux, une quarantaine scientifique de trois années.

Analyse.

§ I. — *Préliminaires.*

Je vais, dans ces préliminaires, rappeler quelques théorèmes fournis par le calcul des résidus, et sur lesquels s'appuie la nouvelle méthode que je propose pour le développement de la fonction perturbatrice.

Théorème I. — *Soit*

$$s = re^{p\sqrt{-1}}$$

une variable imaginaire dont r représente le module et p l'argument. Soit encore

$$\underset{(a)}{\overset{(b)}{\mathcal{E}}}{}_{(-\pi)}^{(\pi)} \left(\frac{f(s)}{s}\right)$$

le résidu intégral de la fraction $\frac{f(s)}{s}$, *pris entre les limites*

$$r = \mathrm{a}, \qquad r = \mathrm{b}, \qquad p = 0, \qquad p = 2\pi,$$

ou, ce qui revient au même, la somme des résidus de la fraction $\frac{f(s)}{s}$, *correspondants aux valeurs de s dont les modules restent compris entre les limites* a, b, *et les arguments entre les limites* $-\pi$, $+\pi$. *Si le résidu intégral dont il s'agit a une valeur déterminée, on aura*

$$\int_{-\pi}^{\pi} f(\mathrm{b}e^{p\sqrt{-1}})\,dp - \int_{-\pi}^{\pi} f(\mathrm{a}e^{p\sqrt{-1}})\,dp = 2\pi \mathop{\mathcal{E}}_{(\mathrm{a})}^{(\mathrm{b})}{}_{(-\pi)}^{(\pi)} \left(\left(\frac{f(s)}{s}\right)\right),$$

ou, ce qui revient au même,

$$(1) \qquad \int_{0}^{2\pi} f(\mathrm{b}e^{p\sqrt{-1}})\,dp - \int_{0}^{2\pi} f(\mathrm{a}e^{p\sqrt{-1}})\,dp = 2\pi \mathop{\mathcal{E}}_{(\mathrm{a})}^{(\mathrm{b})}{}_{(0)}^{(2\pi)} \left(\left(\frac{f(s)}{s}\right)\right).$$

Démonstration. — Pour établir la formule (1), qui coïncide avec une équation trouvée dans le Ier Volume des *Exercices de Mathématiques* [*voir* l'équation (64), à la page 212 du Ier Volume] (¹), il suffit d'intégrer l'équation identique

$$\mathrm{D}_r f(re^{p\sqrt{-1}}) = \frac{1}{r\sqrt{-1}} \mathrm{D}_p f(re^{p\sqrt{-1}}),$$

par rapport à r et à p, entre les limites

$$r = \mathrm{a}, \qquad r = \mathrm{b}, \qquad p = 0, \qquad p = 2\pi.$$

Observons d'ailleurs que, si l'une des racines de l'équation

$$(2) \qquad \frac{1}{f(s)} = 0$$

avait pour module une des limites a et b, le résidu partiel correspondant à cette racine devrait être réduit à moitié dans la somme représentée par le résidu intégral

$$\mathop{\mathcal{E}}_{(\mathrm{a})}^{(\mathrm{b})}{}_{(0)}^{(2\pi)} \left(\left(\frac{f(s)}{s}\right)\right).$$

(¹) *Œuvres de Cauchy*, S. II, T. VI, p. 265.

On doit seulement excepter un cas particulier que nous examinerons ci-après, le cas où l'on aurait $\mathrm{a} = 0$.

Corollaire. — Si la fonction $f(re^{p\sqrt{-1}})$ reste continue par rapport à r et à p entre les limites $r = \mathrm{a}$, $r = \mathrm{b}$, le second membre de l'équation (1) s'évanouira, et l'on aura par suite

$$(3) \qquad \int_0^{2\pi} f(\mathrm{b}e^{p\sqrt{-1}})\,dp = \int_0^{2\pi} f(\mathrm{a}e^{p\sqrt{-1}})\,dp.$$

En conséquence, on peut énoncer la proposition suivante :

Théorème II. — *Si dans une intégrale de la forme*

$$\int_0^{2\pi} f(re^{p\sqrt{-1}})\,dp$$

on fait varier le module r, cette intégrale conservera la même valeur tant que la fonction

$$f(re^{p\sqrt{-1}})$$

ne cessera pas d'être continue.

Concevons maintenant que, dans la formule (1), on pose $\mathrm{a} = 0$, $\mathrm{b} = \alpha$; on en tirera

$$\int_0^{2\pi} f(\mathrm{a}e^{p\sqrt{-1}})\,dp = 2\pi \mathop{\mathcal{E}}_{(0)}^{(\alpha)}{}_{(0)}^{(2\pi)} \left(\frac{f(s)}{s}\right),$$

pourvu que, dans la somme représentée par la notation

$$\mathop{\mathcal{E}}_{(0)}^{(\alpha)}{}_{(0)}^{(2\pi)} \left(\frac{f(s)}{s}\right),$$

on comprenne, non pas la moitié du résidu partiel qui pourrait correspondre à la valeur zéro de s, mais ce résidu lui-même. Donc, sous cette condition, on pourra énoncer encore la proposition suivante :

Théorème III. — *Si le résidu intégral*

$$\mathop{\mathcal{E}}_{(0)}^{(\alpha)}{}_{(0)}^{(2\pi)} \left(\frac{f(s)}{s}\right)$$

a une valeur déterminée, on aura

$$(4)\qquad \frac{1}{2\pi}\int_0^{2\pi} f(\alpha e^{p\sqrt{-1}})\,dp = \underset{(0)}{\overset{(\alpha)}{}}\mathcal{E}_{(0)}^{(2\pi)}\left(\frac{f(s)}{s}\right).$$

Corollaire I. — Dans les applications de ce théorème, on ne devra pas oublier que la somme représentée par la notation

$$\underset{(0)}{\overset{(\alpha)}{}}\mathcal{E}_{(0)}^{(2\pi)}\left(\frac{f(s)}{s}\right)$$

comprend tous les résidus partiels correspondants aux racines de l'équation

$$(5)\qquad \frac{s}{f(s)} = 0$$

qui offrent des modules inférieurs à α, et la moitié seulement de tout résidu partiel correspondant à une racine qui aurait α pour module.

Corollaire II. — Si, dans la formule (4), on pose

$$f(s) = \frac{se^{-\varpi\sqrt{-1}}}{1 - se^{-\varpi\sqrt{-1}}}\,\mathfrak{f}(s),$$

$\mathfrak{f}(s)$ étant une fonction qui ne devienne jamais infinie pour un module de s inférieur à l'unité, alors on trouvera : 1° en supposant $\alpha < 1$,

$$(6)\qquad \frac{1}{2\pi}\int_0^{2\pi} \frac{\alpha e^{(p-\varpi)\sqrt{-1}}}{1 - \alpha e^{(p-\varpi)\sqrt{-1}}}\,\mathfrak{f}(\alpha e^{p\sqrt{-1}})\,dp = 0;$$

2° en prenant $\alpha > 1$, ou, ce qui revient au même, en remplaçant α par $\frac{1}{\alpha}$ et supposant ensuite $\alpha < 1$,

$$(7)\qquad \frac{1}{2\pi}\int_0^{2\pi} \frac{1}{1 - \alpha e^{(p-\varpi)\sqrt{-1}}}\,\mathfrak{f}\left(\frac{1}{\alpha} e^{p\sqrt{-1}}\right)dp = \mathfrak{f}(e^{\varpi\sqrt{-1}}).$$

On aura donc

$$(8)\qquad \left\{\begin{aligned} \mathfrak{f}(e^{\varpi\sqrt{-1}}) &= \frac{1}{2\pi}\int_0^{2\pi} \frac{\alpha e^{(p-\varpi)\sqrt{-1}}}{1 - \alpha e^{(p-\varpi)\sqrt{-1}}}\,\mathfrak{f}(\alpha e^{p\sqrt{-1}})\,dp \\ &\quad + \frac{1}{2\pi}\int_0^{2\pi} \frac{1}{1 - \alpha e^{(p-\varpi)\sqrt{-1}}}\,\mathfrak{f}\left(\frac{1}{\alpha} e^{p\sqrt{-1}}\right)dp. \end{aligned}\right.$$

La formule (8) subsisterait encore si l'on prenait $\alpha = 1$; seulement alors les seconds membres des formules (6), (7) se trouveraient réduits l'un et l'autre à $\frac{1}{2}f(e^{\varpi\sqrt{-1}})$.

Concevons maintenant que, dans le second membre de la formule (8), on développe les fractions

$$\frac{\alpha e^{(p-\varpi)\sqrt{-1}}}{1-\alpha e^{(p-\varpi)\sqrt{-1}}}, \quad \frac{1}{1-\alpha e^{(p-\varpi)\sqrt{-1}}}$$

suivant les puissances ascendantes de α. Si la fonction $f(s)$ reste continue pour tout module de s inférieur à $\frac{1}{\alpha}$, on pourra, en vertu du théorème II, remplacer, dans chaque terme du développement obtenu, α par l'unité, et alors on trouvera

$$(9) \quad \begin{cases} f(e^{\varpi\sqrt{-1}}) = a_0 + a_1 e^{\varpi\sqrt{-1}} + a_2 e^{2\varpi\sqrt{-1}} + \ldots + a_n e^{n\varpi\sqrt{-1}} \\ \qquad + a_{-1} e^{-\varpi\sqrt{-1}} + a_{-2} e^{-2\varpi\sqrt{-1}} + \ldots + a_{-n} e^{-n\varpi\sqrt{-1}} + \rho_n, \end{cases}$$

les valeurs de $a_{\pm n}$ et de ρ_n étant généralement déterminées par les formules

$$(10) \quad a_{\pm n} = \frac{1}{2\pi}\int_0^{2\pi} e^{\mp np\sqrt{-1}} f(e^{p\sqrt{-1}})\,dp,$$

$$(11) \quad \begin{cases} \rho_n = \dfrac{1}{2\pi}\displaystyle\int_0^{2\pi} \frac{\alpha^{n+1} e^{(n+1)(p-\varpi)\sqrt{-1}}}{1-\alpha e^{(p-\varpi)\sqrt{-1}}} f(\alpha e^{p\sqrt{-1}})\,dp \\ \quad + \dfrac{1}{2\pi}\displaystyle\int_0^{2\pi} \frac{\alpha^n e^{n(\varpi-p)\sqrt{-1}}}{1-\alpha e^{(\varpi-p)\sqrt{-1}}} f\left(\frac{1}{\alpha} e^{p\sqrt{-1}}\right) dp. \end{cases}$$

La dernière de ces formules entraîne évidemment la suivante

$$(12) \quad \text{mod.}\rho_n < \frac{\alpha^n}{1-\alpha}\left[\alpha\,\text{mod.}f(\alpha e^{p\sqrt{-1}}) + \text{mod.}f\left(\frac{1}{\alpha}e^{p\sqrt{-1}}\right)\right],$$

en vertu de laquelle ρ_n décroît indéfiniment pour des valeurs croissantes du nombre entier n. Donc, en posant $n=\infty$ dans l'équation (9), on obtiendra celle-ci

$$(13) \quad f(e^{\varpi\sqrt{-1}}) = a_0 + a_1 e^{\varpi\sqrt{-1}} + a_2 e^{2\varpi\sqrt{-1}} + \ldots + a_{-1} e^{-\varpi\sqrt{-1}} + a_{-2} e^{-2\varpi\sqrt{-1}} + \ldots,$$

qui servira à développer l'expression

$$\mathrm{f}(e^{\varpi\sqrt{-1}})$$

en série convergente. Il y a plus, la formule (12) fournira une limite de l'erreur que l'on commet quand on arrête cette série après un certain nombre de termes.

Si la fonction

$$\mathrm{f}(e^{p\sqrt{-1}})$$

est une fonction paire de p qui ne varie pas quand p change de signe, alors, en posant

$$\mathrm{P} = \mathrm{f}(e^{p\sqrt{-1}}) = \frac{\mathrm{f}(e^{p\sqrt{-1}}) + \mathrm{f}(e^{-p\sqrt{-1}})}{2},$$

$$\varphi = \mathrm{f}(e^{\varpi\sqrt{-1}}) = \frac{\mathrm{f}(e^{\varpi\sqrt{-1}}) + \mathrm{f}(e^{-\varpi\sqrt{-1}})}{2},$$

on verra l'équation (13) se réduire à la formule connue

(14) $$\varphi = \mathrm{a}_0 + 2\mathrm{a}_1 \cos\varpi + 2\mathrm{a}_2 \cos 2\varpi + \ldots,$$

la valeur de a_n étant

(15) $$\mathrm{a}_n = \frac{1}{2\pi}\int_0^{2\pi} e^{\pm np\sqrt{-1}}\,\mathrm{P}\,dp = \frac{1}{2\pi}\int_0^{2\pi} \mathrm{P}\cos np\,dp.$$

Si, dans l'équation (4), on pose $\alpha = 1$, on obtiendra simplement la proposition suivante :

Théorème IV. — *Si le résidu intégral*

$$\mathop{\mathcal{E}}_{(0)}^{(\alpha)}{}_{(0)}^{(2\pi)}\left(\frac{f(s)}{s}\right)$$

a une valeur déterminée, on aura

(16) $$\frac{1}{2\pi}\int_0^{\pi} f(e^{p\sqrt{-1}})\,dp = \mathop{\mathcal{E}}_{(0)}^{(1)}{}_{(0)}^{(2\pi)}\left(\frac{f(s)}{s}\right).$$

Du théorème IV on déduit immédiatement le suivant :

Théorème V. — *Si le résidu intégral*

$$\overset{(1)}{\underset{(0)}{}}\mathcal{E}_{(0)}^{(2\pi)}\ \overset{(1)}{\underset{(0)}{}}\mathcal{E}_{(0)}^{(2\pi)}\left(\frac{f(s, s')}{ss'}\right)$$

a une valeur déterminée, on aura

$$(17)\qquad \left(\frac{1}{2\pi}\right)^2\int_0^{2\pi}\int_0^{2\pi} f\left(e^{p\sqrt{-1}}, e^{p'\sqrt{-1}}\right)dp\,dp' = \overset{(1)}{\underset{(0)}{}}\mathcal{E}_{(0)}^{(2\pi)}\ \overset{(1)}{\underset{(0)}{}}\mathcal{E}_{(0)}^{(2\pi)}\left(\frac{f(s, s')}{ss'}\right).$$

§ II. — *Développement de la fonction perturbatrice.*

Soient

m, m' les masses de deux planètes;
r, r' leurs distances au Soleil;
ι la distance effective entre ces deux planètes;
δ leur distance apparente, vue du centre du Soleil;
R la fonction perturbatrice relative à la planète m.

On aura

$$R = \frac{m' r \cos\delta}{r'^2} + \ldots - \frac{m'}{\iota} - \ldots.$$

Il s'agit maintenant de développer les rapports de la forme

$$\frac{r\cos\delta}{r'^2}$$

et de la forme

$$\frac{1}{\iota}.$$

Nous considérerons ici en particulier le rapport $\frac{1}{\iota}$, dont le développement offre plus de difficultés et entraîne d'ailleurs immédiatement le développement de l'autre rapport $\frac{r\cos\delta}{r'^2}$.

La valeur de ι étant

$$\iota = (r^2 - 2rr'\cos\delta + r'^2)^{\frac{1}{2}},$$

on en conclut

$$(1)\qquad \frac{1}{\iota} = \frac{1}{r'}\left(1 - 2\frac{r}{r'}\cos\delta + \frac{r^2}{r'^2}\right)^{-\frac{1}{2}}.$$

On aura d'ailleurs

$$(2)\qquad \left(1 - 2\frac{r}{r'}\cos\delta + \frac{r^2}{r'^2}\right)^{-\frac{1}{2}} = \left(1 - \frac{r}{r'}e^{\delta\sqrt{-1}}\right)^{-\frac{1}{2}}\left(1 - \frac{r}{r'}e^{-\delta\sqrt{-1}}\right)^{-\frac{1}{2}};$$

et si, pour fixer les idées, on suppose

$$r < r',$$

alors, pour obtenir le développement de $\frac{1}{\iota}$ suivant les cosinus des multiples de δ, il suffira de développer suivant les puissances de $\frac{r}{r'}$ chacun des facteurs qui composent le second membre de l'équation (2). On pourra d'ailleurs atteindre le même but à l'aide de la formule (14) du § I et, de plus, déterminer par la formule (12) du même paragraphe les limites de l'erreur que l'on commettra quand on arrêtera le développement obtenu après un certain nombre de termes. La formule (14) du § I donnera

$$(3)\qquad \frac{1}{\iota} = \Delta_0 + 2\Delta_1\cos\delta + 2\Delta_2\cos 2\delta + \ldots,$$

la valeur de Δ_k étant

$$\Delta_k = \frac{1}{2\pi r'}\int_0^{2\pi}\left(1 - 2\frac{r}{r'}\cos\upsilon + \frac{r^2}{r'^2}\right)^{-\frac{1}{2}} e^{k\upsilon\sqrt{-1}}\,d\upsilon,$$

ou, ce qui revient au même,

$$\Delta_k = \frac{1}{2\pi r'}\int_0^{2\pi}\left(1 - \frac{r}{r'}e^{\upsilon\sqrt{-1}}\right)^{-\frac{1}{2}}\left(1 - \frac{r}{r'}e^{-\upsilon\sqrt{-1}}\right)^{-\frac{1}{2}} e^{k\upsilon\sqrt{-1}}\,d\upsilon.$$

D'ailleurs, eu égard au théorème II du § I, on pourra, sans altérer la valeur précédente de Δ_k, y multiplier $e^{\upsilon\sqrt{-1}}$ par un facteur positif compris entre les deux rapports $\frac{r}{r'}$, $\frac{r'}{r}$, ou même par le rapport $\frac{r}{r'}$.

Donc la valeur de Δ_k pourra être réduite à

$$(4)\qquad \Delta_k = \frac{r^k}{2\pi r'^{k+1}} \int_0^{2\pi} \left(1 - \frac{r^2}{r'^2} e^{\upsilon\sqrt{-1}}\right)^{-\frac{1}{2}} \left(1 - e^{-\upsilon\sqrt{-1}}\right)^{-\frac{1}{2}} e^{k\upsilon\sqrt{-1}} d\upsilon.$$

Soient maintenant

$$a, \quad a'$$

les demi grands axes des orbites des planètes m, m'. Le rapport $\frac{r^2}{r'^2}$ sera généralement peu différent du rapport $\frac{a^2}{a'^2}$. On pourra donc développer

$$\left(1 - \frac{r^2}{r'^2} e^{\upsilon\sqrt{-1}}\right)^{-\frac{1}{2}}$$

suivant les puissances ascendantes de la différence

$$\frac{r^2}{r'^2} - \frac{a^2}{a'^2}.$$

En opérant ainsi et posant, pour abréger, $\theta = \frac{a}{a'}$,

$$(5)\qquad [k]_l = \frac{k(k+1)\ldots(k+l-1)}{1.2\ldots l},$$

$$(6)\qquad \Theta_{k,l} = \frac{1}{2\pi} \int_0^{2\pi} \left(1 - e^{-\upsilon\sqrt{-1}}\right)^{-\frac{1}{2}} \left(1 - \theta^2 e^{\upsilon\sqrt{-1}}\right)^{-\frac{1}{2}} e^{(k+l)\upsilon\sqrt{-1}} d\upsilon,$$

on trouvera

$$(7)\qquad \Delta_k = \sum \left[\frac{1}{2}\right]_l \Theta_{k,l} a^{2l} \frac{r^k}{r'^{k+2l+1}} \left(\frac{r^2}{a^2} - \frac{r'^2}{a'^2}\right)^l,$$

et, par suite,

$$(8)\qquad \left\{\begin{aligned} \frac{1}{\imath} = {} & \sum_{l=0}^{l=\infty} \left[\frac{1}{2}\right]_l \Theta_{0,l} \frac{a^{2l}}{r'^{2l+1}} \left(\frac{r^2}{a^2} - \frac{r'^2}{a'^2}\right)^l \\ & + 2 \sum_{l=0}^{l=\infty} \sum_{k=1}^{k=\infty} \left[\frac{1}{2}\right]_l \Theta_{k,l} \frac{a^{2l} r^k}{r'^{k+2l+1}} \left(\frac{r^2}{a^2} - \frac{r'^2}{a'^2}\right)^l \cos k\delta, \end{aligned}\right.$$

ou, ce qui revient au même,

$$(9)\qquad \frac{1}{\imath} = \sum_{l=0}^{l=\infty} \Theta_{0,l} P_{0,l} + 2 \sum_{l=0}^{l=\infty} \sum_{k=1}^{k=\infty} \Theta_{k,l} P_{k,l},$$

la valeur de $P_{k,l}$ étant

$$(10)\qquad P_{k,l} = \left[\frac{1}{2}\right]_l \frac{a^{2l} r^k}{r'^{k+2l+1}} \left(\frac{r^2}{a^2} - \frac{r'^2}{a'^2}\right)^l \cos^k \delta.$$

Soient maintenant, pour les planètes m et m',

$$T,\quad T'$$

les anomalies moyennes et

$$\psi,\quad \psi'$$

les anomalies excentriques, liées aux anomalies moyennes et aux rayons vecteurs par les formules

$$(11)\qquad \begin{cases} r = a(1 - \varepsilon \cos\psi), & r' = a'(1 - \varepsilon' \cos\psi'), \\ \psi - \varepsilon \sin\psi = T, & \psi' - \varepsilon' \sin\psi' = T', \end{cases}$$

dans lesquelles ε, ε' représentent les excentricités. $P_{k,l}$ sera une fonction rationnelle des exponentielles trigonométriques

$$e^{\psi\sqrt{-1}},\quad e^{\psi'\sqrt{-1}}$$

et pourra être développée suivant les puissances de

$$e^{T\sqrt{-1}},\quad e^{T'\sqrt{-1}}$$

à l'aide de la formule

$$(12)\qquad P_{k,l} = \sum\sum \left(\frac{1}{2\pi}\right)^2 e^{(nT+n'T')\sqrt{-1}} \int_0^{2\pi}\int_0^{2\pi} P_{k,l}\, e^{-(nT+n'T')\sqrt{-1}}\, dT\, dT',$$

les signes $\sum$ s'étendant à toutes les valeurs entières positives, nulles ou négatives de n, n'. Donc, dans le développement de $P_{k,l}$, le coefficient du produit

$$e^{(nT+n'T)\sqrt{-1}}$$

sera représenté par l'intégrale

$$(13)\qquad \left(\frac{1}{2\pi}\right)^2 \int_0^{2\pi}\int_0^{2\pi} P_{k,l}\, e^{-(nT+n'T')\sqrt{-1}}\, dT\, dT',$$

ou, ce qui revient au même, par l'intégrale

$$(14)\qquad \left(\frac{1}{2\pi}\right)^2\int_0^{2\pi}\int_0^{2\pi}\mathrm{P}_{k,l}\frac{rr'}{aa'}\,e^{-(n\psi+n'\psi')\sqrt{-1}}\,e^{(n\varepsilon\sin\psi+n'\varepsilon'\sin\psi')\sqrt{-1}}\,d\psi\,d\psi'.$$

Si l'on suppose, en particulier, $n = 0$, $n' = 0$, l'intégrale (14) sera réduite à

$$(15)\qquad \left(\frac{1}{2\pi}\right)^2\int_0^{2\pi}\int_0^{2\pi}\mathrm{P}_{k,l}\frac{rr'}{aa'}\,d\psi\,d\psi'.$$

Désignons maintenant par

$$\mathrm{f}(e^{\psi\sqrt{-1}},\ e^{\psi'\sqrt{-1}})$$

le produit

$$\mathrm{P}_{k,l}\frac{rr'}{aa'}$$

exprimé en fonction rationnelle de $e^{\psi\sqrt{-1}}$, $e^{\psi'\sqrt{-1}}$. Le théorème V du § I donnera immédiatement

$$(16)\qquad \left(\frac{1}{2\pi}\right)^2\int_0^{2\pi}\int_0^{2\pi}\mathrm{P}_{k,l}\frac{rr'}{aa'}\,d\psi\,d\psi' = {}_{(0)}^{(1)}\mathcal{E}_{(0)}^{(2\pi)(1)}\ {}_{(0)}\mathcal{E}_{(0)}^{(2\pi)}\left(\frac{\mathrm{f}(s,\,s')}{s,\ s'}\right).$$

De plus, comme on aura, d'une part,

$$e^{(n\varepsilon\sin\psi+n'\varepsilon'\sin\psi')\sqrt{-1}} = e^{\frac{1}{2}n\varepsilon e^{\psi\sqrt{-1}}+\frac{1}{2}n'\varepsilon' e^{\psi'\sqrt{-1}}-\frac{1}{2}n\varepsilon e^{-\psi\sqrt{-1}}-\frac{1}{2}n'\varepsilon' e^{-\psi'\sqrt{-1}}}$$

et, d'autre part,

$$e^s = 1+\frac{s}{1}+\frac{s^2}{1.2}+\ldots+\frac{s^h}{1.2\ldots h}+\frac{s^h}{1.2\ldots h}\int_0^1 \upsilon^h e^{s(\upsilon-1)}\,d\upsilon,$$

on trouvera encore

$$(17)\quad\begin{cases}\left(\dfrac{1}{2\pi}\right)^2\displaystyle\int_0^{2\pi}\int_0^{2\pi}\mathrm{P}_{k,l}\frac{rr'}{aa'}\,e^{-(n\psi+n'\psi')\sqrt{-1}}\,e^{(n\varepsilon\sin\psi+n'\varepsilon'\sin\psi')\sqrt{-1}}\,d\psi\,d\psi' \\ = {}_{(0)}^{(1)}\mathcal{E}_{(0)}^{(2\pi)(1)}\ {}_{(0)}\mathcal{E}_{(0)}^{(2\pi)}\left(e^{\frac{1}{2}n\varepsilon s+\frac{1}{2}n'\varepsilon' s'}\left[1-\left(\dfrac{\frac{1}{2}n\varepsilon}{s}+\dfrac{\frac{1}{2}n'\varepsilon'}{s'}\right)+\ldots\pm\dfrac{1}{1.2\ldots h}\left(\dfrac{\frac{1}{2}n\varepsilon}{s}+\dfrac{\frac{1}{2}n'\varepsilon'}{s'}\right)^h\right]\dfrac{\mathrm{f}(s,\,s')}{s^{n+1}\,s'^{n'+1}}\right)+\rho_h,\end{cases}$$

ρ_h étant ce que devient l'intégrale (14) quand on y remplace, sous le signe $\int$, le facteur

$$e^{(n\varepsilon\sin\psi+n'\varepsilon'\sin\psi')\sqrt{-1}}$$

par le produit

$$\pm\, e^{\frac{1}{2}n\varepsilon e^{\psi\sqrt{-1}}+\frac{1}{2}n'\varepsilon' e^{\psi'\sqrt{-1}}}\,\frac{\left(\frac{1}{2}n\varepsilon\, e^{-\psi\sqrt{-1}}+\frac{1}{2}n'\varepsilon' e^{-\psi'\sqrt{-1}}\right)^h}{1.2\ldots h}\int_0^1 \upsilon^h\, e^{(1-\upsilon)\left(\frac{1}{2}n\varepsilon e^{-\psi\sqrt{-1}}+\frac{1}{2}n'\varepsilon' e^{-\psi'\sqrt{-1}}\right)}\,d\upsilon.$$

Cela posé, il est clair que ρ_h décroîtra indéfiniment pour des valeurs croissantes de h, et de telle manière qu'il sera facile de calculer la limite de l'erreur que l'on commettra en négligeant ρ_h dans le second membre de l'équation (17). Ajoutons que, si l'on pose, dans cette même équation, $h=\infty$, on aura simplement

$$(18)\quad\left\{\begin{aligned}&\left(\frac{1}{2\pi}\right)^2\int_0^{2\pi}\int_0^{2\pi}\mathrm{P}_{k,l}\,\frac{rr'}{aa'}\,e^{-(n\psi+n'\psi')\sqrt{-1}}\,e^{(n\varepsilon\sin\psi+n'\varepsilon'\sin\psi')\sqrt{-1}}\,d\psi\,d\psi'\\&=\mathop{\mathcal{E}}_{(0)}^{(1)}\mathop{\mathcal{E}}_{(0)}^{(2\pi)}\mathop{\mathcal{E}}_{(0)}^{(1)}\mathop{\mathcal{E}}_{(0)}^{(2\pi)}\left(e^{\frac{1}{2}n\varepsilon s+\frac{1}{2}n'\varepsilon' s'}\left[1-\left(\frac{\frac{1}{2}n\varepsilon}{s}+\frac{\frac{1}{2}n'\varepsilon'}{s'}\right)+\frac{1}{1.2}\left(\frac{\frac{1}{2}n\varepsilon}{s}+\frac{\frac{1}{2}n'\varepsilon'}{s'}\right)^2+\ldots\right]\frac{\mathrm{f}(s,s')}{s^{n+1}\,s'^{n'+1}}\right).\end{aligned}\right.$$

Les formules (14), (17), (18) comprennent les diverses propositions que nous avons énoncées dans le préambule de ce Mémoire; nous montrerons, dans un autre, comment on peut rendre plus simples encore et plus faciles les calculs qui résultent de l'application de ces formules.

180.

Astronomie. — *Sur le nouveau développement de la fonction perturbatrice et sur diverses formules qui rendent plus facile l'application du calcul des résidus à l'Astronomie.*

C. R., T. XV, p. 301 (16 août 1842).

Ainsi que je l'ai remarqué dans la séance précédente, le développement nouveau que je donne pour la fonction perturbatrice paraît éminemment propre à simplifier le calcul des mouvements planétaires et renferme une série double de transcendantes qui peuvent être facilement évaluées. D'ailleurs ces transcendantes se trouvent respectivement multipliées par des facteurs variables dont chacun se développe suivant les sinus et cosinus des multiples des anomalies moyennes, ou plutôt suivant les puissances entières, positives, nulles ou négatives des exponentielles trigonométriques qui offrent pour arguments ces anomalies, en une série de termes, l'un séculaire, les autres périodiques. De plus, chaque terme séculaire peut être exactement exprimé par une fonction finie et même algébrique des éléments elliptiques des deux planètes que l'on considère. Enfin, dans chaque terme périodique, le coefficient des exponentielles peut être décomposé en deux parties, dont l'une s'exprime encore en fonction finie des éléments elliptiques, et dont l'autre décroît indéfiniment tant qu'un certain nombre entier croît au delà de toute limite; ou bien encore ce coefficient peut être représenté par une série simple de quantités dont chacune est exprimée par une fonction finie, mais transcendante, des éléments elliptiques. Les fonctions finies dont nous venons de parler se trouvent représentées chacune par un double résidu, relatif à deux variables auxiliaires que l'on substitue aux exponentielles trigonométriques qui ont pour arguments les anomalies excentriques, et pris entre les limites o,1 du module de chaque variable. La première opération à faire pour calculer ce double résidu est de rechercher les valeurs des variables auxiliaires qui rendent infinie la fonction sous le signe $\mathcal{E}$. Or il arrive fort heureusement que ces valeurs sont en très petit nombre et se réduisent à celles que je vais indiquer.

Dans le nouveau développement de la fonction perturbatrice, le facteur variable par lequel chaque transcendante se trouve multipliée est, non seulement une fonction entière des quatre exponentielles trigonométriques qui ont pour arguments les longitudes des périhélies et ces mêmes longitudes prises en signes contraires, mais encore une fonction entière de l'un des rayons vecteurs des deux planètes et du nombre inverse de l'autre, savoir, du plus petit de ces rayons et du nombre inverse du plus grand. Cela posé, en partant des formules que j'ai rappelées dans le Mémoire du 14 septembre 1840, on reconnaîtra immédiatement que, dans chaque double résidu, la fonction sous le signe $\mathcal{E}$ devient infinie pour deux valeurs au plus de chacune des variables auxiliaires correspondantes aux deux planètes. Ces valeurs, pour la variable auxiliaire qui correspond à la planète la plus éloignée du Soleil, sont : 1° la valeur zéro; 2° une valeur positive représentée par la tangente de la moitié de l'angle dont le sinus est l'excentricité. La seconde de ces deux valeurs disparaît pour la variable auxiliaire qui correspond à la planète la plus voisine du Soleil. Par conséquent, chaque double résidu, pris entre les limites $0, 1$ des modules des variables auxiliaires, se décompose en deux résidus partiels, et qui sont relatifs, l'un à des valeurs nulles des deux variables auxiliaires, l'autre à la valeur positive de la première variable et à la valeur zéro de la seconde. Par suite aussi la série des quantités que renferme le coefficient d'un terme périodique se décomposera en deux autres séries, formées par des résidus partiels de la première et de la seconde espèce. Or, ce qu'il importe de remarquer, c'est que la seconde de ces deux séries offrira une somme exprimée par une fonction finie, mais transcendante, des éléments elliptiques. Donc, pour obtenir le coefficient d'un terme périodique, il suffira de joindre à une semblable fonction la somme d'une série simple de résidus partiels relatifs à des valeurs nulles des deux variables auxiliaires.

Enfin, à l'aide de l'un des théorèmes énoncés dans la séance précédente, j'établis sans peine quelques propriétés remarquables des fonctions finies par lesquelles sont représentés les divers résidus partiels dont je viens de parler. Je prouve, par exemple, que chacun de ces résidus est une fonction paire des deux quantités qui représentent les tangentes des moitiés des angles qui ont pour sinus les excentricités, et même une fonction paire de chacune d'elles, ou le produit d'une semblable fonction par ces mêmes quantités.

Observons encore que le coefficient de chaque terme périodique peut être décomposé, si l'on veut, en une somme de produits dont chacun ne renferme que les éléments elliptiques d'une seule planète. Pour y parvenir, il suffit : 1° de développer les puissances entières de la différence entre les carrés des rapports des rayons vecteurs aux demi grands axes, suivant les puissances entières des deux différences que l'on obtient en retranchant l'unité de ces mêmes carrés; 2° de développer, par une formule très simple que je déduis du théorème de Lagrange, le cosinus d'un multiple de la distance apparente de deux planètes suivant les puissances paires du sinus de la moitié de l'inclinaison mutuelle des deux orbites. De cette décomposition il résulte immédiatement que le coefficient de chaque terme périodique peut être exprimé à l'aide de quelques-unes des transcendantes auxquelles on parvient en multipliant une puissance entière, positive ou négative du rayon vecteur d'une planète par une puissance entière, positive ou négative de l'exponentielle trigonométrique qui a pour argument la longitude du périhélie, et en développant le produit ainsi obtenu suivant les puissances entières de l'exponentielle trigonométrique qui a pour argument l'anomalie excentrique. Je prouve, d'ailleurs, que ces nouvelles transcendantes sont liées entre elles par des équations linéaires qui permettent de les déduire les unes des autres. Ces équations se tirent aisément d'un théorème général que j'ai donné dans un autre Mémoire, et qui se rapporte au développement d'une fonction en série d'exponentielles trigonométriques.

181.

Astronomie. — *Détermination rigoureuse des termes séculaires dans le nouveau développement de la fonction perturbatrice.*

C. R., T. XV, p. 357 (22 août 1842).

Comme je l'ai remarqué dans la séance précédente, si le coefficient variable de l'une des transcendantes que renferme le nouveau développement de la fonction perturbatrice est développé à son tour suivant les puissances entières, positives, nulles ou négatives des exponentielles trigonométriques qui ont pour arguments les anomalies moyennes relatives aux deux planètes que l'on considère, on obtiendra une double série de termes, l'un séculaire, c'est-à-dire indépendant des exponentielles, les autres périodiques; et le terme séculaire pourra être exprimé par une fonction finie des éléments des orbites. Il importait d'obtenir cette fonction finie sous une forme simple et à l'aide d'opérations qui ne fussent pas trop compliquées. Tel est le but que je me suis proposé dans ce nouveau Mémoire. Les formules auxquelles je parviens me paraissent dignes de fixer un moment l'attention des géomètres, en raison de leur concision et de leur élégance. La méthode par laquelle je les établis est facile à saisir. Elle consiste à exprimer chaque terme séculaire par une intégrale définie double, dans laquelle les deux variables sont les deux angles qui représentent l'anomalie excentrique de la planète la plus voisine du Soleil et la longitude de la planète la plus éloignée. On calcule aisément la valeur de cette intégrale double, parce que la fonction sous le signe $\int$ se réduit à une fonction entière des cosinus des deux angles variables, et l'on se trouve ainsi conduit à une proposition remarquable dont voici l'énoncé :

Théorème. — *Dans le nouveau développement de la fonction perturbatrice, chaque terme séculaire est le produit de deux facteurs représentés, l'un par une transcendante qui dépend uniquement du rapport entre les grands axes des orbites des deux planètes que l'on considère, l'autre par le rapport qui existe entre une certaine fonction rationnelle des deux excentricités et le petit axe de l'orbite la plus étendue, la fonction rationnelle des deux excentricités étant d'ailleurs variable avec les angles qui déterminent les directions des plans des deux orbites. Seulement il arrive quelquefois qu'un terme séculaire se décompose en deux parties, dont l'une est de la forme indiquée, tandis que l'autre se réduit à une fonction du rapport entre les grands axes, divisée par le grand axe de l'orbite la plus étendue.*

ANALYSE.

Soient

m, m' les masses de deux planètes;
r, r' leurs distances au Soleil;
$\imath$ la distance effective entre les deux planètes;
δ leur distance apparente, vue du centre du Soleil;
R la fonction perturbatrice, relative à la planète m.

On aura

$$R = \frac{m' r \cos\delta}{r'^2} - \frac{m'}{\imath} + \ldots, \tag{1}$$

et si, en nommant

$$T, \quad T'$$

les anomalies moyennes, on développe les deux rapports

$$\frac{r\cos\delta}{r'^2}, \quad \frac{1}{\imath}$$

suivant les puissances entières, positives, nulles ou négatives, des exponentielles trigonométriques

$$e^{T\sqrt{-1}}, \quad e^{T'\sqrt{-1}},$$

le second des deux développements sera le seul qui offre des termes séculaires, c'est-à-dire indépendants des deux exponentielles. On aura d'ailleurs, comme je l'ai remarqué dans la séance du 8 août,

$$\frac{1}{\imath} = \sum_{l=0}^{l=\infty} \Theta_{0,l}\, P_{0,l} + 2\sum_{l=0}^{l=\infty}\sum_{k=1}^{k=\infty} \Theta_{k,l}\, P_{k,l}, \tag{2}$$

les valeurs des quantités $\Theta_{k,l}$, $P_{k,l}$ étant données par les formules

$$\Theta_{k,l} = \frac{1}{2\pi}\int_0^{2\pi} \left(1 - e^{-\upsilon\sqrt{-1}}\right)^{-\frac{1}{2}} \left(1 - \theta^2 e^{\upsilon\sqrt{-1}}\right)^{\frac{1}{2}} e^{(k+l)\upsilon\sqrt{-1}}\, d\upsilon, \tag{3}$$

$$P_{k,l} = \left[\frac{1}{2}\right]_l \frac{r^k}{r'^{k+1}} \left(\frac{r^2}{r'^2} - \frac{a^2}{a'^2}\right)^l \cos k\delta, \tag{4}$$

et les valeurs des quantités θ, $[k]_l$ par les formules

$$\theta = \frac{a}{a'}, \qquad [k]_l = \frac{k(k+1)\ldots(k+l-1)}{1.2.3\ldots l},$$

dont la seconde donne

$$\left[\frac{1}{2}\right]_l = \frac{1.3\ldots(2l-1)}{2.4\ldots 2l}.$$

Cela posé, pour obtenir la partie séculaire de $\frac{1}{\imath}$, et par suite celles de $\frac{m'}{\imath}$ et de R, il suffira de chercher la partie séculaire de la fonction $P_{k,l}$. Cette partie séculaire sera

$$(5) \qquad \left(\frac{1}{2\pi}\right)^2 \int_0^{2\pi}\int_0^{2\pi} P_{k,l}\, dT\, dT'.$$

D'autre part, si l'on nomme

ε, ε' les excentricités des deux orbites;
ϖ, ϖ' les longitudes des périhélies;
p, p' les longitudes des deux planètes;
p, p' les distances apparentes de ces mêmes planètes à leurs périhélies;
ψ, ψ' les anomalies excentriques,

on aura, non seulement

$$\mathrm{p} = p - \varpi, \qquad \mathrm{p}' = p' - \varpi$$

et

$$\psi - \varepsilon \sin\psi = T, \qquad \psi' - \varepsilon \sin\psi' = T',$$

mais encore

$$\frac{r}{a} = 1 - \varepsilon\cos\psi = \frac{1-\varepsilon^2}{1+\varepsilon\cos\mathrm{p}}, \qquad \frac{r'}{a'} = 1 - \varepsilon'\cos\psi' = \frac{1-\varepsilon'^2}{1+\varepsilon'\cos\mathrm{p}'}$$

et, par suite,

$$dT = \frac{r}{a}\,d\psi = \frac{\left(\frac{r}{a}\right)^2}{\sqrt{1-\varepsilon^2}}\,d\mathrm{p}, \qquad dT' = \frac{r'}{a'}\,d\psi' = \frac{\left(\frac{r'}{a'}\right)^2}{\sqrt{1-\varepsilon'^2}}\,d\mathrm{p}'.$$

Comme, d'ailleurs, on tirera de l'équation (4)

$$\mathrm{P}_{k,l} = \left[\frac{1}{2}\right]_l \frac{\theta^{k+2l}}{a'} \left(\frac{r}{a}\right)^k \left(\frac{a'}{r'}\right)^{k+1} \left(\frac{r^2}{a^2}\frac{a'^2}{r'^2} - 1\right)^l \cos k\delta,$$

l'intégrale (5) pourra être réduite au produit

$$(6)\quad \left[\frac{1}{2}\right]_l \frac{\theta^{k+2l}}{a'\sqrt{1-\varepsilon'^2}} \left(\frac{1}{2\pi}\right)^2 \int_0^{2\pi}\int_0^{2\pi} \left(\frac{r}{a}\right)^{k+1} \left(\frac{a'}{r'}\right)^{k-1} \left(\frac{r^2}{a^2}\frac{a'^2}{r'^2} - 1\right)^l \cos k\delta \, d\psi \, dp',$$

les valeurs de $\frac{r}{a}$ et de $\frac{a'}{r'}$ étant données par les formules

$$(7)\quad \frac{r}{a} = 1 - \varepsilon\cos\psi, \qquad \frac{a'}{r'} = \frac{1+\varepsilon'\cos p'}{1-\varepsilon'^2}.$$

En conséquence, la forme générale des termes séculaires compris dans le développement de $\frac{1}{r}$ sera

$$(8)\quad \left[\frac{1}{2}\right]_l \frac{\theta^{k+2l}}{a'\sqrt{1-\varepsilon'^2}} \Theta_{k,l}\, \mathrm{S}_{k,l},$$

la valeur de $\mathrm{S}_{k,l}$ étant

$$(9)\quad \mathrm{S}_{k,l} = \left(\frac{1}{2\pi}\right)^2 \int_0^{2\pi}\int_0^{2\pi} \left(\frac{r}{a}\right)^{k+1} \left(\frac{a'}{r'}\right)^{k-1} \left(\frac{r^2}{a^2}\frac{a'^2}{r'^2} - 1\right)^l \cos k\delta \, d\psi \, dp'.$$

Il reste à déterminer la valeur de l'intégrale définie $\mathrm{S}_{k,l}$, ce qu'on ne peut faire qu'après avoir exprimé le facteur $\cos k\delta$ en fonction des angles ψ et p'. Or, si l'on nomme I l'inclinaison mutuelle des deux orbites, et Π, Π' les distances apparentes de leur ligne d'intersection aux deux périhélies, ou plutôt les différences de longitude entre cette ligne et les périhélies, les deux binômes

$$p - \Pi, \quad p' - \Pi'$$

représenteront, au signe près, les angles formés par les rayons vecteurs r, r' avec la ligne dont il s'agit, et l'on aura, d'après un théorème connu de Trigonométrie sphérique,

$$(10)\quad \cos\delta = \cos(p-\Pi)\cos(p'-\Pi') + \cos \mathrm{I} \sin(p-\Pi)\sin(p'-\Pi')$$

ou, ce qui revient au même,

$$(11)\qquad \cos\delta = (\mathcal{A}\cos p' + \mathcal{B}\sin p')\cos p + (\mathcal{C}\cos p' + \mathcal{D}\sin p')\sin p,$$

les valeurs de $\mathcal{A}$, $\mathcal{B}$, $\mathcal{C}$, $\mathcal{D}$ étant

$$\mathcal{A} = \cos\Pi\cos\Pi' + \cos I\sin\Pi\sin\Pi', \qquad \mathcal{C} = \sin\Pi\cos\Pi' - \cos I\cos\Pi\sin\Pi',$$
$$\mathcal{B} = \cos\Pi\sin\Pi' - \cos I\sin\Pi\cos\Pi', \qquad \mathcal{D} = \sin\Pi\sin\Pi' + \cos I\cos\Pi\cos\Pi'.$$

On pourra d'ailleurs éliminer l'angle p de la formule (11) à l'aide de l'équation

$$1 - \varepsilon\cos\psi = \frac{1-\varepsilon^2}{1+\varepsilon\cos p},$$

de laquelle on conclura

$$\cos p = \frac{\cos\psi - \varepsilon}{1 - \varepsilon\cos\psi}, \qquad \sin p = (1-\varepsilon^2)^{\frac{1}{2}}\frac{\sin\psi}{1-\varepsilon\cos\psi}$$

et, par suite,

$$(12)\qquad \frac{r}{a}\cos p = \cos\psi - \varepsilon, \qquad \frac{r}{a}\sin p = (1-\varepsilon^2)^{\frac{1}{2}}\sin\psi.$$

On tirera, en effet, de la formule (11), jointe aux équations (12),

$$(13)\qquad \left\{\begin{aligned} \frac{r}{a}\cos\delta = {} & (\mathcal{A}\cos p' + \mathcal{B}\sin p')(\cos\psi - \varepsilon) \\ & + (\mathcal{C}\cos p' + \mathcal{D}\sin p')(1-\varepsilon^2)^{\frac{1}{2}}\sin\psi. \end{aligned}\right.$$

La valeur du produit

$$\frac{r}{a}\cos\delta$$

étant ainsi exprimée en fonction des angles ψ et p', il sera facile d'exprimer de la même manière la valeur du produit

$$\left(\frac{r}{a}\right)^k \cos k\delta.$$

On aura effectivement, d'après une formule connue,

$$(14)\qquad \left\{\begin{aligned} \cos k\delta = 2^{k-1}\Big[& \cos^k\delta - \frac{k}{4}\cos^{k-2}\delta + \frac{k}{4^2}\frac{k-3}{2}\cos^{k-4}\delta \\ & - \frac{k}{4^3}\frac{(k-4)(k-5)}{2.3}\cos^{k-6}\delta + \ldots\Big], \end{aligned}\right.$$

et, de cette dernière formule, jointe à l'équation (13), il résulte que le produit

$$\left(\frac{r}{a}\right)^k \cos k\delta$$

sera une fonction entière des sinus et cosinus des angles ψ et p'. Donc, par suite, eu égard aux formules (7), la fonction sous le signe $\int$, dans l'intégrale représentée par $\mathrm{s}_{k,l}$ [*voir* la formule (9)], sera, pour des valeurs positives du nombre entier k, une fonction entière des sinus et des cosinus des angles ψ et p', et pourra même être réduite à une fonction entière de

$$\cos^2\psi, \quad \cos^2 p',$$

attendu que les intégrales de la forme

$$\int_0^{2\pi} \cos^k\psi \sin^l\psi \, d\psi, \qquad \int_0^{2\pi} \cos^k p' \sin^l p' \, dp'$$

s'évanouissent pour des valeurs impaires de k ou de l, et qu'une puissance paire du sinus d'un angle équivaut à une fonction paire et entière du cosinus. Ajoutons que, après la réduction dont il s'agit, on tirera aisément la valeur de $\mathrm{s}_{k,l}$ de l'équation (9) combinée avec la formule

$$\frac{1}{2\pi}\int_0^{2\pi} \cos^{2n}\psi \, d\psi = \frac{1.3.5\ldots(2n-1)}{2.4.6\ldots 2n} = \left[\frac{1}{2}\right]_n,$$

et que cette valeur de $\mathrm{s}_{k,l}$ sera évidemment une fonction rationnelle de ε, ε'. Il y a plus : le seul diviseur dépendant des excentricités, dans cette fonction rationnelle, sera celui qui s'y trouve introduit par le facteur

$$\left(\frac{a'}{r'}\right)^{k+2l-1},$$

c'est-à-dire la quantité

$$(1-\varepsilon'^2)^{k+2l-1}.$$

Donc l'intégrale $\mathrm{s}_{k,l}$ pourra être généralement représentée par une fraction qui aura pour dénominateur

$$(1-\varepsilon'^2)^{k+2l-1},$$

le numérateur étant une fonction entière des deux excentricités ε, ε' et des sinus et cosinus des trois angles

$$\Pi, \quad \Pi', \quad I.$$

Il suffira d'ailleurs de multiplier cette fraction par la quantité

$$\left[\frac{1}{2}\right]_l \theta^{k+2l}\Theta_{k,l},$$

qui dépend uniquement du rapport θ entre les grands axes des orbites des deux planètes, puis de diviser le produit ainsi formé par la quantité

$$a'\sqrt{1-\varepsilon'^2},$$

qui représente la moitié du petit axe de l'orbite la plus étendue, pour obtenir l'expression (8), c'est-à-dire un terme séculaire quelconque du développement de $\frac{1}{\text{ʀ}}$. En multipliant ce terme séculaire par $-m'$, on obtiendra le terme séculaire correspondant qui entrera dans le développement de la fonction perturbatrice, et qui, dans l'hypothèse admise, c'est-à-dire pour des valeurs positives de k, sera précisément de la forme indiquée par le théorème énoncé dans le préambule de ce Mémoire.

Concevons maintenant que l'on pose, pour abréger,

$$e^{\psi\sqrt{-1}} = s, \qquad e^{p'\sqrt{-1}} = \varsigma.$$

Les équations (7) et (13) donneront

(15) $$\frac{r}{a} = 1 - \frac{\varepsilon}{2}\left(s + \frac{1}{s}\right), \qquad \frac{a'}{r'} = (1-\varepsilon'^2)^{-1}\left[1 + \frac{\varepsilon'}{2}\left(\varsigma + \frac{1}{\varsigma}\right)\right],$$

(16) $$\begin{cases} \dfrac{r}{a}\cos\delta = \dfrac{1}{4}\left[(\cos\Pi + \cos I \sin\Pi\sqrt{-1})\,\varsigma e^{-\Pi'\sqrt{-1}} + (\cos\Pi - \cos I\sin\Pi\sqrt{-1})\dfrac{1}{\varsigma}e^{\Pi'\sqrt{-1}}\right]\left(s + \dfrac{1}{s} - 2\varepsilon\right) \\ \qquad -\dfrac{1}{4}\left[(\sin\Pi - \cos I\cos\Pi\sqrt{-1})\,\varsigma e^{-\Pi'\sqrt{-1}} + (\sin\Pi + \cos I\cos\Pi\sqrt{-1})\dfrac{1}{\varsigma}e^{\Pi'\sqrt{-1}}\right](1-\varepsilon^2)^{\frac{1}{2}}\left(s - \dfrac{1}{s}\right)\sqrt{-1}. \end{cases}$$

En vertu de ces équations, jointes à la formule (14), la fonction sous le signe $\int$ dans l'intégrale (9) deviendra une fonction rationnelle des variables s et ς, et même, si k n'est pas nul, une fonction entière des quantités

$$s, \quad \frac{1}{s}, \quad \varsigma, \quad \frac{1}{\varsigma},$$

qui sera du degré $k+2l+1$ par rapport à $\frac{1}{s}$, et du degré $k+2l-1$ par rapport à $\frac{1}{\varsigma}$. Si l'on désigne par $f(s, \varsigma)$ cette fonction, c'est-à-dire si l'on pose

$$(17) \qquad f(s, \varsigma) = \left(\frac{r}{a}\right)^{k+1}\left(\frac{a'}{r'}\right)^{k-1}\left(\frac{r^2}{a^2}\frac{a'^2}{r'^2}-1\right)^l \cos k\delta,$$

la formule (9) donnera, pour une valeur positive de k,

$$(18) \qquad s_{k,l} = \mathcal{E}\mathcal{E}\frac{f(s, \varsigma)}{(s\varsigma)}.$$

Le double résidu qui comprend le second membre de la formule (18) n'est autre chose que la valeur de l'expression

$$(19) \qquad \frac{D_s^{k+2l+1} D_\varsigma^{k+2l-1}[s^{k+2l+1}\varsigma^{k+2l-1} f(s, \varsigma)]}{1.2\ldots(k+2l+1)\times 1.2\ldots(k+2l-1)}$$

correspondante à des valeurs nulles de s et de ς.

Considérons à présent le cas particulier où l'on a $k=0$. Dans ce cas particulier, eu égard à la seconde des formules (15), la valeur de $f(s, \varsigma)$, déterminée par l'équation (17), cesse d'être une fonction entière des quantités

$$\varsigma \quad \text{et} \quad \frac{1}{\varsigma},$$

puisqu'elle renferme comme diviseur le binôme

$$1 + \frac{\varepsilon'}{2}\left(\varsigma + \frac{1}{\varsigma}\right).$$

Mais la formule (9), réduite à

$$(20) \qquad s_{0,l} = \left(\frac{1}{2\pi}\right)^2 \int_0^{2\pi}\int_0^{2\pi} \frac{rr'}{aa'}\left(\frac{r^2}{a^2}\frac{a'^2}{r'^2}-1\right)^l d\psi\, dp'$$

et combinée avec les formules

$$\frac{1}{2\pi}\int_0^{2\pi}\frac{r}{a}\,d\psi = \frac{1}{2\pi}\int_0^{2\pi}(1-\varepsilon\cos\psi)\,d\psi = 1,$$

$$\frac{1}{2\pi}\int_0^{2\pi}\frac{r'}{a'}\,dp' = \frac{(1-\varepsilon'^2)^{\frac{1}{2}}}{2\pi}\int_0^{2\pi}d\psi' = (1-\varepsilon'^2)^{\frac{1}{2}},$$

donne

$$(21)\qquad s_{0,l} = (-1)^l(1-\varepsilon'^2)^{\frac{1}{2}} + \mathcal{E}\mathcal{E}\frac{f(s,\varsigma)}{(s\varsigma)},$$

la valeur de $f(s,\varsigma)$ étant déterminée, non plus par l'équation (17), mais par la suivante :

$$(22)\qquad f(s,\varsigma) = \frac{rr'}{aa'}\left[\left(\frac{r^2}{a^2}\frac{a'^2}{r'^2}-1\right)^l - (-1)^l\right].$$

Si l'on substitue dans l'expression (8), à la place de l'intégrale $s_{k,l}$, la première partie du second membre de l'équation (21), on obtiendra, pour la première partie d'un terme séculaire compris dans le développement de $\frac{1}{\iota}$ et correspondant à une valeur nulle de k, le produit

$$(-1)^l\left[\frac{1}{2}\right]_l\frac{\theta^{k+l}}{a'}\Theta_{k,l},$$

qui, même lorsqu'on le multipliera par $-m'$, se réduira toujours à une fonction du rapport θ divisée par le grand axe de l'orbite la plus étendue. Ainsi se trouve complétée la démonstration du théorème que nous avons énoncé dans le préambule du présent Mémoire.

Dans un autre article, j'appliquerai à la détermination des diverses valeurs de l'intégrale $s_{k,l}$ les formules précédentes et celles qu'on obtient à la place de l'équation (14) quand on développe $\cos k\delta$ suivant les puissances entières de $\sin^2\frac{1}{2}$.

182.

ANALYSE. — *Note sur une formule qui sert à developper, suivant les puissances entières d'un accroissement attribué au cosinus d'un arc, les accroissements correspondants que prennent les cosinus des multiples de cet arc.*

C. R., T. XV, p. 411 (29 août 1842).

La formule connue qui transforme le cosinus d'un multiple d'un arc en une fonction entière du cosinus de cet arc fournit évidemment le moyen de développer, suivant les puissances ascendantes d'un accroissement attribué à ce dernier cosinus, l'accroissement correspondant du cosinus de l'arc multiple; mais, dans le développement ainsi obtenu, chaque puissance de l'accroissement attribué au cosinus de l'arc simple se trouve multipliée par une fonction entière de ce même cosinus, et, dans l'intérêt de l'Astronomie, il convenait de substituer à cette fonction entière une fonction linéaire des cosinus des arcs multiples. J'y suis heureusement parvenu, à l'aide d'un procédé que je vais indiquer dans cette Note, et qui fournit, sous une forme très simple, le développement cherché.

ANALYSE.

Soient ϖ un arc réel et k un nombre entier. On aura, en vertu d'une formule connue (*voir* l'*Analyse algébrique*, p. 234 et 235) (¹),

$$(1)\quad \left\{\begin{aligned} \cos k\varpi = 2^{k-1}\Big[&\cos^k\varpi - \frac{k}{4}\cos^{k-2}\varpi + \frac{k}{4^2}\,\frac{k-3}{2}\cos^{k-4}\varpi \\ &- \frac{k}{4^3}\,\frac{(k-4)(k-5)}{2.3}\cos^{k-6}\varpi + \ldots\Big]. \end{aligned}\right.$$

Supposons maintenant que l'arc ϖ acquière une valeur nouvelle représentée par p, ou, ce qui revient au même, un accroissement représenté par $p - \varpi$. Les accroissements correspondants des cosinus

$$\cos\varpi,\quad \cos k\varpi$$

(¹) *OEuvres de Cauchy*, S. II, T. III.

seront

$$\cos p - \cos \varpi, \quad \cos kp - \cos k\varpi;$$

et, si l'on nomme α le premier de ces accroissements, ou, en d'autres termes, si l'on pose

$$(2) \qquad \cos p = \cos \varpi + \alpha,$$

alors, pour obtenir la valeur de $\cos kp$, et par suite la valeur de l'accroissement

$$\cos kp - \cos k\varpi,$$

il suffira de recourir aux formules (1) et (2), desquelles on tirera

$$(3) \qquad \left\{ \begin{aligned} \cos kp = 2^{k-1}\Big[&(\cos\varpi + \alpha)^k - \frac{k}{4}(\cos\varpi + \alpha)^{k-2} \\ &+ \frac{k}{4^2}\frac{k-3}{2}(\cos\varpi + \alpha)^{k-4} - \ldots\Big]. \end{aligned} \right.$$

On pourrait aisément développer le second membre de la formule (3) suivant les puissances ascendantes de α; mais alors chacune de ces puissances se trouverait multipliée par une fonction entière de $\cos\varpi$, et, dans l'intérêt de l'Astronomie, il convient de substituer à cette fonction entière une fonction linéaire de

$$\cos\varpi, \quad \cos 2\varpi, \quad \cos 3\varpi, \quad \ldots$$

On y parviendra en opérant comme il suit.

Posons

$$(4) \qquad e^{p\sqrt{-1}} = s, \qquad e^{\varpi\sqrt{-1}} = \varsigma.$$

L'équation (2) donnera

$$s + \frac{1}{s} = \varsigma + \frac{1}{\varsigma} + 2\alpha,$$

par conséquent

$$(5) \qquad s = \varsigma + 2\alpha \frac{s}{s - \frac{1}{\varsigma}},$$

et l'on aura

$$(6) \qquad \cos kp = \frac{1}{2}(s^k + s^{-k}).$$

D'ailleurs, si, en supposant la valeur de s déterminée par l'équation (5), on développe s^k suivant les puissances ascendantes de 2α, le coefficient du rapport

$$\frac{(2\alpha)^n}{1.2\ldots n},$$

dans ce développement, sera, d'après le théorème de Lagrange, et pour $n > 0$, la valeur de l'expression

$$D_s^{n-1}\left[ks^{k-1}\left(\frac{s}{s-\varsigma^{-1}}\right)^n\right] = kD_s^{n-1}\frac{s^{k+n-1}}{(s-\varsigma^{-1})^n}$$

correspondante à $s = \varsigma$, ou, ce qui revient au même, la valeur du produit

$$(7) \qquad k\varsigma^{k-n}D_8^{n-1}\frac{8^{k+n-1}}{8-(\varsigma^{-2})^n}$$

correspondante à la valeur 1 d'une nouvelle variable 8 liée à s par la formule

$$s = \varsigma 8.$$

Donc, puisque $\cos kp$ représente la partie réelle de l'expression imaginaire

$$s^k = e^{kp\sqrt{-1}} = \cos kp + \sqrt{-1}\sin kp,$$

le coefficient du rapport

$$\frac{(2\alpha)^n}{1.2\ldots n},$$

dans le développement de $\cos kp$, sera, pour des valeurs positives de n, la partie réelle de l'expression (7), c'est-à-dire la moitié de la somme qu'on obtient quand on ajoute à cette expression celle qu'on en déduit en y remplaçant

$$\varsigma = e^{\varpi\sqrt{-1}} \quad \text{par} \quad \varsigma^{-1} = e^{-\varpi\sqrt{-1}}.$$

Donc, si l'on pose

$$(8) \qquad \cos kp = K_0 + K_1(2\alpha) + K_2(2\alpha)^2 + \ldots + K_k(2\alpha)^k,$$

on aura, non seulement

$$K_0 = \cos k\varpi.$$

mais aussi, pour des valeurs positives de n,

$$K_n = \frac{\frac{k}{2}}{1.2.3\ldots n} D_8^{n-1}\left\{\left[\frac{\varsigma^{k-n}}{(8-\varsigma^{-2})^n} + \frac{\varsigma^{-k+n}}{(8-\varsigma^2)^n}\right] 8^{k-n+1}\right\},$$

ou, ce qui revient au même,

$$(9)\qquad K_n = \frac{(-1)^{n-1}\frac{k}{2n}}{[1.2\ldots(n-1)]^2} D_8^{n-1}\left[8^{k-n+1} D_8^{n-1}\left(\frac{\varsigma^{k-n}}{8-\varsigma^{-2}} + \frac{\varsigma^{-k+n}}{8-\varsigma^2}\right)\right],$$

8 devant être réduit à l'unité après les différentiations. Concevons maintenant que l'on développe chacun des rapports

$$\frac{1}{8-\varsigma^{-2}},\quad \frac{1}{8-\varsigma^2}$$

en progression géométrique. On trouvera, en désignant par l un nombre entier quelconque,

$$(10)\qquad \left\{\begin{aligned} \frac{1}{8-\varsigma^{-2}} &= 8^{-1} + \varsigma^{-2}8^{-2} + \varsigma^{-4}8^{-3} + \ldots + \varsigma^{-2l+2}8^{-l} + \frac{\varsigma^{-2l}8^{-l}}{8-\varsigma^{-2}},\\ \frac{1}{8-\varsigma^2} &= 8^{-1} + \varsigma^2 8^{-2} + \varsigma^4 8^{-3} + \ldots + \varsigma^{2l-2}8^{-l} + \frac{\varsigma^{2l}8^{-l}}{8-\varsigma^2},\end{aligned}\right.$$

puis, en posant, pour abréger,

$$[k]_l = \frac{k(k+1)\ldots(k+l-1)}{1.2\ldots l}$$

et ayant égard à la formule

$$\frac{1}{2}(\varsigma^k + \varsigma^{-k}) = \cos k\varpi,$$

on tirera immédiatement de l'équation (9), jointe aux formules (10),

$$(11)\qquad K_n = \frac{k}{n}\left\{\begin{aligned} &[1]_{n-1}[k-n+1]_{n-1}\cos(k-n)\varpi\\ &+[2]_{n-1}[k-n]_{n-1}\cos(k-n-2)\varpi + \ldots\\ &+[l]_{n-1}[k-n-l+2]_{n-1}\cos(k-n-2l+2)\varpi\end{aligned}\right\} + L_n.$$

la valeur de L_n étant

$$(12)\qquad L_n = \frac{(-1)^{n-1}\frac{k}{2n}}{[1.2\ldots(n-1)]^2} D_8^{n-1}\left\{8^{k-n+1} D_8^{n-1}\left[\left(\frac{\varsigma^{k-n-2l}}{8-\varsigma^{-2}} + \frac{\varsigma^{-k+n+2l}}{8-\varsigma^2}\right)8^{-l}\right]\right\},$$

et s devant toujours être réduit à l'unité après les différentiations. D'ailleurs, l'équation (8) devant s'accorder avec l'équation (3), la valeur de K_n, et par suite la valeur de L_n, tirée de la formule (11), devront être des fonctions entières de

$$\cos\varpi = \varsigma + \frac{1}{\varsigma}.$$

Donc la valeur de L_n qui, en vertu de la formule (12), sera une fonction rationnelle de ς, devra, ou devenir infinie avec $\frac{1}{\varsigma}$ pour une valeur nulle de ς, ou se réduire à une constante; et, pour que cette réduction ait lieu, il suffira de choisir le nombre l de telle sorte que, pour $\varsigma = 0$, L_n conserve une valeur finie. Cette condition sera évidemment remplie si chacun des rapports

$$(13) \qquad \frac{\varsigma^{k-n-2l}}{s - \varsigma^{-2}}, \quad \frac{\varsigma^{-k+n+2l}}{s - \varsigma^{2}}$$

conserve lui-même une valeur finie pour $\varsigma = 0$. Or, pour une valeur nulle de ς, le premier des rapports (13) conservera une valeur finie si l'on a

$$k - n - 2l > -2,$$

et le second si l'on a

$$k - n - 2l < 0.$$

Donc la condition énoncée sera remplie si l'exposant

$$k - n - 2l$$

se réduit à l'une des quantités

$$0, \quad -1, \quad -2,$$

par exemple, si, $k - n$ étant impair, on suppose

$$(14) \qquad k - n - 2l = -1,$$

ou si, $k - n$ étant pair, on suppose

$$(15) \qquad k - n - 2l = -2.$$

Or, en admettant l'une de ces deux suppositions et réduisant alors ς

à zéro dans la formule (12), on tire de cette formule : 1° pour une valeur impaire de $k - n$,

$$(16)\qquad L_n = 0;$$

2° pour une valeur paire de $k - n$,

$$(17)\qquad \left\{\begin{aligned} L_n &= \frac{(-1)^{n-1}\dfrac{k}{2n}}{[1.2\ldots(n-1)]^2} D_8^{n-1}(8^{k-n+1} D_8^{n-1} 8^{-l-1}) \\ &= \frac{1}{2}\frac{k}{n}[l+1]_{n-1}[k-n-l+1]_{n-1}. \end{aligned}\right.$$

Donc, en substituant à l et à L_n leurs valeurs tirées des formules (14) et (16) ou (15) et (17), on tirera de la formule (11) : 1° pour une valeur impaire de $k - n$,

$$(18)\qquad K_n = \frac{k}{n}\left\{\begin{aligned} &[1]_{n-1}[k-n+1]_{n-1}\cos(k-n)\varpi \\ &+[2]_{n-1}[k-n]_{n-1}\cos(k-n-2)\varpi \\ &+[3]_{n-1}[k-n-1]_{n-1}\cos(k-n-4)\varpi+\ldots \\ &+\left[\frac{k-n+1}{2}\right]_{n-1}\left[\frac{k-n+3}{2}\right]_{n-1}\cos\varpi \end{aligned}\right\};$$

2° pour une valeur paire de $k - n$,

$$(19)\qquad K_n = \frac{k}{n}\left\{\begin{aligned} &[1]_{n-1}[k-n+1]_{n-1}\cos(k-n)\varpi \\ &+[2]_{n-1}[k-n]_{n-1}\cos(k-n-2)\varpi \\ &+[3]_{n-1}[k-n-1]_{n-1}\cos(k-n-4)\varpi+\ldots \\ &+\frac{1}{2}\left[\frac{k-n+2}{2}\right]_{n-1}\left[\frac{k-n+2}{2}\right]_{n-1} \end{aligned}\right\}.$$

Il est bon d'observer que les formules (18), (19) sont l'une et l'autre comprises dans la formule

$$(20)\qquad K_n = \frac{k}{n} e^{-(k-n)\varpi\sqrt{-1}} \sum_{l=0}^{l=k-n} [l+1]_{n-1}[k-n-l+1]_{n-1} e^{2l\varpi\sqrt{-1}},$$

que l'on pourrait remplacer par la suivante

$$(21)\qquad K_n = \frac{k}{n} \sum_{l=-(k-n)}^{l=k-n} \left[\frac{k-n-l+2}{2}\right]_{n-1}\left[\frac{k-n+l+2}{2}\right]_{n-1} e^{l\varpi\sqrt{-1}}.$$

en supposant dans cette dernière le signe Σ étendu aux seules valeurs paires de l, lorsque $k-l$ serait pair, et aux seules valeurs impaires de l, lorsque $k-l$ serait impair.

Si, dans la formule (18) ou (19), on attribue successivement à k les valeurs entières

$$1,\quad 2,\quad 3,\quad 4,\quad \ldots,$$

on tirera de ces formules, jointes à l'équation (8) : 1° pour des valeurs impaires de k,

$$(22)\quad \left\{\begin{aligned}
\cos kp &= \cos k\varpi + k\left[\cos(k-1)\varpi + \cos(k-3)\varpi + \ldots + \cos 2\varpi + \frac{1}{2}\right](2\alpha)\\
&+ \frac{k}{2}\left[(k-1)\cos(k-2)\varpi + 2(k-2)\cos(k-4)\varpi + \ldots + \frac{k+1}{2}\,\frac{k+3}{2}\cos\varpi\right](2\alpha)^2\\
&+ \frac{k}{3}\left[\frac{k-2}{1}\,\frac{k-1}{2}\cos(k-3)\varpi + \frac{2.3}{1.2}\,\frac{k-3}{1}\,\frac{k-2}{2}\cos(k-5)\varpi + \ldots + \frac{1}{2}\left(\frac{k-1}{2}\,\frac{k+1}{4}\right)^2\right](2\alpha)^3\\
&+ \ldots\ldots\ldots\ldots\ldots\ldots\ldots\ldots\ldots\ldots\ldots\ldots\ldots\ldots\ldots ;
\end{aligned}\right.$$

2° pour des valeurs paires de k,

$$(23)\quad \left\{\begin{aligned}
\cos kp &= \cos k\varpi + k[\cos(k-1)\varpi + \cos(k-3)\varpi + \ldots + \cos 3\varpi + \cos\varpi](2\alpha)\\
&+ \frac{k}{2}\left[(k-1)\cos(k-2)\varpi + 2(k-2)\cos(k-4)\varpi + \ldots + \frac{1}{2}\left(\frac{k}{2}\right)^2\right](2\alpha)^2\\
&+ \frac{k}{3}\left[\frac{k-2}{1}\,\frac{k-1}{2}\cos(k-3)\varpi + \frac{2.3}{1.2}\,\frac{k-2}{1}\,\frac{k-3}{2}\cos(k-5)\varpi + \ldots + \frac{k}{2}\,\frac{k+2}{4}\,\frac{k-2}{2}\,\frac{k}{4}\cos\varpi\right](2\alpha)^3\\
&+ \ldots\ldots\ldots\ldots\ldots\ldots\ldots\ldots\ldots\ldots\ldots\ldots\ldots\ldots\ldots
\end{aligned}\right.$$

Ainsi, en particulier, on trouvera

$$\begin{aligned}
\cos p &= \cos \varpi + \alpha,\\
\cos 2p &= \cos 2\varpi + 4\alpha\cos\varpi + 2\alpha^2,\\
\cos 3p &= \cos 3\varpi + 3\alpha(1 + 2\cos 2\varpi) + 12\alpha^2\cos\varpi + 4\alpha^3,\\
\cos 4p &= \cos 4\varpi + 8\alpha(\cos\varpi + \cos 3\varpi) + 8\alpha^2(2 + 3\cos 2\varpi) + 32\alpha^3\cos\varpi + 8\alpha^4,\\
&\ldots\ldots\ldots\ldots\ldots\ldots\ldots\ldots\ldots\ldots\ldots\ldots
\end{aligned}$$

Dans un autre article je montrerai les avantages que l'on peut retirer de ces diverses formules appliquées à l'Astronomie.

183.

Astronomie. — *Décomposition de la fonction perturbatrice en produits de facteurs dont chacun se rapporte à une seule planète.*

C. R., T. XV, p. 478 (5 septembre 1842).

Il est aisé de s'assurer que la fonction perturbatrice peut être, comme les divers termes de son développement, décomposée en produits de facteurs dont chacun soit relatif à une seule planète; mais il importe d'opérer cette décomposition d'une manière qui rende facile le calcul des perturbations planétaires. En réfléchissant sur cet objet, je suis arrivé à reconnaître que, pour remplir la condition dont il s'agit, il suffit de recourir à l'artifice analytique qui m'a fourni le nouveau développement de la fonction perturbatrice. C'est ce que je vais essayer d'expliquer en peu de mots.

Analyse.

Soient

r, r' les distances de deux planètes au Soleil;

ι leur distance effective;

δ leur distance apparente;

p, p' les distances apparentes de deux planètes à leurs périhélies;

Π, Π' les distances apparentes de la ligne d'intersection des deux orbites à ces mêmes périhélies;

I l'inclinaison mutuelle des deux orbites.

Il sera facile de décomposer la fonction perturbatrice relative à la planète m en produits de facteurs dont chacun soit relatif à une seule planète, si l'on sait décomposer en produits de cette espèce le rapport $\frac{1}{\iota}$. Or on aura, d'une part,

$$\frac{1}{\iota} = (r^2 - 2rr'\cos\delta + r'^2)^{-\frac{1}{2}}; \tag{1}$$

d'autre part,

$$(2)\qquad \cos\delta = \cos(\mathrm{p}-\Pi)\cos(\mathrm{p}'-\Pi') + \cos I \sin(\mathrm{p}-\Pi)\sin(\mathrm{p}'-\Pi');$$

puis, en ayant égard à la formule

$$\cos I = 1 - 2\sin^2\frac{I}{2}$$

et posant, pour abréger,

$$\Phi = \mathrm{p}' - \mathrm{p} - \Pi' + \Pi,$$

$$\mathfrak{I} = \left(2\sin\frac{I}{2}\right)^2 \sin(\mathrm{p}-\Pi)\sin(\mathrm{p}'-\Pi'),$$

on tirera de l'équation (2)

$$(3)\qquad \cos\delta = \cos\Phi - \tfrac{1}{2}\mathfrak{I}.$$

Cela posé, on aura encore

$$(4)\qquad \frac{1}{\iota} = (r^2 - 2rr'\cos\Phi + r'^2 + rr'\mathfrak{I})^{-\frac{1}{2}},$$

par conséquent

$$(5)\qquad \begin{cases} \dfrac{1}{\iota} = (r^2 - 2rr'\cos\Phi + r'^2)^{-\frac{1}{2}} - \frac{1}{2}rr'\mathfrak{I}(r^2 - 2rr'\cos\Phi + r'^2)^{-\frac{3}{2}} \\ \qquad + \dfrac{1.3}{2.4}(rr'\mathfrak{I})^2(r^2 - 2rr'\cos\Phi + r'^2)^{-\frac{5}{2}} - \ldots. \end{cases}$$

Soient maintenant a, a' les demi grands axes des planètes que l'on considère. Supposons d'ailleurs, pour fixer les idées,

$$a < a',$$

et prenons

$$\vartheta = \frac{a}{a'}.$$

En opérant, comme dans la séance du 8 août, on tirera de l'équation (1)

$$(6)\qquad \frac{1}{\iota} = \sum_{l=0}^{l=\infty}\Theta_{0,l}\,\mathrm{P}_{0,l} + 2\sum_{l=0}^{l=\infty}\sum_{k=0}^{l=\infty}\Theta_{k,l}\,\mathrm{P}_{k,l},$$

les valeurs de $\Theta_{k,l}$, $P_{k,l}$ étant données par les formules

$$\Theta_{k,l} = \frac{1}{2\pi}\int_0^{2\pi}\left(1 - e^{-\upsilon\sqrt{-1}}\right)^{-\frac{1}{2}}\left(1 - \theta^2 e^{\upsilon\sqrt{-1}}\right)^{-l-\frac{1}{2}} e^{(k+l)\upsilon\sqrt{-1}}\,d\upsilon,$$

$$P_{k,l} = \left[\frac{1}{2}\right]_l \frac{r^k}{r'^{k+1}}\left(\frac{r^2}{r'^2} - \frac{a^2}{a'^2}\right)^l \cos k\delta,$$

et la valeur de $[k]_l$ étant

$$[k]_l = \frac{k(k+1)\ldots(k+l-1)}{1.2\ldots l}.$$

Mais, si à l'équation (1) on substitue l'équation (5), alors, en opérant toujours de la même manière, on trouvera

$$(7)\quad \left\{\begin{aligned} \frac{1}{\iota} = {} & \sum_{l=0}^{l=\infty}\left[\frac{1}{2}\right]_l \mathcal{A}_{0,l}\,Q_{0,l} + 2\sum_{l=0}^{l=\infty}\sum_{k=1}^{k=\infty}\left[\frac{1}{2}\right]_l \mathcal{A}_{k,l}\,Q_{k,l} \\ & - \frac{1}{2}\frac{r}{r'}\delta\left\{\sum_{l=0}^{l=\infty}\left[\frac{3}{2}\right]_l \mathcal{B}_{0,l}\,Q_{0,l} + 2\sum_{l=0}^{l=\infty}\sum_{k=1}^{k=\infty}\left[\frac{3}{2}\right]_l \mathcal{B}_{k,l}\,Q_{k,l}\right\} \\ & + \frac{1.3}{2.4}\left(\frac{r}{r'}\delta\right)^2\left\{\sum_{l=0}^{l=\infty}\left[\frac{5}{2}\right]_l \mathcal{C}_{0,l}\,Q_{0,l} + 2\sum_{l=0}^{l=\infty}\sum_{k=1}^{k=\infty}\left[\frac{5}{2}\right]_l \mathcal{C}_{k,l}\,Q_{k,l}\right\} \\ & - \ldots\ldots\ldots\ldots, \end{aligned}\right.$$

les valeurs de

$$\mathcal{A}_{k,l},\quad \mathcal{B}_{k,l},\quad \mathcal{C}_{k,l},\quad \ldots,\quad Q_{k,l}$$

étant déterminées par les formules

$$\mathcal{A}_{k,l} = \frac{1}{2\pi}\int_0^{2\pi}\left(1 - e^{-\upsilon\sqrt{-1}}\right)^{-\frac{1}{2}}\left(1 - \theta^2 e^{\upsilon\sqrt{-1}}\right)^{-l-\frac{1}{2}} e^{(k+l)\upsilon\sqrt{-1}}\,d\upsilon,$$

$$\mathcal{B}_{k,l} = \frac{1}{2\pi}\int_0^{2\pi}\left(1 - e^{-\upsilon\sqrt{-1}}\right)^{-\frac{3}{2}}\left(1 - \theta^2 e^{\upsilon\sqrt{-1}}\right)^{-l-\frac{3}{2}} e^{(k+l)\upsilon\sqrt{-1}}\,d\upsilon,$$

$$\mathcal{C}_{k,l} = \frac{1}{2\pi}\int_0^{2\pi}\left(1 - e^{-\upsilon\sqrt{-1}}\right)^{-\frac{5}{2}}\left(1 - \theta^2 e^{\upsilon\sqrt{-1}}\right)^{-l-\frac{5}{2}} e^{(k+l)\upsilon\sqrt{-1}}\,d\upsilon,$$

. . . . ,

$$Q_{k,l} = \frac{r^k}{r'^{k+1}}\left(\frac{r^2}{r'^2} - \frac{a^2}{a'^2}\right)^l \cos k\Phi,$$

en sorte qu'on aura identiquement

$$\mathcal{A}_{k,l} = \Theta_{k,l}.$$

Or, pour décomposer le second membre de l'équation (5) en produits de facteurs dont chacun soit relatif à une seule planète, il suffira évidemment de décomposer en produits de cette espèce chacune des expressions

$$\frac{r}{r'}\mathfrak{I}, \quad \mathfrak{Q}_{k,l}.$$

On y parviendra immédiatement à l'aide des équations qui fournissent les valeurs de ces expressions. En effet, on trouvera, en premier lieu,

$$(8) \qquad \frac{r}{r'}\mathfrak{I} = \left(2\sin\frac{\mathrm{I}}{2}\right)^2 (r\sin\mathrm{p})\frac{\sin\mathrm{p}'}{r'},$$

puis, en second lieu, en substituant à Φ sa valeur,

$$(9) \qquad \begin{cases} \mathfrak{Q}_{k,l} = \dfrac{1}{2}\dfrac{a^{2l}r^k}{r'^{k+2l+1}}\left(\dfrac{r^2}{a^2} - \dfrac{r'^2}{a'^2}\right)^l e^{k(\mathrm{p}'-\Pi')\sqrt{-1}} e^{-k(\mathrm{p}-\Pi)\sqrt{-1}} \\ \qquad + \dfrac{1}{2}\dfrac{a^{2l}r^k}{r'^{k+2l+1}}\left(\dfrac{r^2}{a^2} - \dfrac{r'^2}{a'^2}\right)^l e^{-k(\mathrm{p}'-\Pi')\sqrt{-1}} e^{k(\mathrm{p}-\Pi)\sqrt{-1}} \end{cases}$$

et

$$(10) \qquad \left(\frac{r^2}{a^2} - \frac{r'^2}{a'^2}\right)^l = \sum (-1)^h (l)_h \left(1 - \frac{r^2}{a^2}\right)^h \left(1 - \frac{r'^2}{a'^2}\right)^{l-h},$$

la valeur de $(l)_h$ étant

$$(l)_h = \frac{l(l-1)\ldots(l-h+1)}{1.2\ldots h}.$$

En vertu des formules (7), (8), (9), (10), le rapport $\frac{1}{\mathfrak{r}}$ se décompose évidemment en produits dont les facteurs variables sont de l'une des formes

$$(11) \qquad \begin{cases} r^f\left(1 - \dfrac{r^2}{a^2}\right)^h e^{\pm k\mathrm{p}\sqrt{-1}} \sin^g \mathrm{p}, \\ \dfrac{\left(1 - \dfrac{r'^2}{a'^2}\right)^{h'}}{r'^{f'}} e^{\mp k\mathrm{p}\sqrt{-1}} \sin^{g'} \mathrm{p}', \end{cases}$$

f, f', g, h, h', k désignant des nombres entiers. On arriverait à la même conclusion en partant de la formule (6) et en y substituant, dans la fonction $P_{k,l}$, la valeur de $\cos k\delta$, développée, à l'aide des principes établis dans la précédente séance, suivant les puissances ascendantes de δ.

Il est bon d'observer qu'en substituant à l'équation (10) la suivante

$$(12)\qquad \left(\frac{r^2}{a^2}-\frac{r'^2}{a'^2}\right)^l=\sum(-1)^{l-h}(l)_h\left(\frac{r}{a}\right)^{2h}\left(\frac{r'}{a'}\right)^{2l-2h}$$

on aurait obtenu la décomposition de $\frac{1}{\imath}$ en produits proportionnels à des facteurs de la forme

$$(13)\qquad \begin{cases} r^f e^{\pm k\mathrm{p}\sqrt{-1}}\sin^g\mathrm{p}, \\ \dfrac{1}{r'^{f'}}e^{\mp k\mathrm{p}'\sqrt{-1}}\sin^g\mathrm{p}'. \end{cases}$$

Mais la formule (10) paraît devoir être préférée à la formule (12), par cette raison que les binômes

$$1-\frac{r^2}{a^2},\quad 1-\frac{r'^2}{a'^2}$$

sont des quantités très petites de l'ordre des excentricités.

Remarquons encore que, dans les expressions (11) et (13), on peut transformer en sommes d'exponentielles les deux produits

$$e^{\pm k\mathrm{p}\sqrt{-1}}\sin^g\mathrm{p},\quad e^{\mp k\mathrm{p}'\sqrt{-1}}\sin^g\mathrm{p}'.$$

Observons enfin que, pour des valeurs positives de l, les intégrales définies, ci-dessus désignées par

$$\mathcal{A}_{k,l},\quad \mathcal{B}_{k,l},\quad \mathcal{C}_{k,l},\quad \ldots,$$

seront généralement peu considérables par rapport à celles que l'on obtiendrait si le facteur $1-e^{-\upsilon\sqrt{-1}}$, renfermé sous le signe $\int$ dans ces intégrales, s'y trouvait élevé à la même puissance que le facteur $1-\theta^2 e^{\upsilon\sqrt{-1}}$, c'est-à-dire qu'elles seront généralement peu considérables par rapport à celles qui servent à exprimer la plupart des transcendantes comprises dans le développement ordinaire de la fonction perturbatrice. D'ailleurs les valeurs de

$$\mathcal{A}_{k,l},\quad \mathcal{B}_{k,l}\quad \mathcal{C}_{k,l},\quad \ldots$$

pourront être immédiatement déduites des diverses valeurs de la transcendante représentée par $\Theta_{k,l}$ dans la formule (6). En effet, on aura d'abord identiquement

$$(14)\qquad \mathcal{A}_{k,l} = \Theta_{k,l},$$

et, de plus, comme, en intégrant par parties, on trouvera généralement

$$\begin{aligned}
&\frac{1}{2\pi}\int_0^{2\pi}\left(1-e^{-\upsilon\sqrt{-1}}\right)^{-h-1}\left(1-\theta^2 e^{\upsilon\sqrt{-1}}\right)^{-l} e^{k\upsilon\sqrt{-1}}\,d\upsilon\\
&= \frac{1}{2\pi h\sqrt{-1}}\int_0^{2\pi}\left(1-e^{-\upsilon\sqrt{-1}}\right)^{-h} \mathrm{D}_\upsilon\left[\left(1-\theta^2 e^{\upsilon\sqrt{-1}}\right)^{-l} e^{(k+1)\upsilon\sqrt{-1}}\right] d\upsilon\\
&= \frac{k-1}{2\pi h}\int_0^{2\pi}\left(1-e^{-\upsilon\sqrt{-1}}\right)^{-h}\left(1-\theta^2 e^{\upsilon\sqrt{-1}}\right)^{-l} e^{(k+1)\upsilon\sqrt{-1}}\,d\upsilon\\
&+ \frac{\theta^2 l}{2\pi h}\int_0^{2\pi}\left(1-e^{-\upsilon\sqrt{-1}}\right)^{-h}\left(1-\theta^2 e^{\upsilon\sqrt{-1}}\right)^{-l-1} e^{(k+1)\upsilon\sqrt{-1}}\,d\upsilon,
\end{aligned}$$

on en conclura

$$(15)\qquad \left\{\begin{aligned}
&\mathcal{B}_{k,l} = 2(k+l+1)\mathcal{A}_{k,l+1} + (2l+3)\theta^2\mathcal{A}_{k-1,l+2},\\
&\mathcal{C}_{k,l} = \tfrac{2}{3}(k+l+1)\mathcal{B}_{k,l+1} + \tfrac{1}{3}(2l+5)\theta^2\mathcal{B}_{k-1,l+2},\\
&\ldots\ldots\ldots\ldots\ldots\ldots\ldots\ldots\ldots\ldots
\end{aligned}\right.$$

Dans d'autres articles je donnerai les formules qui servent à calculer facilement les diverses valeurs de la transcendante $\Theta_{k,l}$ ou à les déduire les unes des autres, et je développerai aussi les expressions (11) suivant les puissances entières des exponentielles trigonométriques qui ont pour arguments les anomalies moyennes.

184.

Théorie de la lumière. — *Note sur le calcul des phénomènes que présente la lumière réfléchie ou réfractée par la surface d'un corps transparent ou opaque.*

C. R., T. XV, p. 418 (29 août 1842).

Les *Comptes rendus des séances de l'Académie des Sciences,* pendant le premier semestre de l'année 1836, renferment diverses Lettres que j'ai adressées de Prague à plusieurs membres de cette Académie, et qui sont relatives à la réflexion ou à la réfraction de la lumière par la surface extérieure ou intérieure des corps transparents ou opaques. De plus, dans la 7e Livraison des nouveaux *Exercices de Mathématiques*, reçue par l'Académie des Sciences en août 1836, et mentionnée dans le *Bulletin bibliographique* du 16 août (T. III des *Comptes rendus*, p. 179), j'ai dit positivement que les lois de cette réflexion et de cette réfraction se déduisaient des formules générales données au bas de la page 203 de cette même Livraison. Je viens aujourd'hui justifier cette assertion, qui se trouve reproduite, avec les formules dont il s'agit, dans le *Compte rendu* de la séance du 17 juin 1839 (*voir* les observations relatives à une Lettre de M. Mac-Cullagh, p. 970) (1), et prouver que de ces formules on peut tirer, en effet, les conclusions énoncées dans mes diverses Lettres de mars et d'avril 1836. Pour simplifier les calculs, j'ai eu recours à la considération des variables imaginaires, que j'ai substituées aux déplacements moléculaires dans le Mémoire lithographié d'août 1836, c'est-à-dire, en d'autres termes, à la considération de ce que j'ai nommé, dans mes nouveaux Mémoires, les *déplacements symboliques des molécules*

(1) *Œuvres de Cauchy*, S. I, T. IV, p. 333.

Analyse.

§ I. — *Équations d'un mouvement simple de l'éther.*

Considérons un mouvement simple de l'éther renfermé dans un milieu dont la constitution reste partout la même, et soient, au bout du temps t,

ξ, η, ζ les déplacements rectangulaires infiniment petits, mais effectifs, de la molécule dont les coordonnées rectangulaires étaient représentées à l'origine du mouvement par x, y, z.

Soient encore

$\overline{\xi}$, $\overline{\eta}$, $\overline{\zeta}$ les déplacements symboliques de la même molécule, c'est-à-dire des variables imaginaires dont ξ, η, ζ représentent les parties réelles. Ces déplacements symboliques seront de la forme

$$(1)\qquad \begin{cases} \overline{\xi} = \overline{\mathrm{A}}\, e^{(ux+vy+wz-st)\sqrt{-1}}, \\ \overline{\eta} = \overline{\mathrm{B}}\, e^{(ux+vy+wz-st)\sqrt{-1}}, \\ \overline{\zeta} = \overline{\mathrm{C}}\, e^{(ux+vy+wz-st)\sqrt{-1}}, \end{cases}$$

u, v, w, s, $\overline{\mathrm{A}}$, $\overline{\mathrm{B}}$, $\overline{\mathrm{C}}$ désignant des constantes réelles ou imaginaires. Si la constante s devient réelle, le mouvement simple sera persistant, et alors la valeur de s, ou la durée

$$\mathrm{T} = \frac{2\pi}{s}$$

des vibrations moléculaires, déterminera, dans la théorie de la lumière, la nature de la couleur. Si la propagation de la lumière s'effectue en tous sens suivant les mêmes lois, ou, en d'autres termes, si le milieu donné est isophane, la valeur de k, déterminée par la formule

$$(2)\qquad k^2 = u^2 + v^2 + w^2,$$

sera liée à s par une certaine équation, en sorte que, s étant connu, k le sera pareillement, et de plus les coefficients $\overline{\mathrm{A}}$, $\overline{\mathrm{B}}$, $\overline{\mathrm{C}}$ vérifieront la condition

$$(3) \qquad u\overline{\mathrm{A}} + v\overline{\mathrm{B}} + w\overline{\mathrm{C}} = 0$$

(*voir* les pages 56 et 88 du Mémoire lithographié sous la date d'août 1836). Enfin, si l'on dispose de la direction des axes coordonnés, ce qui est toujours possible, de manière que l'on ait

$$(4) \qquad w = 0,$$

les formules (2), (3) donneront

$$(5) \qquad k^2 = u^2 + v^2,$$

$$(6) \qquad u\overline{\mathrm{A}} + v\overline{\mathrm{B}} = 0,$$

et l'on vérifiera l'équation (4) en posant

$$\overline{\mathrm{A}} = \frac{v}{k}\overline{\mathrm{H}}, \qquad \overline{\mathrm{B}} = -\frac{u}{k}\overline{\mathrm{H}},$$

$\overline{\mathrm{H}}$ désignant une constante réelle ou imaginaire. Alors aussi les équations (1) pourront être remplacées par quatre équations de la forme

$$(7) \qquad \bar{\xi} = \frac{v}{k}\bar{8}, \qquad \bar{\eta} = -\frac{u}{k}\bar{8},$$

$$(8) \qquad \bar{8} = \overline{\mathrm{K}}e^{(ux+vy-st)\sqrt{-1}}, \qquad \bar{\zeta} = \overline{\mathrm{C}}e^{(ux+vy-st)\sqrt{-1}},$$

8 désignant une nouvelle variable imaginaire.

Lorsque le milieu donné devient transparent, k est une quantité réelle que l'on peut supposer déterminée par l'équation

$$(9) \qquad k = (u^2 + v^2 + w^2)^{\frac{1}{2}},$$

et par conséquent positive. Alors aussi u, v, w seront réels, si le mouvement simple se propage dans le milieu donné sans s'affaiblir. Dans ce cas, la longueur

$$l = \frac{2\varpi}{k}$$

sera l'épaisseur d'une onde lumineuse, ou la longueur d'une ondulation, et les rapports

$$\frac{u}{k}, \quad \frac{v}{k}, \quad \frac{w}{k}$$

représenteront les cosinus des angles que formera la perpendiculaire au plan d'une onde avec les demi-axes des coordonnées positives. Donc alors, quand la condition (4) sera remplie, les plans des ondes seront parallèles à l'axe des z; et si d'ailleurs on a choisi les demi-axes des coordonnées positives de manière que les coefficients u, v soient positifs, on aura

$$(10) \qquad \frac{u}{k} = \cos\tau, \qquad \frac{v}{k} = \sin\tau,$$

τ désignant l'angle formé par la perpendiculaire au plan d'une onde avec le demi-axe des x positives. De plus, si, dans cette hypothèse, on nomme 8 la partie réelle de la variable imaginaire $\bar{8}$, les formules (7) entraîneront les suivantes

$$(11) \qquad \xi = \frac{v}{k} 8, \qquad \eta = -\frac{u}{k} 8,$$

que l'on pourra réduire à

$$(12) \qquad \xi = 8\cos\tau, \qquad \eta = -8\sin\tau.$$

Or il est clair qu'en vertu des formules (12) 8 représentera le déplacement d'une molécule d'éther mesuré parallèlement au plan des x, y, et pris avec le signe $+$ ou avec le signe $-$, suivant que la molécule se trouvera transportée du côté des x positives ou du côté des x négatives. Cela posé, si, dans le mouvement simple que l'on considère, chaque rayon lumineux est regardé comme formé par la superposition de deux autres, dont le premier soit renfermé dans le plan des x, y, et dont le second offre des vibrations perpendiculaires à ce même plan, les déplacements effectifs ou symboliques des molécules se trouveront évidemment représentés, dans le premier des deux rayons composants, par les variables 8, $\bar{8}$; dans le second, par les variables ζ, $\bar{\zeta}$.

§ II. — *Rayons réfléchis ou réfractés par la surface de séparation de deux milieux isophanes.*

Si l'on adopte comme conditions relatives à la surface de séparation celles que j'ai données dans la 7e livraison des *Nouveaux Exercices de Mathématiques*, page 203 ([1]), la dilatation linéaire de l'éther, mesurée perpendiculairement à cette surface, conservera la même valeur dans le passage du premier milieu au second, et l'on pourra en dire autant des trois fonctions différentielles alternées

$$D_z\eta - D_y\zeta, \quad D_x\zeta - D_z\xi, \quad D_y\xi - D_x\eta,$$

ξ, η, ζ désignant les déplacements rectangulaires d'une molécule d'éther dont les coordonnées initiales étaient x, y, z. Supposons, pour fixer les idées, que, les deux milieux étant séparés l'un de l'autre par le plan des y, z, l'axe des z soit parallèle au plan des ondes lumineuses, et par conséquent perpendiculaire au plan d'incidence. Si l'on nomme

$$\xi, \quad \eta, \quad \zeta \qquad \text{et} \qquad \xi', \quad \eta', \quad \zeta'$$

les déplacements des molécules mesurés dans le premier et dans le second milieu, ces déplacements seront indépendants de la coordonnée z, et l'on aura, pour $x = 0$,

$$(1)\qquad \left\{ \begin{array}{ll} D_x\xi = D_x\xi', & D_y\xi - D_x\eta = D_y\xi' - D_x\eta', \\ D_x\zeta = D_x\zeta', & D_y\zeta = D_y\zeta'. \end{array} \right.$$

Concevons maintenant que, pour plus de commodité, on décompose chaque déplacement, mesuré dans le premier milieu, en deux autres, dont le premier soit relatif au rayon incident, le second au rayon réfléchi. Soient alors

$$\xi, \quad \eta, \quad \zeta$$

les déplacements d'une molécule, mesurés dans le rayon incident, et $\xi_{,}$, $\eta_{,}$, $\zeta_{,}$ les déplacements mesurés dans le rayon réfléchi. On devra, dans les formules (1), remplacer les trois lettres

$$\xi, \quad \eta, \quad \zeta$$

([1]) *OEuvres de Cauchy*, S. II, T. X.

par les trois sommes

$$\xi + \xi_{,}, \quad \eta + \eta_{,}, \quad \zeta + \zeta_{,}.$$

Donc, à la place des formules (1), on obtiendra les suivantes :

$$(2) \quad \begin{cases} D_x(\xi + \xi_{,}) = D_x\xi', & D_y(\xi + \xi_{,}) - D_x(\eta + \eta_{,}) = D_y\xi' - D_x\eta', \\ D_x(\zeta + \zeta_{,}) = D_x\zeta', & D_y(\zeta + \zeta_{,}) = D_y\zeta'. \end{cases}$$

Soient maintenant

$$\bar\xi, \quad \bar\eta, \quad \bar\zeta, \quad \bar\xi_{,}, \quad \bar\eta_{,}, \quad \bar\zeta_{,}, \quad \bar\xi', \quad \bar\eta', \quad \bar\zeta'$$

les déplacements symboliques correspondants aux déplacements effectifs

$$\xi, \quad \eta, \quad \zeta, \quad \xi_{,}, \quad \eta_{,}, \quad \zeta_{,}, \quad \xi', \quad \eta', \quad \zeta',$$

on pourra supposer ces déplacements symboliques assujettis à vérifier, pour $x = 0$, des conditions semblables aux formules (2), savoir :

$$(3) \quad \begin{cases} D_x(\bar\xi + \bar\xi_{,}) = D_x\bar\xi', & D_y(\bar\xi + \bar\xi_{,}) - D_x(\bar\eta + \bar\eta_{,}) = D_y\bar\xi' - D_x\bar\eta', \\ D_x(\bar\zeta + \bar\zeta_{,}) = D_x\bar\zeta', & D_y(\bar\zeta + \bar\zeta_{,}) = D_y\bar\zeta'. \end{cases}$$

D'autre part, les déplacements symboliques

$$\bar\xi, \quad \bar\eta, \quad \bar\zeta$$

seront liés à x, y, z, t par les formules (7), (8) du § I, c'est-à-dire par des équations de la forme

$$(4) \quad \begin{cases} \bar\xi = \frac{v}{k}\bar 8, & \bar\eta = -\frac{u}{k}\bar 8, \\ \bar 8 = \bar{\mathrm{H}}\, e^{(ux+vy-st)\sqrt{-1}}, & \bar\zeta = \bar{\mathrm{C}}\, e^{(ux+vy-st)\sqrt{-1}}, \end{cases}$$

et si l'on nomme

$$s_{,}, \quad u_{,}, \quad v_{,}, \quad w_{,}, \quad k_{,}, \quad \bar{\mathrm{H}}_{,}, \quad \bar{\mathrm{C}}_{,} \qquad \text{ou} \qquad s', \quad u', \quad v', \quad w', \quad k', \quad \bar{\mathrm{H}}', \quad \bar{\mathrm{C}}'$$

ce que deviennent

$$s, \quad u, \quad v, \quad w, \quad k, \quad \bar{\mathrm{H}}, \quad \bar{\mathrm{C}},$$

quand on passe du rayon incident au rayon réfléchi ou réfracté, chacune des formules (4) continuera de subsister, quand on y affectera d'un accent inférieur ou supérieur toutes les lettres autres que x, y, z, t. Cela posé, chacune des conditions (3) se réduisant à une équation de la forme

$$\gamma\, e^{(vy-st)\sqrt{-1}} + \gamma_{,}\, e^{(v_{,}y-s_{,}t)\sqrt{-1}} = \gamma'\, e^{(v'y-s't)\sqrt{-1}},$$

dans lesquelles γ, $\gamma_{,}$, γ' représenteront trois quantités constantes, entraînera immédiatement, en vertu d'un théorème établi dans les *Exercices d'Analyse et de Physique mathématique* (5ᵉ et 6ᵉ livraison, p. 158) (¹), les deux conditions

(5) $$v = v_{,} = v', \qquad s = s_{,} = s';$$

et, comme la formule

$$s_{,} = s$$

entraînera encore celle-ci

$$k_{,} = k,$$

les trois équations analogues à la formule (1) du § I, savoir,

(6) $$u^2 + v^2 = k^2, \qquad u_{,}^2 + v_{,}^2 = k^2, \qquad u'^2 + v'^2 = k'^2,$$

deviendront

(7) $$u^2 + v^2 = k^2, \qquad u_{,}^2 + v^2 = k^2, \qquad u'^2 + v^2 = k'^2.$$

On aura donc, par suite,

$$u_{,}^2 = k^2 - v^2 = u^2,$$

puis on en conclura

(8) $$u_{,} = -u,$$

$u_{,}$ ne pouvant se réduire à u. Donc, en passant du rayon incident au rayon réfléchi ou réfracté, on obtiendra, au lieu des formules (4), les suivantes :

(9) $$\left\{\begin{array}{ll} \bar{\xi}_{,} = \dfrac{v}{k}\bar{8}_{,}, & \bar{\eta}_1 = -\dfrac{u}{k}\bar{8}_{,}, \\ \bar{8}_1 = \bar{\mathrm{H}}_{,}\, e^{(-ux+vy-st)\sqrt{-1}}, & \bar{\zeta}_1 = \bar{\mathrm{C}}_{,}\, e^{(-ux+vy-st)\sqrt{-1}}, \end{array}\right.$$

(10) $$\left\{\begin{array}{ll} \bar{\xi}' = \dfrac{v}{k'}\bar{8}', & \bar{\eta}' = -\dfrac{u}{k'}\bar{8}', \\ \bar{8}' = \bar{\mathrm{H}}'\, e^{(u'x+vy-st)\sqrt{-1}}, & \bar{\zeta}' = \bar{\mathrm{C}}'\, e^{(u'x+vy-st)\sqrt{-1}}. \end{array}\right.$$

(¹) *OEuvres de Cauchy*, S. II, T. XI.

Or, eu égard aux formules (4), (9), (10), les conditions (3) donneront

$$(11)\quad \left\{\begin{array}{ll} \frac{u}{k}(\overline{\mathrm{H}}-\overline{\mathrm{H}}_{,})=\frac{u'}{k'}\overline{\mathrm{H}'}, & k(\overline{\mathrm{H}}+\overline{\mathrm{H}}_{,})=k'\overline{\mathrm{H}'}, \\ u(\mathrm{C}-\mathrm{C}_{,})=u'\overline{\mathrm{C}'}, & \mathrm{C}+\mathrm{C}_{,}=\mathrm{C}'. \end{array}\right.$$

Si, dans les formules (11), on pose, pour plus de commodité,

$$\overline{\mathrm{H}}_{,}=\overline{\mathrm{I}}\,\overline{\mathrm{H}},\qquad \overline{\mathrm{C}}_{,}=\overline{\mathrm{J}}\,\overline{\mathrm{C}},\qquad \overline{\mathrm{H}'}=\overline{\mathrm{I}'}\,\overline{\mathrm{H}},\qquad \overline{\mathrm{C}'}=\overline{\mathrm{J}'}\,\overline{\mathrm{C}},$$

on trouvera simplement

$$\frac{u}{k}(1-\overline{\mathrm{I}})=\frac{u'}{k'}\overline{\mathrm{I}'},\qquad k(1+\overline{\mathrm{I}})=k'\overline{\mathrm{I}'},$$

$$u(1-\overline{\mathrm{J}})=u'\overline{\mathrm{J}'},\qquad 1+\overline{\mathrm{J}}=\overline{\mathrm{J}'}$$

et, par suite,

$$(12)\quad \left\{\begin{array}{ll} \overline{\mathrm{I}}=\frac{k'^2u-k^2u'}{k'^2u+k^2u'}, & \overline{\mathrm{I}'}=\frac{2kk'u}{k'^2u+k^2u'}, \\ \overline{\mathrm{J}}=\frac{u'-u}{u'+u}, & \overline{\mathrm{J}'}=\frac{2u'}{u'+u}. \end{array}\right.$$

Ces dernières formules comprennent effectivement celles que nous avons données dans les *Comptes rendus* de 1836 et de 1839 comme propres à représenter les lois de la réflexion et de la réfraction produites par la surface extérieure ou intérieure d'un corps transparent ou opaque. C'est, au reste, ce que nous expliquerons plus en détail dans un nouvel article.

185.

PHYSIQUE MATHÉMATIQUE. — *Méthode abrégée pour la recherche des lois suivant lesquelles la lumière se trouve réfléchie ou réfractée par la surface d'un corps transparent ou opaque.*

C. R., T. XV, p. 542 (12 septembre 1842).

Un Mémoire que j'ai offert à l'Académie dans les séances des 18 mars, 25 mars et 1er avril 1839, contient une méthode générale propre à fournir les conditions relatives aux limites des corps dans les problèmes de Physique mathématique. Dans d'autres Mémoires, que renferment les *Comptes rendus* des séances de la même année, ainsi que dans les *Exercices d'Analyse et de Physique mathématique,* j'ai appliqué la méthode dont il s'agit à la recherche des lois suivant lesquelles un rayon lumineux se trouve réfléchi ou réfracté par la surface de séparation de deux milieux isophanes. Mais il restait à montrer comment la méthode s'applique au cas où les milieux donnés cessent d'être isophanes. D'ailleurs il était à désirer que ces diverses applications fussent présentées sous une forme simple et presque élémentaire, de telle sorte que l'esprit des lecteurs peu familiarisés avec le Calcul intégral pût aisément saisir les principes sur lesquels repose la théorie mathématique de la réflexion et de la réfraction. Tel est le double but que je me suis proposé dans un nouveau travail dont je vais donner le résumé en peu de mots.

Dans le système des ondulations, les phénomènes lumineux résultent, comme on sait, de mouvements vibratoires propagés à travers un fluide lumineux ou éther dont les molécules agissent les unes sur les autres à de très petites distances. En effet, les phénomènes s'expliquent très bien lorsqu'on admet ces mouvements vibratoires et qu'on les suppose semblables aux mouvements infiniment petits des systèmes de molécules sollicitées par des forces d'attraction ou de répulsion mutuelle.

Cela posé, considérons en particulier un seul système de molécules qui agissent les unes sur les autres à de très petites distances, et concevons que la position de chaque molécule soit rapportée à trois axes rectangulaires des x, y, z. Les trois équations d'un mouvement quelconque du système seront trois équations aux dérivées partielles, ou même trois équations aux différences mêlées, qui devront servir à déterminer, au bout d'un temps quelconque t, les trois déplacements d'une molécule, mesurés parallèlement aux axes, en fonction des quatre variables indépendantes, savoir, des coordonnées et du temps. D'ailleurs, en considérant les trois déplacements dont il s'agit, ainsi que leurs différences finies et leurs différentielles ou dérivées, comme des quantités infiniment petites du premier ordre, et négligeant les infiniment petits du second ordre, on devra, dans les trois équations du mouvement, conserver seulement les premières puissances de ces déplacements et de ces différences finies ou dérivées. On verra ainsi les trois équations du mouvement se réduire à trois équations linéaires, qui seront d'autant plus exactes que les déplacements seront plus petits, et qui représenteront ce que nous appelons les *mouvements infiniment petits* du système donné.

Puisque les équations des mouvements infiniment petits d'un système de molécules ou points matériels sont linéaires, lorsqu'on connaîtra plusieurs intégrales particulières de ces équations, il suffira de les combiner entre elles par voie d'addition pour en obtenir d'autres. Donc, étant donnés plusieurs mouvements infiniment petits que peut prendre le système, un nouveau mouvement, dans lequel chaque déplacement moléculaire aurait pour valeur la somme de ses valeurs relatives aux mouvements donnés, sera encore un des mouvements infiniment petits que le système est susceptible d'acquérir. On dit alors que le nouveau mouvement résulte de la *superposition* de tous les autres.

Ce n'est pas tout : puisque les trois équations des mouvements infiniment petits d'un système de points matériels sont linéaires, les valeurs qu'elles fournissent pour les déplacements d'une molécule sont les parties réelles de variables imaginaires qui vérifient trois autres équations de même forme. Ces variables imaginaires et les équations qu'elles vérifient sont ce que nous appelons les *déplacements symboliques* d'une molécule et les *équations symboliques* des mouvements infiniment petits. Si d'ailleurs les trois équations réelles de ces mouvements sont indépendantes de l'origine des coordonnées, en sorte qu'elles ne se trouvent pas altérées quand on transporte l'origine d'un point à un autre, la manière la plus simple de vérifier les équations symboliques sera d'égaler chaque déplacement symbolique au produit d'un paramètre constant, réel ou imaginaire, par une exponentielle népérienne, dont l'exposant, réel ou imaginaire, se réduise à une fonction linéaire des coordonnées et du temps et s'évanouisse avec les variables. Le mouvement infiniment petit que l'on obtient dans cette hypothèse est ce que nous appellerons un *mouvement simple*. L'exponentielle népérienne, à laquelle chaque déplacement symbolique restera proportionnel dans un mouvement simple, sera nommée le *symbole caractéristique* de ce mouvement. Ce symbole restera toujours le même, quel que soit celui des axes coordonnés auquel se rapporte le déplacement effectif, et dans le cas même où le déplacement effectif serait mesuré parallèlement à un axe quelconque, arbitrairement choisi. Mais la position de cet axe influera sur la valeur réelle ou imaginaire du paramètre par laquelle on devra multiplier le symbole caractéristique pour obtenir le déplacement symbolique dont le déplacement effectif est la partie réelle; et, par suite, les déplacements symboliques correspondants aux trois axes coordonnés renfermeront en général trois paramètres différents. Ces trois paramètres et les quatre coefficients réels ou imaginaires par lesquels les variables indépendantes seront multipliées dans l'exposant du symbole caractéristique vérifieront trois équations finies, qui se déduiront sans peine des équations des mouvements infiniment petits; et, si l'on élimine les trois paramètres entre ces trois équations finies, on obtiendra précisément l'équation résultante à laquelle nous avons donné le nom d'*équation caractéristique*.

La nature d'un mouvement simple, tel qu'il vient d'être défini, dépend surtout du symbole caractéristique représenté, comme nous l'avons dit, par une exponentielle trigonométrique dont l'exposant est une fonction linéaire des quatre variables indépendantes. Ce mouvement simple sera durable ou persistant, et se propagera sans s'affaiblir si l'exposant du symbole caractéristique n'offre pas de partie réelle, et alors chaque déplacement effectif d'une molécule sera le produit d'une constante réelle, équivalente au module du paramètre, par le cosinus d'un certain angle variable appelé *phase*, cet angle étant d'ailleurs une fonction réelle et linéaire des variables indépendantes. En multipliant un semblable produit par le module du symbole, c'est-à-dire par une exponentielle dont l'exposant sera encore une fonction réelle et linéaire des variables indépendantes, on obtiendra la forme générale des déplacements effectifs des molécules, dans le cas où le mouvement simple s'éteint par degrés avec le temps, ou s'affaiblit en se propageant. Dans tous les cas, les déplacements effectifs des molécules, mesurés parallèlement à un axe quelconque, s'évanouiront, pour une même molécule, après des intervalles de temps égaux, dont chacun sera la moitié de ce qu'on nomme la *durée* d'une vibration moléculaire, et à un même instant pour toutes les molécules situées dans des plans parallèles à un certain plan invariable et séparés entre eux par des distances dont chacune sera la moitié de ce qu'on nomme la *longueur d'une ondulation*. Le système donné sera divisé par ces mêmes plans en tranches composées de molécules qui, lorsqu'on passera d'une tranche à la suivante, se trouveront déplacées en sens inverses; et la réunion des deux tranches contiguës formera ce qu'on appelle une *onde plane*, la longueur d'ondulation représentant l'épaisseur de cette onde. Le temps venant à croître, chaque onde se déplacera dans l'espace avec son plan, ou plutôt avec les plans qui la terminent, et la *vitesse de propagation* d'une onde sera le rapport qui existe entre son épaisseur et la durée des vibrations moléculaires. Ajoutons que, si un mouvement simple s'affaiblit et s'éteint en se propageant, le coefficient variable du cosinus de la phase, dans chaque déplacement effectif, décroîtra en progression géométrique, tandis que la distance d'une molécule à un *second plan invariable* croîtra en progression arithmétique.

Étant donné le symbole caractéristique du mouvement simple, on connaît immédiatement la durée des vibrations de laquelle dépend la nature de la *couleur*, les directions des deux plans invariables dont nous avons parlé, par conséquent la direction des plans des ondes et l'épaisseur d'une onde plane ou la longueur d'une ondulation.

Quant au paramètre que renferme un déplacement symbolique, il est le produit d'un module constant par une exponentielle dont l'argument est ce que nous appelons le *paramètre angulaire*. Lorsque le mouvement simple est durable ou persistant, le module dont il s'agit représente la *demi-amplitude* des vibrations moléculaires, mesurées parallèlement à un axe donné. Ajoutons que, dans tous les cas, le paramètre angulaire représente la phase correspondante à des valeurs nulles des variables indépendantes.

Nous avons déjà observé que les coefficients réels ou imaginaires, par lesquels le temps et les coordonnées se trouvent multipliés dans le symbole caractéristique d'un mouvement simple, sont liés entre eux par l'équation caractéristique. Ajoutons que cette équation renferme seulement le carré du premier de ces coefficients, et qu'elle est du troisième degré par rapport à ce carré. Donc, si l'on prend ce carré pour inconnue, elle offrira trois racines. A ces trois racines, lorsqu'elles sont inégales, correspondent trois espèces de mouvements simples, qu'un seul système de molécules est susceptible de propager. Mais il peut arriver que deux des trois racines se réduisent à une racine double, et alors les trois mouvements simples se réduiront à deux seulement. Si l'on excepte ce cas particulier, les rapports des trois paramètres que renferment les déplacements symboliques correspondants aux trois axes x, y, z seront complètement déterminés pour chaque mouvement simple. Cela posé, considérons un mouvement simple qui se propage sans s'affaiblir. On conclura des remarques précédentes que, pour une direction donnée du plan invariable parallèle au plan des ondes, les directions des vibrations moléculaires seront, en général, complètement déterminées, ainsi que la vitesse de propagation des ondes planes. Toutefois, si deux des mouvements simples que le système de molécules est susceptible de propager se réunissent, les vibrations de chaque molécule, dans les deux mouvements réduits à un seul, ne seront plus dirigées suivant une droite déterminée, mais seulement comprises dans un plan déterminé, et par suite chaque molécule décrira une courbe plane. D'ailleurs, comme le calcul le fait voir, cette courbe sera toujours ou un cercle ou une ellipse.

Concevons maintenant qu'à un instant donné on fasse passer par un même point diverses ondes planes correspondantes à divers mouvements simples, ou plutôt les plans qui terminent ces ondes, et supposons ces plans infiniment peu inclinés les uns sur les autres. Alors, le temps venant à croître, ces plans se déplaceront avec les ondes dont il s'agit, et le point commun à tous ces plans se déplacera lui-même en parcourant une certaine droite. Si le système de molécules donné est l'éther ou le fluide lumineux répandu dans un corps, cette droite sera ce qu'on appelle, dans la théorie de la lumière, l'*axe* d'un *rayon simple*. Le rayon simple de lumière ne sera lui-même autre chose que la file des molécules d'éther qui, originairement situées sur cet axe, s'en écartent à chaque instant dans un sens ou dans un autre, en vertu du mouvement simple correspondant à l'une des ondes planes dont nous avons parlé.

Aux trois espèces de mouvements simples qui, d'après ce qu'on a dit ci-dessus, pourront généralement se propager dans une masse de fluide éthéré, correspondent trois rayons simples. Si ces trois rayons demeurent distincts, et si chacun d'eux se propage sans s'affaiblir, les vibrations des molécules d'éther seront dans chaque rayon constamment parallèles à un certain axe, et par conséquent chaque molécule décrira une ligne droite; mais il n'en sera plus de même si deux rayons se réunissent en un seul, ce qui arrivera quand le système de molécules sera tellement constitué qu'un mouvement simple s'y propage en tous sens suivant les mêmes lois. Un tel système de molécules est ce que nous nommons un système *isotrope*, et, dans la théorie de la lumière, un système *isophane*. Lorsque, dans un système ou milieu isophane, un rayon simple se propage sans s'affaiblir, les vibrations des molécules qui composent ce rayon sont nécessairement, ou *transversales*, c'est-à-dire comprises dans des plans perpendiculaires à l'axe du rayon, ou *longitudinales*, c'est-à-dire dirigées suivant cet axe. Dans les milieux non isophanes, les vibrations qui se propagent sans s'affaiblir sont encore sensiblement transversales ou longitudinales par rapport aux rayons. Les vibrations transversales ou sensiblement transversales sont celles qui, dans l'opinion des physiciens, occasionnent la sensation de la lumière; elles sont du moins les seules dont l'existence se trouve constatée dans les rayons lumineux qui peuvent être perçus par l'œil. Lorsqu'un mouvement simple s'éteint en se propageant, les vibrations peuvent cesser d'être sensiblement transversales ou longitudinales, et quoique alors l'œil ne puisse plus les saisir, elles interviennent cependant dans la production des phénomènes lumineux, particulièrement des phénomènes de réflexion et de réfraction, comme on le verra ci-après.

Lorsqu'un mouvement simple de l'éther dans lequel les vibrations sont transversales se propage dans un certain milieu sans s'affaiblir, ce milieu est appelé *transparent*. Il devient *opaque* dans le cas contraire.

Ce qui constitue le mode de polarisation d'un rayon simple propagé dans un milieu transparent, c'est la nature de la ligne droite ou courbe décrite par chaque molécule dans un plan perpendiculaire à l'axe du rayon. Suivant que cette ligne se réduit à une droite, à un cercle, ou à une ellipse, la polarisation est *rectiligne, circulaire* ou *elliptique*. La polarisation est toujours rectiligne dans les milieux non isophanes; elle peut devenir circulaire ou elliptique dans les milieux isophanes, dans l'air par exemple. Dans la polarisation rectiligne, les nœuds du rayon sont les points équidistants où il rencontre son axe, et ces nœuds sont de deux espèces différentes, selon qu'ils se trouvent placés avant ou après les molécules qui s'écartent de l'axe dans un certain sens. La distance entre deux nœuds consécutifs de même espèce est précisément l'épaisseur d'une onde plane. Dans un milieu isophane, tout rayon doué de la polarisation circulaire ou elliptique peut être considéré comme résultant de la superposition de deux rayons polarisés rectilignement, mais renfermés dans deux plans qui se coupent à angles droits; et alors son *anomalie* est représentée par la distance entre deux nœuds des rayons composants, ou plutôt par un arc proportionnel à cette distance, savoir, par celui qui devient équivalent à la circonférence quand la distance dont il s'agit devient équivalente à l'épaisseur d'une onde plane.

Examinons maintenant ce qui arrive quand un mouvement simple est transmis d'un milieu à un autre.

Les équations aux dérivées partielles qui représentent les mouvements infiniment petits d'un système de molécules d'éther sont du second ordre par rapport au temps. D'ailleurs, lorsqu'on néglige la dispersion des couleurs, la vitesse de propagation des ondes planes devient la même pour tous les rayons simples qui, étant dirigés suivant une même droite, se propagent sans s'affaiblir, et par suite les durées des vibrations moléculaires deviennent proportionnelles aux longueurs d'ondulations, ce qui exige que les équations des mouvements infiniment petits deviennent homogènes. Donc alors ces équations seront du second ordre, non seulement par rapport au temps, mais aussi par rapport à chacune des coordonnées, et l'intégration introduira dans leurs intégrales deux fonctions arbitraires relatives à chacune des inconnues, c'est-à-dire à chacun des déplacements moléculaires. Mais ces deux fonctions arbitraires auront des valeurs diverses, suivant la nature du problème qu'il s'agit de résoudre. Si, le mouvement imprimé aux molécules de l'éther dans un certain milieu étant supposé connu à une certaine époque, il s'agit d'en conclure le mouvement qui s'observera dans ce même milieu à une époque quelconque, par exemple au bout du temps t, les fonctions arbitraires seront celles qui représenteront, au premier instant, les déplacements moléculaires et leurs dérivées prises par rapport au temps, ou, ce qui revient au même, les vitesses mesurées parallèlement aux axes des x, y, z. Si, au contraire, le mouvement des molécules étant supposé connu à une époque quelconque dans un premier milieu, il s'agira d'en conclure le mouvement transmis à d'autres molécules qui se trouvent comprises dans un second milieu séparé du premier par une surface plane ou courbe, par exemple par le plan des y, z, les fonctions arbitraires représenteront les déplacements des molécules situées dans ce plan, c'est-à-dire les déplacements moléculaires correspondants à une valeur nulle de l'abscisse x, et les dérivées de ces déplacements relatives à x, ou plutôt les valeurs que prennent ces dérivées pour $x = 0$. Or la considération de ces déplacements et de ces dérivées fournit immédiatement les lois suivant lesquelles un rayon simple de lumière pourra être réfléchi ou réfracté par la surface de séparation de deux milieux, quand cette surface sera plane; c'est ce que l'on reconnaîtra sans peine en ayant égard aux remarques suivantes.

Considérons deux milieux séparés l'un de l'autre par une surface plane. Dans le cas général où ces milieux ne sont pas isophanes, chacun d'eux, comme nous l'avons déjà dit, pourra propager trois espèces de rayons simples, dont deux au plus sont perçus par l'œil. Ce n'est pas tout : les ondes planes correspondantes à un rayon simple pourront se propager, à partir d'un point ou d'un plan donné, dans deux sens opposés l'un à l'autre, et par suite on pourra distinguer, parmi les ondes planes de chaque espèce, celles qui s'approcheraient de la surface de séparation et celles qui s'en éloigneraient. Les premières seront ce qu'on appelle des ondes *incidentes*, les dernières ce qu'on appelle des ondes *réfléchies* ou des ondes *réfractées*. Cela posé, concevons qu'un rayon simple de lumière tombe dans le premier des deux milieux sur la surface de séparation. Ce rayon *incident* devra naturellement occasionner, dans chaque milieu, la production d'un rayon réfléchi ou réfracté de chaque espèce. Donc on aura encore à considérer, outre le rayon incident, six autres rayons, savoir, trois rayons réfléchis et trois rayons réfractés. Or, concevons que l'on prenne la surface de séparation des deux milieux pour plan des y, z; six variables distinctes représenteront dans chaque milieu les déplacements moléculaires, mesurés parallèlement aux axes coordonnés, et les dérivées de ces déplacements prises par rapport à x. D'ailleurs, puisqu'on suppose le mouvement transmis du premier milieu au second, les valeurs de ces six variables correspondantes à la surface de séparation, c'est-à-dire à une valeur nulle de x, pourront être considérées comme les six fonctions arbitraires dont la forme entraîne la nature du mouvement produit dans le second milieu. Or, les valeurs de ces fonctions arbitraires étant calculées d'abord à l'aide du rayon incident et des trois rayons réfléchis, puis égalées à celles que donnent les trois rayons réfractés, on obtiendra six équations de condition qui devront être vérifiées en chaque point de la surface réfléchissante, et qui suffiront pour déterminer complètement la nature des six rayons inconnus réfléchis ou réfractés. En effet, pour que ces équations de condition soient vérifiées, il sera d'abord nécessaire, suivant un principe établi dans les *Exercices d'Analyse et de Physique mathématique* (Tome Ier, page 157) ([1]), que les symboles caractéristiques de tous les rayons réfléchis et réfractés ne diffèrent pas du symbole caractéristique du rayon incident. D'ailleurs cette première condition déterminera complètement, dans les six nouveaux rayons, non seulement la durée des vibrations moléculaires qui, avec la nature de la couleur, restera la même avant ou après la réflexion ou la réfraction, mais aussi les épaisseurs des ondes planes, les directions des plans des ondes et les directions des vibrations moléculaires. Il y a plus : cette première condition étant supposée remplie, les seules inconnues que renfermeront encore les six équations de condition seront les six paramètres réels ou imaginaires qui correspondront aux trois rayons réfléchis et aux trois rayons réfractés. On pourra donc déterminer complètement ces paramètres, qui feront connaître, pour chacun de ces rayons, quand il se propagera sans s'affaiblir, l'amplitude des vibrations moléculaires et la phase correspondante à des valeurs nulles des variables indépendantes.

Avant d'aller plus loin, nous avons une remarque importante à faire. Nous avons raisonné comme si la forme des équations aux dérivées partielles, qui représentent les mouvements infiniment petits des molécules comprises dans un milieu, subsistait sans altération dans le voisinage même de la surface qui sépare ce premier milieu d'un second. Cette manière d'opérer n'est pas rigoureusement exacte ; mais la méthode plus rigoureuse, que nous avons établie dans les *Comptes rendus* de mars et d'avril 1839, suffit pour montrer que les résultats obtenus par le nouveau procédé pourront être admis avec confiance, si le diamètre de la sphère d'activité sensible des molécules éthérées est

([1]) *OEuvres de Cauchy*, S. II, T. XI.

très petit relativement à la longueur d'une ondulation. Cette condition, donnée par le calcul, pouvait être assez facilement prévue. On conçoit en effet que, dans le cas où elle ne serait pas remplie, les mouvements simples ou par ondes planes se trouveraient sensiblement altérés par l'influence de la surface réfléchissante à des distances trop considérables encore pour qu'ils pussent franchir ces distances et pénétrer en se modifiant dans ce second milieu. Si, au contraire, la condition ci-dessus énoncée se trouve remplie, on déduira immédiatement des principes que nous venons d'établir les lois de la réflexion et de la réfraction produites par la surface de séparation de deux milieux transparents ou opaques; mais il sera rigoureusement nécessaire d'avoir égard aux trois espèces de rayons qui peuvent généralement se propager dans chaque milieu. Si l'on tenait compte seulement des deux rayons qui peuvent être perçus par l'œil dans les milieux cristallisés, les six équations de condition relatives à la surface réfléchissante ne renfermeraient plus que quatre inconnues, savoir, les quatre paramètres correspondants, d'une part aux deux rayons réfléchis, d'autre part aux deux rayons réfractés, et ne pourraient plus être vérifiées que dans des cas particuliers, par exemple, pour certaines directions particulières du rayon incident. Au reste, nous ne devons pas être surpris que, dans chaque milieu, la réflexion ou réfraction produise seulement deux rayons sensibles à l'œil, et que le troisième rayon réfléchi ou réfracté reste inaperçu; car le calcul fait voir que ce troisième rayon, qui, s'il pouvait se propager sans s'affaiblir, offrirait des vibrations longitudinales, est de la nature des rayons qui pénètrent dans les corps opaques et s'éteint comme eux à une très petite distance de la surface réfléchissante. Mais cette circonstance ne nous autorise en aucune manière à le considérer comme non avenu, attendu que, sur la surface même, les amplitudes des vibrations moléculaires sont du même ordre dans les trois espèces de rayons réfléchis ou réfractés. D'ailleurs, quoique le troisième rayon ne soit pas visible, son existence et même sa nature sont clairement indiquées par le calcul, et il est impossible qu'un rayon simple, tombant sur la surface de séparation de deux corps isophanes, ne fasse pas naître dans chacun de ces milieux trois mouvements simples réfléchis ou réfractés. Ces trois mouvements simples et les trois systèmes d'ondes planes qu'ils présentent correspondent, comme nous l'avons déjà dit, aux trois racines de l'équation caractéristique résolue par rapport au carré du coefficient qui détermine la durée des vibrations moléculaires. Ces trois racines elles-mêmes se trouvent introduites dans l'équation dont il s'agit, en raison des trois coordonnées qui appartiennent à chaque point, et qui correspondent aux trois dimensions de l'espace. Ainsi le nombre des dimensions de l'espace exprime nécessairement le nombre des rayons réfléchis ou réfractés par une surface plane.

Nous avons jusqu'ici considéré comme distinctes les trois espèces de rayons qui peuvent être propagés dans chaque milieu. Examinons maintenant le cas particulier où les deux milieux deviennent isophanes. Alors, dans chaque milieu, l'équation caractéristique ayant une racine double, deux des trois rayons correspondants à une direction donnée des plans des ondes se réuniront en un seul, dans lequel les vibrations pourront être dirigées suivant une droite quelconque perpendiculaire à l'axe du rayon. Par suite aussi, les trois rayons réfléchis ou réfractés se réduiront à deux. Il y a plus : pour ceux des rayons réfléchis et réfractés qui s'éteindront à une petite distance de la surface réfléchissante, les vibrations moléculaires resteront comprises dans le plan d'incidence, et, par suite, on pourra faire abstraction de ces derniers rayons, si les vibrations des molécules dans le rayon incident sont perpendiculaires au plan d'incidence. Donc alors, si le second milieu devient transparent, les principes ci-dessus établis fourniront précisément les lois de réflexion et de réfraction découvertes par Fresnel, et confirmées, par l'expérience, pour ce qu'on appelle un *rayon polarisé dans le plan d'incidence,* et l'on reconnaîtra en particulier que le rayon réfléchi ne peut disparaître sous aucune incidence, quand l'*indice de réfraction,* c'est-à-dire le rapport du sinus d'incidence au sinus de réfraction, ne se réduit pas à l'unité. Donc un rayon polarisé dans un plan est, comme le croyait Fresnel, un rayon simple dans lequel les vibrations sont perpendiculaires à ce plan, ou, en d'autres termes, le *plan de polarisation* d'un rayon simple est le plan perpendiculaire aux droites suivant lesquelles sont dirigées les vibrations rectilignes des molécules éthérées.

Si les vibrations des molécules dans le rayon incident étaient, non plus perpendiculaires au plan d'incidence, mais renfermées dans ce plan, alors, dans la recherche des lois de la réflexion et de la réfraction, on devrait nécessairement tenir compte des rayons qui s'éteignent à une petite distance de la surface réfléchissante, et, en opérant ainsi, on obtiendrait des formules qui comprennent, comme cas particuliers, celles que Fresnel a trouvées, en supposant que le rayon incident fût un rayon polarisé perpendiculairement au plan d'incidence. Cette remarque vient encore à l'appui de l'opinion de Fresnel sur la direction des vibrations moléculaires par rapport au plan de polarisation.

Il ne sera pas inutile d'observer que, dans la recherche des lois de la réflexion et de la réfraction produites par la surface de séparation de deux milieux isophanes, ou non isophanes, les six équations de condition relatives à la surface peuvent être réduites à quatre par l'élimination des paramètres relatifs aux rayons qui s'éteignent en se propageant. Or il est remarquable que trois des équations ainsi obtenues pour les milieux isophanes sont précisément trois des quatre équations données dans la 7e livraison des *Nouveaux Exercices de Mathématiques* (¹), savoir celles qui renferment trois fonctions différentielles alternées. La quatrième équation de condition peut se réduire encore à celle que renferment les *Nouveaux Exercices*, mais seulement dans le cas où l'on suppose que les corps transparents et isophanes sont capables, comme le verre, de polariser complètement la lumière par réflexion.

Quant au principe des vibrations équivalentes, appliqué par Fresnel au cas où les vibrations sont parallèles à la surface réfléchissante, et par M. Mac-Cullagh à tous les cas possibles, il est exact, dans la théorie de Fresnel et pour la raison que nous avons indiquée, quand on sup-

(¹) *Œuvres de Cauchy*, S. II, T. X.

pose les vibrations perpendiculaires au plan d'incidence; mais il nous paraît inexact dans la théorie de M. Mac-Cullagh, lorsqu'on fait, avec cet auteur, abstraction des rayons qui s'éteignent à une petite distance de la surface réfléchissante. Il redeviendra exact si l'on tient compte de ces derniers rayons; et même les six équations de condition que fournit notre théorie coïncident alors avec les trois équations fournies par ce principe et avec leurs dérivées prises par rapport à la variable qui représente une abscisse mesurée sur une perpendiculaire à la surface réfléchissante.

Dans ce qui précède nous avons supposé que chaque milieu renferme un seul système de molécules, toutes les molécules étant de même nature, mais leur arrangement pouvant n'être pas le même dans le premier milieu et dans le second. Le vide ou l'éther isolé peut offrir un tel milieu, et ce milieu est certainement isophane. Chacun des autres milieux renferme nécessairement un ou plusieurs systèmes de molécules, par exemple les molécules de l'éther et les molécules d'un corps solide, liquide ou gazeux. Donc appliquer aux seules molécules d'éther les principes ci-dessus établis, c'est supposer que, dans le calcul des phénomènes relatifs à la réflexion et à la réfraction de la lumière, on peut, sans erreur sensible, faire abstraction des vibrations imprimées aux molécules des corps. On s'approchera davantage de la réalité, si l'on tient compte de ces dernières vibrations. Mais alors le nombre des rayons réfléchis et réfractés sera doublé, aussi bien que le nombre des racines de l'équation caractéristique et le nombre des équations de condition relatives à la surface réfléchissante. Alors aussi trois racines de l'équation caractéristique seront analogues à celles qui fournissent les mouvements simples de l'éther dans le vide; trois autres se rapporteront plus spécialement aux vibrations des molécules des corps. On pourrait donc alors distinguer, parmi les rayons réfléchis, ceux qui proviendront directement du rayon incident et ceux qui en proviendront indirectement, étant produits par les vibrations des molécules renfermées dans le second milieu. Ces conclusions seraient conformes à des expériences remarquables publiées par

M. Arago et à l'explication que notre illustre confrère en a donnée.

Il est d'ailleurs naturel de penser que les six rayons dont il s'agit, avec les six mouvements simples qui leur correspondent et auxquels participent à leur manière les molécules des corps, fourniront l'explication des phénomènes dus à ce qu'on nomme les *rayons chimiques*, *calorifiques*, etc.

Dans d'autres articles, je déduirai des principes que je viens d'exposer les lois de la réflexion et de la réfraction opérées par la surface de séparation de deux milieux isophanes ou non isophanes, les lois de la réflexion totale produite par la seconde surface de séparation d'un corps transparent, celles de la polarisation elliptique produite par la réflexion à la surface des métaux, et même les lois de la diffraction de la lumière.

Je me propose encore de montrer comment on peut appliquer les mêmes principes à la théorie du son, des cordes vibrantes, des surfaces élastiques, etc.

186.

PHYSIQUE MATHÉMATIQUE. — *Note sur la diffraction de la lumière.*

C. R., T. XV, p. 554 (12 septembre 1842).

Une lettre adressée de Prague à M. Libri, et insérée dans le *Compte rendu* de la séance du 9 mai 1836, renferme quelques-uns des résultats auxquels j'étais parvenu dès cette époque, en cherchant à déduire de mes formules générales les lois de la diffraction. Je reviendrai dans un autre article sur cette déduction qui fournit, lorsqu'on se borne à une première approximation, les formules obtenues par Fresnel. Je me bornerai aujourd'hui à faire observer que le problème se réduit en définitive à l'évaluation des deux intégrales définies, et qu'à l'aide d'une formule établie dans mon Mémoire de 1814 on peut facilement développer ces intégrales en deux séries dont il suffira de calculer généralement un très petit nombre de termes pour obtenir les valeurs des deux intégrales. Ces développements, qui fournissent aussi le moyen de fixer avec une grande facilité les valeurs maxima et minima des deux intégrales et de la somme de leurs carrés, sont l'objet de la présente Note.

ANALYSE.

Soit $f(x)$ une fonction quelconque de x. On aura

$$D_y f(x+y\sqrt{-1}) = \sqrt{-1}\, D_x f(x+y\sqrt{-1}).$$

Si l'on intègre les deux membres de cette équation, par rapport à x et par rapport à y, entre les limites

$$x=a, \qquad x=\infty, \qquad y=0, \qquad y=\infty,$$

alors, en posant

$$f(x) = \frac{e^{x\sqrt{-1}}}{(-x\sqrt{-1})^{\frac{1}{2}}},$$

on trouvera

$$\int_a^\infty x^{-\frac{1}{2}} e^{x\sqrt{-1}}\, dx = e^{\left(a+\frac{\pi}{2}\right)\sqrt{-1}} \int_0^\infty (a+y\sqrt{-1})^{-\frac{1}{2}} e^{-y}\, dy;$$

puis, en développant

$$(a+y\sqrt{-1})^{-\frac{1}{2}}$$

suivant les puissances ascendantes de y, on trouvera

$$\int_a^\infty x^{-\frac{1}{2}} e^{x\sqrt{-1}}\, dx = a^{-\frac{1}{2}} (A - B\sqrt{-1})\, e^{\left(a+\frac{\pi}{2}\right)\sqrt{-1}},$$

les valeurs de A, B étant

$$A = 1 - \frac{1.3}{(2a)^2} + \frac{1.3.5.7}{(2a)^4} - \ldots, \qquad B = \frac{1}{2a} - \frac{1.3.5}{(2a)^3} + \ldots.$$

On en conclura immédiatement

$$\int_a^\infty x^{-\frac{1}{2}} \cos x\, dx = a^{-\frac{1}{2}} (B\cos a - A\sin a),$$

$$\int_a^\infty x^{-\frac{1}{2}} \sin x\, dx = a^{-\frac{1}{2}} (A\cos a + B\sin a),$$

puis, en posant $x = u^2$, $a = \alpha^2$, on aura

$$\int_\alpha^\infty \cos u^2\, du = \frac{1}{2\alpha}(B\cos\alpha^2 - A\sin\alpha^2),$$

$$\int_\alpha^\infty \sin u^2\, du = \frac{1}{2\alpha}(A\cos\alpha^2 + B\sin\alpha^2),$$

les valeurs de A, B étant

$$A = 1 - \frac{1.3}{(2\alpha^2)^2} + \frac{1.3.5.7}{(2\alpha^2)^4} - \ldots, \qquad B = \frac{1}{2\alpha^2} - \frac{1.3.5}{(2\alpha^2)^3} + \ldots.$$

Pour des valeurs considérables de α, on aura sensiblement

$$A = 1, \qquad B = 0$$

et, par suite,

$$\int_\alpha^\infty \cos u^2\, du = -\frac{1}{2\alpha}\sin\alpha^2, \qquad \int_\alpha^\infty \sin u^2\, du = \frac{1}{2\alpha}\cos\alpha^2.$$

On a d'ailleurs, comme l'on sait,

$$\int_0^\infty \cos u^2\, du = \int_0^\infty \sin u^2\, du = \frac{\pi^{\frac{1}{2}}}{2\sqrt{2}}.$$

Ces diverses formules permettent d'effectuer très facilement les calculs relatifs à la diffraction de la lumière.

187.

PHYSIQUE MATHÉMATIQUE. — *Addition à la Note sur la diffraction de la lumière.*

C. R., T. XV, p. 573 (19 septembre 1842).

J'ai indiqué, dans la dernière séance, une formule qui simplifie notablement les calculs relatifs à la diffraction. Cette formule est la suivante

$$(1)\qquad \int_a^\infty x^{-\frac{1}{2}} e^{x\sqrt{-1}}\,dx = e^{\left(a+\frac{\pi}{2}\right)\sqrt{-1}} \int_0^\infty (a + y\sqrt{-1})^{-\frac{1}{2}} e^{-y}\,dy,$$

ou plutôt celle qu'on en déduit quand on développe

$$(a + y\sqrt{-1})^{-\frac{1}{2}}$$

suivant les puissances ascendantes de y. On trouve ainsi

$$(2)\qquad \int_a^\infty x^{-\frac{1}{2}} e^{x\sqrt{-1}}\,dx = a^{-\frac{1}{2}} e^{\left(a+\frac{\pi}{2}\right)\sqrt{-1}} (\mathrm{A} - \mathrm{B}\sqrt{-1}),$$

les valeurs de A, B étant

$$(3)\qquad \mathrm{A} = 1 - \frac{1.3}{(2a)^2} + \frac{1.3.5.7}{(2a)^4} - \ldots,\qquad \mathrm{B} = \frac{1}{2a} - \frac{1.3.5}{(2a)^3} + \ldots,$$

puis on en conclut

$$(4)\qquad \begin{cases} \displaystyle\int_a^\infty x^{-\frac{1}{2}} \cos x\,dx = a^{-\frac{1}{2}} (\mathrm{B}\cos a - \mathrm{A}\sin a), \\ \displaystyle\int_a^\infty x^{-\frac{1}{2}} \sin x\,dx = a^{-\frac{1}{2}} (\mathrm{A}\cos a + \mathrm{B}\sin a). \end{cases}$$

Donc, pour obtenir les valeurs approchées des intégrales

$$\int_a^\infty x^{-\frac{1}{2}} \cos x\,dx,\qquad \int_a^\infty x^{-\frac{1}{2}} \sin x\,dx,$$

il suffira de calculer les valeurs approchées des quantités A et B. Or nous avons donné les formules (3) comme propres à remplir ce but, lorsque la valeur de a devient considérable. Cette assertion peut paraître singulière au premier abord, attendu que les séries comprises dans les formules (3) sont évidemment divergentes; mais nous allons voir que les restes qui complètent ces séries arrêtées après un certain nombre de termes convenablement choisis deviennent généralement très petits pour de grandes valeurs de a.

On a généralement, en prenant pour a une constante réelle ou imaginaire dont la partie réelle soit positive,

$$\int_0^\infty \frac{dx}{a+x^2} = \frac{\pi}{2} a^{-\frac{1}{2}},$$

par conséquent

$$(5) \qquad a^{-\frac{1}{2}} = \frac{2}{\pi} \int_0^\infty \frac{dx}{a+x^2};$$

puis on en conclut, en remplaçant a par $a+y\sqrt{-1}$,

$$(6) \qquad (a+y\sqrt{-1})^{-\frac{1}{2}} = \frac{2}{\pi} \int_0^\infty \frac{dx}{a+x^2+y\sqrt{-1}}.$$

D'ailleurs on aura encore

$$\frac{1}{a+x^2+y\sqrt{-1}} = \frac{1}{a+x^2} - \frac{y\sqrt{-1}}{(a+x^2)^2} + \ldots \mp \frac{(y\sqrt{-1})^{n-1}}{(a+x^2)^n} + r_n,$$

la valeur de r_n étant

$$r_n = \pm \frac{(y\sqrt{-1})^n}{(a+x^2)^n(a+x^2+y\sqrt{-1})},$$

ou, ce qui revient au même,

$$\frac{1}{a+x^2+y\sqrt{-1}} = \frac{1}{a+x^2} + \frac{y\sqrt{-1}}{1} D_a\left(\frac{1}{a+x^2}\right) + \ldots$$
$$+ \frac{(y\sqrt{-1})^{n-1}}{1.2\ldots(n-1)} D_a^{n-1}\left(\frac{1}{a+x^2}\right) + r_n,$$

la valeur de r_n étant

$$(7) \qquad r_n = \left(1 + \frac{y\sqrt{-1}}{a+x^2}\right)^{n-1} \frac{(y\sqrt{-1})^n}{1.2\ldots n} D_a^n\left(\frac{1}{a+x^2}\right),$$

et, par suite, on tirera des formules (5) et (6)

$$(8) \qquad \left\{ \begin{aligned} (a+y\sqrt{-1})^{-\frac{1}{2}} = a^{-\frac{1}{2}} + \frac{y\sqrt{-1}}{1} D_a\left(a^{-\frac{1}{2}}\right) + \ldots \\ + \frac{(y\sqrt{-1})^{n-1}}{1.2\ldots(n-1)} D_a^{n-1}\left(a^{-\frac{1}{2}}\right) + \frac{2}{\pi}\int_0^\infty r_n\,dx. \end{aligned} \right.$$

Si maintenant on intègre par rapport à y, et entre les limites

$$y = 0, \qquad y = \infty,$$

les deux membres de l'équation (8) multipliés par le produit

$$e^{-y}\,dy,$$

alors, en ayant égard à la formule

$$\int_0^\infty y^n e^{-y}\,dy = 1.2.3\ldots n,$$

on trouvera

$$\begin{aligned}&\int_0^\infty (a+y\sqrt{-1})^{-\frac{1}{2}} e^{-y}\,dy\\ &\quad = a^{-\frac{1}{2}}\left[1-\frac{1}{2a}\sqrt{-1}-\frac{1.3}{(2a)^2}+\ldots+\frac{1.3\ldots(2n-3)}{(2a)^{n-1}}(-\sqrt{-1})^{n-1}\right]\\ &\qquad + \frac{2}{\pi}\int_0^\infty\int_0^\infty r_n e^{-y}\,dy\,dx.\end{aligned}$$

D'autre part, il résulte de la formule (1), comparée à la formule (2), que la valeur exacte de $A - B\sqrt{-1}$ est

$$A - B\sqrt{-1} = a^{\frac{1}{2}}\int_0^\infty (a+y\sqrt{-1})^{-\frac{1}{2}} e^{-y}\,dy.$$

On aura donc

$$(9)\quad \left\{\begin{aligned}&A - B\sqrt{-1} = 1-\frac{1}{2a}\sqrt{-1}-\frac{1.3}{(2a)^2}+\ldots\\ &\quad+\frac{1.3\ldots(2n-3)}{(2a)^{n-1}}(\sqrt{-1})^{n-1}+\frac{2}{\pi}a^{\frac{1}{2}}\int_0^\infty\int_0^\infty r_n e^{-y}\,dy\,dx.\end{aligned}\right.$$

De cette équation il résulte que, si dans les seconds membres des formules (3) on conserve seulement les termes qui renferment les puissances de $\frac{1}{2a}$ dont le degré est inférieur à n, l'erreur commise sur les valeurs des deux quantités A, B ne pourra dépasser le module de l'intégrale

$$(10)\quad \frac{2}{\pi}a^{\frac{1}{2}}\int_0^\infty\int_0^\infty r_n e^{-y}\,dy\,dx.$$

D'ailleurs il suit de la formule (7) que le module de r_n est inférieur au module du produit

$$\frac{y(\sqrt{-1})^n}{1.2\ldots n}\,\mathrm{D}_a^n\left(\frac{1}{a+x^2}\right),$$

et l'on en conclut immédiatement que le module de l'intégrale (10) ne surpasse pas le module du produit

$$\frac{1.3.5\ldots(2n-1)}{(2a)^n}(-\sqrt{-1})^n,$$

c'est-à-dire le module du terme qui, dans le développement de $A+B\sqrt{-1}$, serait proportionnel à la $n^{\text{ième}}$ puissance du rapport $\frac{1}{2a}$. Donc ce module, ou la fraction

$$(11)\qquad \frac{1.3.5\ldots(2n-1)}{(2a)^n},$$

sera une limite supérieure à l'erreur que l'on pourra commettre, sur la valeur de A ou de B, quand on tirera cette valeur des formules (3), en y conservant seulement les puissances de $\frac{1}{2a}$ d'un degré inférieur à n. Or, si la valeur de a devient un peu grande, le rapport (11) deviendra très petit pour des valeurs de a convenablement choisies, et en particulier quand on prendra pour n le plus grand nombre entier compris dans a. Donc alors les formules (3) offriront les moyens de calculer avec une grande approximation les valeurs des intégrales

$$\int_a^\infty x^{-\frac{1}{2}}\cos x\,dx,\qquad \int_a^\infty x^{-\frac{1}{2}}\sin x\,dx.$$

Ces valeurs étant obtenues, on en déduira immédiatement celles des intégrales

$$(12)\qquad \begin{cases} \displaystyle\int_0^a x^{-\frac{1}{2}}\cos x\,dx = \left(\frac{\pi}{2}\right)^{\frac{1}{2}} - a^{-\frac{1}{2}}(\mathrm{B}\cos a - \mathrm{A}\sin a), \\ \displaystyle\int_0^a x^{-\frac{1}{2}}\sin x\,dx = \left(\frac{\pi}{2}\right)^{\frac{1}{2}} - a^{-\frac{1}{2}}(\mathrm{A}\cos a + \mathrm{B}\sin a). \end{cases}$$

Les formules (4) et (12) sont spécialement utiles dans le cas où la valeur de a devient un peu grande. Dans le cas contraire, on obtiendrait facilement les valeurs des intégrales

$$\int_0^a x^{-\frac{1}{2}} \cos x \, dx, \quad \int_0^a x^{-\frac{1}{2}} \sin x \, dx,$$

en développant sous le signe $\int$ le facteur $\cos x$ ou $\sin x$ en une série ordonnée suivant les puissances ascendantes de x. On trouverait ainsi

$$(13) \quad \begin{cases} \displaystyle\int_0^a x^{-\frac{1}{2}} \cos x \, dx = 2a^{\frac{1}{2}} \left(1 - \frac{1}{5}\frac{a^2}{1.2} + \frac{1}{9}\frac{a^4}{1.2.3.4} - \ldots\right), \\ \displaystyle\int_0^a x^{-\frac{1}{2}} \sin x \, dx = 2a^{\frac{1}{2}} \left(\frac{1}{3}\frac{a}{1} - \frac{1}{7}\frac{a^3}{1.2.3} + \frac{1}{11}\frac{a^5}{1.2.3.4.5} - \ldots\right). \end{cases}$$

Si, dans les formules (12), on pose

$$x = \frac{\pi}{2} z^2, \qquad a = \frac{\pi}{2} m^2,$$

m désignant une quantité positive, elles donneront

$$(14) \quad \begin{cases} \displaystyle\int_0^m \cos \frac{\pi z^2}{2} dz = \frac{1}{2} - \text{N} \cos \frac{m^2 \pi}{2} + \text{M} \sin \frac{m^2 \pi}{2}, \\ \displaystyle\int_0^m \sin \frac{\pi z^2}{2} dz = \frac{1}{2} - \text{M} \sin \frac{m^2 \pi}{2} - \text{N} \sin \frac{m^2 \pi}{2}, \end{cases}$$

les valeurs de M, N étant

$$(15) \quad \begin{cases} \text{M} = \dfrac{1}{m\pi} \left(1 - \dfrac{1.3}{m^4 \pi^2} + \dfrac{1.3.5.7}{m^8 \pi^4} - \ldots\right), \\ \text{N} = \dfrac{1}{m\pi} \left(\dfrac{1}{m^2 \pi} - \dfrac{1.3.5}{m^6 \pi^3} + \ldots\right) \end{cases}$$

ou, ce qui revient au même,

$$(16) \quad \begin{cases} \text{M} = \dfrac{0,31831}{m} - \dfrac{0,09675}{m^5} + \dfrac{0,34311}{m^9} - \ldots, \\ \text{N} = \dfrac{0,10132}{m^3} - \dfrac{0,15399}{m^7} + \ldots. \end{cases}$$

Si, pour fixer les idées, on attribue successivement à m les valeurs entières

$$2, \quad 3, \quad 4, \quad 5,$$

on conclura des formules (14) et (16) que les valeurs des intégrales

$$\int_0^m \cos\frac{\pi z^2}{2}\,dz,\qquad \int_0^m \sin\frac{\pi z^2}{2}\,dz$$

sont :

pour $m = 2$,	0,4885,	0,3432,
3,	0,6058,	0,4962,
4,	0,4984,	0,4205,
5,	0,5638,	0,4992.

Ces valeurs sont exactes jusqu'au dernier chiffre et coïncident, pour $m = 2$, avec celles que Fresnel a trouvées par une méthode d'approximation de laquelle il a déduit, avec plus de peine et moins d'exactitude, les valeurs correspondantes à $m = 3$, $m = 4$, $m = 5$, ...

188.

Théorie de la lumière. — *Mémoire sur les phénomènes des ombres et de la diffraction.*

C. R., T. XV, p. 605 (26 septembre 1842).

Dans la théorie de la lumière et dans le système de l'émanation, chaque rayon lumineux est animé d'un mouvement de translation, et les molécules dont il se compose se meuvent en ligne droite, en vertu de vitesses acquises; c'est même en vertu des vitesses de translation des molécules que les rayons lumineux, après avoir traversé une ouverture pratiquée dans un écran, continuent à se mouvoir en ligne droite, de manière à laisser généralement dans l'ombre les points situés en dehors de leurs propres directions. Mais comment est-il possible de concevoir l'existence de ce phénomène dans le système des ondulations? Comment peut-on alors expliquer la marche rectiligne des rayons lumineux et les filets de lumière qui s'échappent, par exemple, au travers des fentes d'un volet? Ce problème est l'un de ceux que j'ai résolus depuis longtemps. Il est précisément celui dont j'ai annoncé la solution dans les deux Lettres adressées de Prague à M. Libri, les 22 et 26 avril 1836. Ces Lettres, insérées dans le *Compte rendu* de la séance du 9 mai 1836, contiennent le passage suivant :

Comme une des plus graves objections que l'on ait faites contre la théorie des ondulations de l'éther se tire de l'existence des ombres et de la propriété qu'ont les écrans d'arrêter la marche des vibrations lumineuses, je désirais beaucoup arriver à déduire de mes formules générales les lois relatives aux deux phénomènes des ombres et de la diffraction. Mais, pour y parvenir, il fallait surmonter quelques difficultés d'analyse. J'y ai enfin réussi; et, pour représenter les mouvements de l'éther lorsque la lumière est interceptée par un écran, j'ai trouvé des formules dont je veux un instant vous entretenir.

Dans la suite de la même Lettre, je donnais les formules que j'avais obtenues pour le cas où la lumière se trouve en partie interceptée par un écran dont la surface est plane et perpendiculaire à la direction du rayon incident; puis j'examinais ce qui arrive quand la lumière passe à travers une fente pratiquée dans la surface, et j'ajoutais que mes formules générales représentaient le rayon diffracté, quelles que fussent la direction et la nature du rayon incident. J'indiquais en particulier cette conséquence de mes formules, que, si le rayon incident est polarisé dans un certain plan, le rayon diffracté restera toujours polarisé dans le même plan.

La question à laquelle se rapportait ma Lettre du 22 avril 1836 étant effectivement une des plus importantes que présente la théorie de la lumière, j'ai pensé que les géomètres ne verraient pas sans intérêt l'analyse qui m'avait conduit aux formules et aux conséquences exposées dans cette Lettre. Je vais transcrire ici cette analyse, telle que je la retrouve dans le quatrième paragraphe d'un Mémoire sur la *Théorie de la lumière*, contenu dans l'un des cahiers manuscrits et reliés que j'ai rapportés d'Allemagne. Parmi les diverses formules qui ont rapport à la diffraction, dans les cahiers dont il s'agit, celles que présente le paragraphe cité sont évidemment celles qu'indique ma Lettre du 22 avril. En effet, ces formules qui, sur le cahier où elles se trouvent inscrites, précèdent le texte original du Mémoire lithographié à Budweiss dans le mois d'août 1836, sont conformes à celles que la Lettre renferme et fournissent tous les résultats énoncés dans cette Lettre. Les trois premiers paragraphes du Mémoire dont elles font partie renferment précisément la théorie des ondes sphériques ou cylindriques, mentionnée d'une part dans la même Lettre, d'autre part dans le *Compte rendu* de la séance du 18 novembre 1839; et c'est pour cette raison que M. Flourens, Secrétaire perpétuel de l'Académie, a bien voulu, sur ma demande, apposer sa signature en tête du Mémoire, dans la séance que je viens de rappeler.

Je tenais d'autant plus à donner en détail les calculs dont les résultats se trouvent consignés dans le Tome II des *Comptes rendus* de l'Académie, qu'avant l'époque où ma Lettre a été publiée, c'est-à-dire avant le mois de mai 1836, personne, à ma connaissance, n'était parvenu à déduire des formules qui représentent les mouvements infiniment petits d'un système de points matériels, une théorie mathématique des ombres et de la diffraction. Par ce motif, je crois pouvoir, avec confiance, offrir mon Mémoire à l'Académie, comme un témoignage des efforts que je n'ai cessé de faire afin de contribuer, autant qu'il dépendait de moi, aux progrès de la Physique mathématique.

Analyse [1].

Considérons, dans la théorie de la lumière, le cas où le mouvement se propage en tous sens, suivant les mêmes lois, et soient, au bout du temps t,

$$\xi, \quad \eta, \quad \zeta$$

[1] Pour rendre cette analyse plus facile à suivre, je transcris ici, avec le quatrième paragraphe du Mémoire cité dans le préambule, quelques lignes empruntées au premier paragraphe de ce Mémoire; et d'ailleurs, pour plus de simplicité, je représenterai les dérivées des divers ordres d'une même fonction, prises par rapport à x, y, z, t, à l'aide des caractéristiques

$$D_x, \quad D_y, \quad D_z, \quad D_t; \quad D_x^2, \quad D_y^2, \quad \ldots.$$

les déplacements de la molécule qui occupe le point (x, y, z), mesurés parallèlement aux axes coordonnés. Si l'on conserve seulement dans le calcul les dérivées du second ordre de ξ, η, ζ prises par rapport aux coordonnées x, y, z, les équations du mouvement de l'éther seront de la forme

$$(1)\qquad \left\{\begin{aligned} D_t^2\xi &= \Omega^2(D_x^2 + D_y^2 + D_z^2)\xi + 2RD_x\upsilon,\\ D_t^2\eta &= \Omega^2(D_x^2 + D_y^2 + D_z^2)\eta + 2RD_y\upsilon,\\ D_t^2\zeta &= \Omega^2(D_x^2 + D_y^2 + D_z^2)\zeta + 2RD_z\upsilon,\end{aligned}\right.$$

Ω, R désignant deux quantités constantes, et la valeur de υ étant

$$(2)\qquad \upsilon = D_x\xi + D_y\eta + D_z\zeta.$$

On tire des formules (1) et (2)

$$D_t^2\upsilon = (\Omega^2 + 2R)(D_x^2 + D_y^2 + D_z^2)\upsilon.$$

Cette dernière équation sera vérifiée si l'on a, quel que soit t,

$$(3)\qquad \upsilon = 0.$$

Effectivement, l'équation (3) paraît subsister dans les phénomènes lumineux toutes les fois que la propagation du mouvement est la même en tous sens. Si d'ailleurs on a

$$\zeta = 0,$$

et si ξ, η deviennent indépendants de z, les équations (1) seront réduites à

$$(4)\qquad \left\{\begin{aligned} D_t^2\xi &= \Omega^2(D_x^2 + D_y^2)\xi,\\ D_t^2\eta &= \Omega^2(D_x^2 + D_y^2)\eta,\end{aligned}\right.$$

tandis que les formules (2) et (3) donneront

$$(5)\qquad D_x\xi + D_y\eta = 0.$$

Supposons maintenant que, les rayons lumineux étant dirigés vers la partie de l'espace située du côté des x positifs, la lumière soit interceptée dans le plan des x, y, excepté entre les limites

$$(6)\qquad y = y_0, \qquad y = y_1.$$

Supposons d'ailleurs que, du côté des x négatives, les variables imaginaires

$$\bar{\xi}, \quad \bar{\eta},$$

dont les parties réelles sont ξ, η, se trouvent déterminées par les équations

$$(7) \qquad \bar{\xi} = -\bar{C} v e^{(ux+vy-st)\sqrt{-1}}, \qquad \bar{\eta} = \bar{C} u e^{(ux+vy-st)\sqrt{-1}} \quad (^1),$$

u, v, s désignant des constantes liées entre elles par les formules

$$(8) \qquad s = \Omega k, \qquad u^2 + v^2 = k^2,$$

et $\bar{C}$ une constante imaginaire. On pourra supposer généralement, du côté des x positives,

$$(9) \qquad \begin{cases} \bar{\xi} = -\dfrac{1}{2\pi}\bar{C} v \displaystyle\int_{y_0}^{y_1}\int_{-\infty}^{\infty} e^{\alpha(y-\mu)\sqrt{-1}} e^{(v\mu-st)\sqrt{-1}} \Lambda \, d\mu \, d\alpha, \\ \bar{\eta} = \dfrac{1}{2\pi}\bar{C} u \displaystyle\int_{y_0}^{y_1}\int_{-\infty}^{\infty} e^{\alpha(y-\mu)\sqrt{-1}} e^{(v\mu-st)\sqrt{-1}} \Lambda \, d\mu \, d\alpha \quad (^2), \end{cases}$$

Λ désignant une fonction de x et de α qui, en vertu des formules (4), devra vérifier l'équation

$$\Omega^2(D_x^2\Lambda - \alpha^2\Lambda) = -s^2\Lambda$$

ou

$$(10) \qquad D_x^2\Lambda = -(k^2 - \alpha^2)\Lambda,$$

qui devra se réduire à l'unité pour $x = 0$, et qui de plus devra être telle que les formules (9) se réduisent aux formules (7), pour $y_0 = -\infty$, $y_1 = \infty$. Or, si l'on pose

$$\Lambda = F(x, \alpha),$$

(1) Ces valeurs de $\bar{\xi}$, $\bar{\eta}$ sont celles qui représentent un mouvement simple, pour lequel se vérifient les équations (4) et (5).

(2) La forme donnée aux valeurs de $\bar{\xi}$, $\bar{\eta}$ dans les équations (9) n'est pas arbitrairement choisie: elle est telle que, en vertu de ces équations, et quand on y pose $\Lambda = 1$, les valeurs de $\bar{\xi}$, $\bar{\eta}$ s'évanouissent hors des limites $y = y_0$, $y = y_1$, et se réduisent entre ces limites aux valeurs que donnent, pour $x = 0$, les équations (7).

on aura, en vertu d'une formule connue,

$$\frac{1}{2\pi}\int_{-\infty}^{\infty}\int_{-\infty}^{\infty} e^{\alpha(y-\mu)\sqrt{-1}}e^{(\nu\mu-st)\sqrt{-1}}\mathrm{A}\,d\mu\,d\alpha = e^{(\nu y-st)\sqrt{-1}}\mathrm{F}(x,\nu),$$

et, par suite, la supposition $y_0 = -\infty$, $y_1 = \infty$ réduira les formules (9) à

$$\overline{\xi} = -\overline{\mathrm{C}}\nu\, e^{(\nu y-st)\sqrt{-1}}\mathrm{F}(x,\nu), \qquad \overline{\eta} = \overline{\mathrm{C}}u\, e^{(\nu y-st)\sqrt{-1}}\mathrm{F}(x,\nu).$$

Donc, pour que cette supposition réduise les formules (9) aux formules (7), il suffit que l'on ait

$$\mathrm{F}(x,\nu) = e^{ux\sqrt{-1}} = e^{(k^2-\nu^2)^{\frac{1}{2}}x\sqrt{-1}}$$

et, par suite,

$$\mathrm{A} = \mathrm{F}(x,\alpha) = e^{(k^2-\alpha^2)^{\frac{1}{2}}x\sqrt{-1}} \quad (^1).$$

Cela posé, les formules (9) donneront généralement

$$(11)\quad \begin{cases} \overline{\xi} = -\dfrac{1}{2\pi}\overline{\mathrm{C}}\nu\displaystyle\int_{y_0}^{y_1}\int_{-\infty}^{\infty} e^{\alpha(y-\mu)\sqrt{-1}}e^{(\nu\mu-st)\sqrt{-1}}e^{(k^2-\alpha^2)^{\frac{1}{2}}x\sqrt{-1}}\,d\mu\,d\alpha, \\ \overline{\eta} = \dfrac{1}{2\pi}\overline{\mathrm{C}}u\displaystyle\int_{y_0}^{y_1}\int_{-\infty}^{\infty} e^{\alpha(y-\mu)\sqrt{-1}}e^{(\nu\mu-st)\sqrt{-1}}e^{(k^2-\alpha^2)^{\frac{1}{2}}x\sqrt{-1}}\,d\mu\,d\alpha. \end{cases}$$

On a d'ailleurs

$$(12)\qquad (k^2-\alpha^2)^{\frac{1}{2}} = k - \frac{\alpha^2}{2k} + \ldots,$$

et, attendu que la valeur de k est très considérable, la formule (12) donnera sensiblement, pour des valeurs finies de α (²),

$$(13)\qquad (k-\alpha^2)^{\frac{1}{2}} = k - \frac{\alpha^2}{2k}, \qquad e^{(k^2-\alpha^2)^{\frac{1}{2}}x\sqrt{-1}} = e^{kx\sqrt{-1}-\frac{\alpha^2 x}{2k}\sqrt{-1}}.$$

On a, d'autre part, en supposant la partie réelle de la constante a positive,

$$\int_{-\infty}^{\infty} e^{-(a\alpha^2+b\alpha)}\,d\alpha = \left(\frac{\pi}{a^{\frac{1}{2}}}\right)e^{\frac{b^2}{4a}},$$

(¹) Cette valeur de A vérifie évidemment la formule (10), et en conséquence elle satisfait à toutes les conditions énoncées.

(²) Les valeurs infinies de α ne doivent pas influer sur les valeurs des seconds membres des formules (11); autrement ces seconds membres deviendraient indéterminés.

et, par suite,

$$(14)\qquad \int_{-\infty}^{\infty} e^{-\left[\frac{\alpha^2 x}{2k} - \alpha(y-\mu)\right]\sqrt{-1}}\, d\alpha = \left(\frac{2\pi k}{x}\right)^{\frac{1}{2}} e^{\left[\frac{k(y-\mu)^2}{2x} - \frac{\pi}{4}\right]\sqrt{-1}}.$$

Donc les formules (11) donneront

$$(15)\qquad \begin{cases} \bar{\xi} = -\bar{C}v\left(\dfrac{k}{2\pi x}\right)^{\frac{1}{2}} e^{\left(kx - st - \frac{\pi}{4}\right)\sqrt{-1}} \displaystyle\int_{y_0}^{y_1} e^{\left[v\mu + \frac{k(y-\mu)^2}{2x}\right]\sqrt{-1}}\, d\mu, \\ \bar{\eta} = \bar{C}u\left(\dfrac{k}{2\pi x}\right)^{\frac{1}{2}} e^{\left(kx - st - \frac{\pi}{4}\right)\sqrt{-1}} \displaystyle\int_{y_0}^{y_1} e^{\left[v\mu + \frac{k(y-\mu)^2}{2x}\right]\sqrt{-1}}\, d\mu. \end{cases}$$

Si les directions des rayons lumineux sont parallèles à l'axe des x, on aura $v = 0$, $u = k$,

$$\bar{\xi} = 0, \qquad \xi = 0,$$

$$\bar{\eta} = \bar{C}k\left(\frac{k}{2\pi x}\right)^{\frac{1}{2}} e^{\left(kx - st - \frac{\pi}{4}\right)\sqrt{-1}} \int_{y_0}^{y_1} e^{\frac{k(y-\mu)^2}{2x}\sqrt{-1}}\, d\mu,$$

puis en posant, pour abréger,

$$\bar{C}k = Ie^{\lambda\sqrt{-1}},$$

et, supposant I réel ainsi que λ, on trouvera

$$(16)\qquad \bar{\eta} = I\left(\frac{k}{2\pi x}\right)^{\frac{1}{2}} e^{\left(kx - st + \lambda - \frac{\pi}{4}\right)\sqrt{-1}} \int_{y_0}^{y_1} e^{\frac{k(y-\mu)^2\sqrt{-1}}{2x}}\, d\mu;$$

par conséquent,

$$(17)\qquad \eta = I\left(\frac{k}{2\pi x}\right)^{\frac{1}{2}} \int_{y_0}^{y_1} \cos\left[kx + \lambda - st - \frac{\pi}{4} + \frac{k(y-\mu)^2}{2x}\right] d\mu,$$

ou, ce qui revient au même,

$$(18)\qquad \eta = \frac{I}{\pi^{\frac{1}{2}}} \int_{\frac{k^{\frac{1}{2}}(y-y_1)}{\sqrt{2x}}}^{\frac{k^{\frac{1}{2}}(y-y_0)}{\sqrt{2x}}} \cos\left(kx + \lambda - st - \frac{\pi}{4} + \alpha^2\right) d\alpha.$$

Reprenons maintenant le problème de la diffraction dans toute sa généralité.

Supposons toujours la lumière interceptée dans le plan des y, z, excepté entre les limites $y = y_0$, $y = y_1$. Mais concevons que, du côté des x négatives, le rayon lumineux soit un rayon quelconque représenté par le système des formules

$$(19)\quad \begin{cases} \bar{\xi} = (\bar{B}w - \bar{C}v)\, e^{(ux+vy+wz-st)\sqrt{-1}}, \\ \bar{\eta} = (\bar{C}u - \bar{A}w)\, e^{(ux+vy+wz-st)\sqrt{-1}}, \\ \bar{\zeta} = (\bar{A}v - \bar{B}u)\, e^{(ux+vy+wz-st)\sqrt{-1}} \end{cases}$$ (1),

$$u^2 + v^2 + w^2 = k^2, \qquad s = \frac{\Omega}{k},$$

dans lesquelles u, v, w représentent des coefficients réels et $\bar{A}$, $\bar{B}$, $\bar{C}$ des coefficients imaginaires. On pourra supposer généralement, du côté des x positives,

$$(20)\quad \begin{cases} \bar{\xi} = \dfrac{\bar{B}w - \bar{C}v}{2\pi} \displaystyle\int_{y_0}^{y_1}\int_{-\infty}^{\infty} e^{\alpha(y-\mu)\sqrt{-1}}\, e^{(wz+v\mu-st)\sqrt{-1}}\, \Lambda\, d\mu\, d\alpha, \\ \bar{\eta} = \dfrac{\bar{C}u - \bar{A}w}{2\pi} \displaystyle\int_{y_0}^{y_1}\int_{-\infty}^{\infty} e^{\alpha(y-\mu)\sqrt{-1}}\, e^{(wz+v\mu-st)\sqrt{-1}}\, \Lambda\, d\mu\, d\alpha, \\ \bar{\zeta} = \dfrac{\bar{A}v - \bar{B}u}{2\pi} \displaystyle\int_{y_0}^{y_1}\int_{-\infty}^{\infty} e^{\alpha(y-\mu)\sqrt{-1}}\, e^{(wz+v\mu-st)\sqrt{-1}}\, \Lambda\, d\mu\, d\alpha \end{cases}$$ (2),

Λ désignant une fonction de x et de α qui se réduise à l'unité pour $x = 0$, qui vérifie la formule

$$(21)\qquad D_x^2 \Lambda = -(k^2 - \alpha^2 - w^2)\Lambda$$

et qui soit telle que les équations (17), (18) coïncident quand on y pose

$$y_0 = -\infty, \qquad y_1 = \infty.$$

Ces conditions seront vérifiées si, en posant

$$\Lambda = F(x, \alpha),$$

(1) Ces valeurs de $\bar{\xi}$, $\bar{\eta}$, $\bar{\zeta}$ sont celles qui représentent un mouvement simple, pour lequel se vérifient les équations (1) et (3).

(2) La forme donnée aux valeurs de $\bar{\xi}$, $\bar{\eta}$, $\bar{\zeta}$ dans les équations (20) est telle que ces valeurs, quand on y pose $\Lambda = 1$, s'évanouissent hors des limites $y = y_0$, $y = y_1$ et se réduisent entre ces limites aux valeurs que donnent, pour $x = 0$, les équations (19).

on prend

$$\mathrm{F}(x, v) = e^{ux\sqrt{-1}} = e^{(k^2 - v^2 - w^2)^{\frac{1}{2}} x\sqrt{-1}},$$

et, par suite,

$$\Lambda = e^{(k^2 - \alpha^2 - w^2)^{\frac{1}{2}} x\sqrt{-1}}.$$

Donc les formules (20) donneront

$$(22)\quad \left\{\begin{array}{l} \overline{\xi} = \dfrac{\overline{\mathrm{B}}w - \overline{\mathrm{C}}v}{2\pi} \displaystyle\int_{y_0}^{y_1}\int_{-\infty}^{\infty} e^{\alpha(y-\mu)\sqrt{-1}}\, e^{(v\mu + wz - st)\sqrt{-1}}\, e^{(k^2-\alpha^2-w^2)^{\frac{1}{2}}x\sqrt{-1}}\, d\mu\, d\alpha, \\ \ldots\ldots\ldots\ldots\ldots\ldots\ldots\ldots\ldots\ldots\ldots\ldots ; \end{array}\right.$$

puis, en ayant égard aux formules (13), et posant d'ailleurs, pour abréger,

$$k^2 - w^2 = k'^2,$$

on trouvera

$$(23)\quad \left\{\begin{array}{l} \overline{\xi} = \dfrac{\overline{\mathrm{B}}w - \overline{\mathrm{C}}v}{2\pi} \displaystyle\int_{y_0}^{y_1}\int_{-\infty}^{\infty} e^{(k'x + v\mu + wz - st)\sqrt{-1}}\, e^{-\left[\frac{\alpha^2 x}{2k'} - \alpha(y-\mu)\right]\sqrt{-1}}\, d\mu\, d\alpha, \\ \ldots\ldots\ldots\ldots\ldots\ldots\ldots\ldots\ldots\ldots\ldots\ldots \end{array}\right.$$

En vertu de la formule (14), les équations précédentes deviendront

$$(24)\quad \left\{\begin{array}{l} \overline{\xi} = \dfrac{\overline{\mathrm{B}}w - \overline{\mathrm{C}}v}{2\pi} \left(\dfrac{k'}{2\pi x}\right)^{\frac{1}{2}} e^{\left(k'x + wz - st - \frac{\pi}{4}\right)\sqrt{-1}} \displaystyle\int_{y_0}^{y_1} e^{\left[v\mu + \frac{k'(y-\mu)^2}{2x}\right]\sqrt{-1}}\, d\mu, \\ \ldots\ldots\ldots\ldots\ldots\ldots\ldots\ldots\ldots\ldots\ldots\ldots , \end{array}\right.$$

ou, ce qui revient au même,

$$(25)\quad \left\{\begin{array}{l} \overline{\xi} = \dfrac{\overline{\mathrm{B}}w - \overline{\mathrm{C}}v}{\pi^{\frac{1}{2}}} e^{\left(k'x + vy + wz - st - \frac{\pi}{4}\right)\sqrt{-1}} \displaystyle\int_{\frac{k'^{\frac{1}{2}}(y-y_1)}{\sqrt{2x}}}^{\frac{k'^{\frac{1}{2}}(y-y_0)}{\sqrt{2x}}} e^{\left(\alpha^2 - v\alpha\sqrt{\frac{2x}{k'}}\right)\sqrt{-1}}\, d\alpha, \\ \ldots\ldots\ldots\ldots\ldots\ldots\ldots\ldots\ldots\ldots\ldots\ldots \end{array}\right.$$

Lorsque, dans les formules (25), on suppose $y_0 = -\infty$, $y_1 = \infty$, elles donnent

$$(26)\quad \left\{\begin{array}{l} \overline{\xi} = \dfrac{\overline{\mathrm{B}}w - \overline{\mathrm{C}}v}{\pi^{\frac{1}{2}}} e^{\left(k' - \frac{v^2}{2k'}\right)x\sqrt{-1}}\, e^{(vy - wz - st)\sqrt{-1}}, \\ \ldots\ldots\ldots\ldots\ldots\ldots\ldots\ldots \end{array}\right.$$

Donc alors les formules (25) coïncident, non pas avec les formules (19), mais avec celles qu'on obtiendrait en remplaçant dans les formules (19)

$$u = (k^2 - v^2 - w^2)^{\frac{1}{2}} = (k'^2 - v^2)^{\frac{1}{2}} = k' - \frac{v^2}{2k'} + \dots$$

par la somme des deux premiers termes du développement de u suivant les puissances descendantes de k', c'est-à-dire par

$$k' - \frac{v^2}{2k'} \quad (^1).$$

On ne doit pas s'en étonner, puisque, pour passer des formules (22) aux formules (23), on a remplacé

$$(k^2 - \alpha^2 - w^2)^{\frac{1}{2}} = (k'^2 - \alpha^2)^{\frac{1}{2}} = k' - \frac{\alpha^2}{2k'} + \dots$$

par le binôme

$$k' - \frac{\alpha^2}{2k'}.$$

Lorsque $v = 0$, on a rigoureusement

$$u = k' - \frac{v^2}{2k'},$$

et, par suite, les formules (25) coïncident avec les formules (19).

Lorsque le rayon incident est polarisé de manière que les vibrations des molécules soient parallèles à la droite qui a pour équation

$$(27) \qquad \frac{x}{a} = \frac{y}{b} = \frac{z}{c},$$

on a

$$\frac{\xi}{a} = \frac{\eta}{b} = \frac{\zeta}{c},$$

et, par suite, on peut supposer que les valeurs de $\bar{\xi}$, $\bar{\eta}$, $\bar{\zeta}$, données par

(1) Il suit de cette remarque que les équations (23), (24), (25), et par suite la formule (15), doivent être seulement appliquées aux cas où v est très petit.

les formules (19), remplissent la condition

$$\frac{\bar{\xi}}{a} = \frac{\bar{\eta}}{b} = \frac{\bar{\zeta}}{c},$$

ce qui aura lieu, si

$$\frac{\bar{\mathrm{B}}w - \bar{\mathrm{C}}v}{a} = \frac{\bar{\mathrm{C}}u - \bar{\mathrm{A}}w}{b} = \frac{\bar{\mathrm{A}}v - \bar{\mathrm{B}}u}{c}.$$

Mais alors le rayon diffracté sera lui-même polarisé, et les vibrations des molécules seront encore, dans ce rayon, parallèles à la droite (27), comme le prouvent les formules (20).

Je me propose de développer dans un autre Article les conséquences des diverses formules que je viens de transcrire. Je me bornerai aujourd'hui à rappeler celles qui se trouvaient déjà énoncées dans mes lettres du 22 et du 26 avril 1836. Je disais dans ces lettres :

Considérons, pour fixer les idées, le cas où le corps éclairant est assez éloigné pour que les ondes sphériques qui se propagent autour de ce corps deviennent sensiblement planes. Prenons pour axe des x la direction du rayon lumineux, et pour axe des y une droite parallèle aux vibrations moléculaires de l'éther; nommons η le déplacement d'une molécule mesuré parallèlement à ce dernier axe, I la valeur maximum de η,

$$\mathrm{I} = \frac{2\pi}{k}$$

l'épaisseur d'une onde lumineuse, et

$$\mathrm{T} = \frac{2\pi}{s}$$

la durée d'une vibration. Enfin concevons que, dans le plan des y, z, perpendiculaire à l'axe des x, la lumière soit interceptée par un écran du côté des x négatives. Si le rayon lumineux, que nous supposerons dirigé dans le sens des x positives, est un rayon simple, son équation, pour des valeurs négatives de x, sera de la forme

$$(a) \qquad \eta = \mathrm{I}\cos(kx - st + \lambda),$$

λ désignant une quantité constante. Or je trouve que, du côté des x positives, la valeur de η pourra être développée en série, et qu'en réduisant cette série à son premier terme on aura

$$\text{(b)} \qquad \eta = \left(\frac{1}{\pi}\right)^{\frac{1}{2}} \mathrm{I} \int_{-\infty}^{\frac{k^{\frac{1}{2}} y}{\sqrt{2x}}} \cos\left(kx + \lambda - st - \frac{\pi}{4} + \alpha^2\right) d\alpha \quad (^1).$$

D'ailleurs, le nombre k étant très considérable, la valeur de η, donnée par la formule (b), sera sensiblement égale à zéro, pour des valeurs finies et négatives de l'ordonnée y, tandis que, pour des valeurs finies et positives de la même ordonnée, la formule (b) coïncidera sensiblement avec la formule (a). Donc la partie de l'espace située au delà du plan de l'écran sera dans l'ombre du côté où l'écran se trouve, c'est-à-dire derrière l'écran, et continuera d'être éclairée du côté opposé, comme si l'écran n'existait pas. On devra seulement excepter les points de l'espace correspondants à de très petites valeurs de y, et pour lesquels le déplacement dépendra des deux coordonnées x, y, aussi bien que du temps t. Pour ces derniers points, la formule (b) reproduit les lois de la diffraction telles que Fresnel les a données, et l'on peut simplifier l'étude de ces lois en transformant le second membre de l'équation (2) à l'aide des formules que j'ai données dans plusieurs Mémoires.

Si l'écran, par lequel on suppose la lumière interceptée dans le plan des y, z, ne laissait passer les rayons lumineux que dans un intervalle compris entre les limites

$$y = y_0, \qquad y = y_1,$$

en sorte que l'observateur, placé du côté des x positives, reçût la lumière par une ouverture dont la largeur fût

$$y_1 - y_0,$$

(1) Cette valeur de η est évidemment celle que donne la formule (18), quand on pose $y_0 = 0$, $y_1 = \infty$.

la formule (b) devrait être remplacée par la suivante :

$$(c)\qquad \eta = \left(\frac{1}{\pi}\right)^{\frac{1}{2}} \mathrm{I} \int_{\frac{k^{\frac{1}{2}}(y-y_1)}{\sqrt{2x}}}^{\frac{k^{\frac{1}{2}}(y-y_0)}{\sqrt{2x}}} \cos\left(kx + \lambda - st - \frac{\pi}{4} + \alpha^2\right) d\alpha.$$

L'équation (c) (¹) elle-même fournit seulement une valeur approchée de η et se déduit de formules générales et rigoureuses qui représentent le rayon diffracté, quelle que soit la direction du rayon incident, et quelles que soient les directions des vibrations moléculaires dans ce même rayon. Ces formules, en donnant les lois de la diffraction, montrent, par exemple, que, si le rayon incident est polarisé dans un certain plan, le rayon diffracté restera toujours polarisé dans ce même plan.

Cette conséquence particulière des formules (22) et (23) était précisément, comme on l'a vu tout à l'heure, celle que j'avais énoncée à la fin du Mémoire dont je donnais un extrait dans ma Lettre du 22 avril 1836.

P. S. — Je m'étais proposé, dans cet Article, de reproduire la solution du problème des ombres à laquelle se rapporte ma Lettre du 22 avril 1836. Dans un second Article, je ferai voir que cette solution est seulement approximative, et, en m'appuyant sur les principes développés dans mes précédents Mémoires, je donnerai du même problème une solution plus rigoureuse, qui me paraît devoir intéresser tout à la fois les physiciens et les géomètres.

(¹) L'équation (c) coïncide évidemment avec la formule (18).

189.

THÉORIE DE LA LUMIÈRE. — *Second Mémoire sur les phénomènes des ombres et de la diffraction.*

C. R., T. XV, p. 670 (3 octobre 1842).

J'ai reproduit, dans la séance précédente, l'analyse que j'avais appliquée en 1836 au problème des ombres et de la diffraction, ainsi que les formules auxquelles se rapporte ma Lettre du 22 avril de la même année. Ces formules suffisent déjà pour expliquer la marche rectiligne des rayons lumineux qui traversent les fentes d'un écran, la dilatation de ces rayons, appelés, en raison de cette dilatation même, *rayons diffractés,* les franges qui accompagnent leurs bords, et l'ombre qui occupe la partie de l'espace située derrière l'écran à des distances sensibles de ces mêmes bords. Toutefois les formules que je viens de rappeler se trouvent seulement comprises, comme cas particulier, dans les formules générales auxquelles on arrive quand on applique au problème des ombres et de la diffraction l'une des deux méthodes que j'indiquerai tout à l'heure. Alors, il est vrai, on se trouve conduit à des conclusions singulières et inattendues. Mais, comme ces conclusions me paraissent exactes et propres, en raison de leur singularité même, à fixer l'attention des physiciens et des géomètres, j'ai cru que l'on me permettrait volontiers d'entrer à ce sujet dans quelques détails.

Je commencerai par faire voir comment la solution du problème énoncé peut se déduire directement de la simple intégration des équations aux dérivées partielles qui représentent les mouvements infiniment petits d'un système de molécules. On sait que ces équations renferment, avec les variables indépendantes, c'est-à-dire avec les coordonnées et le temps, trois inconnues qui représentent les déplacements d'une molécule mesurés parallèlement aux axes coordonnés.

Supposons, pour plus de simplicité, ces équations réduites à des équations homogènes, ce qui arrive, par exemple, dans la théorie de la lumière, quand on ne tient pas compte de la dispersion. Elles seront du second ordre, non seulement par rapport au temps, comme les équations générales de la Dynamique, mais aussi par rapport à chacune des coordonnées. Donc l'intégration introduira dans les intégrales générales deux fonctions arbitraires relatives à chacune des inconnues. Mais ces fonctions arbitraires auront des significations diverses, suivant la nature du problème qu'il s'agira de résoudre. Si, le mouvement infiniment petit du système de molécules étant supposé connu à une certaine époque, il s'agit d'en conclure le mouvement qui s'observera dans le même système à une époque quelconque, par exemple, au bout du temps t, les fonctions arbitraires seront celles qui représenteront au premier instant les déplacements moléculaires et leurs dérivées prises par rapport au temps, ou les vitesses des molécules. Si, au contraire, le mouvement étant supposé connu à une époque quelconque dans une portion du système, il s'agit d'en conclure le mouvement transmis à une autre portion séparée de la première par une surface plane ou courbe, par exemple par le plan des y, z, les fonctions arbitraires représenteront les déplacements des molécules situées dans ce plan, c'est-à-dire les déplacements moléculaires correspondant à une valeur nulle de l'abscisse x, et les dérivées de ces déplacements relatives à x, ou plutôt les valeurs que prennent ces dérivées pour une valeur nulle de x. Ce n'est pas tout : on peut concevoir, dans la première hypothèse, que l'ébranlement initial reste circonscrit dans une certaine portion de l'espace, ou, en d'autres termes, que les déplacements et les vitesses des molécules s'évanouissent au premier instant pour tous les points de l'espace situés hors d'une certaine enveloppe. Pareillement on peut concevoir, dans la seconde hypothèse, que le mouvement propagé à une époque quelconque d'un certain côté du plan de y, z, par exemple du côté des x négatives, traverse seulement une portion de ce plan renfermée dans un certain contour et se trouve intercepté dans ce même plan en chacun des points situés hors de ce même contour. Ces restrictions étant admises, chaque fonction arbitraire sera une fonction discontinue des coordonnées qu'elle renferme, et cette fonction discontinue, qui s'évanouira pour tous les points situés dans l'espace hors d'une certaine enveloppe, ou dans le plan de y, z hors d'un certain contour, pourra être représentée par une somme d'exponentielles qui prendra la forme d'une intégrale définie sextuple ou quadruple. D'ailleurs, dans la seconde hypothèse, comme dans la première, les méthodes que nous avons données pour l'intégration des systèmes d'équations aux dérivées partielles pourront être immédiatement appliquées à la recherche des valeurs générales des inconnues. Mais l'interprétation des formules à l'aide desquelles ces valeurs générales seront exprimées peut offrir, dans la seconde hypothèse, de sérieuses difficultés que nous allons éclaircir, et dont la solution nous paraît devoir contribuer notablement aux progrès de la Physique mathématique.

En vertu du théorème de Fourier et d'autres théorèmes analogues que j'ai donnés dans les *Exercices*, toute fonction continue, ou même discontinue, peut être représentée par la somme d'un nombre fini ou infini d'exponentielles réelles ou imaginaires. Par suite, comme je l'ai déjà remarqué dans mes précédents Mémoires, tout mouvement infiniment petit qui se propage à travers un système de molécules peut être considéré comme résultant de la superposition d'un nombre fini ou infini de mouvements simples. D'ailleurs un mouvement simple peut être durable et persistant, ou s'affaiblir et s'éteindre avec le temps, ou croître indéfiniment, tandis que le temps augmente. Pareillement un mouvement simple peut se propager dans l'espace sans s'affaiblir, ou bien il peut croître ou décroître, suivant que l'on s'éloigne, dans un sens ou dans un autre, d'une surface donnée, par exemple du plan des y, z. Enfin, dans un mouvement simple qui ne s'affaiblit pas en se propageant à travers l'espace, les ondes planes peuvent marcher dans un sens ou dans un autre, par exemple dans le sens des x positives ou dans le sens des x négatives. Cela posé, considérons d'abord, dans un système de molécules, le mouvement produit au bout du temps t par un ébranlement initial et infiniment petit, qui ne s'étendait pas au delà d'une certaine enveloppe. Pour que ce mouvement, en se propageant dans l'espace, reste toujours infiniment petit, il sera nécessaire qu'il ne croisse indéfiniment, ni avec le temps, ni avec la distance; par conséquent, il sera nécessaire que, dans les exposants des exponentielles dont la somme représentera la valeur générale de chaque inconnue, le coefficient du temps ou d'une longueur absolue n'offre jamais de partie réelle positive. Cette condition se trouve généralement remplie pour les intégrales qui représentent le mouvement produit, dans un système de molécules, par un ébranlement initial imprimé au système dans le voisinage d'un point donné; et, par suite, ces intégrales fournissent effectivement, comme on devait s'y attendre, les valeurs générales des déplacements et des vitesses moléculaires, au bout d'un temps quelconque. Mais, si l'on suppose qu'un mouvement infiniment petit, propagé dans la portion de l'espace qui est située, par rapport au plan des y, z, du côté des x négatives, doive être sans cesse transmis à la portion de l'espace située du côté des x positives, à travers une surface, ou, si l'on veut, à travers une ouverture terminée, dans ce plan, par un certain contour, en sorte que le mouvement se trouve intercepté par le plan en chacun des points situés au dehors du même contour, alors on obtiendra souvent, pour représenter les valeurs générales des inconnues, des formules qui sembleront paradoxales au premier abord. En effet, les valeurs des inconnues étant réduites à des sommes d'exponentielles, il arrivera souvent que, dans les exposants de quelques exponentielles, les coefficients des distances absolues offriront des parties réelles positives. Donc, alors, quelques-uns des mouvements simples dont les exponentielles seront les symboles caractéristiques sembleront devoir devenir de plus en plus sensibles et croître indéfiniment aux yeux d'un observateur qui s'éloignerait indéfiniment du plan des y, z, du côté des x positives. Il y a plus : parmi les mouvements simples correspondants aux mêmes exponentielles, ceux qui se propageront sans s'affaiblir offriront souvent cette circonstance remarquable que les uns sembleront devoir se propager dans le sens des x positives, les autres en sens contraire. Cependant il paraît absurde de supposer qu'un mouvement infiniment petit, propagé dans un système de molécules du côté des x négatives, fasse naître du côté des x positives des mouvements simples qui croissent indéfiniment avec la distance au plan des y, z, ou des mouvements simples dans lesquels les ondes planes soient ramenées vers ce plan. Pour faire disparaître ces paradoxes, il suffit de considérer les valeurs des déplacements moléculaires données par l'intégration comme composées chacune de deux parties, et d'admettre que la première partie représente le déplacement d'une molécule dans un mouvement infiniment petit, qui se transmet et se propage du côté des x positives, mais que la seconde partie, prise en signe contraire, représente le déplacement d'une molécule dans un mouvement réfléchi, c'est-à-dire dans un mouvement qui se propage du côté des x négatives, en se superposant au mouvement donné. Alors, pour obtenir le mouvement transmis, on doit superposer les uns aux autres ceux des mouvements simples et relatifs aux diverses exponentielles qui se propagent dans le sens des x positives, ou s'affaiblissent et s'éteignent quand on s'éloigne dans le même sens du plan des y, z. Au contraire, pour obtenir le mouvement réfléchi, on doit superposer les uns aux autres des mouvements directement opposés aux mouvements simples qui se propagent dans le sens des x négatives, ou s'affaiblissent et s'éteignent quand on s'éloigne dans ce même sens du plan des y, z. En opérant ainsi, on verra toutes les difficultés s'évanouir. On pourrait objecter, il est vrai, que l'intégration effectuée semblait avoir pour but la recherche unique des déplacements et des vitesses des molécules situées, par rapport au plan des y, z, du côté des x négatives; mais l'Analyse, en nous conduisant à des formules qui sont inadmissibles quand on se borne à tenir compte du mouvement transmis, prouve qu'en ayant égard à ce seul mouvement on ne peut résoudre la question proposée. D'ailleurs, pour interpréter avec justesse les intégrales obtenues, il est nécessaire de revenir sur ses pas et d'examiner, d'une part, quelles sont les données que l'on a introduites dans le calcul; d'autre part, quelles sont les quantités dont l'intégration peut fournir la valeur. Or ici les données du problème sont évidemment les déplacements et les vitesses des molécules dans le plan des y, z, ou plutôt dans une tranche infiniment mince comprise entre le plan des y, z et un plan parallèle infiniment voisin. Ces déplacements et ces vitesses sont tout ce que l'intégration emprunte aux faits énoncés. Supposées connues à une époque quelconque, elles sont considérées comme l'origine et la cause permanente des mouvements qui se propagent hors de la tranche dont il s'agit, et les inconnues du problème sont précisément les déplacements et les vitesses des molécules situées hors de cette même tranche. Du reste, il suffit que les valeurs générales des inconnues aient la double propriété de vérifier les équations différentielles des mouvements infiniment petits et de se réduire, dans l'épaisseur de la tranche, aux valeurs données. Il importe peu que les nouveaux mouvements simples, dont la naissance permettra de remplir cette double condition, soient des mouvements transmis ou des mouvements réfléchis. D'ailleurs, comme l'expérience prouve que des mouvements peuvent être réfléchis, et se réfléchissent en effet dans certaines circonstances, il est clair que rien ne s'oppose à ce qu'on admette comme véritable l'interprétation à laquelle nous venons de parvenir; c'est même, à ce qu'il semble, une chose digne d'être remarquée, que l'examen approfondi des formules données par l'Analyse nous ait nécessairement conduits à la notion de mouvements réfléchis.

Les principes que nous venons d'exposer nous paraissent applicables à la recherche des lois suivant lesquelles un rayon de lumière, propagé dans un milieu transparent, surtout dans l'éther isolé, du côté des x négatives, est transmis à la portion de ce milieu située du côté des x positives, à travers une ouverture pratiquée dans un écran très mince dont une surface coïncide avec le plan des y, z. Ce dernier problème est précisément celui des ombres et de la diffraction. Il diffère très peu du problème que nous venons de résoudre. La principale différence entre l'un et l'autre consiste en ce que, dans la question ci-dessus traitée, on n'a point spécifié la cause en vertu de laquelle le mouvement se trouvait en partie intercepté par la tranche infiniment mince dont une surface coïncide avec le plan des y, z, et que l'on a raisonné, au contraire, comme si cette tranche pouvait acquérir le pouvoir d'intercepter le mouvement sans cesser d'être formée avec les molécules qui composent le milieu donné. On pourrait donc craindre qu'il ne fût nécessaire de faire intervenir la nature même de l'écran dans la solution du problème des ombres et de la diffraction; et, dans la réalité, pour résoudre le problème avec une rigueur mathématique, il conviendrait non seulement de spécifier la substance dont se forme l'écran, mais encore de calculer l'extinction des rayons lumineux opérée par cette substance. Toutefois, comme l'expérience prouve que la nature de l'écran n'a pas d'influence sur la nature des phénomènes observés et sur les lois de la diffraction, il paraît que, dans la recherche de ces lois, on peut sans inconvénient se borner à développer les conséquences des formules auxquelles on arrive par la méthode ci-dessus exposée.

Nous avons maintenant à signaler une conclusion extraordinaire à laquelle nous conduisent les principes que nous venons d'établir. Cette conclusion est que, si la lumière passe à travers une ouverture pratiquée dans un écran, cette circonstance fera naître généralement deux espèces de rayons diffractés, les uns transmis, les autres réfléchis. Remarquons d'ailleurs qu'il s'agit en ce moment, non pas de rayons réfléchis par la portion de l'écran qui avoisine l'ouverture, mais de rayons réfléchis, si je puis le dire, par cette ouverture même. Si jusqu'ici l'on n'a observé que les rayons transmis, cela tient sans doute à ce qu'il est beaucoup plus facile de les apercevoir à côté de l'ombre que porte l'écran. Il serait intéressant d'examiner si, en faisant usage d'un écran très noir et qui absorberait, autant que possible, tous les rayons incidents, on ne parviendrait pas à rendre sensibles les nouveaux rayons réfléchis et diffractés.

Au reste, dans certains cas particuliers et sous certaines conditions, les rayons réfléchis peuvent disparaître. Les formules que nous avons rappelées dans la séance précédente résolvent le problème des ombres et de la diffraction de la lumière propagée à travers un milieu transparent et isophane, dans le cas où ces conditions se trouvent remplies et où d'ailleurs la vitesse de propagation des vibrations transversales devient équivalente à la vitesse de propagation des vibrations longitudinales, ce qui réduit les trois équations différentielles des mouvements infiniment petits à des équations dans lesquelles les trois inconnues se trouvent séparées l'une de l'autre.

La méthode dont je viens de me servir pour traiter le problème des ombres et de la diffraction n'est pas la seule qui fournisse la solution de ce problème. Cette solution peut encore se déduire des principes que j'ai développés dans mes précédents Mémoires, et spécialement dans le Mémoire du 12 septembre dernier. Il ne sera pas inutile de montrer ici en peu de mots comment l'application de ces principes au problème qui nous occupe confirme et généralise même les résultats ci-dessus énoncés.

Dans le Mémoire du 12 septembre dernier, j'ai particulièrement examiné ce qui arrive lorsqu'un rayon simple est transmis, d'un premier milieu à un second, à travers une surface plane, et j'ai trouvé six équations de condition relatives à la surface. Ces équations sont celles qui expriment que les déplacements d'une molécule, mesurés parallèlement aux axes coordonnés, et les dérivées de ces déplacements prises par rapport à x, acquièrent les mêmes valeurs sur la surface prise pour plan des y, z, soit que l'on considère la molécule comme appartenant au premier ou au second milieu. J'ai remarqué d'ailleurs que, si un rayon simple se propage dans le premier des deux milieux, et tombe sur la surface plane, la réflexion et la réfraction feront naître, dans chaque milieu, non seulement les deux rayons qui peuvent être perçus par l'œil, savoir, ceux dans lesquels les vibrations moléculaires sont transversales ou sensiblement transversales, mais encore un troisième rayon dans lequel les vibrations moléculaires seraient longitudinales s'il se propageait sans s'affaiblir. On aura donc à déterminer les symboles caractéristiques et les paramètres symboliques de trois rayons réfléchis et de trois rayons réfractés. Or, comme nous l'avons dit, pour que les conditions relatives à la surface réfléchissante puissent être vérifiées, il sera d'abord nécessaire que les symboles caractéristiques des six rayons réfléchis et réfractés deviennent égaux, sur la surface, au symbole caractéristique du rayon incident; et, cette égalité étant admise, non seulement les directions des plans des ondes et des vibrations moléculaires seront connues dans les six nouveaux rayons, mais, de plus, les six équations de condition suffiront pour déterminer les seules inconnues que présentera encore le problème, savoir, les six paramètres symboliques correspondants aux trois rayons réfléchis et aux trois rayons réfractés.

Dans le Mémoire que je viens de rappeler, la surface plane, traversée par les rayons lumineux, avait une étendue indéfinie. Considérons maintenant le cas où cette surface ne se laisserait traverser par la lumière que dans les points situés entre deux droites parallèles, et jouerait le rôle d'un écran pour tous les points situés hors de ces mêmes droites. La portion de surface plane comprise entre les deux droites pourra être envisagée comme une fente pratiquée dans un écran, et à travers laquelle la lumière serait transmise. Le problème à résoudre sera de trouver les lois suivant lesquelles s'effectue cette transmission. Or, pour obtenir la solution désirée, il suffira de recourir aux six équations de condition ci-dessus mentionnées et de représenter, dans le rayon incident, les déplacements des molécules situées sur la surface de l'écran, et les dérivées de ces déplacements prises par rapport à x, à l'aide d'intégrales définies doubles qui aient la propriété de s'évanouir hors des limites correspondantes aux deux bords de la fente. D'ailleurs la réflexion et la réfraction, produites par la surface de séparation des deux milieux, feront naître, comme dans le cas où cette surface était illimitée, trois rayons réfléchis et trois rayons réfractés. Si les milieux sont transparents, deux des trois rayons pourront être perçus par l'œil dans chaque milieu, et ces deux rayons se réuniront en un seul dans les milieux isophanes. Quant au troisième rayon, il s'éteindra toujours à une petite distance de la surface réfléchissante. Ajoutons que, dans chacun des six nouveaux rayons, les déplacements symboliques des molécules pourront être exprimés chacun à l'aide d'une intégrale définie double. Lorsque la fente deviendra infiniment grande, les six intégrales correspondantes aux six rayons se réduiront, comme on devait s'y attendre, à six exponentielles qui représenteront les symboles caractéristiques de ces rayons; et chaque onde plane aura une étendue illimitée, soit dans le premier, soit dans le second milieu. Mais il n'en sera plus de même si la fente devient très étroite; et, dans ce dernier cas, chacun des rayons qui se propagera sans s'affaiblir se transformera en un filet de lumière dont la nature se déduira de la discussion de l'intégrale correspondante. Cette discussion deviendra facile si l'on applique à la détermination approximative de chaque intégrale les formules que j'ai données dans la séance précédente. Or, les six intégrales étant de même nature, on pourra en dire autant des six rayons, et chacun d'eux sera du genre de ceux que l'on nomme *rayons diffractés*. Donc, lorsqu'une fente, pratiquée dans un écran très mince qui couvre la surface de séparation de deux milieux, permet à un filet de lumière de rencontrer cette surface, les rayons réfléchis par la surface sont diffractés, aussi bien que les rayons transmis.

Considérons maintenant le cas particulier où, les deux milieux étant transparents et isophanes, la nature du second milieu devient identique avec celle du premier. Alors, dans chaque milieu, les deux rayons qui se propagent sans s'affaiblir se réuniront en un seul. Mais cette circonstance n'entraînera nullement la disparition des rayons réfléchis, dont au contraire on sera obligé de tenir compte pour vérifier les six équations de condition relatives à la surface de l'écran. Nous voici donc amenés de nouveau à la conclusion singulière à laquelle nous avions été conduits par un examen attentif des intégrales générales qui représentent un mouvement transmis et propagé dans un seul milieu à travers une portion de surface plane. Ainsi les deux méthodes que nous avons suivies nous indiquent l'une et l'autre un nouveau phénomène qui paraît propre à éveiller l'attention des physiciens, et la seconde méthode a l'avantage de montrer comment ce nouveau phénomène se lie aux phénomènes déjà connus.

190.

Théorie de la lumière. — *Mémoire sur les rayons diffractés qui peuvent être transmis ou réfléchis par la surface de séparation de deux milieux isophanes.*

C. R., T. XV, p. 712 (10 octobre 1842).

En supposant que la lumière passe d'un milieu dans un autre, à travers une portion de la surface qui les sépare, et cherchant à déduire de l'analyse les phénomènes correspondants à cette hypothèse, je suis arrivé à cette conclusion qu'alors les rayons réfléchis doivent être diffractés tout comme les rayons transmis. D'ailleurs cette conclusion de mon dernier Mémoire ne doit pas être considérée seulement comme un résultat du calcul; car, en l'entendant énoncer dans la séance précédente, M. Arago s'est rappelé une expérience qu'il avait faite autrefois avec Fresnel, et dans laquelle ils avaient observé des franges qui accompagnaient des rayons réfléchis par des sillons arbitrairement tracés sur la surface d'un verre noirci par la fumée. Il y a donc lieu de rechercher les lois de la diffraction, non seulement dans les rayons transmis, mais encore dans les rayons réfléchis par la surface de séparation de deux milieux transparents. Tel est l'objet dont je m'occupe dans ce nouveau Mémoire, en supposant, pour plus de simplicité, que les deux milieux donnés sont isophanes. Je demanderai à l'Académie la permission d'exposer en peu de mots quelques-unes des principales conséquences des formules auxquelles je suis parvenu.

Supposons qu'un rayon de lumière passe d'un milieu transparent et isophane dans un autre milieu isophane, séparé du premier par une surface plane qui sera prise pour plan des y, z; supposons encore que ce plan intercepte généralement la lumière et ne se laisse traverser par elle que dans les points situés en dedans d'un certain contour très resserré, ce qui aurait lieu, par exemple, si la surface de séparation des deux milieux était recouverte par un écran très noir dans lequel une très petite ouverture serait pratiquée. Si le rayon incident est simple, le rayon réfléchi, qui se propagera dans le premier milieu, cessera d'être un rayon simple, tout comme le rayon transmis au second milieu. Ces deux rayons, dont chacun résultera de la superposition d'une infinité de rayons simples, seront, l'un et l'autre, de la nature de ceux que l'on nomme *rayons diffractés*. Chacun d'eux offrira un filet de lumière très étroit, et l'intensité de la lumière, mesurée dans un plan perpendiculaire à l'axe du filet, s'évanouira sensiblement à une distance sensible de cet axe. Il y a plus : cette intensité variera sur les bords du filet de manière à présenter divers maxima et minima. Enfin, comme ces maxima et minima répondront à des points diversement situés pour des couleurs diverses, il en résulte que, si le rayon incident est un rayon formé par la superposition de plusieurs autres inégalement réfrangibles, s'il est, par exemple, un rayon blanc de lumière ordinaire, chacun des deux rayons réfléchi et réfracté offrira sur ses bords des franges colorées. Les couleurs des franges se réduiraient à une seule si le rayon incident était un rayon homogène. D'ailleurs la position des franges dans un rayon homogène, et, par suite, dans un rayon composé, se déduira immédiatement, avec une grande approximation, des règles très simples que nous allons indiquer.

Considérons d'abord le cas où le rayon incident est perpendiculaire à la surface réfléchissante, et supposons que ce rayon, étant simple, émane d'un foyer de lumière placé à une distance très considérable de la surface; enfin supposons ce rayon transmis au second milieu à travers une fente très étroite, dont les bords soient parallèles à l'axe des z. Si l'on mesure l'intensité de la lumière transmise dans un plan perpendiculaire à cet axe et à une distance donnée de la surface, cette intensité présentera divers maxima et minima correspondants à divers points, et chacun de ces points, quand on fera varier la distance à la surface, se mouvra, comme l'a dit Fresnel, sur une hyperbole sensiblement réduite, dans le cas présent, à une parabole. D'ailleurs cette parabole aura pour axe, comme l'on sait, la direction du rayon transmis, et pour sommet le bord de la fente. Mais ce qui n'avait pas encore été remarqué, ce me semble, et ce qui résulte immédiatement de mes formules, c'est que *les paramètres des diverses paraboles correspondantes aux diverses franges se réduisent, à très peu près, aux divers termes d'une progression arithmétique dont la raison est la longueur d'une ondulation lumineuse, le premier terme étant les trois quarts de cette longueur même.* Calculées d'après cette règle, les racines carrées des rapports existants entre les paramètres doublés et la longueur d'une ondulation seront respectivement, pour les paraboles correspondantes aux maxima d'intensité de la lumière :

$$\sqrt{1,5} = 1,22, \quad \sqrt{5,5} = 2,3452, \quad \sqrt{9,5} = 3,0822, \quad \sqrt{13,5} = 3,6742,$$
$$\sqrt{17,5} = 4,1833, \quad \sqrt{21,5} = 4,6368, \quad \sqrt{25,5} = 5,0948, \quad \ldots,$$

et pour les paraboles correspondantes aux minima d'intensité de la lumière :

$$\sqrt{3,5} = 1,871, \quad \sqrt{7,5} = 2,7386, \quad \sqrt{11,5} = 3,3912, \quad \sqrt{15,5} = 3,9370,$$
$$\sqrt{19,5} = 4,4159, \quad \sqrt{23,5} = 4,8477, \quad \sqrt{27,5} = 5,2440, \quad \ldots.$$

A la place des nombres que nous venons d'obtenir, Fresnel a trouvé les suivants :

$$1,2172, \quad 2,3449, \quad 3,0820, \quad 3,6742, \quad 4,1832, \quad 4,6069, \quad 5,0500, \quad \ldots,$$
$$1,8726, \quad 2,7392, \quad 3,3913, \quad 3,9372, \quad 4,4160, \quad 4,8479, \quad 5,2442, \quad \ldots,$$

qui diffèrent très peu des premiers, et qu'il a déterminés par un assez long calcul, en formant une Table avec diverses valeurs d'une certaine intégrale définie. *Quant à l'amplitude des vibrations moléculaires, si on la représente par l'unité au moment où le rayon transmis commence à pénétrer dans le second milieu, elle se trouvera augmentée ou diminuée, sur chaque parabole, d'une quantité sensiblement égale au nombre inverse de celui qui exprime la circonférence du cercle dont le rayon aurait pour mesure la racine carrée du rapport entre le paramètre de la parabole et la longueur d'une ondulation.*

Les règles que nous venons d'énoncer ne sont pas seulement applicables aux rayons transmis : le calcul prouve qu'elles s'appliquent pareillement aux rayons réfléchis et diffractés. Il prouve aussi qu'à une distance infiniment petite de la surface réfléchissante l'intensité de la lumière, dans les rayons transmis et réfléchis, est sensiblement celle que l'on obtiendrait si, l'écran venant à disparaître, il n'y avait pas de diffraction. Il prouve enfin que, si le rayon incident est polarisé rectilignement suivant un certain plan, les rayons diffractés, transmis ou réfléchis, seront polarisés suivant ce même plan..

Lorsque la nature du second milieu devient identique avec celle du premier, alors, près de la surface réfléchissante, l'intensité de la lumière transmise se confond avec l'intensité de la lumière incidente, et le rayon réfléchi subsiste encore, avec cette circonstance remarquable que les diverses paraboles correspondent, non pas à des intensités diverses de la lumière réfléchie, mais seulement à des changements de phases. Toutefois, comme l'intensité de la lumière réfléchie est alors de l'ordre des termes que l'on négligeait dans le cas où les deux milieux étaient de nature différente; comme d'ailleurs ces termes peuvent être effectivement négligés, si la vitesse de propagation des vibrations transversales n'est pas très petite par rapport à la vitesse de propagation des vibrations longitudinales, il en résulte que, hors ce dernier cas, les rayons réfléchis et diffractés (1) sous l'incidence perpendiculaire seront du nombre de ceux qu'il sera très difficile d'apercevoir.

Jusqu'à présent nous avons supposé que le rayon incident était normal à la surface réfléchissante. Supposons maintenant qu'il s'incline sur cette surface et forme avec la perpendiculaire à la surface

(1) Si les rayons dont il s'agit ici pouvaient être facilement rendus sensibles dans un milieu donné, ce serait une preuve que, dans ce milieu, le rapport entre les vitesses de propagation des vibrations transversales et longitudinales est très petit.

un angle très petit. Alors, dans chaque parabole, la corde ou section rectiligne faite par un plan parallèle à la surface décroîtra proportionnellement au cosinus de l'angle d'incidence, et en même temps le milieu de cette corde, primitivement situé sur la direction naturelle du rayon réfracté, suivra ce rayon, tandis qu'il s'inclinera par rapport à la surface réfléchissante. Par suite, chaque parabole se transformera en une autre parabole qui sera encore tangente à la surface réfléchissante, et qui aura pour axe une droite parallèle à la direction naturelle du rayon réfracté.

J'ai indiqué les conséquences auxquelles conduisent mes formules dans le cas où, les deux milieux étant isophanes, le rayon incident est perpendiculaire à la surface réfléchissante ou tombe sur elle de manière que l'angle d'incidence soit peu considérable. Dans d'autres articles j'examinerai ce qui arrive lorsque l'un des milieux cesse d'être isophane ou lorsque l'angle d'incidence devient quelconque, et en particulier ce que deviennent sous une grande incidence les rayons réfléchis et diffractés.

191.

Physique mathématique. — *Mémoire sur de nouveaux phénomènes, indiqués par le calcul, qui paraissent devoir intéresser les physiciens, et en particulier sur la diffraction du son.*

C. R., T. XV, p. 759 (17 octobre 1842).

Dans les séances précédentes, j'ai dit comment j'avais appliqué l'Analyse mathématique à la recherche des lois suivant lesquelles un rayon de lumière se propage, en passant d'un milieu dans un autre, à travers une portion de surface plane. Une première conclusion, déduite de mes formules et dont l'exactitude se trouve déjà constatée, comme on l'a vu, par une ancienne expérience de MM. Arago et Fresnel, c'est que les rayons réfléchis sont *diffractés* tout comme les rayons transmis. Une autre conclusion digne de remarque, c'est que, dans un rayon simple, transmis ou réfléchi suivant une direction perpendiculaire à la surface de séparation des deux milieux, les paramètres des diverses paraboles, correspondantes aux points où l'intensité de la lumière devient un maximum ou un minimum, forment à très peu près une progression arithmétique dont la raison ou différence est la longueur d'une ondulation lumineuse. On a pu remarquer encore la règle qui fait connaître les transformations subies par ces diverses paraboles dans le cas où le rayon lumineux vient à s'incliner sur la surface à travers laquelle il est transmis. Mais, aux règles et aux propositions énoncées dans mes précédents Mémoires, j'ajouterai aujourd'hui une remarque nouvelle, qui me paraît devoir éveiller particulièrement l'attention des physiciens : c'est que l'analyse dont j'ai fait usage ne s'applique pas seulement à la théorie des ombres et de la diffraction des rayons lumineux; elle s'applique généralement à la propagation des mouvements infiniment petits transmis d'un milieu dans un autre à travers une portion de surface plane, et prouve que les lois générales de cette transmission doivent rester les mêmes, quelle que soit la nature des phénomènes que les mouvements produisent. Ainsi, par exemple, il résulte de notre analyse que les ondes sonores doivent être, tout comme les ondes lumineuses, non seulement *réfléchies*, mais encore *réfractées*, quand elles viennent à rencontrer la surface de séparation de deux milieux. Il y a plus : si le son est transmis à travers une ouverture pratiquée dans une cloison très mince qui sépare l'une de l'autre deux portions d'un même milieu, les ondes sonores transmises devront être des ondes *diffractées*, dans lesquelles l'intensité du son, mesurée à une distance donnée de la surface de la cloison, offrira des maxima et des minima correspondants à divers points de l'espace. Si les ondes sonores qui rencontrent la cloison émanent d'une source placée à une très grande distance, et si d'ailleurs l'ouverture qui leur livre passage se réduit à une fente verticale, alors, dans chaque plan horizontal, les points correspondants aux plus grandes et aux moindres intensités du son se trouveront situés, à très peu près, sur diverses paraboles dont les paramètres formeront une progression arithmétique qui aura pour raison l'épaisseur d'une onde sonore. A la vérité, ces conséquences de notre analyse doivent paraître au premier abord d'autant plus extraordinaires, qu'une différence bien marquée semble exister entre les phénomènes que produit d'une part la transmission de la lumière à travers les fentes d'un volet, d'autre part la transmission du son à travers une ouverture pratiquée dans une cloison ou dans une muraille. En effet, sans qu'il soit nécessaire de recourir à des expériences délicates, l'observateur le moins exercé reconnaîtra sans peine que derrière une cloison, et tout près de cette cloison même, les sons peuvent être perçus par l'oreille à des distances considérables de l'ouverture par laquelle ils sont transmis, tandis qu'un rayon de lumière passant à travers une fente devient insensible pour l'œil à une petite distance de l'axe de ce rayon. Toutefois l'accord qui a subsisté jusqu'ici entre les résultats de l'observation et les conclusions tirées de mes formules me donne la ferme confiance que cette fois encore l'expérience viendra confirmer les prévisions de la théorie. Déjà même l'Analyse explique la différence capitale que je signalais tout à l'heure entre les phénomènes produits par la transmission de la lumière et celle des sons à travers une petite ouverture. Cette différence cessera de nous étonner si nous comparons les épaisseurs des ondes sonores aux épaisseurs des ondes lumineuses. En effet, tandis que l'épaisseur d'une onde lumineuse varie entre des limites très resserrées, sensiblement représentées, pour les rayons que l'œil aperçoit, par le tiers et par les deux tiers de la millième partie d'un millimètre, l'épaisseur d'une onde sonore, pour les sons perçus par l'oreille, ne s'abaisse jamais au-dessous de deux centimètres, et peut s'élever à plusieurs mètres. Par suite, chacune des paraboles qui correspondront aux plus grandes et aux moindres intensités de la lumière, dans un rayon diffracté, offrira un très petit paramètre et s'écartera très peu de l'axe de ce rayon. Mais on ne pourra plus en dire autant des paraboles qui, dans les ondes sonores et diffractées, correspondront aux plus grandes et aux moindres intensités du son.

Ces dernières paraboles, qui seront encore tangentes à la surface de la cloison, à travers laquelle le mouvement est transmis par une fente, offriront au contraire des paramètres sensibles, qui pourront s'élever à plusieurs mètres; et en conséquence le son pourra s'entendre derrière la cloison, et assez près de cette cloison même, à de grandes distances de la fente. Il est toutefois une observation essentielle que nous devons faire : c'est que, si divers sons, les uns plus graves, les autres plus aigus, mais d'égale intensité, sont transmis successivement ou simultanément à travers une même ouverture pratiquée dans une cloison, les sons aigus seront ceux qui s'éteindront le plus rapidement à mesure que l'on s'éloignera de l'ouverture dans un plan parallèle à la surface de la cloison. Il pourra même y avoir à cet égard entre les divers sons une différence très marquée; car, si l'on prend pour mesure de l'intensité du son le carré de l'amplitude des vibrations moléculaires, cette intensité, mesurée dans les ondes diffractées et dans un plan parallèle à la cloison à de très grandes distances de l'ouverture, sera sensiblement proportionnelle à l'épaisseur de ces mêmes ondes.

En terminant cet exposé, je ferai une dernière remarque. M. Coriolis, à qui je communiquais les résultats de mes recherches, vient de m'apprendre à l'instant même que des expériences faites en sa présence par M. Savart, dans le grand amphithéâtre du Collège de France, avaient constaté l'existence de variations périodiques dans l'intensité du son, tandis que l'on passait d'un point de la salle à un autre. Ces expériences confirment évidemment mes calculs, en vertu desquels, dans la théorie du son comme dans la théorie de la lumière, le phénomène de la diffraction peut être observé, soit dans les mouvements transmis, soit dans les mouvements réfléchis.

Post-scriptum. — Après avoir entendu l'exposé qu'on vient de lire, M. Arago a cité une expérience que M. Young lui avait communiquée, mais qui n'a été publiée nulle part, et qui confirme les conclusions ci-dessus énoncées.

Analyse.

Formules générales pour la réflexion, la réfraction et la diffraction des mouvements infiniment petits, propagés dans un ou plusieurs systèmes de molécules.

Comme nous l'avons dit ailleurs, lorsque des mouvements infiniment petits sont propagés dans un ou plusieurs systèmes homogènes de molécules sollicitées par des forces d'attraction ou de répulsion mutuelle, les équations différentielles de ces mouvements infiniment petits sont des équations linéaires. Il y a plus : si, comme il arrive ordinairement, les coefficients des dérivées de chaque inconnue dans ces équations différentielles sont des fonctions périodiques des coordonnées, alors, dans la recherche des lois suivant lesquelles les mouvements infiniment petits se propagent à de grandes distances, on pourra, en vertu des principes établis dans un précédent Mémoire, remplacer chaque coefficient par sa valeur moyenne, et réduire en conséquence les diverses équations données à des équations aux dérivées partielles et à coefficients constants. Enfin tout mouvement infiniment petit pouvant être censé résulter de la superposition d'un nombre fini ou infini des mouvements simples, nous pourrons nous borner ici à rechercher les lois de la réflexion, de la réfraction et de la diffraction des mouvements simples, propagés dans un ou plusieurs systèmes de molécules.

Cela posé, considérons des molécules d'une nature donnée, par exemple, des molécules d'éther renfermées dans deux milieux que sépare le plan des y, z. Soient $\mathfrak{m}$ une de ces molécules, et ξ, η, ζ ses déplacements infiniment petits, mesurés parallèlement aux axes rectangulaires des x, y, z. Les mouvements infiniment petits de l'éther et des autres systèmes de molécules qui pourront être renfermés avec l'éther dans les deux milieux se trouveront représentés par des équations aux dérivées partielles et à coefficients constants, entre les déplacements ξ, η, ζ de la molécule $\mathfrak{m}$, et les déplacements correspondants des molécules de chaque espèce, les variables indépendantes étant les coordonnées x, y, z et le temps t. Ces équations seront, dans chaque milieu, en nombre égal à celui des inconnues, c'est-à-dire que le nombre des équations sera triple du nombre des systèmes de molécules; et, si l'on élimine toutes les inconnues, à l'exception d'une seule, on obtiendra, entre cette inconnue 8 et les variables indépendantes x, y, z, t, une équation résultante

$$F(D_x, D_y, D_z, D_t)8 = 0, \tag{1}$$

que nous nommons l'*équation caractéristique*. D'ailleurs les valeurs des coefficients que renfermeront les équations des mouvements infiniment petits, par conséquent la forme de ces équations et celle de l'équation caractéristique, pourront varier dans le passage du premier milieu au second. Enfin, si l'on nomme *déplacements symboliques*, et si l'on représente par

$$\bar{\xi}, \quad \bar{\eta}, \quad \bar{\zeta}, \quad \ldots, \quad \bar{8}$$

des variables imaginaires, dont les déplacements effectifs

$$\xi, \quad \eta, \quad \zeta, \quad \ldots, \quad 8$$

soient les parties réelles, on pourra, dans les équations aux dérivées partielles des mouvements infiniment petits, et dans l'équation caractéristique, remplacer $\xi, \eta, \zeta, \ldots, 8$ par $\bar{\xi}, \bar{\eta}, \bar{\zeta}, \ldots, \bar{8}$. On aura donc

$$F(D_x, D_y, D_z, D_t)\bar{8} = 0. \tag{2}$$

Ajoutons qu'un *mouvement simple*, propagé dans les divers systèmes de molécules, se trouvera représenté par des équations finies, dont chacune sera de la forme

$$\bar{8} = H e^{ux+vy+wz+st}, \tag{3}$$

u, v, w, s, H désignant des constantes réelles ou imaginaires, dont les quatre premières vérifieront la formule

$$F(u, v, w, s) = 0, \tag{4}$$

tandis que le *paramètre symbolique* H, relatif à l'inconnue $\bar{8}$, et les paramètres analogues relatifs aux autres inconnues se trouveront liés entre eux par des *équations linéaires*, que l'on obtiendra en remplaçant, dans les équations différentielles des mouvements infiniment petits, chaque inconnue par le paramètre correspondant, et x, y, z, t par u, v, w, s. En vertu de ces équations linéaires, les rapports entre les divers paramètres symboliques deviendront des fonctions connues de

$$u, \quad v, \quad w, \quad s.$$

L'exponentielle népérienne

$$e^{ux+vy+wz+st},$$

dont l'exposant se réduit à une fonction linéaire des quatre variables indépendantes, est ce que nous appelons le *symbole caractéristique* du mouvement simple propagé à travers les divers systèmes de molécules. Pour que ce mouvement simple ne puisse ni croître ni décroître en se propageant, il est nécessaire que les coefficients

$$u, \quad v, \quad w, \quad s$$

n'offrent pas de parties réelles, ce qui arrivera, par exemple, si l'on a

$$u = \mathrm{u}\sqrt{-1}, \qquad v = \mathrm{v}\sqrt{-1}, \qquad w = \mathrm{w}\sqrt{-1}, \qquad s = \pm\,\mathrm{s}\sqrt{-1},$$

u, v, w, s désignant des constantes réelles. Alors, si l'on pose

$$\mathrm{k} = \sqrt{\mathrm{u}^2 + \mathrm{v}^2 + \mathrm{w}^2}$$

et

$$\mathrm{T} = \frac{2\pi}{\mathrm{s}}, \qquad \mathrm{l} = \frac{2\pi}{\mathrm{k}}, \qquad \Omega = \frac{\mathrm{l}}{\mathrm{T}},$$

les quantités T, l, Ω représenteront la *durée d'une vibration moléculaire*, l'*épaisseur des ondes planes* et la *vitesse de propagation de ces mêmes ondes*.

Observons maintenant que chaque équation aux dérivées partielles est du second ordre par rapport au temps. En conséquence, le degré de l'équation (4) par rapport à s^2 sera égal au double du nombre des inconnues. D'ailleurs, pour chaque valeur de s^2 tirée de l'équation (4), l'équation (3) et les autres équations semblables représenteront un mouvement simple, qui se propagera dans un sens ou dans un autre, suivant le signe attribué à s. Donc le nombre des mouvements simples qui correspondront aux diverses valeurs de s^2 tirées de l'équation (4), et dont chacun pourra se propager en deux sens opposés, sera généralement égal au double du nombre des systèmes de molécules.

Concevons à présent qu'un mouvement simple, propagé dans le premier des deux milieux que l'on considère, vienne à rencontrer la surface qui sépare le premier milieu du second, c'est-à-dire le plan des y, z, et supposons, pour plus de simplicité, que les équations différentielles des mouvements infiniment petits se réduisent pour chaque système de molécules à des équations homogènes, de sorte que chacune de ces équations soit du second ordre, non seulement par rapport au temps, mais aussi par rapport aux coordonnées. Si les épaisseurs des ondes planes sont très grandes par rapport au rayon de la sphère d'activité sensible des molécules de chaque système, le mouvement simple qui tombera par hypothèse sur la surface de séparation des deux milieux, et que nous appellerons pour cette raison *mouvement incident,* donnera généralement naissance à des *mouvements réfléchis* et *réfractés* dont le nombre dans chaque milieu sera égal au nombre des systèmes de molécules. Alors la valeur totale de chaque inconnue $\bar{8}$ sera représentée : 1° dans le premier milieu, par la somme des valeurs de cette inconnue successivement calculées dans le mouvement incident, puis dans chacun des mouvements réfléchis; 2° dans le second milieu, par la somme des valeurs de la même inconnue successivement calculées dans chacun des mouvements réfractés. Cela posé, pour obtenir les équations de condition relatives à la surface de séparation des deux milieux, il suffira d'écrire que les valeurs totales de $\bar{8}$ et de $D_x\bar{8}$, correspondantes à une molécule située dans le plan des y, z, restent les mêmes, soit que l'on considère cette molécule comme appartenant au premier ou au second milieu. Si, pour plus de commodité, on désigne par la lettre $\bar{8}$, non plus la valeur totale d'une inconnue, mais sa valeur partielle relative au mouvement incident, et par les notations

$$\bar{8}_{\prime},\quad \bar{8}_{\prime\prime},\quad \ldots,\quad \bar{8}',\quad \bar{8}'',\quad \ldots,$$

c'est-à-dire par la même lettre $\bar{8}$ affectée d'indices inférieurs ou supérieurs, les valeurs partielles de la même inconnue, successivement calculées dans chacun des mouvements réfléchis ou réfractés, les équations de condition relatives à la surface de séparation des deux milieux, par conséquent à une valeur nulle de x, seront les unes de la forme

$$(5) \qquad \bar{8} + \bar{8}_{,} + \bar{8}_{,,} + \ldots = \bar{8}' + \bar{8}'' + \ldots,$$

et les autres de la forme

$$(6) \qquad \mathrm{D}_x \bar{8} + \mathrm{D}_x \bar{8}_{,} + \mathrm{D}_x \bar{8}_{,,} + \ldots = \mathrm{D}_x \bar{8}' + \mathrm{D}_x \bar{8}'' + \ldots.$$

Si le mouvement incident est un mouvement simple, et si d'ailleurs ce mouvement se transmet du premier milieu au second à travers la surface entière du plan des y, z indéfiniment prolongée, chacun des mouvements réfléchis et réfractés sera encore un mouvement simple, dont le symbole caractéristique se réduira, pour une valeur nulle de x, au symbole caractéristique du mouvement incident. Donc alors les valeurs de $\bar{8}_{,}$, $\bar{8}_{,,}$, ..., $\bar{8}'$, $\bar{8}''$, ... seront de la forme

$$(7) \qquad \bar{8}_{,} = \mathrm{H}_{,} e^{u_{,} x + vy + wz + st}, \qquad \bar{8}_{,,} = \mathrm{H}_{,,} e^{u_{,,} x + vy + wz + st}, \qquad \ldots,$$

$$(8) \qquad \bar{8}' = \mathrm{H}' e^{u' x + vy + wz + st}, \qquad \bar{8}'' = \mathrm{H}'' e^{u'' x + vy + wz + st}, \qquad \ldots,$$

$u_{,}$, $u_{,,}$, ..., u', u'', ... désignant de nouveaux coefficients qui représenteront de nouvelles valeurs de u, propres à vérifier l'équation (4), et déterminées par cette équation même en fonction de v, w, s. Si, pour fixer les idées, on suppose $s = \mathrm{s}\sqrt{-1}$, s désignant une constante positive; si, d'autre part, on compte les x positives dans le sens suivant lequel se propage le mouvement incident, en sorte que le demi-axe des x positives soit renfermé dans le second milieu, on devra, dans les symboles caractéristiques des mouvements réfléchis, prendre pour

$$u_{,}, \quad u_{,,}, \quad \ldots$$

celles des racines de l'équation (4) qui offriront des parties réelles positives, ou des parties imaginaires dans lesquelles le coefficient de

$\sqrt{-1}$ sera négatif; et l'on devra, au contraire, en passant aux mouvements réfractés, prendre pour u', u'', ... celles des racines de l'équation (4), ou plutôt de l'équation analogue, relative au second milieu, qui offriront des racines réelles négatives, ou des parties imaginaires dans lesquelles le coefficient de $\sqrt{-1}$ sera positif. Les valeurs de

$$u_{,}, \quad u_{,,}, \quad \ldots, \quad u', \quad u'', \quad \ldots$$

étant choisies comme on vient de le dire, on tirera des formules (5) et (6), jointes aux équations (3), (7) et (8),

$$\text{(9)} \qquad \mathrm{H} + \mathrm{H}_{,} + \mathrm{H}_{,,} + \ldots = \mathrm{H}' + \mathrm{H}'' + \ldots,$$

$$\text{(10)} \qquad \mathrm{H}u + \mathrm{H}_{,}u_{,} + \mathrm{H}_{,,}u_{,,} + \ldots = \mathrm{H}'u' + \mathrm{H}''u'' + \ldots.$$

Les équations de la forme (9) ou (10), jointes aux équations linéaires qui, dans chaque mouvement simple, existent, comme on l'a dit plus haut, entre les paramètres symboliques relatifs aux diverses inconnues, suffiront pour déterminer complètement ces paramètres dans les mouvements réfléchis et réfractés quand on les connaîtra dans le mouvement incident. Donc ces diverses équations fourniront les lois de la réflexion et de la réfraction des mouvements simples, par exemple, dans la Théorie de la lumière, les lois de la réflexion et de la réfraction d'un rayon simple passant de l'air ou d'un milieu quelconque dans un cristal doublement réfringent.

Jusqu'ici nous avons supposé que le mouvement incident traversait la surface du plan des y, z indéfiniment prolongée dans tous les sens. Supposons maintenant que le mouvement incident soit, au contraire, transmis au second milieu, à travers une portion de cette surface terminée par un certain contour, et soit intercepté par le plan des y, z en chacun des points situés hors du même contour. Si le contour dont il s'agit est compris, d'une part, entre deux courbes représentées par les équations

$$z = \mathrm{f}_0(y), \qquad z = \mathrm{f}_1(y);$$

d'autre part, entre deux ordonnées représentées par les équations

$$y = y_0, \qquad y = y_1;$$

alors, en nommant

$$6, \quad \gamma, \quad \mu, \quad \nu$$

quatre variables auxiliaires, en posant d'ailleurs, pour abréger,

$$\nu_0 = f_0(\mu), \qquad \nu_1 = f_1(\mu),$$

et en désignant par

$$\alpha_{,}, \quad \alpha_{,,}, \quad \ldots, \quad \alpha', \quad \alpha'', \quad \ldots$$

ce que deviennent les fonctions de v, w, s représentées par

$$u_{,}, \quad u_{,,}, \quad \ldots, \quad u', \quad u'', \quad \ldots$$

quand on y remplace v et w par $6\sqrt{-1}$ et $\gamma\sqrt{-1}$, on pourra exprimer les valeurs de $\overline{8}$ et de $D_x\overline{8}$, relatives au mouvement incident et à des molécules situées dans le plan des y, z, à l'aide d'équations de la forme

$$(11) \qquad \overline{8} = \frac{1}{4\pi^2}\int_{-\infty}^{\infty}\int_{-\infty}^{\infty}\int_{y_0}^{y_1}\int_{\nu_0}^{\nu_1} \mathrm{H}\, e^{v\mu + w\nu} e^{[6(y-\mu)+\gamma(z-\nu)]\sqrt{-1}}\, d6\, d\gamma\, d\mu\, d\nu$$

$$(12) \quad D_x\overline{8} = \frac{1}{4\pi^2}\int_{-\infty}^{\infty}\int_{-\infty}^{\infty}\int_{y_0}^{y_1}\int_{\nu_0}^{\nu_1} \mathrm{H}\, u e^{v\mu + w\nu} e^{[6(y-\mu)+\gamma(z-\nu)]\sqrt{-1}}\, d6\, d\gamma\, d\mu\, d\nu.$$

Car, en vertu de semblables équations, les valeurs de $\overline{8}$ et de $D_x\overline{8}$ auront la double propriété de se réduire, pour chacun des points situés en dedans du contour donné, à celles que l'on tire de l'équation (3) en supposant $x = 0$, et de s'évanouir en chacun des points situés en dehors du même contour. Cela posé, pour obtenir, dans la nouvelle hypothèse, les mouvements réfléchis et réfractés, il suffira évidemment de substituer aux équations (7), (8) d'autres équations de la forme

$$(13) \quad \begin{cases} \overline{8}_{,} = \dfrac{1}{4\pi^2}\displaystyle\int_{-\infty}^{\infty}\int_{-\infty}^{\infty}\int_{y_0}^{y_1}\int_{\nu_0}^{\nu_1} \mathrm{H}_{,}\, e^{\alpha_{,}x + v\mu + w\nu} e^{[6(y-\mu)+\gamma(z-\nu)]\sqrt{-1}}\, d6\, d\gamma\, d\mu\, d\nu, \\ \ldots\ldots\ldots\ldots\ldots\ldots\ldots\ldots\ldots\ldots\ldots\ldots\ldots\ldots, \end{cases}$$

$$(14) \quad \begin{cases} \overline{8}' = \dfrac{1}{4\pi^2}\displaystyle\int_{-\infty}^{\infty}\int_{-\infty}^{\infty}\int_{y_0}^{y_1}\int_{\nu_0}^{\nu_1} \mathrm{H}'\, e^{\alpha' x + v\mu + w\nu} e^{[6(y-\mu)+\gamma(z-\nu)]\sqrt{-1}}\, d6\, d\gamma\, d\mu\, d\nu, \\ \ldots\ldots\ldots\ldots\ldots\ldots\ldots\ldots\ldots\ldots\ldots\ldots\ldots\ldots \end{cases}$$

$H_{,}$, $H_{,,}$, ..., H', H'', ... désignant, non plus des constantes déterminées par les équations (9), (10) et par les autres équations linéaires dont nous avons parlé, mais des fonctions de β, γ déterminées par les formules que l'on obtient en remplaçant dans ces équations linéaires les coefficients

$$v, \quad w$$

par les produits

$$\beta\sqrt{-1}, \qquad \gamma\sqrt{-1},$$

et les coefficients

$$u_{,}, \quad u_{,,}, \quad \ldots, \quad u', \quad u'', \quad \ldots$$

par les suivants

$$\alpha_{,}, \quad \alpha_{,,}, \quad \ldots, \quad \alpha', \quad \alpha'', \quad \ldots.$$

Ainsi, en particulier, la formule (10) devra être remplacée par la suivante :

$$(15) \qquad Hu + H_{,}\alpha_{,} + H_{,,}\alpha_{,,} + \ldots = H'\alpha' + H''\alpha'' + \ldots.$$

Si la portion de surface plane qui livre passage au mouvement incident était comprise entre les deux droites parallèles représentées par les équations

$$y = y_0, \qquad y = y_1,$$

alors, à la place des formules (11), (12), on obtiendrait les suivantes

$$(16) \qquad \bar{8} = \frac{1}{2\pi}\int_{-\infty}^{\infty}\int_{y_0}^{y_1} H\, e^{v\mu + wz}\, e^{\beta(y-\mu)\sqrt{-1}}\, d\beta\, d\mu$$

et

$$(17) \qquad D_x\bar{8} = \frac{1}{2\pi}\int_{-\infty}^{\infty}\int_{y_0}^{y_1} H u e^{v\mu + wz}\, e^{\beta(y-\mu)\sqrt{-1}}\, d\beta\, d\mu,$$

et pareillement, à la place des formules (13) et (14), on trouverait celles-ci

$$(18) \qquad \begin{cases} \bar{8}_{,} = \dfrac{1}{2\pi}\displaystyle\int_{-\infty}^{\infty}\int_{y_0}^{y_1} H_{,}\, e^{\alpha_{,}x + v\mu + wz}\, e^{\beta(y-\mu)\sqrt{-1}}\, d\beta\, d\mu, \\ \ldots\ldots\ldots\ldots\ldots\ldots\ldots\ldots\ldots\ldots, \end{cases}$$

$$(19) \qquad \begin{cases} 8' = \dfrac{1}{2\pi}\displaystyle\int_{-\infty}^{\infty}\int_{y_0}^{y_1} H'\, e^{\alpha' x + v\mu + wz}\, e^{\beta(y-\mu)\sqrt{-1}}\, d\beta\, d\mu, \\ \ldots\ldots\ldots\ldots\ldots\ldots\ldots\ldots\ldots\ldots, \end{cases}$$

$H_{,}$, $H_{,,}$, ..., H', H'', ... désignant, non plus des constantes, mais des fonctions linéaires de β, γ déterminées par les formules qu'on obtiendrait en remplaçant dans les équations (9), (10), et dans les autres équations linéaires dont nous avons parlé, les coefficients

$$u_{,},\quad u_{,,},\quad \ldots,\quad u',\quad u'',\quad \ldots$$

par les coefficients

$$\alpha_{,},\quad \alpha_{,,},\quad \ldots,\quad \alpha',\quad \alpha'',\quad \ldots.$$

Dans d'autres articles, je déduirai des formules ci-dessus établies les lois générales de la réflexion, de la réfraction et de la diffraction de la lumière et des sons.

192.

PHYSIQUE MATHÉMATIQUE. — *Note sur les principales différences qui existent entre les ondes lumineuses et les ondes sonores.*

C. R., T. XV, p. 813 (31 octobre 1842).

Si la même analyse s'applique à la théorie des ondes sonores et à la théorie des ondes lumineuses, cela tient à ce que les unes et les autres peuvent être considérées comme produites par des mouvements vibratoires infiniment petits, qui se propagent à travers des systèmes de molécules sollicitées par des forces d'attraction ou de répulsion mutuelle. Ces systèmes de molécules sont, dans la théorie du son, les corps solides, ou liquides, ou gazeux; et dans la théorie de la lumière, le fluide lumineux souvent désigné sous le nom d'*éther*. Dans l'une et l'autre théorie, un mouvement infiniment petit quelconque peut toujours être censé résulter de la superposition d'un nombre fini ou infini de mouvements simples, c'est-à-dire de mouvements périodiques et propagés par des ondes planes. Dans l'une et l'autre théorie, la superposition de deux mouvements simples peut, ou rendre les phénomènes plus sensibles, ou les faire disparaître, soit en partie, soit même en totalité, suivant que les impressions reçues par l'œil ou par l'oreille, en vertu des deux mouvements dont il s'agit, s'ajoutent ou se neutralisent réciproquement. Dans l'une et l'autre théorie, un mouvement simple, en partie intercepté par une surface plane, et transmis d'un milieu dans un autre à travers une portion de cette surface, donne naissance à des phénomènes dignes de l'attention des physiciens. Dans les séances précédentes, j'ai particulièrement étudié ces phénomènes, et, par les résultats auxquels je suis parvenu, on a pu juger des avantages que présente l'application de l'Analyse aux questions de Physique mathématique. Car non seulement le calcul m'a fait connaître l'existence de phénomènes nouveaux, tels que la diffraction du son, qui n'avait été annoncée, si je ne me trompe, dans aucun Ouvrage antérieur à mon Mémoire, et qu'aujourd'hui même constatent seulement des observations inédites communiquées par M. Young à M. Arago; mais, de plus, l'Analyse mathématique m'a donné les lois des nouveaux phénomènes comme des phénomènes déjà connus, et en particulier cette loi remarquable que, dans la diffraction des ondes sonores ou lumineuses provenant d'une source située à une très grande distance de l'observateur, les paramètres des diverses paraboles, correspondantes aux plus grandes et aux moindres intensités du son ou de la lumière, forment une progression arithmétique dont la raison est la longueur d'une ondulation sonore ou lumineuse. L'accord des lois que j'ai trouvées par le calcul avec les expériences déjà faites me donne tout lieu d'espérer que ces lois s'accorderont pareillement avec les expériences que l'on n'a point encore tentées, et qui paraissent néanmoins dignes d'intérêt.

J'ai dit en quoi la théorie du son ressemblait à la théorie de la lumière. Parlons maintenant de la différence qui existe entre les ondes sonores et les ondes lumineuses. J'ai déjà remarqué, dans l'avant-dernière séance, que si, d'une part, un rayon lumineux, transmis d'un milieu dans un autre à travers une ouverture pratiquée dans un écran, se transforme en un filet de lumière; si, d'autre part, les ondes sonores semblent s'épanouir derrière une cloison dans laquelle se trouve une fente qui leur livre passage : il suffit, pour expliquer ce contraste, de songer que l'épaisseur moyenne des ondes lumineuses se réduit à environ un demi-millième de millimètre, tandis que l'épaisseur des ondes sonores peut s'élever à plusieurs mètres. Mais ce n'est pas seulement par la longueur d'ondulation que les ondes sonores se distinguent des ondes lumineuses. Le caractère le plus saillant qui distingue les unes des autres me paraît être la nature même du phénomène, qui devient sensible aux yeux ou à l'oreille de l'observateur. Ce phénomène me paraît être, dans la Théorie de la lumière, les vibrations transversales du fluide éthéré, c'est-à-dire les vibrations exécutées par les molécules d'éther perpendiculairement aux directions des rayons lumineux, et, dans la Théorie du son, la condensation ou la dilatation produite en chaque point par les vibrations de l'air ou du fluide élastique dans lequel l'observateur est placé. Cela posé, si deux mouvements simples, par exemple, un mouvement incident et un mouvement réfléchi, se propagent en sens contraire dans le même milieu, chacun de ces deux mouvements, dans la théorie de la lumière, pourra être séparément perçu par l'œil, et l'observateur apercevra seulement, ou le rayon incident, ou le rayon réfléchi, suivant qu'il se tournera dans un sens ou dans un autre. Au contraire, dans la Théorie du son, l'oreille sera sensible à la condensation ou à la dilatation résultante de la superposition (1) des deux mouvements dont il s'agit; et, comme ces deux mouvements pourront se neutraliser constamment en certains points de l'espace, il s'ensuit que, dans la Théorie du son, les ondes sonores pourront, comme le prouve l'expérience, offrir ce qu'on nomme des *nœuds fixes*, bien différents des nœuds que présente un rayon simple de lumière, et qui sont toujours des nœuds mobiles. C'est aux nœuds fixes dont je viens de parler que me paraissent se

(1) Quelques auteurs s'étaient déjà occupés des variations que peut produire, dans l'intensité du son, la superposition des ondes sonores. (*Voir* particulièrement à ce sujet les Mémoires de M. Poisson et de M. de Humboldt, insérés dans les Tomes VII et XIII des *Annales de Chimie et de Physique*, 2e série.)

rapporter les expériences exécutées par M. Savart dans le grand amphithéâtre du Collège de France, et citées par M. Coriolis. En observant les phénomènes produits par la réflexion du son, M. N. Savart a retrouvé des nœuds de la même espèce, qu'il a considérés, avec raison, comme résultant de l'interférence des ondes incidentes et des ondes réfléchies. Il y a plus : la superposition de plusieurs systèmes d'ondes sonores, en affaiblissant ou réduisant même à zéro l'intensité du son dans certains points de l'espace, l'augmente nécessairement en d'autres points, d'autant plus que le nombre des systèmes d'ondes superposées est plus considérable ; et c'est ainsi que le son se trouve renforcé par la présence d'un ou de plusieurs obstacles, dont les surfaces extérieures peuvent le réfléchir. Enfin il est important d'observer que, dans la théorie du son telle que nous venons de l'admettre, le calcul s'accorde assez bien avec l'expérience, relativement aux places que doivent occuper les nœuds fixes produits par l'interférence des ondes incidentes et réfléchies. Ces nœuds, comme l'a reconnu M. N. Savart, se trouvent situés à égales distances les uns des autres, la distance du premier nœud à la surface réfléchissante étant à peu près la moitié de la distance entre deux nœuds consécutifs.

En terminant cette Note, j'observerai que, dans mes précédents Mémoires, j'ai donné seulement les valeurs approchées des intégrales définies qui se présentent dans le problème de la diffraction. A la vérité, ces valeurs approchées suffisent dans la pratique ; mais, sous le rapport du calcul, il est intéressant d'examiner à quoi se réduisent les parties négligées de ces intégrales. C'est ce que je montrerai dans un autre Mémoire que j'aurai l'honneur de soumettre prochainement à l'Académie.

193.

Physique mathématique. — *Memoires sur l'application de l'Analyse mathématique à la recherche des lois générales des phénomènes observés par les physiciens, et, en particulier, sur les lois de la polarisation circulaire.*

C. R., T. XV, p. 910 (14 novembre 1842).

Un de nos illustres confrères, qui s'est particulièrement occupé de la rotation imprimée par certains liquides ou même par certaines vapeurs aux plans de polarisation des rayons lumineux, me fit l'honneur, il y a deux ou trois ans, de me demander si je parviendrais à tirer du Calcul intégral l'explication et les lois de ce phénomène, qu'il regardait, avec raison, comme l'un de ceux auxquels il importait surtout d'appliquer la Physique mathématique. Je lui répondis que je m'occuperais de cette question, dont j'espérais bien lui donner une solution satisfaisante. Je croyais alors que la marche à l'aide de laquelle j'étais parvenu à déduire de l'Analyse, non seulement l'explication de la plupart des phénomènes lumineux, mais aussi les lois de ces phénomènes, suffirait pour me conduire à la solution de la question proposée. Mais, après l'avoir attaquée à plusieurs reprises, je me trouvais toujours arrêté par des difficultés inattendues; et, pour les surmonter, je me suis vu obligé de suivre une marche nouvelle qui heureusement n'a pas tardé à les faire disparaître. Comme cette marche nouvelle peut conduire assez simplement à la solution d'un grand nombre de problèmes de Physique mathématique, j'ai pensé que les physiciens et les géomètres me permettraient volontiers de l'indiquer en peu de mots.

Dans les problèmes de Mécanique appliquée et de Physique mathématique, on suppose ordinairement que l'on connaît les diverses forces et les masses qu'elles sollicitent; puis on déduit de cette connaissance les équations différentielles des mouvements de ces masses, et c'est en intégrant les équations différentielles dont il s'agit qu'on parvient à l'explication des phénomènes représentés quelquefois par les intégrales générales, mais le plus souvent par des intégrales particulières de ces mêmes équations. C'est ainsi qu'après avoir établi les équations différentielles du mouvement des liquides et des fluides élastiques les géomètres en ont déduit les lois de la propagation du son dans l'air ou de la propagation des ondes liquides à la surface d'une eau tranquille. C'est ainsi encore qu'en 1829 et 1830 je suis parvenu à déduire des équations du mouvement vibratoire d'un système isotrope de molécules les vibrations transversales des ondes lumineuses. Des phénomènes aussi simples ou aussi évidemment liés à des causes connues que ceux qui viennent d'être rappelés devaient se présenter les premiers dans l'application de l'Analyse à la Physique; mais, à mesure que les phénomènes se compliquent ou que leur cause immédiate est plus cachée, il devient plus difficile de les soumettre à une analyse qui puisse servir à en découvrir les lois. Concevons, pour fixer les idées, qu'il s'agisse de trouver les lois des mouvements vibratoires qu'exécutent les molécules du fluide lumineux dans un liquide qui imprime à un rayon polarisé une rotation proportionnelle au chemin parcouru par ce rayon. On sera, il est vrai, naturellement porté à croire que ce mouvement, comme tous les mouvements périodiques, doit être représenté par un système d'équations linéaires aux dérivées partielles ou même d'équations linéaires à coefficients constants. Mais quelle doit être la forme particulière de ces équations pour qu'elles puissent représenter le mouvement dont il s'agit? Les équations différentielles des mouvements infiniment petits d'un système de molécules renferment déjà, comme je l'ai prouvé, un très grand nombre de coefficients. Le nombre de ces coefficients se trouvera encore considérablement augmenté si l'on tient compte, avec quelques auteurs, des rotations des molécules ou, avec moi-même, des divers atomes qui peuvent composer une seule molécule. Enfin il croîtra de nouveau si l'on considère deux ou plusieurs systèmes de molécules au lieu d'un seul. A la vérité, on pourra, dans ce dernier cas, en supposant toutes les équations linéaires, réduire les inconnues à trois ou même à une seule par des éliminations; mais tous les coefficients que renfermaient les équations primitives entreront dans l'équation ou dans les équations résultantes, et ce serait un grand hasard si, en essayant d'attribuer à ces coefficients divers systèmes de valeurs particulières, on finissait par trouver précisément celles qui rendent possible la rotation continue du plan de polarisation d'un rayon lumineux. C'est pour vaincre cette difficulté que j'ai imaginé la nouvelle méthode dont je vais entretenir un instant l'Académie. Au lieu de former *a priori* les équations différentielles d'après la nature des forces et des systèmes de molécules supposée connue, et d'intégrer ensuite ces équations différentielles, pour en déduire les phénomènes observés, je me suis proposé de remonter de ces phénomènes aux équations des mouvements infiniment petits. Les principes généraux qui peuvent servir à la solution de ce problème sont exposés dans le premier des deux Mémoires que j'ai l'honneur de soumettre à l'Académie. Parmi ces principes, il en est deux surtout qu'il importe de signaler.

Un premier principe, c'est que, avant de rechercher les équations différentielles des mouvements infiniment petits d'un système, on doit s'attacher à connaître, non pas toutes les sortes de mouvements infiniment petits que ce système peut propager, mais seulement ceux que j'ai nommés *mouvements simples* ou par *ondes planes*. Lorsque ces derniers sont tous connus, il devient facile d'obtenir le système des équations cherchées, et particulièrement l'équation caractéristique correspondante à ce système.

Un second principe est l'inverse d'un autre principe déjà connu. On sait que, si plusieurs mouvements infiniment petits peuvent se propager dans un milieu donné, on pourra en dire autant du mouvement résultant de leur superposition. Il y a plus: tout mouvement infiniment petit, propagé dans un milieu, peut être considéré comme résultant d'un nombre fini ou infini de mouvements simples dont chacun peut encore être propagé dans le même milieu. Je démontre la proposition réciproque, et je fais voir que, si un mouvement infiniment petit, propagé dans un milieu donné, peut être considéré comme résultant de la superposition de plusieurs mouvements simples, chacun de ceux-ci pourra encore se propager dans ce milieu. Toutefois, cette proposition réciproque suppose non seulement que le mouvement résultant peut être représenté par un système d'équations linéaires aux dérivées partielles, mais encore que les mouvements simples, superposés les uns aux autres, sont en nombre fini et correspondent à des symboles caractéristiques différents.

Le second de mes deux Mémoires a pour objet spécial la recherche des lois générales de la polarisation circulaire et des équations linéaires qui représentent les mouvements correspondants de l'éther. Entrons à ce sujet dans quelques détails.

En faisant tomber sous l'incidence normale un rayon polarisé sur une plaque de cristal de roche taillée perpendiculairement à l'axe optique, M. Arago a reconnu, dès l'année 1811, que les deux images produites par un prisme biréfringent offrent des couleurs complémentaires lorsque le prisme vient à tourner. Cette belle expérience s'explique très bien, comme l'a remarqué M. Arago, quand on suppose que les divers rayons colorés se trouvent polarisés à leur émergence dans des plans différents; et Fresnel a montré que, pour obtenir un tel résultat, il suffit d'admettre, dans la plaque de cristal de roche, deux rayons simples polarisés circulairement en sens contraires, mais doués de vitesses de propagation diverses. En effet, si l'on superpose l'un à l'autre deux rayons simples, constitués comme on vient de le dire, le rayon résultant de leur superposition offrira les mêmes vibrations moléculaires qu'un seul rayon polarisé rectilignement, mais dont le plan de polarisation tournerait en décrivant un angle proportionnel, comme l'expérience l'indique, au chemin parcouru, c'est-à-dire à l'épaisseur de la plaque. Il y a plus: en vertu de l'un des principes ci-dessus énoncés, les deux rayons simples polarisés circulairement seront bien réellement deux rayons distincts, dont chacun pourra être séparément propagé par la plaque de cristal de roche taillée perpendiculairement à l'axe; et ces deux rayons devront se séparer l'un de l'autre, s'ils sortent de la plaque par une face inclinée sur cet axe. Ces conclusions se trouvent confirmées par des expériences de Fresnel.

Mais ce n'est pas tout encore : M. Biot a reconnu que le cristal de roche n'est pas la seule substance qui dévie les plans de polarisation des rayons lumineux. Comme nous le rappelions au commencement de ce Mémoire, plusieurs liquides et vapeurs, par exemple l'huile de térébenthine, l'huile de limon, le sirop de sucre concentré, jouissent de la même propriété ([1]). Ce phénomène est ici d'autant plus singulier que chacun des corps dont il s'agit est, comme tous les fluides, un corps isophane, et qu'en conséquence la propriété ci-dessus énoncée se vérifie, quel que soit le sens dans lequel le liquide se trouve traversé par un rayon polarisé. Il importait de rechercher quelle est la forme particulière que doivent présenter dans ce cas les équations différentielles des mouvements infiniment petits des molécules lumineuses. Pour appliquer à la solution de ce problème les principes établis dans mon premier Mémoire, j'ai dû commencer, d'après ce qui a été dit ci-dessus, par rechercher les conditions analytiques de la polarisation circulaire. J'ai été assez heureux pour les obtenir sous une forme très simple. Ces conditions se réduisent à deux, et, pour que la polarisation d'un rayon lumineux devienne circulaire, il suffit que la dilatation symbolique du volume s'évanouisse avec la somme des carrés des trois déplacements symboliques de chaque molécule. En partant de ces conditions, j'ai pu facilement parvenir aux équations cherchées. Ce qu'il y a de remarquable, c'est que ces équations, dont chacune est à l'ordinaire du second ordre par rapport au temps, renferment, par rapport aux coordonnées, non seulement des termes d'ordre pair, mais aussi des termes d'ordre impair, par exemple du premier ordre ou du troisième. C'est même des termes d'ordre impair que dépend l'existence du phénomène. Lorsqu'ils subsistent, alors, dans

([1]) Relativement aux premières expériences de M. Biot et à des expériences analogues que M. Seebeck a faites en Allemagne, on peut consulter le Chapitre VIII de la *Physique* de M. Biot (T. IV, p. 542).

le milieu isophane que représente le système des équations différentielles, deux rayons polarisés circulairement, mais en sens contraires, peuvent se propager avec des vitesses différentes. Mais ces deux vitesses deviendront égales si, les termes d'ordre impair venant à disparaître, les termes d'ordre pair subsistent seuls, et alors le milieu isophane cessera de faire tourner le plan de polarisation d'un rayon lumineux. Dans le premier cas, les deux rayons simples, qui se superposent pour former un rayon dont le plan de polarisation tourne sans cesse et proportionnellement au chemin parcouru, se sépareront, s'ils sortent du liquide par une face inclinée à l'axe du rayon. Désirant savoir pourquoi cette séparation n'avait pu être encore constatée par l'expérience, j'ai été curieux de calculer l'angle que devaient former, à leur sortie, les deux rayons émergents, et j'ai trouvé que cet angle se réduisait, pour l'huile de térébenthine et pour le rayon rouge, à environ $\frac{1}{9}$ de seconde sexagésimale, lorsque l'angle de réfraction était de 45°. Si l'angle de réfraction vient à varier, la séparation variera proportionnellement à la tangente de ce même angle. Ce calcul montre que, pour rendre la séparation sensible, on sera obligé de superposer un grand nombre de fois l'un à l'autre, dans un même tube, deux liquides qui, étant séparés par des plaques de verre inclinées à l'axe du tube, dévient le plan de polarisation d'un même rayon en sens contraires.

Les équations différentielles que j'ai obtenues fournissent immédiatement la loi générale suivant laquelle l'indice de rotation d'un rayon homogène et polarisé varie avec la couleur. La nature particulière de cette loi dépend surtout des valeurs que prennent les coefficients des divers termes d'ordre impair. Concevons, pour fixer les idées, qu'avec les termes d'ordre pair, ou plutôt avec les termes du second ordre, qui, d'après l'expérience, ont la plus grande part d'influence sur les phénomènes observés, on conserve encore les termes du troisième ordre. Alors on obtiendra précisément la loi remarquable énoncée par M. Biot relativement au cristal de roche et à un grand nombre de liquides, et l'on trouvera des indices de rotation qui seront à très peu près réciproquement proportionnels aux carrés des longueurs des ondes. Mais la loi sera modifiée si, aux termes du deuxième et du troisième ordre, on joint des termes du premier ordre. Dans le cas général, l'indice de rotation pourra être sensiblement représenté par une fonction entière du carré du rapport qui existe entre l'unité et la longueur d'une ondulation et, par conséquent, son expression sera semblable à celle que j'ai obtenue et vérifiée, dans la théorie de la dispersion des couleurs, pour le carré de la vitesse de propagation d'un rayon lumineux. D'ailleurs, les coefficients des deux ou trois termes sensibles que renfermera la fonction entière dont il s'agit dépendront ici, comme dans la théorie de la dispersion, de la nature des forces moléculaires et de la constitution particulière du milieu isophane. M. Biot a donc eu raison de dire qu'il y a ici *une condition spéciale dépendante des milieux que la lumière traverse, et analogue à la dispersion dans la réfraction ordinaire* (*Comptes rendus*, T. II, p. 545).

Au reste, le nouveau système d'équations différentielles que j'ai obtenu n'est pas seulement applicable à la théorie de la polarisation circulaire. En effet, ce nouveau système devra représenter généralement les lois de la propagation des mouvements infiniment petits dans un système isotrope de molécules, lors même que ces mouvements viendraient à s'éteindre en se propageant. Donc, si l'on traite en particulier la théorie de la lumière, il devra représenter les ondes planes produites par les vibrations de l'éther dans les corps isophanes, transparents ou non transparents. Or, en effet, pour que les mouvements simples représentés par le nouveau système soient du nombre de ceux qui s'éteignent en se propageant, il suffit que le coefficient des termes du deuxième ordre devienne négatif, et alors la constante qui, dans le cas contraire, représentait la vitesse de propagation des ondes, peut devenir en partie réelle, en partie imaginaire. C'était déjà en supposant cette constante composée de deux parties, l'une réelle, l'autre imaginaire, que j'étais parvenu, en 1836, à expliquer la polarisation elliptique produite par la réflexion de la lumière à la surface des métaux, et à établir des formules qui, en représentant ce phénomène, s'accordaient avec la plupart des expériences faites par M. Brewster. Mais je n'avais pas bien vu, jusqu'à ce jour, comment la supposition de laquelle j'étais parti pouvait se concilier avec la forme particulière des équations différentielles des mouvements infiniment petits dans les corps diaphanes. Cette difficulté se trouvant aujourd'hui levée, je ne doute pas que mes nouvelles formules, jointes aux lois générales que j'ai données dans mes précédents Mémoires, et qui sont relatives à la réflexion des mouvements simples, ne reproduisent exactement le phénomène de la polarisation métallique. Tel sera, au reste, l'objet d'un nouveau Mémoire que j'aurai l'honneur d'offrir prochainement à l'Académie.

J'ajouterai ici, en finissant, que l'on trouvera dans le présent Mémoire, non seulement les nouvelles équations différentielles du mouvement de la lumière dans les milieux isophanes, mais encore les équations propres à représenter les mouvements infiniment petits de l'éther dans les milieux non isophanes qui dévient les plans de polarisation des rayons lumineux, par exemple dans le cristal de roche.

Analyse.

Pour ne pas trop allonger cet article, je me bornerai à transcrire ici les nouvelles équations différentielles que j'ai obtenues pour représenter les mouvements infiniment petits d'un système isotrope de molécules, et en particulier les vibrations du fluide éthéré dans un milieu isophane. Ces équations sont les suivantes :

$$(1)\qquad \begin{cases} (D_t^2 - E)\,\xi - FD_x\upsilon = G(D_z\eta - D_y\zeta), \\ (D_t^2 - E)\,\eta - FD_y\upsilon = G(D_x\zeta - D_z\xi), \\ (D_t^2 - E)\,\zeta - FD_z\upsilon = G(D_y\xi - D_x\eta). \end{cases}$$

Dans ces mêmes équations

$$\xi,\quad \eta,\quad \zeta$$

représentent les déplacements d'une molécule ou plutôt de son centre de gravité, mesurés au bout du temps t, et au point (x, y, z), parallèlement aux axes coordonnés; υ désigne la dilatation du volume déterminée par la formule

$$\upsilon = D_x\xi + D_y\eta + D_z\zeta;$$

enfin les trois lettres

$$E, \quad F, \quad G$$

représentent trois fonctions entières de la somme

$$D_x^2 + D_y^2 + D_z^2,$$

dont la première s'évanouit avec cette somme. A la rigueur, chacune de ces fonctions entières peut être considérée comme composée d'une infinité de termes. Mais, dans la réalité, on pourra se borner à tenir compte du premier ou des deux premiers termes de chaque fonction. Lorsque la fonction G s'évanouit, les équations (1) coïncident avec les formules (13) de la page 119 du premier Volume de mes *Exercices d'Analyse et de Physique mathématique* [1].

194.

Analyse mathématique. — *Rapport sur une Note de* M. Passot *relative aux forces centrales.*

(Commissaires : MM. Coriolis, Cauchy rapporteur.)

C. R., T. XV, p. 917 (14 novembre 1842).

L'Académie nous a chargés, M. Coriolis et moi, de lui rendre compte d'une nouvelle Note de M. Passot relative aux forces centrales.

On se rappelle que les Commissaires nommés pour examiner un premier Mémoire relatif au même sujet ont cru ne pouvoir conclure à l'approbation de ce Mémoire. M. Passot, dans une Lettre adressée au Président de l'Académie, a vivement réclamé contre quelques termes employés dans le Rapport. Il a dit qu'il avait été mal compris si l'on

(1) *OEuvres de Cauchy*, S. II, T. XI.

avait cru que son intention était d'attaquer les principes généraux de la Mécanique ou du Calcul infinitésimal. Comme les Commissaires pensaient que le meilleur juge du sens que l'on doit attribuer aux paroles d'un auteur est cet auteur lui-même, ils n'ont fait nulle difficulté d'admettre l'assertion de M. Passot. Ils auraient même été charmés d'apprendre que M. Passot n'avait plus aucune objection à élever contre la théorie des forces centrales, qui en réalité est une des questions fondamentales de la Dynamique. Malheureusement il n'en est pas ainsi, et M. Passot assure, au contraire, qu'il a voulu exprimer très clairement l'insolubilité de cette question, lorsqu'il a écrit : *Dans l'analyse des trajectoires célestes, le temps ne peut être pris pour variable indépendante.* Il admet que, bon gré mal gré, le temps doit être pris pour variable indépendante dans les questions de Mécanique en général; mais il croit voir une erreur dans le calcul relatif à la théorie des forces centrales, et il énonce à ce sujet la proposition suivante, que nous transcrivons textuellement, afin d'être bien sûrs de ne modifier en rien le sens attaché par l'auteur aux paroles dont il s'est servi :

Dans le calcul de la force centrale du mouvement elliptique et circulaire, si l'on veut avoir l'expression de la loi de la variation de la force en termes finis, le temps ne peut être pris pour variable indépendante, c'est-à-dire que l'on ne peut avoir sa différentielle seconde ou d^2t égale à zéro.

Nous avons examiné avec soin les calculs présentés par M. Passot à l'appui de cette assertion, qu'il nous était impossible d'admettre, et nous avons reconnu quelques erreurs qui se sont glissées dans ces calculs. Ainsi, en particulier, M. Passot considère les composantes algébriques de la force accélératrice appliquée à un point matériel libre comme pouvant être représentées, dans tous les cas, par les dérivées du second ordre des coordonnées de ce point matériel différentiées deux fois par rapport au temps. Or on sait que cette proposition doit être restreinte au cas où le temps est pris pour variable indépendante.

Au reste, nous rappellerons ici une observation déjà faite dans les précédents Rapports. Si les calculs de M. Passot sur le problème des forces centrales ne nous paraissent pas exacts, cela ne nous empêche pas d'apprécier les faits nouveaux auxquels il a été conduit par ses expériences.

Dans une lettre adressée le 24 octobre au Président de l'Académie, M. Passot demande que les Commissaires veuillent bien expliquer en quoi consistent les faits qu'ils ont considérés comme nouveaux et comme constatés par ses expériences. L'explication que demande M. Passot se trouve déjà dans une Note publiée par l'un des Commissaires nommés pour examiner un de ses Mémoires et insérée dans le *Compte rendu des séances de l'Académie* pour l'année 1838. Dans cette Note (2e semestre, p. 441), M. Coriolis disait positivement :

Le débit d'une roue hydraulique à axe vertical *est sensiblement le même, soit qu'elle reste en repos ou qu'elle tourne assez rapidement. Le mouvement de rotation a tellement peu d'influence sur le débit, qu'on ne peut en trouver la raison dans une perte de force vive.*

Nous ne voulons point nous occuper de la forme des nombreuses lettres adressées par M. Passot, soit au Président et aux Secrétaires de l'Académie, soit aux Commissaires nommés pour examiner ses Mémoires. Si M. Passot y réfléchit sérieusement, il comprendra que l'Académie n'a aucun intérêt à lui donner tort quand il a raison, et qu'au contraire les Commissaires nommés par elle s'estimeront toujours heureux d'avoir des encouragements à donner aux auteurs d'inventions nouvelles. Avant d'ajouter foi aux fables répandues sur la fin d'Abel, M. Passot lira, dans les œuvres mêmes de cet illustre Norvégien, la Notice placée en tête de l'Ouvrage par l'éditeur son ami, et il y trouvera, page VII, la note suivante :

Un journal français dont je ne me rappelle pas le titre m'est venu sous les yeux, où l'on a rapporté qu'Abel est mort dans la misère. On voit par les détails ci-dessus que ce rapport n'est pas conforme à la vérité.

Enfin M. Passot ne s'imaginera plus que l'Académie a l'intention de s'immiscer dans les procès qu'il peut avoir avec d'autres personnes devant les tribunaux et de les lui faire perdre.

L'Académie s'est uniquement occupée des Mémoires soumis à son examen par M. Passot lui-même. Elle admet les faits nouveaux constatés par les expériences de M. Passot, mais elle n'admet pas ses objections contre la théorie des forces centrales, et d'ailleurs elle fait des vœux pour que justice soit rendue à chacun par les tribunaux, abstraction faite des jugements qu'elle a dû porter sur l'exactitude de formules qui n'attaquent et ne peuvent attaquer en aucune manière des faits constatés par l'observation.

L'Académie peut voir, par ce qui précède, jusqu'à quel point les Commissaires nommés par elle ont tenu à remplir les devoirs de justice, même de justice bienveillante, qui leur sont imposés envers les auteurs des Mémoires soumis à leur examen. Mais la justice même et la vérité ne leur permettent pas d'accorder que les trois composantes rectangulaires d'une force accélératrice appliquée à un point matériel libre puissent être également représentées par

$$\frac{d^2x}{dt^2},\quad \frac{d^2y}{dt^2},\quad \frac{d^2z}{dt^2},$$

soit que l'on prenne ou que l'on ne prenne pas le temps pour variable indépendante; et c'est précisément pour cette raison que les Commissaires croient ne pouvoir proposer à l'Académie d'approuver la *nouvelle Note de M. Passot sur les forces centrales*.

Les conclusions de ce Rapport sont adoptées.

195.

PHYSIQUE MATHÉMATIQUE. — *Théorie de la lumière.*

C. R., T. XV, p. 1038 (5 décembre 1842).

M. Augustin Cauchy présente un Mémoire relatif à de nouvelles formules générales, qui renferment les lois suivant lesquelles un rayon lumineux est réfléchi et réfracté par la surface de séparation de deux milieux isophanes, dans le cas où l'on tient compte de la dispersion des couleurs, et qui doivent être substituées dans ce cas aux formules de Fresnel.

196.

Note relative à un article extrait du Journal des Savants (*novembre* 1842), *et présenté par M.* Biot *à l'Académie dans la dernière séance.*

C. R., T. XV, p. 1075 (12 décembre 1842).

Un de nos illustres Confrères a présenté à l'Académie, dans la dernière séance, un article qu'il vient de publier sur les *Comptes rendus*. Après avoir pris connaissance de cet article, où l'on retrouve le talent de rédaction qui distingue son auteur, il m'est impossible de ne pas émettre un vœu dans l'intérêt de la Science. Ce vœu, c'est que, si à l'avenir l'auteur de l'article se croit encore appelé, en raison de son expérience, ou même à titre d'ami, à donner des conseils à un Confrère, il veuille bien lui adresser directement ses observations au sein même de l'Académie. Cette marche, en permettant de répondre à ce qui pourrait ne pas être suffisamment fondé dans les observations présentées, fournirait d'ailleurs les moyens d'éclaircir ce qu'elles pourraient offrir de vague et d'indéterminé.

197.

Théorie de la lumière. — *Mémoire sur les lois de la dispersion plane et de la dispersion circulaire dans les milieux isophanes.*

C. R., T. XV, p. 1076 (12 décembre 1842).

Un caractère commun à tous les milieux isophanes, c'est que les seuls mouvements *simples*, ou *à ondes planes*, qui puissent s'y propager sans s'éteindre, se réduisent toujours à des mouvements dans lesquels les vibrations moléculaires sont transversales ou longitudinales, c'est-à-dire comprises dans les plans des ondes, ou perpendiculaires à ces mêmes plans. Mais, d'après ce qui a été dit dans l'une des séances précédentes, la longueur des ondulations étant donnée, les mouvements simples à vibrations transversales peuvent, ou se propager tous avec la même vitesse, ou se propager les uns avec une certaine vitesse, les autres avec une vitesse différente, et, dans ce dernier cas, ils présentent deux rayons polarisés circulairement en sens contraires. Par suite, on doit distinguer deux espèces de milieux *isophanes :* savoir, des milieux dans lesquels se propage un seul rayon de chaque couleur, polarisé rectilignement, ou circulairement, ou elliptiquement, et des milieux dans lesquels peuvent se propager deux rayons de chaque couleur, polarisés circulairement en sens contraires, mais doués de vitesses de propagation inégales.

Lorsqu'un rayon de lumière blanche tombe perpendiculairement sur la surface supposée plane d'un milieu isophane de la première espèce, il pénètre dans l'intérieur de ce milieu, sans changer de direction et sans que les couleurs se séparent. Mais, si le rayon incident devient oblique à la surface, l'angle de réfraction variera en même temps que la nature de la couleur, et, par suite, les rayons réfractés de diverses couleurs se sépareront les uns des autres, en demeurant tous compris dans le même plan. C'est en cela que consiste le phénomène de la dispersion ordinaire, que nous nommerons la *dispersion plane,* en raison de la circonstance que nous venons de rappeler. D'ailleurs, si le rayon incident est doué de la polarisation rectiligne ou de la polarisation elliptique, qui comprend elle-même comme cas particulier la polarisation circulaire, les rayons réfractés offriront encore l'un ou l'autre genre de polarisation.

Concevons maintenant qu'un rayon non homogène de lumière blanche, doué de la polarisation rectiligne, tombe sur la surface supposée plane d'un milieu isophane de la seconde espèce. Il pourra être considéré comme résultant de la superposition d'une infinité de rayons de diverses couleurs dont chacun sera partagé par le milieu isophane en deux autres rayons de même couleur, polarisés circulairement en sens contraires, mais doués de vitesses de propagation différentes. En d'autres termes, le rayon incident de lumière blanche pourra être considéré comme décomposé par le milieu isophane en une infinité de rayons de diverses couleurs, dont chacun serait polarisé rectilignement, mais dont les plans de polarisation tourneraient plus ou moins rapidement en décrivant des angles variables, non seulement avec l'épaisseur du milieu, mais aussi avec la nature de la couleur. On verra donc ici se produire ce qu'on peut appeler la *dispersion circulaire* des couleurs. Pour rendre cette dispersion sensible, il suffira d'analyser la lumière transmise à travers le milieu isophane à l'aide d'un prisme biréfringent. Les deux images produites par le prisme paraîtront colorées, et elles offriront des couleurs complémentaires qui varieront quand le prisme tournera sur lui-même. C'est en cela que consiste, comme l'on sait, les phénomènes de la polarisation chromatique.

Il m'a paru important de rechercher la loi de la dispersion plane et de la dispersion circulaire. Je m'étais déjà occupé de la dispersion plane dans les années 1835 et 1836. Les personnes qui, sans s'effrayer de tous les calculs numériques que, dans les *Nouveaux Exercices de Mathématiques*, j'ai exécutés et appliqués aux belles expériences de Fraunhofer, voudront jeter les yeux sur les formules inscrites à la page 225 de la 8e livraison (1), reconnaîtront que les lois de la dispersion plane sont très simples et très faciles à retenir. Elles se réduisent sensiblement à celles que je vais indiquer.

Observons d'abord que trouver la loi suivant laquelle un milieu isophane de première espèce disperse les couleurs par la réfraction, c'est, en d'autres termes, trouver la loi suivant laquelle la vitesse de propagation d'un rayon lumineux varie dans ce milieu avec l'épaisseur des ondes, ou, ce qui revient au même, avec la longueur des ondulations.

(1) *Œuvres de Cauchy*, S. II, T. X.

Cela posé, la loi de dispersion que donnent les formules auxquelles je suis parvenu dans les *Nouveaux Exercices* se réduit à très peu près à celle dont voici l'énoncé :

Le carré de la vitesse de la propagation d'un rayon simple qui pénètre dans un milieu isophane se compose de deux termes, l'un constant, l'autre réciproquement proportionnel au carré de la longueur d'ondulation.

Cette loi peut encore s'énoncer comme il suit :

Pour les rayons de diverses couleurs, les différences entre les carrés des vitesses de propagation sont entre elles à très peu près comme les différences entre les carrés de nombres réciproquement proportionnels aux épaisseurs des ondes.

On peut être curieux de savoir avec quel degré d'approximation cette loi représente les expériences si délicates de Fraunhofer. C'est là un point qui mérite une attention sérieuse, et que nous allons examiner.

A l'aide d'observations faites avec beaucoup de soin sur la lumière réfractée par des prismes de diverses substances, Fraunhofer a déterminé les *indices de réfraction* correspondants à certains rayons colorés, ou plutôt à certaines raies que présente le spectre solaire. Par d'autres observations, il a déterminé les longueurs d'ondulation mesurées dans l'air et relatives à ces mêmes rayons. Or, en vertu de la loi ci-dessus énoncée, *les différences entre les indices de réfraction devront être à très peu près proportionnelles aux différences entre les quotients qu'on obtient quand on divise l'unité par les carrés des longueurs d'ondulation*. Voyons jusqu'à quel point cette condition se trouve remplie.

D'après les calculs de Fraunhofer, pour les sept rayons qu'il a choisis et désignés à l'aide des lettres

B, C, D, E, F, G, H,

les longueurs d'ondulation, exprimées en cent-millioniemes de pouce, sont représentées sensiblement par les nombres

(a) 2541, 2425, 2175, 1943, 1789, 1585, 1451.

Ces nombres, donnés par Fraunhofer dès les premières pages de son Mémoire, se trouvent à la fin du Mémoire remplacés par d'autres, qui à la vérité diffèrent peu des premiers, mais qui en diffèrent cependant assez pour qu'on ne puisse répondre de l'exactitude de chaque nombre qu'à plusieurs millièmes près, ou même à un centième près; car le dernier nombre 1451 se trouve remplacé à la fin du Mémoire par le nombre 1464, et la différence 13 entre ces deux nombres se réduit sensiblement à la centième partie de chacun d'eux. D'ailleurs, si l'on ne peut répondre qu'à un centième près de l'exactitude des longueurs d'ondulation, on ne pourra répondre qu'à un cinquantième près de l'exactitude de leurs carrés et des nombres inverses de ces carrés. Or ces nombres inverses, déduits de la série (a), seront sensiblement proportionnels aux suivants

(b) 155, 170, 211, 265, 312, 398, 475,

qui, divisés par 50, donnent des quotients compris entre 3 et 10. On ne pourra donc répondre des termes de la suite (b) qu'à plusieurs unités près de l'ordre du dernier chiffre. Donc, pour décider si les expériences de Fraunhofer sont conformes à la loi de dispersion énoncée, il suffira d'examiner si les différences entre les termes de la suite (b), savoir

(c) 15, 41, 54, 47, 86, 77

se trouvent représentées, à quelques unités près, par des nombres sensiblement proportionnels aux différences entre les indices de réfraction relatifs aux divers rayons. Or c'est effectivement ce qui a lieu. Ainsi, par exemple, Fraunhofer a trouvé que, pour une certaine espèce de flintglass, les indices de réfraction relatifs aux rayons B, C, D, E, F, G, H étaient respectivement

1,627749, 1,629681, 1,635036, 1,642024, 1,648260, 1,660285, 1,671062,

et les différences entre ces nombres, savoir

0,001932, 0,005355, 0,006988, 0,006236, 0,012025, 0,010777,

sont sensiblement proportionnelles aux suivants :

(d) $14, \quad 40, \quad 52, \quad 46, \quad 89, \quad 80.$

D'ailleurs, ceux-ci diffèrent seulement de quelques unités des nombres déjà trouvés

(e) $15, \quad 41, \quad 54, \quad 47, \quad 86, \quad 77,$

la plus grande différence

$$80 - 77 = 3$$

étant inférieure à la cinquantième et même à la centième partie du nombre

$$475 = 398 + 77,$$

qui termine la série (b). Il y a plus : les diverses expériences de Fraunhofer sur la lumière réfractée par l'eau par une solution de potasse, par trois espèces de crownglass et par quatre espèces de flint-glass conduisent encore à des conclusions semblables, comme le prouvent les Tableaux annexés à ce Mémoire. Nous sommes donc en droit de conclure que, dans le cas où l'on admet la loi de dispersion ci-dessus énoncée, les différences entre les résultats du calcul et les résultats de l'expérience tombent sensiblement dans les limites des erreurs d'observation.

Quant aux lois de la dispersion circulaire, j'ai pu facilement les déduire des principes établis dans l'une des séances précédentes, en me servant des expériences de M. Biot pour déterminer les coefficients que renferment les formules. Ici encore, comme dans le cas de la dispersion plane, j'ai reconnu qu'il suffisait ordinairement de conserver dans chaque formule les coefficients du premier ou des deux premiers termes pour que les observations se trouvassent représentées avec une exactitude satisfaisante, et voici les lois très simples auxquelles je suis parvenu.

Pour la plupart des milieux isophanes qui présentent les phénomènes de la polarisation chromatique, *la différence entre les longueurs d'ondulation correspondantes aux deux rayons polarisés circulairement en sens contraires est indépendante de la nature de la couleur. Pour l'acide tartrique étendu d'eau, cette différence se compose de deux termes, l'un constant, l'autre réciproquement proportionnel aux carrés des longueurs d'ondulation.*

Par suite, *si, pour l'acide tartrique étendu d'eau, l'on multiplie les indices de rotation relatifs aux diverses couleurs par les carrés des longueurs d'ondulation correspondantes à ces mêmes couleurs, les différences entre les produits ainsi obtenus seront à très peu près entre elles comme les carrés des nombres réciproquement proportionnels aux longueurs des ondulations.*

Voyons maintenant jusqu'à quel point cette condition se trouve remplie.

Après avoir renfermé dans un tube, dont la longueur était de $1^m,003$, une dissolution d'acide tartrique avec environ $\frac{2}{3}$ d'eau et à une température de $26°$ centésimaux, M. Biot a examiné et analysé la lumière transmise à travers cette dissolution à l'aide d'un prisme biréfringent; puis il a conclu de ses expériences que les indices de rotation relatifs aux rayons violet, indigo, bleu, vert, jaune, orangé, rouge étaient sensiblement représentés par les angles

$$39°38'3'', \quad 42°8'55'', \quad 44°39'47'', \quad 46°10'37'', \quad 42°51'29'', \quad 40°29'14'', \quad 38°7'11''.$$

Or ces angles sont sensiblement proportionnels aux nombres

$$(f) \qquad 3963, \quad 4213, \quad 4465, \quad 4617, \quad 4285, \quad 4048, \quad 3812.$$

D'autre part, les longueurs d'ondulations exprimées en millionièmes de millimètre, et correspondantes aux rayons dont il s'agit, sont, d'après les expériences de Fresnel, sensiblement représentées par les nombres

$$423, \quad 449, \quad 475, \quad 511, \quad 551, \quad 583, \quad 620,$$

et, si l'on multiplie les carrés de ces derniers nombres par les premiers, les produits seront sensiblement proportionnels aux termes de la suite

$$(g) \qquad 71, \quad 85, \quad 101, \quad 120, \quad 130, \quad 138, \quad 147.$$

Il est important d'observer que, dans cette dernière suite, les divers termes croissent avec la longueur d'ondulation, ce qui n'avait pas lieu pour la suite (f). Ce n'est pas tout : les différences entre les divers termes de la suite (g) sont respectivement

(h) 14, 16, 19, 10, 8, 9;

et, d'autre part, si l'on divise l'unité par les carrés des longueurs d'ondulation relatifs aux divers rayons, on obtiendra les nombres

(i) 559, 496, 443, 383, 329, 294, 260,

dont les différences

(j) 63, 53, 60, 54, 35, 34

seront sensiblement proportionnelles aux nombres

(l) 16, 14, 15, 14, 9, 9.

Or les différences qui existent entre les termes des suites (h) et (l) sont de l'ordre des erreurs que comporte la détermination des nombres (g), puisqu'on ne peut répondre de chacun de ces nombres qu'à environ un cinquantième près, ni par suite de chacun des nombres (h) qu'à deux ou trois unités près. Donc ici encore les différences qui existent entre les résultats du calcul et les résultats de l'expérience sont de l'ordre de celles que peuvent produire les erreurs d'observation.

Analyse.

§ I. — *Équations générales des mouvements simples du fluide éthéré dans les milieux isophanes.*

Considérons un mouvement infiniment petit du fluide éthéré dans un milieu isophane; nommons $\mathfrak{m}$ la molécule d'éther qui coïncidait primitivement avec le point dont les coordonnées rectangulaires étaient x, y, z; et soient, au bout du temps t, ξ, η, ζ les déplacements de cette molécule, ou plutôt de son centre de gravité, mesurés parallèlement aux axes des x, y, z. Soit encore

$$\upsilon = D_x\xi + D_y\eta + D_z\zeta.$$

Comme nous l'avons dit dans la séance du 14 novembre dernier (p. 207), on aura

$$(1)\quad \begin{cases} (D_t^2 - E)\xi - FD_x\upsilon = G(D_z\eta - D_y\zeta), \\ (D_t^2 - E)\eta - FD_y\upsilon = G(D_x\zeta - D_z\xi), \\ (D_t^2 - E)\zeta - FD_z\upsilon = G(D_y\xi - D_x\eta), \end{cases}$$

E, F, G désignant trois fonctions entières de la somme

$$D_x^2 + D_y^2 + D_z^2,$$

dont la première devra s'évanouir avec cette somme. De plus, si, en nommant

$$\bar\xi,\quad \bar\eta,\quad \bar\zeta$$

les déplacements symboliques de la molécule $\mathfrak{m}$, on pose

$$\bar\upsilon = D_x\bar\xi + D_y\bar\eta + D_z\bar\zeta,$$

les équations (1) continueront de subsister quand on y remplacera

$$\xi,\quad \eta,\quad \zeta \quad \text{et} \quad \upsilon$$

par

$$\bar\xi,\quad \bar\eta,\quad \bar\zeta \quad \text{et} \quad \bar\upsilon.$$

On aura donc

$$(2)\quad \begin{cases} (D_t^2 - E)\bar\xi - FD_x\bar\upsilon = G(D_z\bar\eta - D_y\bar\zeta), \\ (D_t^2 - E)\bar\eta - FD_y\bar\upsilon = G(D_x\bar\zeta - D_z\bar\xi), \\ (D_t^2 - E)\bar\zeta - FD_z\bar\upsilon = G(D_y\bar\xi - D_x\bar\eta). \end{cases}$$

Considérons maintenant un mouvement simple ou par ondes planes. Dans ce mouvement, les valeurs de $\bar\xi$, $\bar\eta$, $\bar\zeta$ seront de la forme

$$\bar\xi = Ae^{ux+vy+wz-st}, \qquad \bar\eta = Be^{ux+vy+wz-st}, \qquad \bar\zeta = Ce^{ux+vy+wz-st},$$

u, v, w, s, A, B, C désignant des constantes réelles ou imaginaires. On aura, par suite,

$$\bar\upsilon = (Au + Bv + Cw)e^{ux+vy+wz-st},$$

et, en substituant les valeurs précédentes de

$$\bar{\xi},\quad \bar{\eta},\quad \bar{\zeta},\quad \bar{\upsilon}$$

dans les formules (2), on en conclura

$$(3)\quad \begin{cases} (s^2 - \mathcal{E})A - \mathcal{F}u(Au + Bv + Cw) = \mathcal{G}(wB - vC), \\ (s^2 - \mathcal{E})B - \mathcal{F}v(Au + Bv + Cw) = \mathcal{G}(uC - wA), \\ (s^2 - \mathcal{E})C - \mathcal{F}w(Au + Bv + Cw) = \mathcal{G}(vA - uB), \end{cases}$$

$\mathcal{E}$, $\mathcal{F}$, $\mathcal{G}$ désignant trois fonctions entières de la somme

$$u^2 + v^2 + w^2.$$

Si, pour abréger, on pose

$$u^2 + v^2 + w^2 = k^2,$$

$\mathcal{E}$, $\mathcal{F}$, $\mathcal{G}$ deviendront trois fonctions entières de k^2, dont la première devra s'évanouir avec k. D'ailleurs, on tirera des formules (3) respectivement multipliées par u, v, w, puis combinées entre elles par voie d'addition,

$$(4)\quad (s^2 - \mathcal{E} - \mathcal{F}k^2)(Au + Bv + Cw) = 0.$$

La formule (4) se partage en deux autres, savoir :

$$(5)\quad s^2 - \mathcal{E} - \mathcal{F}k^2 = 0$$

et

$$(6)\quad Au + Bv + Cw = 0.$$

De la formule (5), combinée avec les équations (3), on tire

$$(7)\quad \frac{A}{u} = \frac{B}{v} = \frac{C}{w}.$$

Mais, lorsqu'on a égard à la formule (6), les deux premières des équations (3) donnent

$$(s^2 - \mathcal{E})A = \mathcal{G}(wB - vC), \qquad (s^2 - \mathcal{E})B = \mathcal{G}(uC - wA)$$

et, par suite,

$$(s^2 - \mathcal{E})^2 AB = \mathcal{G}^2(wB - vC)(uC - wA) = -\mathcal{G}^2 AB k^2$$

ou, ce qui revient au même,

$$(8) \qquad (s^2 - \mathcal{E})^2 = -\mathcal{G}^2 k^2.$$

On devra donc, en général, dans un milieu isophane, distinguer trois espèces de mouvements simples ou par onde plane, savoir, ceux dans lesquels la valeur de s^2 sera déterminée en fonction de k^2 par la formule (5), et ceux dans lesquels la valeur de s^2, exprimée en fonction de k^2, sera l'une de celles que fournit l'équation (8). Si $\mathcal{G}$ s'évanouit, comme il arrive souvent, les deux dernières valeurs de s^2 se réduiront à une seule, et, par conséquent, les trois espèces de mouvements simples se réduiront à deux.

Observons encore que des formules (3), respectivement multipliées par A, B, C et combinées entre elles par voie d'addition, on tirera

$$(9) \qquad A^2 + B^2 + C^2 = 0.$$

Lorsqu'un mouvement simple est du nombre de ceux qui se propagent dans l'espace, ou avec le temps, sans s'affaiblir, alors les coefficients

$$u, \quad v, \quad w, \quad s$$

sont de la forme

$$u = \mathrm{u}\sqrt{-1}, \qquad v = \mathrm{v}\sqrt{-1}, \qquad w = \mathrm{w}\sqrt{-1}, \qquad s = \mathrm{s}\sqrt{-1},$$

u, v, w, s désignant des quantités réelles; et, si l'on prend

$$\mathrm{k} = \sqrt{\mathrm{u}^2 + \mathrm{v}^2 + \mathrm{w}^2},$$

on peut supposer encore

$$k = \mathrm{k}\sqrt{-1}.$$

Alors aussi les coefficients s et k sont liés à la durée T des vibrations moléculaires et à l'épaisseur l des ondes planes par les formules

$$(10) \qquad \mathrm{s} = \frac{2\pi}{\mathrm{T}}, \qquad \mathrm{k} = \frac{2\pi}{\mathrm{l}},$$

tandis que la vitesse de propagation Ω des ondes planes se réduit à

$$\Omega = \frac{\mathrm{s}}{\mathrm{k}} = \frac{1}{\mathrm{T}}. \tag{11}$$

Alors enfin les plans des ondes sont parallèles au plan invariable représenté par l'équation

$$\mathrm{u}x + \mathrm{v}y + \mathrm{w}z = 0. \tag{12}$$

Si le mouvement simple qui correspond à la valeur de s^2 fournie par l'équation (5) est du nombre de ceux qui se propagent sans s'affaiblir, alors la formule (7) entraînera la suivante

$$\frac{\xi}{\mathrm{u}} = \frac{\eta}{\mathrm{v}} = \frac{\zeta}{\mathrm{w}}, \tag{13}$$

et, par suite, les vibrations moléculaires, dans ce mouvement simple, seront longitudinales, c'est-à-dire, perpendiculaires aux plans des ondes.

Pareillement, si les mouvements simples qui correspondent aux deux valeurs de s^2 fournies par l'équation (8) se propagent sans s'affaiblir, alors la formule (6) entraînera la suivante

$$\mathrm{u}\xi + \mathrm{v}\eta + \mathrm{w}\zeta = 0, \tag{14}$$

et, par suite, les vibrations moléculaires dans chacun de ces mouvements simples seront transversales, c'est-à-dire comprises dans les plans des ondes. De plus, on conclura aisément des formules (8) et (9), si $\mathcal{G}$ n'est pas nul, que les deux rayons correspondants à ces deux mouvements simples sont polarisés circulairement en sens contraires.

En effet, nommons a, b, c les molécules, et λ, μ, ν les arguments des expressions imaginaires représentées par A, B, C, en sorte qu'on ait

$$\mathrm{A} = \mathrm{a}\, e^{\lambda\sqrt{-1}}, \qquad \mathrm{B} = \mathrm{b}\, e^{\mu\sqrt{-1}}, \qquad \mathrm{C} = \mathrm{c}\, e^{\nu\sqrt{-1}}. \tag{15}$$

En vertu de ces dernières formules, jointes aux équations

$$u = \mathrm{u}\sqrt{-1}, \qquad v = \mathrm{v}\sqrt{-1}, \qquad w = \mathrm{w}\sqrt{-1}, \qquad s = \mathrm{s}\sqrt{-1}, \tag{16}$$

les valeurs de $\bar{\xi}$, $\bar{\eta}$, $\bar{\zeta}$, savoir,

$$\bar{\xi} = \mathrm{A}\, e^{ux+vy+wz-st}, \qquad \bar{\eta} = \mathrm{B}\, e^{ux+vy+wz-st}, \qquad \bar{\zeta} = \mathrm{C}\, e^{ux+vy+wz-st},$$

deviendront

$$\bar{\xi} = \mathrm{a}\, e^{(\mathrm{u}x+\mathrm{v}y+\mathrm{w}z-\mathrm{s}t+\lambda)\sqrt{-1}}, \qquad \bar{\eta} = \mathrm{b}\, e^{(\mathrm{u}x+\mathrm{v}y+\mathrm{w}z-\mathrm{s}t+\mu)\sqrt{-1}}, \qquad \bar{\zeta} = \ldots,$$

et l'on aura, par suite,

$$\xi = \mathrm{a}\cos(\mathrm{u}x + \mathrm{v}y + \mathrm{w}z - \mathrm{s}t + \lambda),$$
$$\eta = \mathrm{b}\cos(\mathrm{u}x + \mathrm{v}y + \mathrm{w}z - \mathrm{s}t + \mu),$$
$$\zeta = \ldots\ldots\ldots\ldots\ldots\ldots\ldots\ldots\ldots$$

D'autre part, l'équation (9) entraînera la suivante

(17) $$\bar{\xi}^2 + \bar{\eta}^2 + \bar{\zeta}^2 = 0,$$

de laquelle on tirera

$$\mathrm{a}^2\cos 2(\mathrm{u}x + \mathrm{v}y + \mathrm{w}z - \mathrm{s}t + \lambda)$$
$$+ \mathrm{b}^2\cos 2(\mathrm{u}x + \mathrm{v}y + \mathrm{w}z - \mathrm{s}t + \mu)$$
$$+ \mathrm{c}^2\cos 2(\mathrm{u}x + \mathrm{v}y + \mathrm{w}z - \mathrm{s}t + \nu) = 0;$$

et, eu égard à cette dernière, on trouvera

(18) $$\xi^2 + \eta^2 + \zeta^2 = \tfrac{1}{2}(\mathrm{a}^2 + \mathrm{b}^2 + \mathrm{c}^2).$$

Or il est clair que, en vertu des équations (14) et (18), chaque molécule se mouvra sur une circonférence de cercle dont le rayon sera la demi-diagonale du carré qui a pour côté

$$\sqrt{\mathrm{a}^2 + \mathrm{b}^2 + \mathrm{c}^2}.$$

Ce n'est pas tout : lorsque, dans la formule (8), on pose

$$s = \mathrm{s}\sqrt{-1}, \qquad k = \mathrm{k}\sqrt{-1},$$

elle donne

(19) $$(\mathrm{s}^2 + \mathcal{E})^2 = \mathcal{G}^2\mathrm{k}^2,$$

et, par suite,

(20) $$\mathrm{s}^2 = -\mathcal{E} \pm \mathcal{G}\mathrm{k},$$

$\mathcal{E}$, $\mathcal{G}$ désignant deux fonctions de k^2 dont la première au moins s'évanouit avec k.

Dans les milieux isophanes de première espèce, le produit $\mathcal{G}k$ s'évanouit avec $\mathcal{G}$, et l'équation (20), réduite à

$$s^2 = -\mathcal{E}, \tag{21}$$

fournit une seule valeur de s^2, représentée par une fonction entière de k^2 qui s'évanouit avec k. Dans une première approximation, on peut réduire cette fonction à son premier terme, vis-à-vis duquel les autres sont très petits.

Dans les milieux isophanes de seconde espèce, $\mathcal{G}$ cesse de s'évanouir; mais le produit $\mathcal{G}k$, que renferme la valeur de s^2, reste très petit par rapport à $\mathcal{E}$. Alors aussi, des équations (3) et (6), jointes aux formules (16) et (20), on tire

$$\frac{wB - vC}{A} = \frac{uC - wA}{B} = \frac{vA - uB}{C} = \pm k\sqrt{-1}, \tag{22}$$

par conséquent

$$\frac{B}{A} = -\frac{uv \mp wk\sqrt{-1}}{v^2 + w^2}, \qquad \frac{C}{A} = -\frac{uw \pm vk\sqrt{-1}}{v^2 + w^2}. \tag{23}$$

D'autre part, dans le cercle parcouru par chaque molécule, l'aire que décrit le rayon, étant projetée sur le plan des x, y et différentiée par rapport au temps, donnera pour dérivée

$$\tfrac{1}{2}(\xi D_t \eta - \eta D_t \xi) = \tfrac{1}{2} \text{abs} \sin(\lambda - \mu).$$

Donc le rayon qui décrit cette aire aura, dans le plan des x, y, un mouvement de rotation direct ou rétrograde, suivant que $\sin(\lambda - \mu)$ sera positif ou négatif. Donc ce mouvement de rotation changera de sens quand $\sin(\lambda - \mu)$ changera de signe, ou, ce qui revient au même, quand le signe des coefficients de $\sqrt{-1}$ changera dans chacun des rapports $\frac{A}{B}$, $\frac{B}{A}$. Donc les deux signes placés devant le produit $\mathcal{G}k$ dans la formule (20), et devant le produit $wk\sqrt{-1}$ dans la première des formules (23), correspondent à deux rayons polarisés circulairement en sens contraires.

Les équations (20) et (21) sont celles d'où l'on déduit des lois de la dispersion plane et de la dispersion circulaire, telles que nous les avons données dans le préambule de ce Mémoire.

§ II. — *Dispersion plane.*

Considérons un rayon simple de lumière, en partie réfléchi et en partie réfracté par la surface de séparation de deux milieux isophanes et transparents de première espèce. Nommons T *la durée des vibrations moléculaires;* l *la longueur des ondulations,* ou, ce qui revient au même, l'*épaisseur des ondes planes;* et Ω *la vitesse de propagation* de ces ondes, dans le premier milieu. Posons

$$s = \frac{2\pi}{T}, \qquad k = \frac{2\pi}{l},$$

et soient

$$l', \quad k', \quad \Omega'$$

ce que deviennent

$$l, \quad k, \quad \Omega$$

quand on passe du premier milieu au second. Enfin nommons τ l'angle d'incidence, et τ' l'angle de réfraction. On aura non seulement

$$\Omega = \frac{s}{k} = \frac{l}{T}, \qquad \Omega' = \frac{s}{k'} = \frac{l'}{T},$$

mais encore

$$k \sin\tau = k' \sin\tau',$$

et l'*indice de réfraction* θ sera déterminé par la formule

$$\theta = \frac{\sin\tau}{\sin\tau'} = \frac{k'}{k}. \tag{1}$$

D'ailleurs, en vertu de l'équation (17) du § I, s^2 pourra être développé suivant les puissances entières de k^2 ou de k'^2, le premier terme du développement étant un terme proportionnel à k^2 ou à k'^2, vis-à-vis duquel les suivants seront très petits et pourront être négligés dans une première approximation. Il est aisé d'en conclure que θ lui-même pourra être développé suivant les puissances ascendantes de k^2 en une série de la forme

$$(2)\qquad \theta = a + bk^2 + \ldots.$$

Si l'on réduit cette série à ses deux premiers termes, on aura simplement

$$(3)\qquad \theta = a + bk^2,$$

ou, ce qui revient au même,

$$(4)\qquad \theta = a + \frac{b}{4\pi^2}\left(\frac{1}{l}\right)^2.$$

En vertu de cette dernière formule, *si la longueur d'ondulation* l *vient à varier, la variation de l'indice de réfraction* θ *sera proportionnelle à la variation de* $\frac{1}{l^2}$.

Telle est, à très peu près, la loi qui règle le phénomène de la dispersion plane. Voyons jusqu'à quel point cette loi s'accorde avec les expériences de Fraunhofer.

Cet habile physicien a déterminé avec beaucoup de soin les indices de réfraction de sept rayons différents, en les faisant passer de l'air dans des prismes de verre ou de cristal massifs, ou remplis de certains liquides. Les sept rayons qu'il a choisis et désignés à l'aide des lettres

B, C, D, E, F, G, H

correspondent à certaines raies que présente le spectre solaire. Ajoutons que, dans le Mémoire de Fraunhofer, deux séries d'expériences sont relatives à l'eau et deux autres à une même espèce de flintglass. Cela posé, nommons

$$(5)\qquad \theta_1,\ \theta_2,\ \theta_3,\ \theta_4,\ \theta_5,\ \theta_6,\ \theta_7$$

les indices de réfraction relatifs aux sept rayons, et

$$(6)\qquad l_1,\ l_2,\ l_3,\ l_4,\ l_5,\ l_6,\ l_7$$

les longueurs d'ondulation correspondantes. En vertu de la loi ci-dessus énoncée, les différences entre les termes de la suite (5) devront être proportionnelles aux différences entre les termes de la suite

$$(7) \qquad \left(\frac{1}{l_1}\right)^2, \quad \left(\frac{1}{l_2}\right)^2, \quad \left(\frac{1}{l_3}\right)^2, \quad \left(\frac{1}{l_4}\right)^2, \quad \left(\frac{1}{l_5}\right)^2, \quad \left(\frac{1}{l_6}\right)^2, \quad \left(\frac{1}{l_7}\right)^2,$$

et, par conséquent, égales aux produits qu'on obtient en multipliant les dernières différences par le rapport

$$(8) \qquad \frac{\theta_7 - \theta_1}{\left(\frac{1}{l_7}\right)^2 - \left(\frac{1}{l_1}\right)^2}.$$

Or, d'après les expériences de Fraunhofer, relatives à l'eau, à une solution de potasse et à diverses espèces de crownglass et de flintglass, les indices de réfraction correspondants aux sept rayons

B, C, D, E, F, G, H

sont ceux que présente le Tableau suivant :

TABLEAU I.

Indices de réfraction relatifs aux rayons B, C, D, E, F, G, H *de Fraunhofer.*

SUBSTANCES RÉFRINGENTES.	θ_1.	θ_2.	θ_3.	θ_4.	θ_5.	θ_6.	θ_7.
Eau, 1re série.	1,330935	1,331712	1,333577	1,335851	1,337818	1,341293	1,344177
Eau, 2e série.	1,330977	1,331709	1,333577	1,335849	1,337788	1,341261	1,344162
Solution de potasse	1,399629	1,400515	1,402805	1,405632	1,408082	1,412579	1,416368
Crownglass, 1re espèce.	1,524312	1,525299	1,527982	1,531372	1,534337	1,539908	1,544684
Crownglass, 2e espèce.	1,525832	1,526849	1,529587	1,533005	1,536052	1,541657	1,546566
Crownglass, 3e espèce.	1,554774	1,555933	1,559075	1,563150	1,566741	1,573535	1,579470
Flintglass, 1re espèce	1,602042	1,603800	1,608494	1,614532	1,620042	1,630772	1,640373
Flintglass, 2e espèce	1,623570	1,625477	1,630585	1,637356	1,643466	1,655406	1,666072
Flintglass, 3e espèce, 1re série.	1,626564	1,628451	1,633666	1,640544	1,646780	1,658849	1,669680
Flintglass, 3e espèce, 2e série.	1,626596	1,628469	1,633667	1,640495	1,646756	1,658848	1,669686
Flintglass, 4e espèce	1,627749	1,629681	1,635036	1,642024	1,648260	1,660285	1,671062

Les différences entre les nombres que renferme ce premier Tableau, exprimées en millionièmes, se trouvent représentées par de nouveaux nombres, savoir, par ceux que renferme le Tableau suivant :

TABLEAU II.

Différences entre les indices de réfraction relatifs aux divers rayons, exprimées en millionièmes.

SUBSTANCES RÉFRINGENTES.	$\theta_2-\theta_1$.	$\theta_3-\theta_2$.	$\theta_4-\theta_3$.	$\theta_5-\theta_4$.	$\theta_6-\theta_5$.	$\theta_7-\theta_6$.	$\theta_7-\theta_1$.
Eau, 1re série.	777	1865	2274	1967	3475	2884	13242
Eau, 2e série.	732	1868	2272	1939	3473	2901	13185
Solution de potasse	886	2290	2827	2450	4497	3789	16739
Crownglass, 1re espèce	987	2683	3390	2965	5571	4776	20372
Crownglass, 2e espèce	1010	2738	3418	3047	5605	4909	20734
Crownglass, 3e espèce	1159	3142	4175	3591	6794	5935	24696
Flintglass, 1re espèce	1758	4694	6038	5510	10730	9601	38331
Flintglass, 2e espèce	1907	5108	6771	6110	11940	10666	42502
Flintglass, 3e espèce, 1re série.	1887	5215	6878	6236	12069	10831	43116
Flintglass, 3e espèce, 2e série.	1873	5198	6828	6261	12092	10838	43090
Flintglass, 4e espèce	1932	5355	6988	6236	12025	10777	43313

D'autre part, d'après les expériences de Fraunhofer, les longueurs d'ondulation, exprimées en cent-millionièmes de pouce, et correspondantes aux rayons

B, C, D, E, F, G, H,

peuvent être représentées par les nombres

(*a*) 2541, 2425, 2175, 1943, 1789, 1585, 1451,

ou par les suivants

(*b*) 2541, 2422, 2175, 1945, 1794, 1587, 1464,

que Fraunhofer a substitués aux premiers à la fin de son Mémoire. Par suite les valeurs de $\frac{1}{l^2}$, correspondantes aux rayons

B, C, D, E, F, G, H,

peuvent être considérées sensiblement comme proportionnelles, ou aux nombres

(*c*) 155, 170, 211, 265, 312, 398, 475,

dont les différences respectives

(*d*) 15, 41, 54, 47, 86, 77

offrent une somme égale à 320, ou aux nombres

(*e*) 155, 170, 211, 264, 311, 397, 467,

dont les différences

(*f*) 15, 41, 53, 47, 86, 70

offrent une somme égale à 312. Cela posé, pour savoir si la loi précédemment énoncée se vérifie, il suffira d'examiner si l'on retrouve à très peu près les nombres (*d*) ou (*f*), en multipliant les nombres compris dans les sept premières colonnes verticales du Tableau II par le rapport de la somme 320 ou 312 au nombre compris dans la dernière colonne. Or, en opérant ainsi, on obtiendra pour produits des nombres qui donnent pour somme 320 ou 312, savoir, ceux que renferme l'un ou l'autre des Tableaux suivants :

TABLEAU III.

Nombres proportionnels aux différences entre les indices de réfraction relatifs aux divers rayons. (Somme 320.)

SUBSTANCES REFRINGENTES.									
Eau	1re série		19	45	55	48	84	70
Eau	2e série		18	45	55	47	84	70
Solution de potasse			17	44	54	47	86	72
Crownglass	1re espèce		16	42	53	47	88	75
Crownglass	2e espèce		16	42	53	47	87	76
Crownglass	3e espèce		15	41	53	47	88	77
Flintglass	1re espèce		15	39	50	46	90	80
Flintglass	2e espèce		14	38	51	46	90	80
Flintglass	3e espèce	1re série	14	39	51	46	90	80
Flintglass	3e espèce	2e série	14	39	51	46	90	80
Flintglass	4e espèce		14	40	51	46	89	80

TABLEAU IV.

Nombres proportionnels aux différences entre les indices de réfraction relatifs aux divers rayons. (Somme 312.)

SUBSTANCES RÉFRINGENTES.						
Eau, 1re série	18	44	54	46	82	68
Eau, 2e série	17	44	54	46	82	69
Solution de potasse	16	43	53	46	84	72
Crownglass, 1re espèce	15	41	52	45	85	73
Crownglass, 2e espèce	15	41	51	46	84	74
Crownglass, 3e espèce	15	40	51	45	86	75
Flintglass, 1re espèce	14	38	49	45	87	78
Flintglass, 2e espèce	14	38	50	45	88	78
Flintglass, 3e espèce, 1re série	14	38	50	45	87	78
Flintglass, 3e espèce, 2e série	14	38	50	45	88	78
Flintglass, 4e espèce	14	39	50	45	87	78

Il est important d'observer que la plus grande différence qui existe entre deux nombres correspondants des suites (d) et (f), savoir

$$77 - 70 = 7,$$

est comparable aux plus grandes différences qui existent entre les termes de la suite (d) et les nombres correspondants que renferme chaque ligne horizontale du Tableau III, ou bien encore, entre les termes de la suite (f) et les nombres correspondants que renferme chaque ligne horizontale du Tableau IV. En effet, ces dernières différences sont tantôt positives, tantôt négatives, et les plus grandes, abstraction faite du signe, sont

$$77 - 70 = 7 \qquad \text{et} \qquad 78 - 70 = 8.$$

On doit en conclure que la loi énoncée s'accorde avec les expériences de Fraunhofer, et se trouve vérifiée par elles avec un degré d'exactitude qui est sensiblement celui que comportent les erreurs d'observation. Toutefois, nous ajouterons que l'accord des observations de Fraunhofer avec les formules devient plus grand encore lorsque, dans la valeur de l'indice θ ou du rapport $\frac{s^2}{k^2}$, on conserve, non seulement le terme proportionnel à k^2, mais encore le terme proportionnel à k^4, en attribuant au terme constant, ainsi qu'aux coefficients de k^2 et de k^4, les valeurs que présentent les équations obtenues dans la 8e livraison des *Nouveaux Exercices de Mathématiques* (p. 225) (1). En vertu de ces équations, si l'on pose

$$s^2 = \mathcal{A} k^2 (1 - \alpha k^2 + \mathcal{B} k^4), \tag{9}$$

la valeur de k étant variable, non seulement avec la couleur, mais encore avec la substance que l'on considère, et déterminée par la formule

$$k = \frac{2\pi}{l},$$

si d'ailleurs on prend pour unité de longueur le mètre et pour unité de temps la seconde sexagésimale, les valeurs des coefficients $\mathcal{A}$, α, $\mathcal{B}$ seront celles que fournit le Tableau suivant :

TABLEAU V.

Détermination des coefficients que renferme la formule (9).

SUBSTANCES RÉFRINGENTES.	$\left(\frac{1}{10}\right)^{16} \mathcal{A}$.	$10^{14}\alpha$.	$10^{28}\mathcal{B}$.
Eau	5,4890	0,00808	0,000373
Solution de potasse	4,9712	0,00815	0,000263
Crownglass. 1re espèce	4,1935	0,00700	0,000113
Crownglass. 2e espèce	4,1858	0,00707	0,000111
Crownglass. 3e espèce	4,0378	0,00749	0,000061
Flintglass... 1re espèce	3,8241	0,00941	− 0,000052
Flintglass... 2e espèce	3,7298	0,00988	− 0,000069
Flintglass... 3e espèce	3,7172	0,00996	− 0,000071
Flintglass... 4e espèce	3,7152	0,01055	0,000016

Le calcul des nombres que renferme le Tableau V s'appuie sur cette supposition que, pour les rayons

B, C, D, E, F, G, H

(1) *Œuvres de Cauchy*, S. II, T. X.

de Fraunhofer, les longueurs d'ondulation dans l'air, exprimées en cent-millionièmes de pouce, sont respectivement

$$2541,\quad 2425,\quad 2175,\quad 2943,\quad 1789,\quad 1585,\quad 1451.$$

Alors ces mêmes longueurs, exprimées en dix-millionièmes de millimètre, seront

$$(g)\qquad 6878,\quad 6564,\quad 5888,\quad 5260,\quad 4843,\quad 4291,\quad 3928.$$

Si, en prenant pour l une de ces dernières longueurs, on posait, comme ci-dessus,

$$k = \frac{2\pi}{l},$$

on devrait, dans la formule (9), remplacer k par θk. Alors de cette formule, réduite à

$$(10)\qquad s^2 = \mathcal{A}\theta^2 k^2 (1 - \alpha^2 k^2 + 6\theta^4 k^4)$$

et résolue par rapport à θ, on déduirait des valeurs de θ sensiblement égales à celles que présente le Tableau I, en prenant successivement pour l les divers termes de la suite (g), et pour k, s les valeurs que déterminent les équations

$$k = \frac{2\pi}{l}, \qquad s = \Omega k,$$

quand on représente par Ω la vitesse avec laquelle les rayons se propagent dans l'air. Ajoutons que, en déterminant ainsi les valeurs de k et de s correspondantes aux rayons

B, C, D, E, F, G H

de Fraunhofer, on trouvera : 1° pour valeurs de $\left(\frac{1}{10}\right)^7$k les nombres

$$(h)\qquad 0{,}9135,\quad 0{,}9571,\quad 1{,}0672,\quad 1{,}1946,\quad 1{,}2974,\quad 1{,}4644,\quad 1{,}5996;$$

2° pour valeurs de $\left(\frac{1}{10}\right)^{15}$s les nombres

$$(i)\qquad 2{,}833,\quad 2{,}968,\quad 3{,}309,\quad 3{,}704,\quad 4{,}023,\quad 4{,}541,\quad 4{,}960.$$

198.

GÉOMÉTRIE ANALYTIQUE. — *Mémoire sur les dilatations, les condensations et les rotations produites par un changement de forme dans un système de points matériels.*

C. R., T. XV, p. 1166 (26 décembre 1842).

Dans ce Mémoire, l'auteur a joint, à la théorie des condensations et dilatations produites par un changement de forme dans un système de points matériels, la théorie des rotations que des axes menés par un point du système exécutent en se déformant, et il est ainsi parvenu à des propositions nouvelles dont plusieurs paraissent dignes de remarque. Parmi ces propositions, qui seront reproduites avec quelques détails dans un prochain article, nous nous bornerons aujourd'hui à citer celle qui se rapporte aux rotations exécutées par divers axes partant d'un même point et compris dans un même plan, autour d'un axe perpendiculaire à ce plan. Il est aisé de voir que la moyenne entre ces diverses rotations, ou ce qu'on peut appeler la *rotation moyenne* du système de points matériels autour du dernier axe, varie avec la position de cet axe. Or, si l'on représente la rotation moyenne du système, autour d'un axe aboutissant à un point donné, par une longueur mesurée sur l'axe à partir de ce même point, et si l'on nomme *rotation principale* du système la plus grande des valeurs de cette rotation moyenne correspondantes aux diverses positions que l'axe peut offrir, on pourra énoncer la proposition suivante :

THÉORÈME. — *Lorsqu'un système de points matériels éprouve un changement de forme infiniment petit, alors, en chaque point, la rotation moyenne du système autour d'un axe quelconque se trouve représentée, en grandeur comme en direction, par la projection de la rotation principale sur cet axe.*

Si l'on prend successivement pour axe de rotation chacun de ceux qui, passant par le point donné, sont parallèles aux trois axes coordonnés, supposés rectangulaires entre eux, on obtiendra trois rotations moyennes représentées par les moitiés des fonctions différentielles renfermées entre parenthèses dans les seconds membres des équations (1) de la page 207.

199.

GÉOMÉTRIE ANALYTIQUE. — *Mémoire sur les dilatations, les condensations et les rotations produites par un changement de forme dans un système de points matériels.*

C. R., T. XVI, p. 12 (2 janvier 1843).

Pour être en état d'appliquer facilement la Géométrie à la Mécanique, il ne suffit pas de connaître les diverses formes que les lignes ou surfaces peuvent présenter et les diverses propriétés de ces lignes et de ces surfaces, mais il importe encore de savoir quels sont les changements de forme que peuvent subir les corps, considérés comme des systèmes de points matériels, et à quelles lois générales ces changements de forme se trouvent assujettis. Ces lois ne paraissent pas moins dignes d'être étudiées que celles qui expriment les propriétés générales des lignes courbes ou des surfaces courbes, et, aux théorèmes d'Euler sur la courbure des surfaces qui limitent les corps, on peut ajouter d'autres théorèmes qui aient pour objet la condensation ou la dilatation linéaire, et les autres modifications éprouvées en chaque point par un corps qui vient à changer de forme. Déjà, en 1827, j'ai donné, dans les *Exercices de Mathématiques* (1), la théorie des condensations ou dilatations linéaires et les lois de leurs variations dans un système de points matériels. A cette théorie, fondée sur

(1) *Œuvres de Cauchy*, S. II, T. VII, p. 82 et suiv.

une analyse que je reproduis avec quelques légères modifications, se trouve jointe, dans ce nouveau Mémoire, la théorie des rotations qu'exécutent, en se déformant, des axes menés par un point quelconque du système. Pour ne pas trop allonger cet article, je me bornerai à indiquer, en peu de mots, les principaux résultats auxquels je suis parvenu; et, pour le détail des calculs, je renverrai le lecteur au Mémoire même, qui sera prochainement publié dans les *Exercices d'Analyse et de Physique mathématique* (¹).

Considérons un système de points matériels qui passe d'un premier état naturel ou artificiel à un second état distinct du premier, et dans ce système deux molécules $\mathfrak{m}$, m, réduites chacune à un point matériel. Tandis que ce système changera de forme, le rayon vecteur r, mené de la première molécule $\mathfrak{m}$ à la seconde m, variera dans un certain rapport. La valeur numérique de la quantité positive ou négative ε, qui exprimera la différence entre ce rapport et l'unité, dans le cas où le rayon vecteur r deviendra infiniment petit, représentera la dilatation ou condensation linéaire, mesurée au point occupé par la première molécule $\mathfrak{m}$, dans la direction du rayon vecteur r. Ajoutons que, pendant le changement de forme du système, le rayon vecteur r, supposé infiniment petit, tournera autour de la première molécule $\mathfrak{m}$, en décrivant un angle δ propre à mesurer la rotation qu'exécutera, en se déformant, un demi-axe partant de cette molécule et constamment dirigé dans le même sens que le rayon vecteur. Cela posé, je démontre les propositions suivantes :

Théorème I. — *Soient, dans un système de points matériels qui change de forme, ε la dilatation mesurée suivant un demi-axe qui part de la molécule m, et δ la rotation qu'exécute ce demi-axe en se déformant; les rapports*

$$\frac{1}{1+\varepsilon}, \quad \frac{1}{(1+\varepsilon)\sin\delta}$$

varieront avec la direction qu'offrira ce demi-axe dans le premier état du

(¹) *OEuvres de Cauchy*, S. II, T. XII.

système, de manière à pouvoir être représentés, le premier par le rayon vecteur d'une surface du second degré, le second par le carré du rayon vecteur d'une surface du quatrième degré.

Théorème II. — *Les mêmes choses étant posées que dans le théorème I, les rapports*

$$1 + \varepsilon, \quad \frac{1 + \varepsilon}{\sin \delta}$$

varieront avec la direction qu'offrira le demi-axe donné dans le second état du système, de manière à pouvoir être représentés, le premier par le rayon vecteur d'une surface du second degré, le second par le carré du rayon vecteur d'une surface du quatrième degré.

Concevons maintenant que la seconde molécule m soit l'une quelconque de celles qui entourent la première $\mathfrak{m}$ dans un certain plan. La projection de l'angle δ sur ce plan mesurera ce qu'on peut nommer la rotation du rayon vecteur r autour d'une droite OA perpendiculaire à ce plan. Cela posé, je démontre encore la proposition suivante :

Théorème III. — *La rotation d'un demi-axe partant de la molécule* $\mathfrak{m}$ *et compris dans un certain plan, autour d'une droite* OA *perpendiculaire à ce plan, varie avec la direction primitive ou définitive de ce demi-axe, de telle manière que sa tangente trigonométrique peut être représentée par le rapport entre les carrés des rayons vecteurs de deux surfaces du second degré.*

Pour plus de précision, nous avons, dans ce Mémoire, donné des signes aux rotations exécutées autour d'un axe, ou plutôt autour d'un demi-axe. En supposant, pour fixer les idées, que les mouvements de rotation exécutés de droite à gauche autour des demi-axes des coordonnées positives sont, dans les plans coordonnés, des mouvements directs, nous considérons comme positives les rotations exécutées de droite à gauche autour d'un demi-axe quelconque OA, et comme négatives celles qui s'exécutent de gauche à droite.

La moyenne entre les diverses rotations exécutées autour d'une même droite par les divers demi-axes qui, partant d'une molécule $\mathfrak{m}$, se trouvent renfermés dans un même plan, est ce que j'appelle la rotation moyenne du système de points matériels autour de cette droite. Lorsque cette droite change de direction, la rotation moyenne varie, et le maximum de cette rotation est la *rotation moyenne principale.*

Les lois suivant lesquelles s'effectue le changement de forme d'un système de points matériels se simplifient lorsque ce changement de forme devient infiniment petit. Alors on obtient de nouveaux théorèmes relatifs, les uns aux condensations et dilatations linéaires, les autres aux rotations. Les premiers se trouvent déjà dans le Mémoire de 1827; parmi les autres, on doit particulièrement distinguer ceux que je vais énoncer.

THEORÈME IV. — *Si la rotation moyenne principale qui correspond à la molécule* m *est représentée par une longueur portée, à partir de cette molécule, sur le demi-axe autour duquel cette rotation s'effectue de droite à gauche, les projections algébriques de la même longueur sur les axes coordonnés des x, y, z représenteront les rotations moyennes du système autour de trois axes parallèles menés par la molécule* m.

THÉORÈME V. — *Si la rotation moyenne principale qui correspond à la molécule* m *est représentée par une longueur portée à partir de cette molécule sur le demi-axe autour duquel cette rotation s'effectue de droite à gauche, la rotation moyenne autour d'un autre demi-axe sera le produit de la rotation moyenne principale par le cosinus de l'angle compris entre les deux demi-axes.*

THÉORÈME VI. — *Les mêmes choses étant posées que dans les théorèmes précédents, la rotation moyenne autour d'un demi-axe quelconque sera représentée, au signe près, par la projection de la rotation moyenne principale sur ce demi-axe; par conséquent elle s'évanouira si le nouveau demi-axe est perpendiculaire à celui autour duquel s'exécute la rotation moyenne principale. Dans le cas contraire, elle s'effectuera de droite à gauche ou de gauche à droite, suivant que l'angle compris entre les deux demi-axes sera positif ou négatif.*

THÉORÈME VII. — *Portons, à partir de la molécule* m, *sur chacun des demi-axes aboutissant à cette molécule et renfermés dans un même plan, une longueur équivalente à l'unité divisée par la racine carrée de la rotation très petite qu'exécute en se déformant le demi-axe que l'on considère autour d'une droite perpendiculaire au plan. Cette longueur représentera le rayon vecteur d'une ellipse qui aura pour centre la molécule* $\mathfrak{m}$, *et dont les deux axes, grand et petit, correspondront, si toutes les rotations s'exécutent dans le même sens, le premier à la rotation dont la valeur numérique sera un minimum, le second à la rotation dont la valeur numérique sera un maximum. Si au contraire les rotations s'exécutent les unes dans un sens, les autres en sens contraire, l'ellipse se trouvera remplacée par deux hyperboles qui, étant conjuguées l'une à l'autre, offriront les mêmes asymptotes avec des axes réels, perpendiculaires entre eux. Alors ces axes réels correspondront à deux rotations effectuées en sens contraires, et dont chacune sera un maximum, abstraction faite du signe, tandis que les directions des asymptotes répondront à deux demi-axes dont les rotations s'évanouiront.*

Si l'on projette en particulier la rotation moyenne principale sur les axes coordonnés, les projections que l'on obtiendra, et qui représenteront les rotations moyennes autour de ces demi-axes, seront précisément les fonctions différentielles des déplacements moléculaires, comprises, avec la dilatation du volume, dans les équations générales des mouvements infiniment petits des milieux isophanes qui présentent les phénomènes de la polarisation chromatique. Il y a plus : il résulte des formules contenues dans les Mémoires que j'ai présentés à l'Académie en 1830 que, si, dans les milieux isophanes ordinaires, on prend pour inconnues, au lieu des déplacements moléculaires, la dilatation du volume et les rotations moyennes autour des demi-axes coordonnés, chacune de ces inconnues se trouvera déterminée par une équation aux dérivées partielles, qui, réduite au second ordre, sera de la forme de celle qu'on appelle l'*équation du son*. Cette remarque suffit pour ramener l'intégration des équations aux dérivées partielles d'un milieu isophane ordinaire à un problème résolu depuis longtemps, savoir, à l'intégration générale de l'équation du son.

Analyse.

§ I. — *Formules générales relatives au changement de forme que peut subir un système de points matériels.*

Concevons qu'un système de points matériels vienne à changer de forme, en passant d'un premier état naturel ou artificiel à un second état distinct du premier.

Soient, dans le premier état du système,

x, y, z les coordonnées rectangulaires d'une molécule $\mathfrak{m}$, supposée réduite à un point matériel;
r le rayon vecteur mené de la molécule $\mathfrak{m}$ à une autre molécule m;
a, b, c les cosinus des angles formés par ce rayon vecteur avec les demi-axes des coordonnées positives.

Soient, dans le second état du système,

$x+\xi$, $y+\eta$, $z+\zeta$ les coordonnées de la molécule $\mathfrak{m}$;
$r+\rho$ le rayon vecteur mené de la molécule $\mathfrak{m}$ à la molécule m;
$\mathfrak{a}, \mathfrak{b}, \mathfrak{c}$ les cosinus des angles formés par ce rayon vecteur avec les demi-axes des coordonnées positives.

Soient encore

δ l'angle compris entre les rayons vecteurs r, $r+\rho$;
φ, χ, ψ les projections algébriques de cet angle sur les plans coordonnés, ou, ce qui revient au même, les angles décrits dans les plans coordonnés par les projections du rayon vecteur r, chacun de ces angles étant pris avec le signe $+$ ou le signe $-$, suivant que le mouvement de rotation est direct ou rétrograde.

Enfin posons

$$\varepsilon = \frac{\rho}{r}. \tag{1}$$

ξ, η, ζ représenteront les déplacements de la molécule $\mathfrak{m}$ mesurée parallèlement aux axes coordonnés, et l'on aura

$$(2)\qquad \sin\delta = [(b\mathfrak{c} - c\mathfrak{b})^2 + (c\mathfrak{a} - a\mathfrak{c})^2 + (a\mathfrak{b} - b\mathfrak{a})^2]^{\frac{1}{2}},$$

$$(3)\qquad \tang\varphi = \frac{b\mathfrak{c} - c\mathfrak{b}}{b\mathfrak{b} + c\mathfrak{c}}, \qquad \tang\chi = \frac{c\mathfrak{a} - a\mathfrak{c}}{c\mathfrak{c} + a\mathfrak{a}}, \qquad \tang\psi = \frac{a\mathfrak{b} - b\mathfrak{a}}{a\mathfrak{a} + b\mathfrak{b}}.$$

Si le rayon vecteur r devient infiniment petit, la valeur de ε, déterminée par l'équation (1), représentera, au signe près, la dilatation ou condensation linéaire, mesurée sur un demi-axe OA qui forme avec ceux des coordonnées positives les angles dont les cosinus sont a, b, c. Alors aussi l'angle δ mesurera la rotation absolue de ce demi-axe autour de la molécule $\mathfrak{m}$, tandis que les angles φ, χ, ψ représenteront les rotations du même demi-axe autour de trois demi-axes parallèles à ceux des coordonnées positives. On trouvera d'ailleurs, dans cette hypothèse,

$$(4)\qquad \left\{\begin{aligned}(1+\varepsilon)^2 = {} & [a(1 + D_x\xi) + b\,D_y\xi + c\,D_z\xi]^2\\ & + [a\,D_x\eta + b(1 + D_y\eta) + c\,D_z\eta]^2\\ & + [a\,D_x\zeta + b\,D_y\zeta + c(1 + D_z\zeta)]^2\end{aligned}\right.$$

et

$$(5)\qquad \left\{\begin{aligned}\mathfrak{a} &= \frac{1}{1+\varepsilon}[a(1 + D_x\xi) + b\,D_y\xi + c\,D_z\xi],\\ \mathfrak{b} &= \frac{1}{1+\varepsilon}[a\,D_x\eta + b(1 + D_y\eta) + c\,D_z\eta],\\ \mathfrak{c} &= \frac{1}{1+\varepsilon}[a\,D_x\zeta + b\,D_y\zeta + c(1 + D_z\zeta)].\end{aligned}\right.$$

Dans le cas particulier où le demi-axe OA devient parallèle au plan des y, z, on a

$$a = 0,$$

et, en nommant τ l'angle polaire formé par le demi-axe OA avec celui des y positives, on a encore

$$b = \cos\tau, \qquad c = \sin\tau.$$

Par suite, on tire de la première des formules (3), jointe aux équations (5),

$$(6)\qquad \tang\varphi = \frac{(\cos\tau\,D_y + \sin\tau\,D_z)(\zeta\cos\tau - \eta\sin\tau)}{1 + (\cos\tau\,D_y + \sin\tau\,D_z)(\eta\cos\tau + \zeta\sin\tau)}.$$

Cela posé, si l'on prend

$$(7)\qquad \alpha = \frac{1}{2\pi}\int_0^{2\pi} \varphi\, d\tau,$$

α représentera ce qu'on peut appeler la *rotation moyenne* du système de points matériels autour du demi-axe des x positives. Des formules semblables aux équations (6) et (7) détermineront les rotations moyennes 6 ou γ du système autour du demi-axe des y ou des z positives. Enfin, à l'aide d'un changement de coordonnées rectangulaires, on déduira aisément des mêmes formules la rotation moyenne du système autour d'un demi-axe OA qui formerait avec ceux des coordonnées positives des angles dont les cosinus seraient

$$a, \quad b, \quad c.$$

Quant à la dilatation moyenne du volume, si on la représente par υ, on aura

$$(8)\qquad 1 + \upsilon = (1 + \varepsilon')(1 + \varepsilon'')(1 + \varepsilon'''),$$

ε', ε'', ε''' étant les *dilatations linéaires principales*, c'est-à-dire celles qui se mesurent sur trois axes rectangulaires, et parmi lesquelles se trouvent les dilatations maxima et minima.

§ II. — *Formules relatives aux changements de forme infiniment petits que peut subir un système de points matériels.*

Les formules obtenues dans le § I se simplifient lorsque le changement de forme du système de points matériels devient infiniment petit, ou plutôt lorsque ce changement est assez petit pour que l'on puisse négliger les puissances supérieures et les produits des déplacements moléculaires et des quantités de même ordre, par exemple des dérivées de ces déplacements et des dilatations linéaires. Alors, à la place des formules (4) et (6) du § I, on obtient les suivantes :

$$(1)\qquad \varepsilon = (a\mathrm{D}_x + b\mathrm{D}_y + c\mathrm{D}_z)(a\xi + b\eta + c\zeta),$$

$$(2)\qquad \left\{\begin{aligned} \varphi &= \cos^2\tau\, \mathrm{D}_y\zeta - \sin^2\tau\, \mathrm{D}_z\eta - \sin\tau\cos\tau(\mathrm{D}_y\eta - \mathrm{D}_z\zeta) \\ &= \tfrac{1}{2}(\mathrm{D}_y\zeta - \mathrm{D}_z\eta) + \tfrac{1}{2}(\mathrm{D}_y\zeta + \mathrm{D}_z\eta)\cos 2\tau - \tfrac{1}{2}(\mathrm{D}_y\eta - \mathrm{D}_z\zeta)\sin 2\tau. \end{aligned}\right.$$

De cette dernière, jointe à l'équation (7) du § I, on tire

$$(3)\qquad \begin{cases} \alpha = \frac{1}{2}(D_y\zeta - D_z\eta), \\ 6 = \frac{1}{2}(D_z\xi - D_x\zeta), \\ \gamma = \frac{1}{2}(D_x\eta - D_y\xi). \end{cases}$$

On trouve de même

Les formules (3) déterminent les rotations moyennes α, 6, γ du système de points matériels donné autour des demi-axes des coordonnées positives, et il suffit de recourir à une simple transformation des coordonnées rectangulaires, pour déduire de l'une quelconque de ces trois formules la *rotation moyenne* θ du système autour du demi-axe OA qui forme, avec les demi-axes des coordonnées positives, les angles dont les cosinus sont

$$a, \quad b, \quad c;$$

on trouve alors

$$(4)\qquad \theta = a\alpha + b6 + c\gamma.$$

Si l'on nomme Θ la valeur maximum de θ, ou la *rotation moyenne principale*, on aura évidemment

$$\Theta = (\alpha^2 + 6^2 + \gamma^2)^{\frac{1}{2}},$$

et la direction du demi-axe, autour duquel s'effectuera cette rotation moyenne principale, sera déterminée par les formules

$$(5)\qquad a = \frac{\alpha}{\Theta}, \qquad b = \frac{6}{\Theta}, \qquad c = \frac{\gamma}{\Theta}.$$

Observons encore que, en vertu de la formule (1), la somme des dilatations linéaires mesurées suivant trois directions rectangulaires entre elles sera équivalente au trinôme

$$D_x\xi + D_y\eta + D_z\zeta.$$

Donc, si l'on nomme ε', ε'', ε''' les dilatations linéaires principales, on aura

$$(6)\qquad \varepsilon' + \varepsilon'' + \varepsilon''' = D_x\xi + D_y\eta + D_z\zeta.$$

D'autre part, en considérant les dilatations linéaires comme infiniment petites du premier ordre, et négligeant les infiniment petits du second ordre ou d'un ordre supérieur au premier, on tire de la formule (8) du § I

$$(7) \qquad \upsilon = \varepsilon' + \varepsilon'' + \varepsilon'''.$$

Cette dernière formule, jointe à l'équation (6), entraîne la suivante :

$$(8) \qquad \upsilon = D_x \xi + D_y \eta + D_z \zeta.$$

Il est aisé de s'assurer que les diverses formules données dans ce paragraphe et dans le précédent entraînent les théorèmes énoncés dans le préambule de ce Mémoire.

§ III. — *Sur les équations aux dérivées partielles qui représentent les mouvements infiniment petits d'un système isotrope de molécules.*

D'après ce que j'ai dit dans la séance du 14 novembre dernier, les équations aux dérivées partielles qui représentent les mouvements infiniment petits d'un système de molécules isotrope sont généralement de la forme

$$(1) \qquad \begin{cases} (D_t^2 - E)\xi = F D_x \upsilon + 2G\alpha, \\ (D_t^2 - E)\eta = F D_y \upsilon + 2G\beta, \\ (D_t^2 - E)\zeta = F D_z \upsilon + 2G\gamma, \end{cases}$$

les lettres

$$\upsilon, \quad \alpha, \quad \beta, \quad \gamma$$

désignant, comme dans les paragraphes précédents : 1° la dilatation du volume mesurée au point (x, y, z); 2° les rotations moyennes du système autour de trois demi-axes menés par le même point parallèlement à ceux des coordonnées positives. Quant aux lettres E, F, G, elles représentent, dans les équations (1), trois fonctions entières de la somme

$$D_x^2 + D_y^2 + D_z^2,$$

dont la première s'évanouit avec cette somme, et dont chacune peut être composée d'un nombre infini de termes.

On peut aisément déduire des formules (1) d'autres formules qui renferment seulement les inconnues

$$\upsilon,\quad \alpha,\quad \beta,\quad \gamma;$$

et d'abord, comme, en vertu des équations (3) du § II, on aura identiquement

$$(2)\qquad D_x\alpha + D_y\beta + D_z\gamma = 0,$$

on tirera des équations (1)

$$(3)\qquad [D_t^2 - E - F(D_x^2 + D_y^2 + D_z^2)]\upsilon = 0.$$

De plus, si l'on élimine υ entre les équations (1), combinées deux à deux, on en conclura

$$(4)\qquad \left\{\begin{array}{l} (D_t^2 - E)\alpha = 2G(D_y\gamma - D_z\beta),\\ (D_t^2 - E)\beta = 2G(D_z\alpha - D_x\gamma),\\ (D_t^2 - E)\gamma = 2G(D_x\beta - D_y\alpha).\end{array}\right.$$

Lorsque G s'évanouit, les formules (4) se réduisent aux suivantes :

$$(5)\qquad (D_t^2 - E)\alpha = 0,\qquad (D_t^2 - E)\beta = 0,\qquad (D_t^2 - E)\gamma = 0.$$

Les formules (3) et (5) sont du nombre de celles que j'ai données dans le Mémoire lithographié d'août 1836. Lorsqu'on a simplement

$$E = \iota(D_x^2 + D_y^2 + D_z^2),\qquad F = \iota f,$$

ι, f désignant des coefficients constants, elles se réduisent aux suivantes :

$$(6)\qquad [D_t^2 - \iota(1+f)(D_x^2 + D_y^2 + D_z^2)]\upsilon = 0,$$

$$(7)\qquad \left\{\begin{array}{l} [D_t^2 - \iota(D_x^2 + D_y^2 + D_z^2)]\alpha = 0,\\ [D_t^2 - \iota(D_x^2 + D_y^2 + D_z^2)]\beta = 0,\\ [D_t^2 - \iota(D_x^2 + D_y^2 + D_z^2)]\gamma = 0.\end{array}\right.$$

Ces dernières sont toutes semblables à l'équation du son et s'intègrent de la même manière; elles sont d'ailleurs comprises, comme cas particulier, dans des formules plus générales que j'ai données dans un Mémoire présenté à l'Académie le 31 mai 1830, et qui sont relatives au mouvement de la lumière dans les cristaux à un seul axe optique.

200.

Physique mathématique. — *Note sur les pressions supportées, dans un corps solide ou fluide, par deux portions de surface très voisines, l'une extérieure, l'autre intérieure à ce même corps.*

C. R., T. XVI, p. 151 (23 janvier 1843).

J'ai remarqué, dans un Mémoire présenté à l'Académie le 30 septembre 1822, et dans le IIe Volume des *Exercices de Mathématiques* (¹), que la pression ou tension supportée en un point donné d'un corps par une surface plane devait être généralement, non pas normale, mais oblique à cette surface. J'ai de plus développé les lois suivant lesquelles cette pression ou tension varie en grandeur et en direction, lorsque le plan qui renferme la surface tourne autour du point donné. Pour trouver ces lois, il m'a suffi d'établir l'équilibre entre les pressions ou tensions supportées par les différentes faces d'un très petit élément de volume, que j'ai fait successivement coïncider avec un prisme droit, dont la base était supposée très petite par rapport à la hauteur, avec un parallélépipède rectangle et enfin avec un tétraèdre dont les trois arêtes étaient parallèles à trois axes rectangulaires entre eux. Quand on considère un corps comme un système de points matériels qui agissent les uns sur les autres à de très petites distances, les lois obtenues ainsi qu'on vient de le dire se trouvent vérifiées, non seulement par les valeurs particulières des pressions auxquelles M. Poisson était d'abord parvenu, c'est-à-dire par les valeurs qui

[1] *Œuvres de Cauchy*, S. II, T. VII.

reproduisent les équations d'équilibre et de mouvement des milieux isotropes trouvées par M. Navier, mais encore par les valeurs plus générales que j'ai données dans le IIIe Volume des *Exercices* (¹), et qui se rapportent à des milieux non isotropes.

La considération d'un prisme droit élémentaire, dont la base est très petite relativement à la hauteur, m'avait, dans le IIe Volume des *Exercices,* conduit à cette conclusion générale, que *les pressions ou tensions exercées en un point donné d'un corps contre les deux faces d'un plan quelconque passant par ce point sont deux forces égales et directement opposées.* En d'autres termes, une couche infiniment mince renfermée dans le corps à une distance sensible de la surface, et comprise entre deux plans parallèles, supporte sur ses deux faces des pressions ou tensions égales, mais dirigées en sens contraires. Il restait à savoir si la même proposition doit être étendue au cas où l'un des deux plans parallèles est remplacé par une portion élémentaire de la surface extérieure du corps, et où l'épaisseur de la couche infiniment mince est remplacée par le rayon de la sphère d'activité sensible d'une molécule. Cette extension est nécessaire pour que l'on puisse mesurer la pression intérieure et relative à un point situé près de la surface d'un corps solide par la pression extérieure, comme nous l'avons fait, M. Poisson et moi, dans les Mémoires que nous avons publiés sur les surfaces, les lames et les verges élastiques. Mais avons-nous raison de le faire, et cette manière d'opérer est-elle légitime? C'est un point sur lequel s'étaient élevés dans mon esprit quelques doutes, que j'ai cru devoir loyalement exposer aux géomètres, non seulement dans le Mémoire lithographié sur la théorie de la lumière, mais aussi dans le Mémoire présenté à l'Académie le 18 mars 1839. Aujourd'hui ces doutes sont heureusement dissipés, ainsi que je vais l'expliquer en peu de mots.

Pour qu'un élément de surface plane, mené par un point intérieur dans un corps ou dans un système de molécules, supporte une pres-

(¹) *Œuvres de Cauchy*, S. II, T. VIII.

sion dont la grandeur et la direction demeurent sensiblement invariables, tandis que l'on passe d'un point à un autre de cet élément, il est nécessaire, en général, que les deux dimensions de l'élément soient très petites. Mais, quelque petites que soient ces deux dimensions, si la hauteur d'un prisme droit qui a l'élément pour base devient infiniment petite, c'est-à-dire décroît indéfiniment, il arrivera bientôt un instant où cette hauteur pourra être négligée vis-à-vis de chacune des deux dimensions de la base; et alors, la surface latérale du prisme devenant très petite par rapport à la base, le système entier des pressions supportées par la surface latérale pourra être négligé relativement aux pressions totales supportées par la base sur laquelle le prisme a été construit, et par la base opposée. Donc l'équilibre, qui devra subsister entre les diverses pressions supportées par les diverses faces du prisme, se réduira sensiblement à l'équilibre des pressions supportées par les deux bases. Donc ces pressions totales, qui se changeront quelquefois en deux tensions, seront deux forces sensiblement égales, mais dirigées en sens contraires. Telle est la démonstration que j'ai donnée depuis longtemps de l'*égalité des pressions ou tensions exercées en un point donné d'un corps contre les deux faces d'un plan quelconque*, ou, ce qui revient au même, contre les deux faces d'une couche infiniment mince *passant par ce point.*

Si maintenant on veut démontrer l'égalité des pressions extérieure et intérieure correspondantes à deux points très voisins, situés sur une même droite normale à la surface qui termine le corps, savoir, des pressions supportées : 1° en un point donné de la surface du corps par cette surface même; 2° en un second point dont la distance à la surface soit au moins égale au rayon de la sphère d'activité sensible d'une molécule par un plan perpendiculaire à la normale ou, ce qui revient au même, parallèle à celui qui touche la surface au premier point, la démonstration pourra cesser d'être exacte, et ne subsistera que sous certaines conditions qu'il importe de signaler. A la vérité, on pourra toujours concevoir que l'on construise un prisme ou cylindre droit qui ait pour hauteur la distance entre les deux points avec des bases très petites, dont l'une pourra être censée se confondre avec un élément de la surface extérieure du corps. Mais, après avoir rendu ces bases assez petites pour que les pressions supportées par elles ne varient pas sensiblement dans le passage d'un point à un autre, on ne pourra faire décroître indéfiniment la hauteur du prisme, et, pour que la démonstration précédemment rappelée soit applicable, *il faudra que la limite inférieure assignée à cette hauteur, c'est-à-dire le rayon de la sphère d'activité sensible d'une molécule, soit effectivement une quantité très petite relativement aux dimensions qu'il sera possible d'attribuer aux deux bases du prisme sans faire varier sensiblement la pression soit intérieure, soit extérieure.*

Si, comme nous le supposerons généralement dans ce qui va suivre, les variations de la pression extérieure restent toujours très petites pour de très petites distances parcourues sur la surface du corps, la seule condition à vérifier sera que *le rayon de la sphère d'activité sensible d'une molécule reste très petit relativement à la distance qu'il faudra parcourir dans le corps sur un plan quelconque, pour obtenir des variations sensibles de la pression supportée par ce même plan.*

Dans un corps homogène considéré comme un système de molécules, les variations que la pression supportée par un plan éprouve quand on passe d'un point à un autre sont dues aux déplacements des molécules. Si d'ailleurs le corps est animé de l'un des mouvements infiniment petits que nous appelons *mouvements simples* ou par ondes planes, les déplacements moléculaires ne varieront pas sensiblement quand on parcourra des distances très petites relativement aux épaisseurs des ondes. Donc alors la condition ci-dessus énoncée se réduira simplement à ce que *le rayon de la sphère d'activité sensible d'une molécule demeure très petit relativement aux épaisseurs des ondes planes.* Sous cette condition, la pression extérieure supportée par la surface du corps ne différera pas sensiblement de la pression intérieure supportée par un plan parallèle au plan tangent et mené à une distance équivalente au rayon de la sphère d'activité sensible d'une molécule.

En général, lorsqu'un corps homogène est doué d'un mouvement infiniment petit, ce mouvement peut être censé résulter de la superposition d'un nombre fini ou infini de mouvements simples. Alors la condition précédemment énoncée se réduit à ce que *le rayon de la sphère d'activité sensible d'une molécule demeure très petit relativement aux épaisseurs des diverses ondes planes.*

Dans la théorie des surfaces des lames et des verges élastiques, on peut aux épaisseurs des ondes substituer des quantités du même ordre, telles que les dimensions des diverses portions de courbes décrites par des points qui s'écartent dans un sens ou dans un autre de leurs positions primitives. Alors on obtient les conditions qui doivent être vérifiées pour l'exactitude des formules relatives aux vibrations des surfaces des lames ou des verges élastiques, telles qu'elles ont été données par M. Poisson ou par moi-même dans divers Mémoires. L'accord général de ces formules avec l'expérience ne permet guère de douter que les conditions ci-dessus indiquées, et sous lesquelles elles subsistent, ne se trouvent effectivement remplies.

Dans le Tome VII des *Mémoires de l'Académie* (p. 390) et dans le XXe Cahier du *Journal de l'École Polytechnique* (p. 56), M. Poisson avait déjà cherché à démontrer l'égalité des pressions extérieure et intérieure correspondantes à deux points situés, l'un sur la surface d'un corps, l'autre près de cette surface. Mais la démonstration qu'il a donnée dans les *Mémoires de l'Institut,* et modifiée dans le *Journal de l'École Polytechnique,* en comparant l'une à l'autre les pressions supportées par les bases, tantôt d'un très petit segment de volume, tantôt d'un cylindre dont la hauteur et les bases sont très petites, me paraît sujette à quelques difficultés qu'il serait trop long de développer ici; et ce qui me persuade que ces difficultés sont réelles, c'est, en premier lieu, que la démonstration dont il s'agit n'a jamais été opposée, à ma connaissance, ni par son auteur ni par aucun autre géomètre, aux doutes que j'avais énoncés publiquement et par écrit, en assurant que l'égalité des pressions extérieure et intérieure n'était pas démontrée;

c'est, en premier lieu, que, dans les passages cités, M. Poisson ne fait pas mention de la condition à laquelle nous sommes parvenu, et sans laquelle, néanmoins, le théorème que constitue cette égalité peut, à notre avis, devenir inexact.

Si, au lieu d'un seul système de molécules, on considère deux semblables systèmes séparés l'un de l'autre par une surface plane, alors, raisonnant toujours de la même manière, on obtiendra de nouvelles propositions analogues à celles que nous avons énoncées, et en particulier les suivantes :

Théorème I. — *Étant donnés deux milieux séparés par une surface plane, et composés de molécules qui éprouvent de très petits déplacements, si dans chaque milieu le rayon de la sphère d'activité d'une molécule est une quantité très petite que l'on puisse négliger relativement à la distance qu'il faut parcourir pour que les pressions ou les déplacements subissent des variations sensibles, les pressions mesurées dans les deux milieux en deux points situés sur une perpendiculaire à la surface de séparation, de manière que la distance de chacun à la surface soit le rayon de la sphère d'activité sensible d'une molécule, et supportées en ces deux points par deux plans parallèles à la surface, seront sensiblement égales entre elles.*

Théorème II. — *Les mêmes choses étant posées que dans le premier théorème, supposons que des mouvements infiniment petits, simples ou à ondes planes, se propagent dans les deux milieux. Si le rayon de la sphère d'activité sensible dans chaque milieu est une quantité très petite relativement aux épaisseurs des ondes planes, les pressions mesurées dans les deux milieux en deux points situés sur une perpendiculaire à la surface de séparation, de manière que la distance de chacun à la surface soit le rayon de la sphère d'activité sensible d'une molécule, et supportées en ces deux points par deux plans parallèles à la surface, seront sensiblement égales entre elles.*

201.

Physique mathématique. — *Mémoire sur les pressions ou tensions intérieures, mesurées dans un ou plusieurs systèmes de points matériels que sollicitent des forces d'attraction ou de répulsion mutuelle.*

C. R., T. XVI, p. 299 (6 février 1843).

Dans le IIIe Volume des *Exercices de Mathématiques* (¹) et dans deux Mémoires présentés à l'Académie en 1839 (*voir* les séances du 28 octobre et du 11 novembre 1839) (²), je me suis déjà occupé des pressions ou tensions intérieures, mesurées dans un système simple ou dans un double système de points matériels, que sollicitent des forces d'attraction ou de répulsion mutuelle. En développant les formules que renferment ces divers Mémoires, on obtient celles que je vais indiquer ici.

§ I. — *Équilibre et mouvement d'un système de points matériels. Pressions ou tensions mesurées dans un semblable système.*

Considérons d'abord un système simple de molécules que nous supposerons réduites à des points matériels, et sollicitées par des forces d'attraction ou de répulsion mutuelle. Soient, dans l'état d'équilibre,

x, y, z les coordonnées d'une molécule $\mathfrak{m}$;

$x + \mathrm{x}, y + \mathrm{y}, z + \mathrm{z}$ les coordonnées d'une autre molécule m;

r le rayon vecteur mené de la molécule $\mathfrak{m}$ à la molécule m et lié à x, y, z par l'équation

$$r^2 = \mathrm{x}^2 + \mathrm{y}^2 + \mathrm{z}^2; \tag{1}$$

$\mathfrak{m} m r f(r)$ l'action mutuelle des molécules $\mathfrak{m}$, m, la fonction $f(r)$ étant positive lorsque les molécules s'attirent, et négative lorsqu'elles se repoussent;

(¹) *OEuvres de Cauchy*, S. II, T. VIII.

(²) *Id.*, S. I, T. IV, p. 513 et 520.

$\mathfrak{d}$ la densité du système au point (x, y, z);

$\mathfrak{m}\mathcal{X}$, $\mathfrak{m}\mathcal{Y}$, $\mathfrak{m}\mathcal{Z}$ les projections algébriques de la résultante des actions exercées sur la molécule $\mathfrak{m}$ par les autres molécules;

enfin $\mathcal{A}$, $\mathcal{F}$, $\mathcal{E}$, $\mathcal{F}$, $\mathcal{B}$, $\mathcal{D}$, $\mathcal{E}$, $\mathcal{D}$, $\mathcal{C}$ les projections algébriques des pressions ou tensions supportées au point (x, y, z), et, du côté des coordonnées positives, par trois plans perpendiculaires aux axes des x, des y et des z.

Les équations d'équilibre de la molécule $\mathfrak{m}$ seront

$$(2) \qquad \mathcal{X} = 0, \qquad \mathcal{Y} = 0, \qquad \mathcal{Z} = 0,$$

et l'on aura

$$(3) \qquad \mathcal{X} = \mathrm{S}[m\mathrm{x}\, f(r)], \qquad \mathcal{Y} = \mathrm{S}[m\mathrm{y}\, f(r)], \qquad \mathcal{Z} = \mathrm{S}[m\mathrm{z}\, f(r)],$$

les sommes qu'indique la lettre S s'étendant aux diverses molécules m, distinctes de la molécule $\mathfrak{m}$, et comprises dans la sphère d'activité sensible de $\mathfrak{m}$. De plus, en vertu des formules générales établies dans le IIIe Volume des *Exercices de Mathématiques*, si le système de molécules est homogène, c'est-à-dire si les diverses molécules, offrant des masses égales, se trouvent distribuées à très peu près de la même manière autour de l'une quelconque d'entre elles, on aura encore sensiblement

$$(4) \qquad \begin{cases} \mathcal{A} = \dfrac{\mathfrak{d}}{2}\mathrm{S}[m\mathrm{x}^2 f(r)], & \mathcal{B} = \dfrac{\mathfrak{d}}{2}\mathrm{S}[m\mathrm{y}^2 f(r)], & \mathcal{C} = \dfrac{\mathfrak{d}}{2}\mathrm{S}[m\mathrm{z}^2 f(r)], \\ \mathcal{D} = \dfrac{\mathfrak{d}}{2}\mathrm{S}[m\mathrm{yz}\, f(r)], & \mathcal{E} = \dfrac{\mathfrak{d}}{2}\mathrm{S}[m\mathrm{zx}\, f(r)], & \mathcal{F} = \dfrac{\mathfrak{d}}{2}\mathrm{S}[m\mathrm{xy}\, f(r)]. \end{cases}$$

Supposons maintenant que le système de molécules vienne à se mouvoir et soient, au bout du temps t,

ξ, η, ζ les déplacements de la molécule $\mathfrak{m}$;

$\xi + \Delta\xi$, $\eta + \Delta\eta$, $\zeta + \Delta\zeta$ les déplacements correspondants de la molécule m;

υ la dilatation du volume, mesurée au point (x, y, z).

Enfin soient, à la même époque,

$r+\rho$ ce que devient la distance r des molécules $\mathfrak{m}$, m;

$\mathcal{X}+\mathfrak{X}$, $\mathcal{Y}+\mathfrak{Y}$, $\mathcal{Z}+\mathfrak{Z}$ ce que deviennent les forces accélératrices $\mathcal{X}$, $\mathcal{Y}$, $\mathcal{Z}$;

et

$\mathcal{A}+\mathfrak{A}$, $\mathcal{B}+\mathfrak{B}$, $\mathcal{C}+\mathfrak{C}$, $\mathcal{D}+\mathfrak{D}$, $\mathcal{E}+\mathfrak{E}$, $\mathcal{F}+\mathfrak{F}$ ce que deviennent les pressions $\mathcal{A}$, $\mathcal{B}$, $\mathcal{C}$, $\mathcal{D}$, $\mathcal{E}$, $\mathcal{F}$.

On aura, non seulement

$$(5)\qquad (r+\rho)^2=(\mathrm{x}+\Delta\xi)^2+(\mathrm{y}+\Delta\eta)^2+(\mathrm{z}+\Delta\zeta)^2,$$

mais encore

$$(6)\qquad \mathcal{X}+\mathfrak{X}=\mathrm{S}[m(\mathrm{x}+\Delta\xi)f(r+\rho)],\qquad \ldots$$

et

$$(7)\qquad \begin{cases} \mathcal{A}+\mathfrak{A}=\dfrac{1}{2}\,\dfrac{\mathfrak{d}}{1+\upsilon}\,\mathrm{S}[m(\mathrm{x}+\Delta\xi)^2 f(r+\rho)], & \ldots, \\ \mathcal{D}+\mathfrak{D}=\dfrac{1}{2}\,\dfrac{\mathfrak{d}}{1+\upsilon}\,\mathrm{S}[m(\mathrm{y}+\Delta\eta)(\mathrm{z}+\Delta\zeta)f(r+\rho)], & \ldots. \end{cases}$$

De plus, eu égard aux formules (2), les équations du mouvement de la molécule $\mathfrak{m}$ seront

$$(8)\qquad \mathrm{D}_t^2\xi=\mathfrak{X},\qquad \mathrm{D}_t^2\eta=\mathfrak{Y},\qquad \mathrm{D}_t^2\zeta=\mathfrak{Z}.$$

Si le mouvement que l'on considère est infiniment petit, l'équation (5), jointe à la formule (1), donnera

$$(9)\qquad \rho=\frac{\mathrm{x}\,\Delta\xi+\mathrm{y}\,\Delta\eta+\mathrm{z}\,\Delta\zeta}{r},$$

et l'on aura, de plus,

$$(10)\qquad \upsilon=\mathrm{D}_x\xi+\mathrm{D}_y\eta+\mathrm{D}_z\zeta.$$

Alors on tirera des formules (6), (7), jointes aux équations (3), (4),

$$(11)\qquad \mathfrak{X} = \mathrm{S}[mf(r)\Delta\xi] + \mathrm{S}\left[m\frac{f'(r)}{r}\mathrm{x}\rho\right], \qquad \ldots,$$

$$(12)\quad \begin{cases} \mathfrak{A} = \dfrac{\delta}{2}\{2\mathrm{S}[mf(r)\mathrm{x}\,\Delta\xi] + \mathrm{S}[mf'(r)\mathrm{x}^2\rho]\} - \dfrac{\delta}{2}\mathcal{A}\upsilon, & \ldots, \\ \mathfrak{D} = \dfrac{\delta}{2}\{\mathrm{S}[mf(r)(\mathrm{z}\,\Delta\eta + \mathrm{y}\,\Delta\zeta)] + \mathrm{S}[mf'(r)\mathrm{yz}\rho]\} - \dfrac{\delta}{2}\mathcal{D}\upsilon, & \ldots. \end{cases}$$

Dans les formules qui précèdent, la lettre caractéristique Δ indique l'accroissement que prend une fonction des variables indépendantes x, y, z, quand on attribue à ces variables indépendantes les accroissements

$$\Delta x = \mathrm{x}, \qquad \Delta y = \mathrm{y}, \qquad \Delta z = \mathrm{z}.$$

Cela posé, en désignant par 8 une fonction quelconque de x, y, z, on aura

$$(13)\qquad \Delta 8 = (e^{\mathrm{x}\mathrm{D}_x + \mathrm{y}\mathrm{D}_y + \mathrm{z}\mathrm{D}_z} - 1)8.$$

Si, le système donné étant homogène, le mouvement infiniment petit propagé dans ce système se réduit à un mouvement simple dont le symbole caractéristique soit

$$e^{ux+vy+wz+st},$$

u, v, w désignant des coefficients réels; alors, en prenant pour 8 une fonction linéaire quelconque des déplacements linéaires ξ, η, ζ et de leurs dérivées, on trouvera

$$(14)\qquad \Delta 8 = (e^{\mathrm{x}u+\mathrm{y}v+\mathrm{z}w} - 1)8,$$

et, en posant, pour abréger,

$$(15)\qquad \iota = \mathrm{x}u + \mathrm{y}v + \mathrm{z}w,$$

on aura

$$(16)\qquad \Delta 8 = (e^{\iota} - 1)8,$$

par conséquent

$$(17)\qquad \Delta = e^{\iota} - 1.$$

Cela posé, les formules (9), (10) donneront

$$(18)\qquad \rho = \frac{\mathrm{x}\xi + \mathrm{y}\eta + \mathrm{z}\zeta}{r}(e^{\iota} - 1),$$

$$(19)\qquad \upsilon = u\xi + v\eta + w\zeta;$$

et, comme on aura encore

$$\mathrm{x} = \mathrm{D}_u \iota, \qquad \mathrm{y} = \mathrm{D}_v \iota, \qquad \mathrm{z} = \mathrm{D}_w \iota,$$

on tirera des formules (11), (12), jointes aux équations (17) et (18),

$$(20)\qquad \mathfrak{X} = (\mathrm{G} - \mathrm{I})\xi + \mathrm{D}_u(\xi \mathrm{D}_u + \eta \mathrm{D}_v + \zeta \mathrm{D}_w)(\mathrm{H} - \mathrm{K}) \quad \ldots,$$

$$(21)\qquad \left\{ \begin{aligned} \mathfrak{A} &= \frac{\mathfrak{d}}{2}[2\xi \mathrm{D}_u(\mathrm{G} - \mathfrak{I}) + \mathrm{D}_u^2(\xi \mathrm{D}_u + \eta \mathrm{D}_v + \zeta \mathrm{D}_w)(\mathrm{H} - \mathcal{K})] - \frac{\mathfrak{d}}{2}\mathcal{A}\upsilon, \quad \ldots, \\ \mathfrak{D} &= \frac{\mathfrak{d}}{2}[(\eta \mathrm{D}_w + \zeta \mathrm{D}_v)(\mathrm{G} - \mathfrak{I}) + \mathrm{D}_v \mathrm{D}_w(\xi \mathrm{D}_u + \eta \mathrm{D}_v + \zeta \mathrm{D}_w)(\mathrm{H} - \mathcal{K}) - \frac{\mathfrak{d}}{2}\mathcal{D}\upsilon, \quad \ldots, \end{aligned} \right.$$

les valeurs de

$$\mathrm{G}, \quad \mathrm{H}, \quad \mathrm{I}, \quad \mathrm{K}, \quad \mathfrak{I}, \quad \mathcal{K}$$

étant

$$(22)\qquad \mathrm{G} = \mathrm{S}[m f(r) e^{\iota}], \qquad \mathrm{H} = \mathrm{S}\left[m \frac{f'(r)}{r} e^{\iota}\right],$$

$$(23)\qquad \mathrm{I} = \mathrm{S}[m f(r)], \qquad \mathrm{K} = \mathrm{S}\left[m \frac{f'(r)}{r} \frac{\iota^2}{2}\right],$$

$$(24)\qquad \mathfrak{I} = \mathrm{S}[m f(r) \iota], \qquad \mathcal{K} = \mathrm{S}\left[m \frac{f'(r)}{r} \frac{\iota^3}{2.3}\right].$$

Ajoutons que l'on tirera des formules (4)

$$(25)\qquad \left\{ \begin{aligned} \mathcal{A} &= \frac{\mathfrak{d}}{2}\mathrm{D}_u^2 \mathrm{L}, & \mathcal{B} &= \frac{\mathfrak{d}}{2}\mathrm{D}_v^2 \mathrm{L}, & \mathcal{C} &= \frac{\mathfrak{d}}{2}\mathrm{D}_w^2 \mathrm{L}, \\ \mathcal{D} &= \frac{\mathfrak{d}}{2}\mathrm{D}_v \mathrm{D}_w \mathrm{L}, & \mathcal{E} &= \frac{\mathfrak{d}}{2}\mathrm{D}_w \mathrm{D}_u \mathrm{L}, & \mathcal{F} &= \frac{\mathfrak{d}}{2}\mathrm{D}_u \mathrm{D}_v \mathrm{L}, \end{aligned} \right.$$

la valeur de L étant

$$(26)\qquad \mathrm{L} = \mathrm{S}\left[m f(r) \frac{\iota^2}{2}\right].$$

En comparant la formule (13) à la formule (14), on arrive immédiatement à la conclusion suivante :

Pour obtenir les valeurs générales des forces accélératrices

$$\mathfrak{X},\quad \mathfrak{Y},\quad \mathfrak{Z}$$

et des pressions

$$\mathfrak{A},\quad \mathfrak{B},\quad \mathfrak{C},\quad \mathfrak{D},\quad \mathfrak{E},\quad \mathfrak{F}$$

qui correspondent à un mouvement infiniment petit quelconque d'un système homogène de points matériels, il suffit de calculer les valeurs particulières de ces quantités qui correspondent au mouvement simple dont le symbole caractéristique est

$$e^{ux+vy+wz+st},$$

u, v, w désignant des quantités réelles, puis de remplacer dans ces valeurs particulières les coefficients

$$u,\quad v,\quad w$$

par les lettres caractéristiques

$$\mathrm{D}_x,\quad \mathrm{D}_y,\quad \mathrm{D}_z,$$

qui devront s'appliquer aux déplacements ξ, η, ζ, considérés comme fonctions de x, y, z.

§ II. — *Réduction des formules dans le cas où le système donné devient isotrope.*

Lorsque le système de points matériels donné devient isotrope, les fonctions de u, v, w, que représentent les lettres

$$\mathrm{G},\quad \mathrm{H}$$

et que déterminent, dans le § I, les équations (22) jointes à la formule (15), se réduisent à des fonctions de la quantité

$$k^2 = u^2 + v^2 + w^2, \tag{1}$$

et même, en vertu de la formule

$$e^t = 1 + \frac{t}{1} + \frac{t^2}{2} + \frac{t^3}{2.3} + \ldots,$$

à des fonctions entières de k^2 composées chacune d'un nombre infini de termes. Il y a plus : si, dans les formules (22), (23), (24), (26) du § I, on pose

$$\iota = kr\cos\delta$$

ou, ce qui revient au même,

$$\cos\delta = \frac{\iota}{kr} = \frac{u\mathrm{x} + v\mathrm{y} + w\mathrm{z}}{kr},$$

δ représentera l'angle compris entre le rayon vecteur r et la droite qui forme avec les demi-axes des coordonnées positives les angles dont les cosinus sont

$$\frac{u}{k}, \quad \frac{v}{k}, \quad \frac{w}{k},$$

et, en vertu d'un théorème énoncé ailleurs (*voir* le Ier Volume des *Exercices d'Analyse et de Physique mathématique*, p. 25) (¹), pour obtenir les valeurs générales de G, H, I, K, $\mathfrak{J}$, $\mathfrak{K}$, L, il suffira de remplacer, dans les formules dont il s'agit, les quantités

$$e^{\iota} \quad \text{et} \quad \iota^n,$$

n étant l'un quelconque des nombres entiers 0, 1, 2, 3, par les deux intégrales

$$\frac{1}{2}\int_0^{\pi} e^{kr\cos\delta}\sin\delta\, d\delta = \frac{e^{kr} - e^{-kr}}{2kr},$$

$$\frac{1}{2}\int_0^{\pi} (kr\sin\delta)^n\, d\delta = \frac{1 + (-1)^{n+1}}{2(n+1)} k^n r^n.$$

En conséquence, on trouvera

$$(2) \qquad \mathrm{G} = \mathrm{S}\left[m f(r)\frac{e^{kr} - e^{-kr}}{2kr}\right], \qquad \mathrm{H} = \mathrm{S}\left[m\frac{f'(r)}{r}\frac{e^{kr} - e^{-kr}}{2kr}\right],$$

$$(3) \qquad \mathrm{I} = \mathrm{S}[m f(r)], \qquad \mathrm{K} = \frac{k^2}{2.3}\mathrm{S}[mr f'(r)],$$

$$(4) \qquad \mathfrak{J} = 0, \qquad \mathfrak{K} = 0,$$

$$(5) \qquad \mathrm{L} = \frac{k^2}{2.3}\mathrm{S}[mr^2 f(r)].$$

(¹) *OEuvres de Cauchy*, S. II, T. XI.

Cela posé, on aura, en vertu des équations (25) du § I,

$$(6)\qquad \begin{cases} \mathcal{A} = \mathcal{B} = \mathcal{C} = \delta L, \\ \mathcal{D} = \mathcal{E} = \mathcal{F} = 0, \end{cases}$$

et les équations (20), (21) du même paragraphe donneront

$$(7)\qquad \mathfrak{X} = M\xi + N u \upsilon, \qquad \ldots,$$

$$(8)\qquad \begin{cases} \mathfrak{A} = \dfrac{\delta}{2}\left\{ 2u\xi \dfrac{1}{k} D_k M + \left[\left(1 + \dfrac{u^2}{k} D_k\right) N - L\right]\upsilon \right\}, & \ldots, \\ \mathfrak{D} = \dfrac{\delta}{2}\left[(w\eta + v\zeta) \dfrac{1}{k} D_k M + \upsilon \dfrac{vw}{k} D_k N \right], & \ldots, \end{cases}$$

la valeur de υ étant toujours

$$(9)\qquad \upsilon = u\xi + v\eta + w\zeta,$$

et les valeurs de M, N étant

$$(10)\qquad \begin{cases} M = G - I + \dfrac{1}{k} D_k (H - K), \\ N = \dfrac{1}{k} D_k \left(\dfrac{1}{k} D_k H \right). \end{cases}$$

D'autre part, comme, en désignant par $\mathcal{F}(r)$ une fonction quelconque de r, on a généralement

$$D_k \mathcal{F}(kr) = \frac{r}{k} D_r \mathcal{F}(kr),$$

on tirera des formules (10), jointes aux équations (2) et (3),

$$(11)\qquad \begin{cases} M = S\left\{ \dfrac{m}{r^2} D_r \left[\left(\dfrac{1}{k^2} D_r \dfrac{e^{kr} - e^{-kr}}{2kr} - \dfrac{r}{3} \right) r^2 f(r) \right] \right\}, \\ N = \dfrac{1}{k^4} S \left[m r^2 f'(r) D_r \left(\dfrac{1}{r} D_r \dfrac{e^{kr} - e^{-kr}}{2kr} \right) \right]. \end{cases}$$

Pour déduire des formules (7) et (8) les valeurs générales de

$$\mathfrak{X},\ \mathfrak{Y},\ \mathfrak{Z},\ \mathfrak{A},\ \mathfrak{B},\ \mathfrak{C},\ \mathfrak{D},\ \mathfrak{E},\ \mathfrak{F}$$

qui correspondent à un mouvement infiniment petit d'un système homogène et isotrope, il suffira de poser dans ces formules, jointes aux équations (1), (2), (3), (5) et (9),

$$u = D_x, \qquad v = D_y, \qquad w = D_z,$$

en supposant les lettres caractéristiques D_x, D_y, D_z appliquées aux déplacements moléculaires ξ, η, ζ. Si l'on pose en outre

$$s = D_t,$$

les équations du mouvement de la molécule m, c'est-à-dire les équations (8) du § I, deviendront

$$(12) \qquad \begin{cases} (M - s^2)\xi + Nu\upsilon = 0, \\ (M - s^2)\eta + Nv\upsilon = 0, \\ (M - s^2)\zeta + Nw\upsilon = 0. \end{cases}$$

Si l'on élimine ξ, η, ζ entre les équations (12), jointes à la formule (9), on obtiendra l'équation caractéristique

$$(13) \qquad (s^2 - M)(s^2 - M - Nk^2) = 0,$$

qui se décompose en deux autres, savoir :

$$(14) \qquad s^2 - M = 0$$

et

$$(15) \qquad s^2 - M - Nk^2 = 0.$$

Si le mouvement du système de points matériels se réduit à un mouvement simple dont le symbole caractéristique soit

$$e^{ux+vy+wz+st},$$

les coefficients

$$s \quad \text{et} \quad k^2 = u^2 + v^2 + w^2$$

se trouveront nécessairement liés entre eux par l'une des formules (14), (15), non seulement dans le cas où les coefficients u, v, w, s conserveront des valeurs réelles, mais aussi lorsque ces coefficients deviendront imaginaires.

Dans ce paragraphe et dans le précédent, nous nous sommes borné à considérer un seul système de points matériels; mais il est facile d'étendre les formules que nous avons obtenues au cas où l'on considère deux semblables systèmes superposés l'un à l'autre, c'est-à-dire renfermés dans le même espace. C'est, au reste, ce que nous expliquerons plus en détail dans un autre article.

202.

Analyse mathématique. — *Sur l'emploi des coordonnées curvilignes dans l'évaluation des surfaces, des volumes, des masses, etc.*

C. R., T. XVI, p. 413 (20 février 1843).

J'ai donné à la Faculté des Sciences, dans mon Cours de Mécanique, en décembre 1821, une méthode générale à l'aide de laquelle j'ai obtenu, pour un système quelconque de coordonnées curvilignes, des formules propres à la détermination des surfaces, des volumes, des masses, etc. Ces formules se distinguent des formules du même genre données par Lagrange pour l'évaluation des surfaces et des volumes dans la *Théorie des fonctions analytiques*, en ce que les formules de Lagrange se déduisent de celles qui supposent les coordonnées rectangulaires, par un changement de variables, tandis que mes formules se trouvaient établies directement pour des coordonnées curvilignes quelconques. Leur démonstration se déduit aisément de la considération des quantités que j'ai désignées sous le nom de *rapports différentiels,* dans mes leçons à l'École Polytechnique, ainsi que dans les dernières livraisons de mes *Exercices d'Analyse*. L'emploi des coordonnées curvilignes pouvant être utile, non seulement dans la comparaison ou l'évaluation de diverses transcendantes, mais aussi dans les questions de Mécanique rationnelle et de Physique mathématique, comme l'ont prouvé le Mémoire de M. Yvori, relatif à l'attraction exercée par un ellipsoïde sur un point matériel, et plus récemment les travaux de M. Lamé, j'ai pensé que mes formules générales, qui sont d'ailleurs très simples, pourraient même aujourd'hui n'être pas dépourvues d'intérêt pour les géomètres. Tel est le motif qui me détermine à les reproduire dans ce Mémoire, avec les théorèmes qu'elles fournissent. Je dirai ensuite, en peu de mots, comment on peut de ces formules passer à celles que Lagrange a données et à d'autres du même genre.

Analyse.

§ I. — *Formules générales pour la détermination des surfaces, des volumes, des masses, etc.*

La position d'un point sur une surface plane ou courbe peut être déterminée par le moyen de deux coordonnées x, y, rectangulaires ou obliques, rectilignes ou curvilignes; et une ligne quelconque tracée sur cette surface peut être représentée par une équation qui renferme les deux variables x, y, ou au moins l'une d'entre elles.

Pareillement, la position d'un point dans l'espace se trouve complètement déterminée par le moyen de trois coordonnées x, y, z, rectangulaires ou obliques, rectilignes ou curvilignes, et une surface quelconque peut être représentée par une équation qui renferme les trois variables x, y, z, ou deux de ces variables, ou au moins l'une d'entre elles.

Lorsque les coordonnées, étant au nombre de deux, se rapportent aux divers points situés sur une même surface, les *lignes coordonnées* des x et y sont celles qui se trouvent représentées par les deux équations

$$x = 0 \quad \text{et} \quad y = 0.$$

L'*origine* des coordonnées est le point d'intersection de ces deux lignes, ou, en d'autres termes, le point dont les coordonnées se réduisent à zéro.

Lorsque les coordonnées sont au nombre de trois, les *surfaces coor-*

données des y, z, des z, x et des x, y sont celles qui se trouvent représentées par les trois équations

$$x = 0, \qquad y = 0, \qquad z = 0.$$

Les *lignes coordonnées* des x, des y et des z sont les trois lignes suivant lesquelles se coupent les surfaces coordonnées. L'*origine* est le point commun aux trois surfaces et aux trois lignes coordonnées, ou, en d'autres termes, le point dont les trois coordonnées se réduisent à zéro.

Cela posé, les propositions générales que nous avons établies dans les leçons données à la Faculté des Sciences, en décembre 1821, se réduisent aux suivantes :

Théorème I. — *La position d'un point, sur une surface plane ou courbe, étant déterminée par le moyen de deux coordonnées rectilignes ou curvilignes x, y, cherchons l'aire comprise sur cette surface entre les quatre lignes droites ou courbes représentées par les quatre équations*

$$x = x_0, \qquad x = X,$$
$$y = y_0, \qquad y = Y,$$

dans lesquelles x_0, X, y_0, Y désignent des valeurs particulières des variables x, y; et soit

$$f(X, Y)$$

la valeur de cette aire, considérée comme fonction de X et de Y. Si l'on nomme A ce que devient l'aire dont il s'agit quand y_0, Y se transforment en deux fonctions données de la variable x, alors, en posant, pour abréger,

$$(1) \qquad u = D_x D_y f(x, y),$$

on aura

$$(2) \qquad A = \int_{x_0}^{X} \int_{y_0}^{Y} u \, dx \, dy.$$

Corollaire I. — On peut, dans la recherche de la fonction f(X, Y), attribuer à x_0, y_0 des valeurs arbitraires, par exemple des valeurs nulles.

Corollaire II. — La position d'un point dans un plan étant déterminée par deux coordonnées rectangulaires x, y, ou par deux coordonnées polaires p, r, alors, en ayant égard au corollaire I, on verra l'aire représentée par $f(X,Y)$ se réduire, dans le premier cas, à un rectangle, dans le second cas, à un secteur circulaire, et l'on trouvera, par suite, dans le premier cas,

$$f(x,y) = xy, \qquad u = 1,$$

$$A = \int_{x_0}^{X}\int_{y_0}^{Y} dx\,dy;$$

dans le second cas,

$$x = p, \qquad y = r,$$

$$f(x,y) = f(p,r) = \frac{1}{2}r^2(1-\cos p), \qquad u = r\sin p,$$

$$A = \int_{p_0}^{P}\int_{r_0}^{R} r\sin dp\,dr.$$

r_0, R désignent deux fonctions de p, et p_0, P deux quantités constantes.

Théorème II. — *La position d'un point dans l'espace étant déterminée par le moyen de trois coordonnées rectilignes ou curvilignes x, y, z, cherchons le volume compris entre les six surfaces représentées par les six équations*

$$x = x_0, \qquad x = X;$$

$$y = y_0, \qquad y = Y;$$

$$z = z_0, \qquad z = Z,$$

dans lesquelles x_0, X; y_0, Y; z_0, Z désignent des valeurs particulières des variables x, y, z; et soit

$$f(X, Y, Z)$$

la valeur de ce volume considéré comme fonction de x, y, z. Si l'on nomme V ce que devient ce même volume quand y_0, Y se transforment *en deux fonctions données de* x, *et* z_0, Z *en deux fonctions données de* x, y, *alors, en posant, pour abréger,*

$$v = D_x D_y D_z f(x, y, z), \tag{3}$$

on aura

$$V = \int_{x_0}^{X} \int_{y_0}^{Y} \int_{z_0}^{Z} v \, dx \, dy \, dz. \tag{4}$$

Corollaire I. — On peut, dans la recherche de la fonction f(X, Y, Z), attribuer à x_0, y_0, z_0 des valeurs particulières, par exemple, des valeurs nulles.

Corollaire II. — La position d'un point dans l'espace étant déterminée par trois coordonnées rectangulaires x, y, z, ou par trois coordonnées polaires p, q, r, alors, en ayant égard au corollaire I, on verra le volume représenté par f(X, Y, Z) se réduire, dans le premier cas, à un parallélépipède rectangle; dans le second cas, à un secteur sphérique; et l'on trouvera, par suite, dans le premier cas,

$$f(x, y, z) = xyz, \qquad v = 1,$$

$$V = \int_{x_0}^{X} \int_{y_0}^{Y} \int_{z_0}^{Z} dx \, dy \, dz;$$

dans le second cas,

$$x = p, \qquad y = q, \qquad z = r,$$

$$f(x, y, z) = f(p, q, r) = \frac{1}{3} r^3 q (1 - \cos p), \qquad u = r^2 \sin p,$$

$$V = \int_{p_0}^{P} \int_{q_0}^{Q} \int_{r_0}^{R} r^2 \sin p \, dp \, dq \, dr,$$

p_0, P étant deux quantités constantes, q_0, Q deux fonctions de p, et r_0, R deux fonctions de p et de q.

Théorème III. — *Les mêmes choses étant posées que dans le théorème II, si l'on nomme* M *la masse d'un corps comprise sous le volume* V, *alors, en désignant par* ρ *la densité du corps au point* x, y, z, *on obtiendra, au lieu de la formule* (4), *la suivante :*

$$(5)\qquad \mathrm{M} = \int_{x_0}^{\mathrm{X}}\int_{y_0}^{\mathrm{Y}}\int_{z_0}^{\mathrm{Z}} \rho\,\nu\, dx\, dy\, dz.$$

Corollaire. — En faisant usage, par exemple, de coordonnées rectangulaires ou polaires, on verra l'équation (5) se réduire à l'une des formules connues

$$\mathrm{M} = \int_{x_0}^{\mathrm{X}}\int_{y_0}^{\mathrm{Y}}\int_{z_0}^{\mathrm{Z}} \rho\, dx\, dy\, dz,$$

$$\mathrm{M} = \int_{p_0}^{\mathrm{P}}\int_{q_0}^{\mathrm{Q}}\int_{r_0}^{\mathrm{R}} \rho\, r^2 \sin p\, dp\, dq\, dr.$$

La manière la plus simple d'établir les théorèmes qui précèdent est de recourir à l'emploi des *rapports différentiels*, dont nous allons rappeler la définition en peu de mots.

Comme nous l'avons expliqué dans la 19e livraison des *Exercices d'Analyse* (1), nous appellerons grandeurs ou quantités *coexistantes* deux quantités qui existent ensemble et varient simultanément, de telle sorte que les éléments de l'une varient et s'évanouissent en même temps que les éléments de l'autre. Tels sont, par exemple, le rayon d'un cercle et sa surface, le rayon d'une sphère et son volume, la hauteur d'un triangle et sa surface, le volume d'un corps et la masse ou le poids de ce corps.

Des grandeurs ou quantités coexistantes peuvent varier simultanément dans un ou plusieurs sens divers. Par exemple, la masse d'un parallélépipède peut varier avec le volume de ce solide dans un, deux ou trois sens, correspondants à ses trois dimensions.

Cela posé, soient

$$\mathrm{A} \quad \text{et} \quad \mathrm{B}$$

deux grandeurs ou quantités coexistantes qui varient simultanément dans un ou plusieurs sens divers. Concevons que la grandeur B soit

(1) *OEuvres de Cauchy*, S. II, T. XII.

décomposée en éléments

$$b_1,\quad b_2,\quad \ldots,\quad b_n,$$

dont les valeurs numériques soient très petites, et nommons

$$a_1,\quad a_2,\quad \ldots,\quad a_n$$

les éléments correspondants de la grandeur A. Supposons d'ailleurs que, l'un quelconque des éléments de la grandeur B étant représenté par b, et l'élément correspondant de la grandeur A par a, la valeur numérique de l'élément b vienne à décroître indéfiniment dans un ou plusieurs sens. L'élément a s'approchera lui-même indéfiniment de zéro; mais on ne pourra en dire autant du rapport

$$\frac{a}{b},$$

qui convergera en général vers une limite finie différente de zéro. Cette limite est ce que nous appelons le *rapport différentiel* [1] de la grandeur A à la grandeur B. Ce rapport différentiel est du *premier ordre,* ou du *second,* ou du *troisième,* etc., suivant que pour l'obtenir on fait décroître l'élément b dans un, ou deux, ou trois, ... sens différents.

Ces définitions étant admises, on établira sans peine, avec les théorèmes I, II, III, ceux que nous allons énoncer.

THÉORÈME IV. — *Les mêmes choses étant posées que dans le théorème I, nommons* K *une grandeur qui varie et s'évanouisse avec la surface* A. *Si le rapport différentiel de la grandeur* K *à l'aire* A *est représenté par* ρ, *on aura*

$$\text{(6)}\qquad K = \int_{x_0}^{X}\int_{y_0}^{Y} \rho u \, dx \, dy.$$

(1) Le rapport différentiel de deux grandeurs reçoit souvent divers noms particuliers relatifs à la nature même de ces grandeurs. Ainsi, par exemple, la *densité* d'un corps en un point donné n'est autre chose que le rapport différentiel entre la masse et le volume de ce corps; la *vitesse* d'un point mobile est le rapport différentiel de l'espace parcouru au temps; la *pression hydrostatique* supportée par une surface en un point donné est le rapport différentiel de la pression totale à l'aire de cette même surface, etc.

Théorème V. — *Les mêmes choses étant posées que dans le théorème II, nommons* K *une grandeur qui varie et s'évanouisse avec le volume* V. *Si le rapport différentiel de la grandeur* K *au volume* V *est représenté par* ρ, *on aura*

$$K = \int_{x_0}^{X}\int_{y_0}^{Y}\int_{z_0}^{Z} \rho v\, dx\, dy\, dz. \tag{7}$$

Il est bon d'observer ici qu'étant données : 1° une surface ou un volume quelconque ; 2° une grandeur K correspondante à cette surface ou à ce volume, on peut toujours décomposer ces deux quantités en parties correspondantes dont chacune puisse être déterminée, soit à l'aide des formules (2) et (6), soit à l'aide des formules (4) et (7).

§ II. — *Remarques sur les formules obtenues dans le paragraphe premier.*

Si l'on veut passer des formules obtenues dans le paragraphe premier à celles que Lagrange a données dans sa *Théorie des fonctions analytiques*, et aux formules analogues établies de la même manière, il suffira de recourir à deux théorèmes connus de Géométrie analytique, dont voici l'énoncé :

Théorème I. — *Tous les points d'un plan étant rapportés à deux axes rectangulaires des* x, y, *si l'on construit un parallélogramme qui ait pour côtés les rayons vecteurs menés de l'origine à deux points donnés* (x_0, y_0) *et* (x_1, y_1), *l'aire du parallélogramme aura pour mesure la valeur numérique de la résultante*

$$x_0 y_1 - x_1 y_0 = S(\pm x_0 y_1).$$

Théorème II. — *Les divers points de l'espace étant rapportés à trois axes rectangulaires des* x, y, z, *si l'on construit un parallélépipède qui ait pour côtés les rayons vecteurs menés de l'origine à trois points donnés* (x_0, y_0, z_0), (x_1, y_1, z_1) *et* (x_2, y_2, z_2), *la valeur de ce parallélépipède aura pour mesure la valeur numérique de la résultante*

$$x_0 y_1 z_2 - x_0 y_2 z_1 + x_1 y_2 z_0 - x_1 y_0 z_2 + x_2 y_0 z_1 - x_2 y_1 z_0 = S(\pm x_0 y_1 z_2).$$

Supposons maintenant que, les lettres

$$x,\quad y,\quad z$$

représentant toujours des coordonnées rectangulaires, on désigne par

$$p,\quad q,\quad r$$

des coordonnées polaires ou des coordonnées curvilignes quelconques: alors, en vertu de l'équation (7) du paragraphe précédent, on aura, non seulement

(1) $$\mathbf{K} = \int_{x_0}^{\mathrm{X}} \int_{y_0}^{\mathrm{Y}} \int_{z_0}^{\mathrm{Z}} \rho \, dx \, dy \, dz,$$

mais encore

(2) $$\mathbf{K} = \int_{p_0}^{\mathrm{P}} \int_{q_0}^{\mathrm{Q}} \int_{r_0}^{\mathrm{R}} \rho v \, dp \, dq \, dr,$$

p_0, P étant deux quantités constantes, q_0, Q deux fonctions de p; r_0, R deux fonctions de p, q, et ρ le rapport différentiel de la grandeur **K** au volume V. Quant à la fonction v, elle sera déterminée par la formule

$$v = \mathrm{D}_p \mathrm{D}_q \mathrm{D}_r \mathrm{f}(p, q, r),$$

pourvu que f(P, Q, R) désigne le volume renfermé entre les surfaces représentées par des équations de la forme

$$p = p_0,\qquad q = q_0,\qquad r = r_0,$$
$$p = \mathrm{P},\qquad q = \mathrm{Q},\qquad r = \mathrm{R},$$

dans le cas où les quantités P, Q, R deviennent indépendantes les unes des autres et de p_0, q_0, r_0. D'autre part, si l'on nomme φ le volume f(p, q, r), et si l'on attribue aux coordonnées p, q, r de très petits accroissements Δp, Δq, Δr, l'accroissement correspondant du volume φ pourra être représenté par

$$\Delta_p \Delta_q \Delta_r \varphi,$$

et l'on aura sensiblement

$$v = \pm \frac{\Delta_p \Delta_q \Delta_r \varphi}{\Delta p \, \Delta q \, \Delta r}.$$

D'ailleurs, il est facile de s'assurer que le très petit volume

$$\Delta_p \Delta_q \Delta_r \mho$$

sera le produit qu'on obtiendra en multipliant, par un facteur très peu différent de l'unité, le volume du parallélépipède qui aura pour arêtes les trois droites menées du point (x, y, z) aux trois points

$$(x + \Delta_p x,\ y + \Delta_p y,\ z + \Delta_p z),$$
$$(x + \Delta_q x,\ y + \Delta_q y,\ z + \Delta_q z),$$
$$(x + \Delta_r x,\ y + \Delta_r y,\ z + \Delta_r z).$$

Donc, en vertu du second théorème, on aura

$$\Delta_p \Delta_q \Delta_r \mho = (1 + \varepsilon)\, \mathrm{S}(\pm \Delta_p x\, \Delta_q y\, \Delta_r z),$$

ε désignant une quantité dont la valeur numérique décroîtra indéfiniment avec Δp, Δq, Δr. Cela posé, la valeur de v deviendra

$$v = \pm (1 + \varepsilon)\, \mathrm{S}\left(\pm \frac{\Delta_p x}{\Delta p} \frac{\Delta_q y}{\Delta q} \frac{\Delta_r z}{\Delta r}\right).$$

Si maintenant on réduit Δp, Δq, Δr à zéro, l'équation que nous venons de trouver donnera

$$(3) \qquad v = \pm\, \mathrm{S}(\pm \mathrm{D}_p x\, \mathrm{D}_q y\, \mathrm{D}_r z).$$

Telle est la valeur de v qui devra être substituée dans la formule (2) et que l'on peut d'ailleurs obtenir en appliquant à l'équation (1) la méthode donnée par Lagrange ([1]) pour un changement de variables dans une intégrale double.

Si, en considérant des points situés, non plus dans l'espace, mais dans un plan, on désignait par x, y des coordonnées rectangulaires, et par p, r des coordonnées polaires ou curvilignes quelconques, alors,

([1]) On peut voir, sur l'application de cette méthode aux intégrales multiples de divers ordres, d'une part les formules que j'ai obtenues dans le XIXe Cahier du *Journal de l'École Polytechnique* ([a]), et d'autre part un Mémoire publié récemment dans le *Journal de Crelle*, par M. Jacobi.

([a]) *Œuvres de Cauchy*, S. II, T. I.

en vertu de la formule (6) du paragraphe précédent, on aurait, non seulement

$$K = \int_{x_0}^{X} \int_{y_0}^{Y} \rho \, dx \, dy, \tag{4}$$

mais encore

$$K = \int_{p_0}^{P} \int_{r_0}^{R} \rho u \, dp \, dr, \tag{5}$$

p_0, P étant deux quantités constantes, r_0, R deux fonctions de p, et ρ le rapport différentiel de la grandeur K à la surface A. Alors aussi, par des raisonnements semblables à ceux qui précèdent, on déduirait du théorème I la formule

$$u = \pm S(\pm D_p x \, D_r y) = \pm (D_p x \, D_r y - D_p y \, D_r x). \tag{6}$$

Nous remarquerons en finissant que, dans les formules (3) et (6), le double signe doit être déterminé de manière que la valeur de u ou de v reste positive.

203.

Calcul intégral. — *Mémoire sur la théorie des intégrales définies singulières appliquée généralement à la détermination des intégrales définies, et en particulier à l'évaluation des intégrales eulériennes.*

C. R., T. XVI, p. 422 (20 février 1843).

La théorie des intégrales singulières, qui dès l'année 1814 s'est trouvée, grâce au rapport de MM. Lacroix et Legendre, accueillie si favorablement de l'Académie, m'a fourni, comme l'on sait, les moyens, non seulement d'expliquer le singulier paradoxe que semblaient présenter des intégrales doubles dont la valeur variait avec l'ordre des intégrations et de mesurer l'étendue de cette variation, mais encore de construire des formules générales relatives à la transformation ou même à la détermination des intégrales définies et de distinguer les intégrales dont la valeur est finie d'avec celles dont les valeurs deviennent infinies ou indéterminées. Ces diverses applications de la théorie des intégrales singulières se trouvent déjà exposées et développées, d'une part dans le Tome I des *Mémoires des Savants étrangers* (¹), de l'autre dans mes *Exercices de Mathématiques* (²) et dans les leçons données à l'École Polytechnique sur le Calcul infinitésimal (³).

Il arrive souvent que, dans une intégrale simple, la fonction sous le signe $\int$ se compose de divers termes dont plusieurs deviennent infinis pour une valeur de la variable comprise entre les limites des intégrations, ou représentée par l'une de ces limites. Alors il importe de savoir, non seulement si l'intégrale est finie, ou infinie, ou indéterminée, mais en outre, lorsqu'elle reste finie, quelle est précisément sa valeur. La théorie des intégrales singulières, qui sert à résoudre généralement le premier problème, conduit souvent encore à la solution exacte ou approchée du second. Ainsi en particulier cette théorie, combinée avec le calcul des résidus, fournit, sous une forme très simple, la valeur générale d'une intégrale prise entre les limites o et ∞, lorsque la fonction sous le signe $\int$ est une somme d'exponentielles multipliées chacune par un polynôme dont les divers termes sont proportionnels à des puissances entières positives ou même négatives de la variable x.

La théorie des intégrales singulières peut encore être employée avec avantage dans l'évaluation des intégrales qui représentent des fonctions de très grands nombres. Elle permet de séparer, dans ces dernières, la partie qui reste finie ou qui devient même infinie avec ces nombres, de celle qui décroît indéfiniment avec eux. Cette séparation devient surtout facile quand, les limites de l'intégrale étant zéro et l'infini, la fonction sous le signe $\int$ se compose de deux termes, dont l'un est indépendant d'un très grand nombre donné, tandis que

(¹) *Œuvres de Cauchy*, S. I, T. I.
(²) *Ibid.*, S. II, T. VI à IX.
(³) *Ibid.*, S. II, T. IV.

l'autre a pour facteur une exponentielle dont l'exposant est proportionnel à ce même nombre.

L'observation que nous venons de faire s'applique particulièrement à deux intégrales dignes de remarque. La première est celle qui représente la somme des puissances négatives semblables des divers termes d'une progression arithmétique dans laquelle le nombre des termes devient très considérable. La seconde est le logarithme d'une des intégrales culériennes, savoir, de celle que M. Legendre a désignée par la lettre Γ. En appliquant les principes ci-dessus énoncés à la première, on la décompose en deux parties, dont l'une, qui décroît indéfiniment avec le nombre des termes de la progression arithmétique, peut être développée en série convergente, tandis que l'autre partie peut être présentée sous une forme finie et débarrassée du signe d'intégration, pourvu que l'on introduise dans le calcul une certaine constante analogue à celle dont Euler s'est servi pour la sommation approximative de la série harmonique.

Quant à l'intégrale définie qui représente le logarithme de la fonction $\Gamma(n)$, elle se décompose immédiatement, d'après les principes ci-dessus énoncés, en deux parties, dont l'une croît indéfiniment avec le nombre n et peut être complètement débarrassée du signe d'intégration, tandis que l'autre peut être développée de plusieurs manières en série convergente. Cette décomposition est précisément celle à laquelle M. Binet est parvenu par d'autres considérations dans son Mémoire sur les intégrales culériennes, et constitue, à mon avis, l'un des beaux résultats obtenus par l'auteur dans cet important Mémoire. A la vérité, M. Gauss avait, en 1812, exprimé par une intégrale définie la différentielle du logarithme de $\Gamma(n)$, et l'on pouvait aisément, par l'intégration, remonter de cette différentielle au logarithme lui-même. A la vérité encore, en retranchant de ce logarithme la partie qui croît indéfiniment, telle qu'on la déduit de la formule donnée par Laplace pour la détermination approximative de $\Gamma(n)$, on devait tenir pour certain que la différence décroîtrait indéfiniment avec le nombre n. Mais, en supposant même que ces rapprochements se fussent présentés à l'esprit des géomètres, ils n'auraient pas encore fourni le moyen de développer en série convergente et d'évaluer par suite, avec une exactitude aussi grande qu'on le voudrait, la différence entre deux termes très considérables, dont un seul était représenté par une intégrale définie. Avant que l'on pût obtenir un tel développement, il était d'abord nécessaire de représenter la différence dont il s'agit par une seule intégrale qui se prêtât facilement à l'intégration par série. C'est en cela que consistait, ce me semble, la principale difficulté qui s'opposait à ce que l'on pût évaluer avec une exactitude indéfinie, et aussi considérable qu'on le voudrait, les fonctions de très grands nombres, et en particulier la fonction $\Gamma(n)$. Cette difficulté, que n'avaient pas fait disparaître les Mémoires de Laplace, de Gauss, de Legendre et de Poisson, est, comme nous l'avons dit, résolue dans le Mémoire de M. Binet. Les amis de la science ne verront peut-être pas sans intérêt que l'analyse très délicate et très ingénieuse dont ce géomètre a fait usage peut être remplacée par quelques formules déduites de la théorie des intégrales singulières, et qu'on peut tirer immédiatement de cette théorie la plupart des équations en termes finis auxquelles M. Binet est parvenu.

Lorsqu'une fois on a décomposé le logarithme de $\Gamma(n)$, ou même une fonction quelconque de n, en deux parties, dont l'une croît indéfiniment avec n, tandis que l'autre est représentée par une seule intégrale définie, alors, pour obtenir le développement de cette intégrale en série, il suffit de développer la fonction sous le signe $\int$ en une autre série dont chaque terme soit facilement intégrable. Le développement de l'intégrale se réduit à une seule série convergente, lorsque le développement de la fonction sous le signe $\int$ ne cesse jamais d'être convergent entre les limites des intégrations. Telle est effectivement la condition à laquelle M. Binet s'est astreint dans son Mémoire. Toutefois il n'est pas absolument nécessaire que cette condition soit remplie. Si, pour fixer les idées, on représente, comme je le fais dans ce Mémoire, la partie décroissante du logarithme de $\Gamma(n)$ par une intégrale prise entre les limites zéro et infini, on peut, avec quelque avantage, dans le cas où n est très considérable, décomposer cette intégrale en deux autres, prises, la première entre les limites o, 1, la seconde entre les limites 1, ∞, puis développer la première intégrale par la méthode de Stirling en une série dont les divers termes ont pour facteurs les nombres de Bernoulli, et la seconde par la méthode de M. Binet en une autre série dont les divers termes ont pour facteurs les nombres que lui-même a introduits dans l'expression du logarithme de $\Gamma(n)$.

Nous ferons remarquer, en finissant, que les principes exposés dans ce Mémoire fournissent les moyens de trouver *a priori* et d'établir, par une marche uniforme, non seulement les diverses propriétés de la fonction $\Gamma(n)$ déjà connues des géomètres et représentées par des équations en termes finis, mais encore des propriétés nouvelles représentées par des équations qui renferment des séries de termes dont le nombre est infini.

Analyse.

Parmi les propositions auxquelles nous avons été conduit par la théorie des intégrales définies singulières, on doit particulièrement remarquer la suivante :

Théorème I. — *Soient x, y deux variables réelles, $z = x + y\sqrt{-1}$ une variable imaginaire, et $f(z)$ une fonction de z tellement choisie que le résidu*

$$\mathop{\mathcal{E}}_{x_0}^{X}\,\mathop{}_{y_0}^{Y}(f(z)),$$

pris entre les limites

$$x = x_0,\qquad x = X,\qquad y = y_0,\qquad y = Y,$$

offre une valeur finie et déterminée. On aura généralement

$$(1)\quad \left\{\begin{aligned} &\int_0^X \left[f(x + Y\sqrt{-1}) - f(x + y_0\sqrt{-1})\right] dx \\ &\quad = \sqrt{-1}\int_{y_0}^{Y}\left[f(X + y\sqrt{-1}) - f(x_0 + y\sqrt{-1})\right] dy - 2\pi\sqrt{-1}\mathop{\mathcal{E}}_{x_0}^{X}\,\mathop{}_{y_0}^{Y}(f(z)).\end{aligned}\right.$$

les deux intégrales relatives à x et à y devant être réduites, lorsqu'elles deviennent indéterminées, à leurs valeurs principales.

De ce premier théorème on déduit immédiatement le suivant :

THÉORÈME II. — *Soient x, y deux variables réelles, $z = x + y\sqrt{-1}$ une variable imaginaire, et $f(z)$ une fonction telle que le résidu*

$$\underset{-\infty}{\overset{\infty}{}}\,\underset{0}{\overset{\infty}{\mathcal{E}}}\,(f(z))$$

offre une valeur finie et déterminée. Si d'ailleurs le produit

$$z f(z) \quad \text{ou} \quad (x + y\sqrt{-1})\,f(x + y\sqrt{-1})$$

s'évanouit : 1° pour $x = \pm\infty$, quel que soit y; 2° pour $y = \infty$, quel que soit x, on aura

$$\int_{-\infty}^{\infty} f(x)\,dx = 2\pi\sqrt{-1}\,\underset{-\infty}{\overset{\infty}{}}\,\underset{0}{\overset{\infty}{\mathcal{E}}}\,(f(z)), \tag{2}$$

l'intégrale devant être réduite, lorsqu'elle devient indéterminée, à sa valeur principale.

Corollaire I. — L'équation (2) peut encore être présentée sous la forme

$$\int_{0}^{\infty} \frac{f(x) + f(-x)}{2}\,dx = 2\pi\sqrt{-1}\,\underset{-\infty}{\overset{\infty}{}}\,\underset{0}{\overset{\infty}{\mathcal{E}}}\,(f(z)). \tag{3}$$

Corollaire II. — L'équation (2) ou (3) fournit les valeurs d'une multitude d'intégrales définies, dont quelques-unes étaient déjà connues. Si l'on pose, en particulier, dans l'équation (2) ou (3),

$$f(x) = \frac{(-x\sqrt{-1})^{a-1}}{1+x},$$

on trouvera

$$\int_{-\infty}^{\infty} \frac{(-x\sqrt{-1})^{a-1}}{1+x}\,dx = \pi(\sqrt{-1})^{a} \tag{4}$$

et, par suite,

$$\int_{0}^{\infty} \frac{x^{a-1}\,dx}{1+x} = \frac{\pi}{\sin a\pi}, \qquad \int_{0}^{\infty} \frac{x^{a-1}\,dx}{1-x} = \frac{\pi}{\tan a\pi}. \tag{5}$$

La théorie des intégrales définies singulières fournit encore les conditions qui doivent être remplies pour qu'une intégrale, dans laquelle la fonction sous le signe $\int$ s'évanouit entre les limites de l'intégration, conserve une valeur unique et finie; c'est ce que l'on peut voir dans le *Résumé des Leçons données à l'École Polytechnique sur le Calcul infinitésimal* (XXVe Leçon) ([1]). Ainsi, en particulier, on peut énoncer la proposition suivante :

Théorème III. — *Soit $f(x)$ une fonction de x qui conserve une valeur unique et finie pour chaque valeur positive de x, et devienne infinie quand x s'évanouit. Pour que la valeur de l'intégrale*

$$\int_0^\infty f(x)\,dx \tag{6}$$

soit finie et déterminée, il sera nécessaire et il suffira que les intégrales singulières

$$\int_{\varepsilon\nu}^{\varepsilon} f(x)\,dx, \tag{7}$$

$$\int_{\frac{1}{\varepsilon}}^{\frac{1}{\varepsilon\mu}} f(x)\,dx \tag{8}$$

s'évanouissent par des valeurs infiniment petites de ε, quelle que soit d'ailleurs la valeur finie ou infiniment petite attribuée au coefficient μ ou ν.

Corollaire. — Si l'on suppose, en particulier,

$$f(x) = \mathrm{P}e^{-ax} + \mathrm{Q}e^{-bx} + \mathrm{R}e^{-cx} + \ldots, \tag{9}$$

P, Q, R, ... désignant des polynômes dont chaque terme soit proportionnel à une puissance entière, positive ou négative de x, on déduira sans peine du théorème précédent la seule condition qui devra être remplie pour que l'intégrale (6) conserve une valeur finie. Cette seule

([1]) *OEuvres de Cauchy*, S. II, T. IV.

condition sera que la fonction

$$f(x)$$

se réduise à une constante finie pour $x = 0$.

Observons enfin que l'on arrive à des résultats dignes de remarque quand on transforme des intégrales singulières, dont les valeurs approximativement peuvent être facilement déterminées, en d'autres intégrales. Pour donner un exemple de cette transformation, supposons que la fonction $f(x)$ devienne infinie pour $x = 0$, mais que le produit

$$x f(x)$$

se réduise alors à une constante finie f. Supposons d'ailleurs que le même produit s'évanouisse pour $x = \infty$, et que la fonction $f(x)$ ne devienne jamais infinie pour des valeurs finies de x. Si l'on désigne par ε un nombre infiniment petit, et par μ, ν deux coefficients finis et positifs, on aura sensiblement

$$\int_{\varepsilon\nu}^{\varepsilon\mu} f(x)\,dx = \mathrm{f}\,\mathrm{l}\left(\frac{\mu}{\nu}\right). \tag{10}$$

D'ailleurs l'intégrale singulière que détermine l'équation (10) pourra être considérée comme la différence de deux autres intégrales. On aura, en effet,

$$\int_{\varepsilon\nu}^{\varepsilon\mu} f(x)\,dx = \int_{\varepsilon\nu}^{\infty} f(x)\,dx - \int_{\varepsilon\mu}^{\infty} f(x)\,dx.$$

On aura donc encore, pour de très petites valeurs de ε,

$$\int_{\varepsilon\nu}^{\infty} f(x)\,dx - \int_{\varepsilon\mu}^{\infty} f(x)\,dx = \mathrm{f}\,\mathrm{l}\left(\frac{\mu}{\nu}\right). \tag{11}$$

D'autre part, soient $\varphi(z)$, $\chi(z)$ deux fonctions de z qui deviennent nulles et infinies en même temps que la variable z, en conservant des valeurs finies pour toutes les valeurs finies et positives de z. Si les fonctions dérivées $\varphi'(z)$ et $\chi'(z)$ se réduisent, pour $z = 0$, à des quantités finies

$$\mu = \varphi'(0), \qquad \nu = \chi'(0),$$

on aura sensiblement

$$\varphi(\varepsilon) = \mu\varepsilon, \qquad \chi(\varepsilon) = \nu\varepsilon,$$

et par suite les formules

$$\int_{\varepsilon}^{\infty} \chi'(z) f[\chi(z)]\, dz = \int_{\chi(\varepsilon)}^{\infty} f(x)\, dx,$$

$$\int_{\varepsilon}^{\infty} \varphi'(z) f[\varphi(z)]\, dz = \int_{\varphi(\varepsilon)}^{\infty} f(x)\, dx,$$

combinées avec l'équation (11), donneront sensiblement

$$\int_{\varepsilon}^{\infty} \{\chi'(z) f[\chi(z)] - \varphi'(z) f[\varphi(z)]\}\, dz = \mathrm{f}\, \mathrm{l}\left(\frac{\mu}{\nu}\right);$$

puis on en conclura en toute rigueur, en posant $\varepsilon = 0$,

$$(12) \qquad \int_{0}^{\infty} \{\chi'(z) f[\chi(z)] - \varphi'(z) f[\varphi(z)]\}\, dz = \mathrm{f}\, \mathrm{l}\left[\frac{\varphi'(0)}{\chi'(0)}\right].$$

Si l'on prend, en particulier,

$$\mathrm{f}(x) = \frac{e^{-x}}{x},$$

la formule (12) deviendra

$$(13) \qquad \int_{0}^{\infty} \left[\frac{\chi'(z)}{\chi(z)} e^{-\chi(z)} - \frac{\varphi'(z)}{\varphi(z)} e^{-\varphi(z)}\right] dz = \mathrm{l}\left[\frac{\varphi'(0)}{\chi'(0)}\right].$$

L'équation (13) comprend plusieurs formules déjà connues. Ainsi, par exemple, on trouvera : 1° en supposant $\chi(z) = z$, $\varphi(z) = \mathrm{l}(1+z)$,

$$(14) \qquad \int_{0}^{\infty} \left[\frac{e^{-z}}{z} - \frac{(1+z)^{-2}}{\mathrm{l}(1+z)}\right] dz = 0;$$

2° en désignant par a, b deux quantités positives, et supposant $\varphi(z) = az$, $\chi(z) = bz$,

$$(15) \qquad \left\{ \begin{array}{l} \displaystyle\int_{0}^{\infty} \frac{e^{-bz} - e^{-az}}{z}\, dz = \mathrm{l}\left(\frac{a}{b}\right), \\ \ldots\ldots\ldots\ldots\ldots\ldots\ldots\ldots \end{array} \right.$$

A l'aide d'intégrations par parties, jointes à la formule (14), on peut calculer la valeur de l'intégrale

$$\int_0^\infty f(x)\,dx$$

lorsque, cette valeur étant finie, la fonction $f(x)$ est déterminée par l'équation (9). Supposons, pour fixer les idées, que, dans les polynômes

$$\text{P},\quad \text{Q},\quad \text{R},\quad \ldots,$$

les parties qui renferment des puissances négatives de x soient représentées par

$$\mathfrak{P},\quad \mathfrak{Q},\quad \mathfrak{R},\quad \ldots;$$

et, après avoir décomposé la somme (9) en diverses parties, dont chacune se forme de tous les termes proportionnels à une même puissance négative, nommons

$$\frac{u}{x},\quad \frac{v}{x^2},\quad \frac{w}{x^3},\quad \ldots$$

ces diverses parties. Enfin posons

$$\varphi(x) = \mathfrak{P}e^{-ax} + \mathfrak{Q}e^{-bx} + \mathfrak{R}e^{-cx} + \ldots = \frac{u}{x} + \frac{v}{x^2} + \frac{w}{x^3} + \ldots;$$

on aura, non seulement

$$(16)\qquad \int_0^\infty f(x)\,dx = \int_0^\infty [(\text{P} - \mathfrak{P})e^{-ax} + (\text{Q} - \mathfrak{Q})e^{-bx} + \ldots]\,dx + \int_0^\infty \varphi(x)\,dx,$$

mais encore

$$(17)\qquad \left\{\begin{aligned} \int_0^\infty \varphi(x)\,dx = {} & \mathcal{L}\left(\frac{v}{x^2} + \frac{w}{x^3} + \ldots\right) + \frac{1}{2}\mathcal{L}\left(\frac{w}{x^3} + \ldots\right) + \ldots \\ & - \mathcal{L}\,[\mathfrak{P}e^{-ax}\,\mathrm{l}(a) + \mathfrak{Q}e^{-bx}\,\mathrm{l}(b) + \mathfrak{R}e^{-cx}\,\mathrm{l}(c) + \ldots]. \end{aligned}\right.$$

Ajoutons que la première des intégrales comprises dans le second membre de l'équation (16) pourra être aisément déterminée à l'aide de la formule

$$(18) \qquad \int_0^\infty x^m e^{-ax}\,dx = \frac{1.2.3\ldots m}{a^{m+1}},$$

qui subsiste quel que soit le nombre entier m.

Si, dans la formule (17), on pose, par exemple,

$$\varphi(x) = \left[1 - \left(\frac{1}{x} + \frac{1}{2}\right)(1 - e^{-x})\right]\frac{e^{-ax}}{x},$$

cette formule donnera

$$\int_0^\infty \left[1 - \left(\frac{1}{x} + \frac{1}{2}\right)(1 - e^{-x})\right] e^{-ax}\frac{dx}{x} = -1 + \left(a + \frac{1}{2}\right)l\left(\frac{a+1}{a}\right).$$

Soient maintenant n un nombre très considérable et

$$(19) \qquad \mathrm{f}(n) = \int_0^\infty \mathrm{R}(\mathrm{P} + \mathrm{Q}e^{-nx})\,dx$$

une fonction déterminée de n, représentée par une intégrale définie, dans laquelle le facteur R conserve une valeur finie pour $x = 0$, P, Q étant d'ailleurs deux fonctions de x développables suivant les puissances ascendantes et entières de x. Si, en nommant $\mathcal{Q}$ la partie de la fonction Q qui renferme des puissances négatives de x, on pose

$$(20) \qquad \mathrm{F}(n) = \int_0^\infty \mathrm{R}(\mathrm{P} + \mathcal{Q}e^{-nx})\,dx,$$

$$(21) \qquad \varpi(n) = \int_0^\infty \mathrm{R}(\mathrm{Q} - \mathcal{Q})e^{-nx}\,dx,$$

on aura

$$(22) \qquad \mathrm{f}(n) = \mathrm{F}(n) + \varpi(n);$$

et la fonction $\varpi(n)$, qui s'évanouira pour $n = \infty$, deviendra infiniment petite pour des valeurs infiniment grandes de n.

Pour montrer une application de ces dernières formules, supposons

$$(23) \qquad f(n) = \frac{1}{\alpha^a} + \frac{1}{(\alpha+1)^a} + \ldots + \frac{1}{(\alpha+n-1)^a},$$

α, a désignant deux quantités positives. Si l'on fait, avec M. Legendre,

$$\Gamma(a) = \int_0^\infty x^{a-1} e^{-x}\, dx,$$

on trouvera

$$(24) \qquad f(n) = \frac{1}{\Gamma(a)} \int_0^\infty x^{a-1} e^{-\alpha x} \frac{1-e^{-nx}}{1-e^{-x}}\, dx.$$

On réduira la formule (24) à la formule (19), en posant

$$R = \frac{x^a e^{-\alpha x}}{\Gamma(a)}, \qquad P = Q = \frac{1}{x(1-e^{-x})}.$$

Alors on trouvera

$$\mathcal{Q} = \frac{1}{x^2} + \frac{1}{2x},$$

et l'on aura, par suite,

$$(25) \qquad F(n) = \frac{1}{\Gamma(a)} \int_0^\infty x^{a-1} e^{-\alpha x} \left[\frac{1}{1-e^{-x}} - \left(\frac{1}{x} + \frac{1}{2}\right) e^{-nx} \right] dx,$$

$$(26) \qquad \varpi(n) = \frac{1}{\Gamma(a)} \int_0^\infty x^{a-1} e^{-\alpha x} \left(\frac{1}{x} + \frac{1}{2} - \frac{1}{1-e^{-x}} \right) e^{-nx}\, dx.$$

D'ailleurs, comme on a

$$\int_0^\infty x^{a-1} e^{-\alpha x} e^{-nx}\, dx = \frac{\Gamma(a)}{(\alpha+n)^a},$$

on en conclut, en intégrant par rapport à n et à partir de $n = 1$,

$$\int_0^\infty x^{a-1} e^{-\alpha x} \frac{e^{-x} - e^{-nx}}{x}\, dx = \frac{(\alpha+n)^{1-a} - (\alpha+1)^{1-a}}{1-a} \Gamma(a).$$

Cela posé, la formule (25) donnera

$$(27) \qquad F(n) = \frac{(\alpha+n)^{1-a} - (\alpha+1)^{1-a}}{1-a} - \frac{(\alpha+n)^{-a} - (\alpha+1)^{-a}}{2} - \varpi(1).$$

Il est bon d'observer que, dans l'équation (27), $\varpi(1)$ représente une quantité constante, c'est-à-dire indépendante de n, et analogue à la constante qu'Euler a introduite dans la sommation de la série harmonique.

Ajoutons que les intégrales représentées par $\varpi(1)$ et $\varpi(n)$ pourront être développées de plusieurs manières en séries convergentes. On y parviendra, par exemple, en développant, dans la fonction sous le signe $\int$, le coefficient de l'exponentielle $e^{-(n+\alpha)x}$ en une série ordonnée suivant les puissances ascendantes de la quantité variable

$$z = 1 - e^{-x}.$$

Si l'on décomposait chaque intégrale en deux autres, dont la première eût pour limites $x = 0$, $x = 1$, on pourrait développer, dans la seconde intégrale, la fonction sous le signe $\int$, comme on vient de le dire, et, dans la première intégrale, le rapport $\frac{1}{1-e^{-x}}$ suivant les puissances ascendantes de x.

Les principes généraux que nous venons d'exposer fournissent le moyen d'établir avec la plus grande facilité, non seulement diverses propriétés déjà connues des intégrales eulériennes, et particulièrement de la fonction $\Gamma(n)$, mais encore des théorèmes nouveaux relatifs à ces intégrales, et de développer $\log\Gamma(n)$ en série convergente lorsque n est un très grand nombre. C'est, au reste, ce que nous expliquerons plus en détail dans un autre article.

204.

Calcul intégral. — *Recherches sur les intégrales des équations linéaires aux dérivées partielles.*

C. R., T. XVI, p. 469 (27 février 1843).

Les intégrales des équations linéaires aux dérivées partielles jouissent de diverses propriétés dignes de remarque et spécialement utiles pour la solution des problèmes de Physique mathématique. Telles sont, en particulier, celles que j'établis dans ce Mémoire, et dont je vais donner une idée en peu de mots.

ANALYSE.

§ I. — *Sur quelques propriétés générales des intégrales qui vérifient les équations linéaires aux dérivées partielles et à coefficients constants.*

Comme je l'ai remarqué dans le Mémoire sur l'application du calcul des résidus aux questions de Physique mathématique, si l'on désigne par u, v deux fonctions données de la variable x, et par m un nombre entier quelconque, on aura

$$(1) \qquad v\mathrm{D}_x^m u - u(-\mathrm{D}_x)^m v = \mathrm{D}_x \mathcal{X},$$

$\mathcal{X}$ désignant une fonction entière de

$$u, \quad \mathrm{D}_x u, \quad \ldots, \quad \mathrm{D}_x^{m-1} u, \qquad v, \quad \mathrm{D}_x v, \quad \ldots, \quad \mathrm{D}_x^{m-1} v,$$

déterminée par la formule

$$(2) \qquad \mathcal{X} = v\mathrm{D}_x^{m-1} u - \mathrm{D}_x v \mathrm{D}_x^{m-2} u + \ldots \mp \mathrm{D}_x u \mathrm{D}_x^{m-2} v \pm u \mathrm{D}_x^{m-1} v.$$

En conséquence, si l'on nomme $\mathrm{F}(x)$ une fonction entière de x, on aura généralement

$$(3) \qquad v\,\mathrm{F}(\mathrm{D}_x)u - u\,\mathrm{F}(-\mathrm{D}_x)v = \mathrm{D}_x \mathcal{X},$$

$\mathcal{X}$ désignant encore une fonction entière des quantités u, v et de plusieurs de leurs dérivées relatives à x. Il y a plus : si l'on désigne par u, v deux fonctions quelconques des deux variables x, y, et par m, n deux nombres entiers quelconques, alors, en remplaçant dans la formule (1) : 1° u par $\mathrm{D}_y^n u$; 2° m par n, x par y, et v par $(-\mathrm{D}_x)^m v$, on tirera successivement de cette formule

$$v\mathrm{D}_x^m \mathrm{D}_y^n u - \mathrm{D}_y^n u(-\mathrm{D}_x)^m v = \mathrm{D}_x \mathcal{X},$$
$$\mathrm{D}_y^n u(-\mathrm{D}_x)^m v - u(-\mathrm{D}_x)^m(-\mathrm{D}_y)^n v = \mathrm{D}_y \mathcal{Y}$$

et, par suite,

$$(4) \qquad v\mathrm{D}_x^m \mathrm{D}_y^n u - u(-\mathrm{D}_x)^m(-\mathrm{D}_y)^n v = \mathrm{D}_x \mathcal{X} + \mathrm{D}_y \mathcal{Y},$$

$\mathfrak{X}$, $\mathfrak{Y}$ désignant deux fonctions entières des quantités u et v et de plusieurs de leurs dérivées relatives à x et à y; puis on en conclura généralement, quelle que soit la fonction entière de x et de y représentée par $F(x,y)$,

$$(5) \qquad v\,F(D_x, D_y)u - u\,F(-D_x, -D_y)v = D_x\mathfrak{X} + D_y\mathfrak{Y},$$

$\mathfrak{X}$, $\mathfrak{Y}$ désignant encore deux fonctions entières des quantités u, v et de leurs dérivées relatives à x et à y. Enfin, si l'on représente par u, v deux fonctions quelconques des variables x, y, z, ... et par $F(x, y, z, \ldots)$ une fonction entière quelconque de ces mêmes variables, on trouvera généralement

$$(6) \qquad \begin{cases} v\,F(D_x, D_y, D_z, \ldots)u - u\,F(-D_x, -D_y, -D_z, \ldots)v \\ \quad = D_x\mathfrak{X} + D_y\mathfrak{Y} + D_z\mathfrak{Z} + \ldots, \end{cases}$$

$\mathfrak{X}$, $\mathfrak{Y}$, $\mathfrak{Z}$, ... désignant encore des fonctions entières des variables u, v, w, ... et de leurs dérivées relatives à x, y, z, ... Ajoutons que, si l'on nomme m le degré de la fonction entière de x, y, z, ... représentée par $F(x, y, z, \ldots)$, les fonctions

$$\mathfrak{X}, \quad \mathfrak{Y}, \quad \mathfrak{Z}, \quad \ldots$$

seront composées de termes dans chacun desquels les ordres des dérivées de u et de v relatives à x, y, z, ... se trouveront représentés par des nombres dont la somme sera égale ou inférieure à $m - 1$.

On déduit aisément de l'équation (6) [1] diverses propriétés remarquables des intégrales des équations linéaires, par exemple celles que fournissent les théorèmes suivants :

Théorème I. — *Nommons* $F(x, y, z, \ldots)$ *une fonction entière des variables* x, y, z, ... *Supposons d'ailleurs qu'une fonction* u *de ces variables ait la double propriété de vérifier généralement l'équation aux*

[1] J'aurais voulu pouvoir comparer les résultats auxquels je parviens ici avec ceux que M. Ostrogradsky avait obtenus dans un Mémoire où il avait établi quelques propositions générales relatives à l'intégration des équations linéaires aux dérivées partielles. Mais, n'ayant qu'un souvenir vague de ce Mémoire, et ne sachant pas s'il a été publié quelque part, je me trouve dans l'impossibilité de faire cette comparaison.

derivées partielles

$$\mathrm{F}(\mathrm{D}_x, \mathrm{D}_y, \mathrm{D}_z, \ldots)u = 0, \tag{7}$$

et de s'évanouir : 1° quels que soient y, z, ... pour chacune des valeurs de x représentées par x_0, X; 2° quels que soient x, z, ... pour chacune des valeurs de y représentées par y_0, Y; 3° quels que soient x, y, ... pour chacune des valeurs particulières de z représentées par z_0, Z, ... Enfin, nommons v une fonction quelconque des variables x, y, z, ... On aura généralement

$$\int_{x_0}^{\mathrm{X}}\int_{y_0}^{\mathrm{Y}}\int_{z_0}^{\mathrm{Z}} \ldots u\,\mathrm{F}(-\mathrm{D}_x, -\mathrm{D}_y, -\mathrm{D}_z, \ldots)v\,dx\,dy\,dz\ldots = 0. \tag{8}$$

Corollaire. — A la rigueur, pour que l'équation (8) se déduise de la formule (7), il suffira que des fonctions représentées par $\mathfrak{x}$, $\mathfrak{y}$, $\mathfrak{z}$, ..., dans la formule (6), la première $\mathfrak{x}$ reprenne la même valeur pour $x = x_0$, et pour $x = \mathrm{X}$; que la seconde $\mathfrak{y}$ reprenne la même valeur pour $y = y_0$, et pour $y = \mathrm{Y}$; que la troisième $\mathfrak{z}$ reprenne la même valeur pour $z = z_0$ et pour $z = \mathrm{Z}$, etc.

THÉORÈME II. — *Supposons que $\mathrm{F}(x, y, z, \ldots)$ représente une fonction entière et du degré m des variables x, y, z, ... Soient de plus u, v deux fonctions de x, y, z, ... propres à vérifier les équations aux dérivées partielles*

$$\mathrm{F}(\mathrm{D}_x, \mathrm{D}_y, \mathrm{D}_z, \ldots)u = au, \tag{9}$$

$$\mathrm{F}(-\mathrm{D}_x, -\mathrm{D}_y, -\mathrm{D}_z, \ldots)v = bv, \tag{10}$$

a, b étant deux quantités constantes. Si les fonctions désignées par $\mathfrak{x}$, $\mathfrak{y}$, $\mathfrak{z}$, ... dans la formule (6) *reprennent les mêmes valeurs, la première pour $x = x_0$ et pour $x = \mathrm{X}$; la seconde pour $y = y_0$ et pour $y = \mathrm{Y}$; la troisième pour $z = z_0$ et pour $z = \mathrm{Z}$, ..., on aura, en vertu des équations* (9), (10), *jointes à la formule* (6),

$$(a-b)\int_{x_0}^{\mathrm{X}}\int_{y_0}^{\mathrm{Y}}\int_{z_0}^{\mathrm{Z}} \ldots uv\,dx\,dy\,dz\ldots = 0. \tag{11}$$

Par suite, on trouvera

$$\int_{x_0}^{X}\int_{y_0}^{Y}\int_{z_0}^{Z}\ldots uv\,dx\,dy\,dz\ldots = 0, \tag{12}$$

excepté dans le cas où l'on aurait

$$b = a. \tag{13}$$

Corollaire I. — Les conditions relatives aux fonctions $\mathfrak{x}$, $\mathfrak{y}$, $\mathfrak{z}$, ... seront évidemment remplies si ces fonctions s'évanouissent chacune pour les deux limites de l'intégration qui se rapporte à la variable correspondante x, ou y, ou z, ... C'est ce qui arrivera en particulier si, d'une part, la fonction u et ses dérivées d'un ordre non supérieur à m', d'autre part, la fonction v et ses dérivées d'un ordre non supérieur à m'' s'évanouissent : 1° pour chacune des valeurs de x représentées par x_0, X; 2° pour chacune des valeurs de y représentées par y_0, Y; 3° pour chacune des valeurs de z représentées par z_0, Z; etc., m', m'' étant d'ailleurs deux nombres entiers, assujettis seulement à vérifier la condition

$$m' + m'' = m - 1.$$

Corollaire II. — Si $F(x, y, z, \ldots)$ représente une fonction paire des variables $x, y, z, \ldots$, c'est-à-dire si l'on a généralement

$$F(-x, -y, -z, \ldots) = F(x, y, z, \ldots),$$

l'équation (10) sera de la même forme que l'équation (9) et se réduira simplement à

$$F(D_x, D_y, D_z, \ldots)v = bv. \tag{14}$$

Corollaire III. — Si les variables $x, y, z, \ldots$ se réduisent à la seule variable x, les formules (9), (10) deviendront

$$F(D_x)u = au, \tag{15}$$

$$F(-D_x)v = bv, \tag{16}$$

et l'équation (12) sera réduite à

$$\int_{x_0}^{X} uv\,dx = 0. \tag{17}$$

On se trouvera ainsi ramené à la formule (124) du Mémoire sur l'application du calcul des résidus aux questions de Physique mathématique [1].

Corollaire IV. — Si l'on suppose en particulier

$$F(x) = x^2,$$
$$a = h^2, \qquad b = k^2,$$

h, k désignant deux nombres entiers quelconques, on pourra prendre

$$u = \cos hx, \qquad v = \cos kx,$$
$$x_0 = 0, \qquad X = 2\pi,$$

et la formule (17) reproduira l'équation connue

$$\int_0^{2\pi} \cos hx \cos kx\,dx = 0, \tag{18}$$

qui subsistera pour toutes les valeurs entières de h et de k, excepté dans le cas où l'on aurait

$$h = k.$$

L'équation (18) fournit, comme l'on sait, les moyens de développer une fonction donnée de x en une série dont les divers termes sont proportionnels aux cosinus des multiples d'un même arc. On pourra se servir de la même manière des formules (17) et (12) pour développer une fonction donnée de x ou de $x, y, z, \ldots$ en une série de termes respectivement proportionnels à diverses valeurs de u qui, étant propres à vérifier l'équation (15) ou (9), correspondraient à diverses valeurs de a représentées par les diverses racines d'une même équation transcendante.

(1) *Œuvres de Cauchy*, S. II, T. XV.

§ II. — *Sur quelques propriétés remarquables des équations homogènes et de leurs intégrales.*

Supposons que, $F(x, y, z, \ldots)$ désignant une fonction entière et homogène des variables $x, y, z, \ldots$, on pose, pour abréger,

$$\nabla = F(D_x, D_y, D_z, \ldots);$$

l'équation linéaire aux dérivées partielles

$$(1) \qquad \nabla \varpi = 0$$

sera ce que nous appelons une *équation homogène*. Supposons encore que, dans l'intégrale ϖ de cette équation, l'on remplace les variables indépendantes $x, y, z, \ldots$ par d'autres $p, q, r, \ldots$, liées aux premières de telle sorte que, si r vient à varier, $x, y, z, \ldots$, considérés comme fonctions de $p, q, r, \ldots$, varient proportionnellement à r. Les équations qui subsisteront entre $x, y, z, \ldots, p, q, r, \ldots$ seront de la forme

$$(2) \qquad x = \alpha r, \qquad y = 6 r, \qquad z = \gamma r, \qquad \ldots,$$

$\alpha, 6, \gamma, \ldots$ désignant des fonctions qui renfermeront les nouvelles variables $p, q, \ldots$ distinctes de r; et, lorsqu'on aura effectué le changement de variables indépendantes, ∇ deviendra une fonction de $p, q, r, \ldots, D_p, D_q, D_r, \ldots$ qui sera entière par rapport à $D_p, D_q, D_r, \ldots$. D'autre part, si k désigne une quantité constante, on pourra, dans les équations (2), remplacer simultanément

$$x, \quad y, \quad z, \quad \ldots \quad \text{par} \quad kx, \quad ky, \quad kz, \quad \ldots$$

et

$$r \quad \text{par} \quad kr,$$

sans changer la forme de ces équations, et par conséquent sans changer la forme de l'équation par laquelle ∇ sera exprimé en fonction de $p, q, r, \ldots, D_p, D_q, D_r, \ldots$. D'ailleurs, si l'on nomme m le degré de la fonction homogène $F(x, y, z, \ldots)$, la substitution de $kx, ky, kz, \ldots$ à x,

y, z, ... transformera D_x, D_y, D_z, ... en

$$\frac{1}{k}D_x, \quad \frac{1}{k}D_y, \quad \frac{1}{k}D_z, \quad \ldots$$

et, par suite, l'expression

$$\nabla = F(D_x, D_y, D_z, \ldots)$$

en $\frac{\nabla}{k^m}$. Donc aussi, pour transformer ∇, considéré comme fonction de p, q, r, ..., D_p, D_q, D_r, ... en $\frac{\nabla}{k^m}$, il suffira d'y remplacer r par kr et, en conséquence, D_r par $\frac{1}{k}D_r$. Donc ∇, considéré comme fonction de D_r et de $\frac{1}{r}$, sera une fonction homogène du degré m, et l'on aura

$$(3) \qquad \nabla = \nabla_0 D_r^m + \frac{1}{r}\nabla_1 D_r^{m-1} + \ldots + \frac{1}{r^{m-1}}\nabla_{m-1} D_r + \frac{1}{r^m}\nabla_m,$$

∇_0, ∇_1, ..., ∇_{m-1}, ∇_m désignant des fonctions de p, q, ..., D_p, D_q, ..., qui ne renfermeront plus ni r, ni D_r. Cela posé, il est facile de voir qu'on pourra vérifier l'équation (1) en prenant pour ϖ une fonction homogène de x, y, z, ..., et même une fonction homogène d'un degré quelconque n. En effet, une semblable fonction sera transformée, par le changement de variables indépendantes, en un produit de la forme

$$u_n r^n,$$

u_n étant seulement fonction des nouvelles variables p, q, ... distinctes de r; et, si l'on prend

$$(4) \qquad \varpi = u_n r^n,$$

l'équation (1), transformée à l'aide de la formule (3), deviendra

$$r^{n-m} \square_n u_n = 0,$$

la valeur de $\square_n$ étant

$$\square_n = \nabla_m + n\nabla_{m-1} + n(n-1)\nabla_{m-2} + \ldots + n(n-1)\ldots(n-m+1)\nabla_0.$$

Donc, dans l'hypothèse admise, l'équation (1) pourra être réduite à

$$(5) \qquad \square_n u^n = 0;$$

et, pour la vérifier, il suffira de substituer dans la formule (4) une valeur de u_n qui représente une intégrale de l'équation (5). Or cette équation (5), ne renfermant plus que les nouvelles variables p, q, ... distinctes de r, avec les lettres caractéristiques correspondantes D_p, D_q, ..., pourra être vérifiée par des valeurs convenables de u_n. On peut donc énoncer la proposition suivante :

THÉORÈME I. — *Étant donnée une équation aux dérivées partielles, linéaire, à coefficients constants et homogène, entre une inconnue u et diverses variables indépendantes x, y, z, ..., on pourra satisfaire à cette équation en prenant pour intégrale une fonction homogène de x, y, z, ... et même une fonction homogène d'un degré quelconque n. De plus, la recherche d'une telle intégrale pourra être réduite à l'intégration d'une équation linéaire, mais à coefficients variables, qui renfermera une variable indépendante de moins et changera de forme avec le nombre n.*

Ce n'est pas tout : puisque l'on vérifiera l'équation (1) en prenant pour ϖ le produit

$$u_n r^n,$$

on la vérifiera encore en prenant pour ϖ une somme de semblables produits, c'est-à-dire en posant

$$\varpi = \Sigma u_n r^n, \tag{6}$$

u_n représentant toujours une intégrale de l'équation (5), et la somme indiquée par le signe Σ s'étendant, ou à un nombre fini, ou même à un nombre infini de valeurs rationnelles ou irrationnelles, entières ou fractionnaires, positives ou négatives, de l'exposant n de r^n. Enfin la valeur de ϖ, déterminée par la formule (6), continuera évidemment de vérifier l'équation (1), si l'on multiplie sous le signe Σ chaque terme $u_n r^n$ par un coefficient constant a_n. On obtiendra ainsi pour l'intégrale de l'équation (1) une expression de la forme

$$\varpi = \Sigma a_n u_n r^n. \tag{7}$$

La valeur du coefficient a_n dans chaque terme pourra d'ailleurs être choisie arbitrairement lorsque le nombre des termes restera fini. Lorsque ce nombre deviendra infini, la seule condition à laquelle a_n devra satisfaire sera que le système de tous les termes offre une série convergente.

Au lieu de faire servir l'intégration de la formule (5) à celle de l'équation (1), on pourrait réciproquement faire servir l'intégration de cette équation à l'intégration de la formule (5). En effet, supposons d'abord que l'on connaisse une intégrale homogène ϖ de l'équation (1). On pourra toujours, par le changement de variables indépendantes opéré à l'aide des formules (2), réduire cette intégrale homogène à la forme $u_n r^n$, et alors, comme on l'a dit, u_n sera une intégrale de l'équation (5). Mais il y a plus : étant donnée une intégrale quelconque ϖ de l'équation (1), après avoir exprimé cette intégrale en fonction des nouvelles variables p, q, r, ..., on pourra, dans un grand nombre de cas, la développer en une série convergente ordonnée suivant les puissances ascendantes ou suivant les puissances descendantes de r, et poser en conséquence

$$\varpi = \Sigma u_n r^n,$$

u_n étant une fonction des nouvelles variables p, q, ... distinctes de r. Or, en substituant la valeur précédente de ϖ dans la formule (1), on en conclura

$$\Sigma \nabla(u_n r^n) = 0; \tag{8}$$

et, comme on aura identiquement

$$\nabla(u_n r^n) = r^{n-m} \Box_n u_n,$$

la formule (8) donnera

$$\Sigma r^{n-m} \Box_n u_n = 0. \tag{9}$$

Cette dernière formule, devant être vérifiée quel que soit r, entraînera nécessairement l'équation (5) ou

$$\Box_n u_n = 0.$$

On peut remarquer d'ailleurs que développer l'intégrale ϖ, considérée comme fonction de $p, q, r, \ldots$ en une série ordonnée suivant les puissances ascendantes de r, c'est aussi développer la même intégrale, considérée comme fonction de $x, y, z, \ldots$, en une série de termes représentés par des fonctions homogènes de $x, y, z, \ldots$. On peut donc énoncer encore la proposition suivante :

THÉORÈME II. — *Pour intégrer l'équation* (5), *il suffit d'obtenir une intégrale de l'équation* (1), *représentée par une fonction homogène de* x, $y, z, \ldots$, *ou de développer une intégrale quelconque de l'équation* (1) *en une série de termes représentés par de semblables fonctions.*

Corollaire I. — On peut toujours intégrer l'équation (1) et même obtenir son intégrale générale à l'aide des formules que j'ai données dans le XIXe Cahier du *Journal de l'École Polytechnique* ([1]) et dans le Mémoire sur l'application du calcul des résidus aux questions de Physique mathématique ([2]). Donc, par suite, on pourra toujours intégrer l'équation (5). Ainsi, le théorème II conduit à l'intégration d'une infinité d'équations linéaires aux dérivées partielles et à coefficients variables. Je développerai cette conclusion importante dans un prochain Mémoire, et pour l'instant je me bornerai à deux exemples.

Exemple I. — Si l'on pose

$$\nabla = D_x^2 + D_y^2,$$

alors, l'équation (1), réduite à

$$(D_x^2 + D_y^2)\varpi = 0, \tag{10}$$

aura pour intégrale générale la somme de deux fonctions arbitraires dépendantes, l'une du binôme $x + y\sqrt{-1}$, l'autre du binôme $x - y\sqrt{-1}$. On pourra donc prendre pour ϖ la fonction homogène

$$\varpi = (x \pm y\sqrt{-1})^n, \tag{11}$$

l'exposant n étant une constante quelconque réelle ou même imagi-

([1]) *OEuvres de Cauchy*, S. II, T. I.
([2]) *Ibid.*, S. II, T. XV.

naire. Si d'ailleurs on établit entre x et y les relations

$$x = ar\cos p, \qquad y = br\sin p, \tag{12}$$

a, b désignant deux quantités constantes, on trouvera

$$\left\{\begin{aligned} \square_n u = \mathrm{D}_p\left[\left(\frac{\sin^2 p}{a^2} + \frac{\cos^2 p}{b^2}\right)\mathrm{D}_p u\right] + n^2\left(\frac{\cos^2 p}{a^2} + \frac{\sin^2 p}{b^2}\right)u \\ + n\left(\frac{1}{b^2} - \frac{1}{a^2}\right)(\sin 2p\,\mathrm{D}_p u + u\cos 2p). \end{aligned}\right. \tag{13}$$

Enfin on tirera des formules (11) et (12)

$$\varpi = (a\cos p \pm b\sin p\sqrt{-1})^n r^n. \tag{14}$$

Donc, si l'on suppose la caractéristique $\square_n$ définie par la formule (13), on vérifiera l'équation différentielle du second ordre

$$\square_n u = 0 \tag{15}$$

en prenant

$$u = (a\cos p \pm b\sin p\sqrt{-1})^n,$$

et, par suite, l'intégrale générale de l'équation (15) sera

$$u = \mathrm{A}(a\cos p + b\sin p\sqrt{-1})^n + \mathrm{B}(a\cos p - b\sin p\sqrt{-1})^n, \tag{16}$$

A, B désignant deux constantes arbitraires.

Si l'on supposait $a = 1$, $b = 1$, l'équation (15), réduite à

$$\mathrm{D}_p^2 u + n^2 u = 0,$$

aurait pour intégrale générale, en vertu de la formule (16), la valeur de u déterminée par l'équation

$$u = \mathrm{A}\,e^{np\sqrt{-1}} + \mathrm{B}\,e^{-np\sqrt{-1}},$$

ce qui est effectivement exact.

Exemple II. — Si l'on a

$$\nabla = \mathrm{D}_x^2 + \mathrm{D}_y^2 + \mathrm{D}_z^2,$$

on pourra satisfaire à l'équation (1) en prenant

$$\varpi = [(x-f)^2 + (y-g)^2 + (z-h)^2]^{-\frac{1}{2}},$$

f, g, h désignant des quantités constantes; et alors, en supposant

$$x = ar\cos p, \qquad y = br\sin p\cos q, \qquad z = cr\sin p\sin q,$$

on obtiendra pour intégrales de l'équation (5), à l'aide du théorème II, des expressions finies analogues aux fonctions de p, q que l'on rencontre dans la théorie de l'attraction des sphéroïdes; puis, en posant $a = 1$, $b = 1$, $c = 1$, on se trouvera immédiatement ramené aux propriétés déjà connues de ces mêmes fonctions.

Si, à la place de l'équation (1) supposée homogène, on considérait un système d'équations semblables, c'est-à-dire un système d'équations linéaires, homogènes et à coefficients constants, alors, à la place des théorèmes I et II, on obtiendrait des théorèmes analogues qui fourniraient les moyens d'intégrer une infinité de systèmes d'équations linéaires aux dérivées partielles et à coefficients variables.

§ III. — *Sur une transformation remarquable de l'équation aux dérivées partielles qui représente l'équilibre des températures dans un corps de forme quelconque.*

L'équation aux dérivées partielles qui représente l'équilibre des températures dans un corps quelconque est, comme l'on sait, de la forme

$$(D_x^2 + D_y^2 + D_z^2)\varpi = 0, \tag{1}$$

x, y, z désignant trois coordonnées rectangulaires. On peut la réduire à

$$\nabla\varpi = 0, \tag{2}$$

en posant, pour abréger,

$$\nabla = D_x^2 + D_y^2 + D_z^2. \tag{3}$$

Si maintenant on nomme p, q, r trois coordonnées polaires, ou même plus généralement trois coordonnées curvilignes liées à x, y, z par trois équations de forme déterminée, on trouvera, quelle que soit la fonction ϖ,

$$(4)\quad \left\{\begin{aligned} \nabla\varpi = {} & \mathrm{L}\mathrm{D}_p^2\varpi + \mathrm{M}\mathrm{D}_q^2\varpi + \mathrm{N}\mathrm{D}_r^2\varpi \\ & + 2\mathrm{P}\mathrm{D}_q\mathrm{D}_r\varpi + 2\mathrm{Q}\mathrm{D}_r\mathrm{D}_p\varpi + 2\mathrm{R}\mathrm{D}_p\mathrm{D}_q\varpi \\ & + \mathfrak{L}\mathrm{D}_p\varpi + \mathfrak{M}\mathrm{D}_q\varpi + \mathfrak{N}\mathrm{D}_r\varpi, \end{aligned}\right.$$

les valeurs de L, M, N, P, Q, R, $\mathfrak{L}$, $\mathfrak{M}$, $\mathfrak{N}$ étant

$$(5)\quad \mathrm{L} = (\mathrm{D}_x p)^2 + (\mathrm{D}_y p)^2 + (\mathrm{D}_z p)^2, \qquad \mathrm{M} = \ldots, \qquad \mathrm{N} = \ldots,$$

$$(6)\quad \mathrm{P} = \mathrm{D}_x q\,\mathrm{D}_x r + \mathrm{D}_y q\,\mathrm{D}_y r + \mathrm{D}_z q\,\mathrm{D}_z r, \qquad \mathrm{Q} = \ldots, \qquad \mathrm{R} = \ldots,$$

$$(7)\quad \mathfrak{L} = \mathrm{D}_x^2 p + \mathrm{D}_y^2 p + \mathrm{D}_z^2 p, \qquad \mathfrak{M} = \ldots, \qquad \mathfrak{N} = \ldots.$$

Si, pour le nouveau système de coordonnées p, q, r, les surfaces coordonnées deviennent orthogonales, on aura

$$(8)\quad \mathrm{P} = 0, \qquad \mathrm{Q} = 0, \qquad \mathrm{R} = 0,$$

et, par suite, la valeur de $\nabla\varpi$ sera réduite à

$$(9)\quad \nabla\varpi = \mathrm{L}\mathrm{D}_p^2\varpi + \mathrm{M}\mathrm{D}_q^2\varpi + \mathrm{N}\mathrm{D}_r^2\varpi + \mathfrak{L}\mathrm{D}_p\varpi + \mathfrak{M}\mathrm{D}_q\varpi + \mathfrak{N}\mathrm{D}_r\varpi.$$

Or, dans cette hypothèse, en posant, pour abréger,

$$\mathrm{S}(\pm \mathrm{D}_x p\,\mathrm{D}_y q\,\mathrm{D}_z r) = \frac{1}{\omega}$$

ou, ce qui revient au même,

$$\omega = \mathrm{S}(\pm \mathrm{D}_p x\,\mathrm{D}_q y\,\mathrm{D}_r z),$$

on déduira aisément de l'équation identique

$$\begin{aligned} \mathrm{D}_x(\mathrm{D}_y q\,\mathrm{D}_z r - \mathrm{D}_y r\,\mathrm{D}_z q) + \mathrm{D}_y(\mathrm{D}_z q\,\mathrm{D}_x r - \mathrm{D}_z r\,\mathrm{D}_x q) & \\ + \mathrm{D}_z(\mathrm{D}_x q\,\mathrm{D}_y r - \mathrm{D}_x r\,\mathrm{D}_y q) & = 0 \end{aligned}$$

la formule

$$(10)\quad \left\{\begin{aligned} \omega\mathfrak{L} & = \mathrm{D}_p(\omega\mathrm{L}). \\ \omega\mathfrak{M} & = \mathrm{D}_q(\omega\mathrm{M}), \\ \omega\mathfrak{N} & = \mathrm{D}_r(\omega\mathrm{N}), \end{aligned}\right.$$

On aura de même

et, par suite, l'équation (9) donnera

$$\omega\nabla\varpi = \mathrm{D}_p(\omega \mathrm{L}\mathrm{D}_p\varpi) + \mathrm{D}_q(\omega \mathrm{M}\mathrm{D}_q\varpi) + \mathrm{D}_r(\omega \mathrm{N}\mathrm{D}_r\varpi). \tag{11}$$

Par suite aussi, en nommant u, v deux valeurs particulières de ϖ, propres à vérifier l'équation (1) ou (2), on trouvera

$$\left\{\begin{aligned} \omega(v\nabla u - u\nabla v) = \mathrm{D}_p[\omega\mathrm{L}(v\mathrm{D}_p u - u\mathrm{D}_p v)] &+ \mathrm{D}_q[\omega\mathrm{M}(v\mathrm{D}_q u - u\mathrm{D}_q v)] \\ &+ \mathrm{D}_r[\omega\mathrm{N}(v\mathrm{D}_r u - u\mathrm{D}_r v)]. \end{aligned}\right. \tag{12}$$

Les équations (11) et (12), dont la dernière est analogue à la formule (6) du § I, paraissent dignes de remarque. On les déduit de l'équation (1) en supposant que les surfaces coordonnées soient orthogonales entre elles; et ainsi se manifeste une propriété des surfaces orthogonales qui, comme je l'expliquerai plus tard, me paraît très propre à rendre raison des avantages que présentent ces surfaces dans les solutions élégantes, données par M. Lamé, de diverses questions de Physique mathématique.

§ IV. — *Sur une certaine classe d'équations linéaires aux dérivées partielles.*

Considérons une équation linéaire aux dérivées partielles de la forme

$$\mathrm{F}(\nabla)\varpi = 0, \tag{1}$$

ϖ étant supposé fonction de deux variables indépendantes x, y; $\mathrm{F}(\nabla)$ désignant une fonction entière de ∇, et la valeur de ∇ étant

$$\nabla = a\mathrm{D}_x^2 + b\mathrm{D}_y^2 + 2c\mathrm{D}_x\mathrm{D}_y. \tag{2}$$

Un changement de variables indépendantes suffira pour ramener l'équation (1) à une équation de même forme, dans laquelle on aurait

$$\nabla = \mathrm{D}_x^2 + \mathrm{D}_y^2. \tag{3}$$

C'est ce que l'on reconnaîtra sans peine, en faisant usage des formules que j'ai données à la page 104 du Ier Volume des *Exercices d'Analyse et de Physique mathématique* (¹).

Pareillement, si, ϖ étant fonction de trois variables indépendantes x, y, z, on suppose dans l'équation (1)

$$(4)\qquad \nabla = a\mathrm{D}_x^2 + b\mathrm{D}_y^2 + c\mathrm{D}_z^2 + 2d\,\mathrm{D}_y\mathrm{D}_z + 2e\,\mathrm{D}_z\mathrm{D}_x + 2f\,\mathrm{D}_x\mathrm{D}_y,$$

il suffira d'un simple changement de variables indépendantes pour ramener l'équation (1) à une équation de même forme dans laquelle on aurait

$$(5)\qquad \nabla = \mathrm{D}_x^2 + \mathrm{D}_y^2 + \mathrm{D}_z^2.$$

On pourrait étendre ces remarques au cas où la fonction ϖ renfermerait des variables indépendantes x, y, z, ... en nombre quelconque, et où ∇ serait une fonction homogène du second degré de D_x, D_y, D_z, ... Dans ce cas encore, on pourrait ramener l'équation (1) à une équation de même forme, dans laquelle on aurait

$$(6)\qquad \nabla = \mathrm{D}_x^2 + \mathrm{D}_y^2 + \mathrm{D}_z^2 + \ldots.$$

D'autre part, si la valeur de ∇ est donnée par la formule (6), il suffira, pour vérifier l'équation (1), de poser

$$(7)\qquad \varpi = \mathrm{f}(r),$$

la valeur de r^2 étant de la forme

$$(8)\qquad r^2 = x^2 + y^2 + z^2 + \ldots,$$

ou même de la forme

$$(9)\qquad r^2 = (x-f)^2 + (y-g)^2 + (z-h)^2 + \ldots,$$

et f, g, h, ... désignant des quantités constantes. Effectivement, en partant de cette valeur de r^2 et nommant n le nombre des variables x, y, z, ..., on trouvera

$$(10)\qquad \nabla r = \frac{1}{r}\left\{ n\,\mathrm{f}'(r) + r^2\,\mathrm{D}_r\left[\frac{1}{r}\mathrm{f}'(r)\right]\right\},$$

(¹) *Œuvres de Cauchy*, S. II, T. XI.

et, par suite, l'équation (1) pourra être réduite à une équation différentielle qui ne renfermera plus que la variable r, la fonction $f(r)$ et les dérivées de cette fonction. Lorsqu'on aura intégré cette équation différentielle, la formule (7) fournira une intégrale de l'équation (1).

Supposons, pour fixer les idées, que l'on ait simplement

$$F(\nabla) = \nabla;$$

alors l'équation (1) deviendra

(11) $$\nabla \varpi = 0;$$

et, pour la vérifier, il suffira de prendre

$$\varpi = f(r),$$

la fonction $f(r)$ étant déterminée par la formule

(12) $$n f'(r) + r^2 D_r \left[\frac{1}{r} f'(r)\right] = 0.$$

Or on tire de cette dernière

$$f'(r) = \frac{A}{r^{n-1}}$$

et, par suite,

(13) $$f(r) = \frac{B}{r^{n-2}} + C,$$

A, B, C désignant des constantes arbitraires dont les deux premières sont liées entre elles par l'équation

$$B = -\frac{A}{n-2}.$$

Donc on vérifiera la formule (11) en posant

(14) $$\varpi = \frac{B}{r^{n-2}} + C.$$

Si l'on supposait en particulier $n = 2$, le rapport $\frac{1}{r^{n-2}}$ devrait être remplacé par $l(r)$, et l'on aurait en conséquence

(15) $$\varpi = B\, l(r) + C.$$

Si, dans les formules (14) et (15), on pose

$$B = 1, \qquad C = 0,$$

elles donneront simplement, la première

$$\varpi = \frac{1}{r^{n-2}},$$

et la seconde

$$\varpi = 1(r).$$

Les formules (14) et (15), jointes à la formule (9), fournissent des valeurs de ϖ qui renferment seulement les constantes arbitraires B, C, f, g, h, ... Mais on peut introduire des fonctions arbitraires dans ces valeurs de ϖ, en les intégrant par rapport aux quantités f, g, h, ... entre des limites fixes, et considérant B comme une fonction arbitraire de ces mêmes quantités.

205.

Physique mathématique. — *Note relative à l'équilibre des températures dans un cylindre de forme quelconque.*

C. R., T. XVI, p. 517 (6 mars 1843).

Dans un grand nombre de questions de Mécanique rationnelle et de Physique mathématique, il s'agit, non seulement d'intégrer une équation linéaire aux dérivées partielles, qui, lorsqu'on fait usage de coordonnées rectangulaires, offre dans ses divers termes des coefficients constants, mais encore d'assujettir l'intégrale à vérifier certaines conditions, par exemple à prendre une valeur donnée en chaque point de l'enveloppe extérieure d'un corps solide. Telle est, en particulier, la question de l'équilibre des températures dans un corps de forme quelconque. Les géomètres qui ont approfondi cette question particulière l'ont d'abord résolue pour un prisme rectangulaire, sans être obligés de recourir à un changement de variables indépendantes ou, ce qui revient au même, à un changement de coordonnées. Plus tard la question a été résolue à l'aide de coordonnées polaires, pour la sphère et pour le cylindre droit à base circulaire; puis M. Lamé a fait voir qu'on pouvait la résoudre pour certaines espèces de cylindres et pour l'ellipsoïde, en prenant pour surfaces coordonnées deux ou trois systèmes de surfaces orthogonales entre elles. Il m'a paru important de rechercher s'il ne serait pas possible d'obtenir pour les problèmes de ce genre des solutions plus générales, par exemple si l'on ne pourrait pas trouver généralement les lois de l'équilibre de la chaleur dans un corps cylindrique terminé par une surface quelconque. Mes recherches relatives à ce dernier problème m'ont conduit à des formules nouvelles qui me paraissent devoir contribuer aux progrès de l'Analyse, et dont je vais donner une idée en peu de mots.

Analyse.

Proposons-nous de trouver les lois de l'équilibre de la chaleur dans un corps terminé par une surface cylindrique qui offre une température indépendante du temps et constante sur chaque arête, cette température pouvant d'ailleurs varier tandis que l'on passe d'une arête à une autre. Le problème d'Analyse qu'il s'agira de résoudre sera le suivant :

Problème. — *Intégrer l'équation linéaire aux dérivées partielles*

$$(D_x^2 + D_y^2)\varpi = 0 \tag{1}$$

entre les deux coordonnées rectangulaires x, y prises pour variables indépendantes et l'inconnue ϖ, de manière que cette inconnue acquière une valeur donnée sur chaque arête d'une certaine surface cylindrique représentée par une équation de la forme

$$\mathcal{F}(x, y) = 0. \tag{2}$$

Il est bon d'observer que l'équation (2) représentera, non seulement la surface cylindrique dont il s'agit, mais encore la courbe qui sert de base à cette surface cylindrique dans le plan des x, y. Pour plus de commodité, nous supposerons ici que l'on a pris pour origine des coordonnées un point O intérieur à cette courbe, et que chaque rayon vecteur, mené à partir de cette origine dans un sens déterminé, rencontre la courbe en un seul point.

L'intégrale générale de l'équation (2) sera de la forme

$$\varpi = \varphi(x + y\sqrt{-1}) + \chi(x - y\sqrt{-1}), \tag{3}$$

$\varphi(x)$ et $\chi(x)$ désignant deux fonctions arbitraires, réelles ou imaginaires, de la variable x. Si d'ailleurs on transforme les coordonnées rectangulaires x, y en d'autres coordonnées p, r, liées aux premières par les formules

$$x = \alpha r, \qquad y = 6 r, \tag{4}$$

dans lesquelles α, 6 désignent deux fonctions de p déterminées par les équations

$$\mathcal{F}(\alpha, 6) = 0, \qquad \frac{\alpha}{\cos p} = \frac{6}{\sin p} = (\alpha^2 + 6^2)^{\frac{1}{2}}, \tag{5}$$

alors, en posant, pour abréger,

$$u = \alpha + 6\sqrt{-1}, \qquad v = \alpha - 6\sqrt{-1}, \tag{6}$$

on aura simplement

$$\varpi = \varphi(ur) + \chi(vr). \tag{7}$$

Observons ici qu'en vertu des équations (4) et (5) les surfaces coordonnées se réduiront à des plans passant par un même axe et à des surfaces cylindriques semblables entre elles. En effet, les formules (4) et (5) étant admises, les équations de la forme

$$p = \text{const.}$$

représenteront évidemment des plans dont chacun renfermera la droite OA menée par l'origine O des coordonnées perpendiculairement au plan des x, y, tandis que les équations de la forme

$$r = \text{const.}$$

représenteront des surfaces cylindriques semblables à celle à laquelle appartient l'équation (2). Ajoutons : 1° que la substitution des coordonnées nouvelles p, r aux coordonnées rectangulaires x, y transformera l'équation (2) en cette autre

$$(8) \qquad r = 1;$$

2° qu'en chaque point intérieur du cylindre terminé par la surface à laquelle appartient l'équation (2) ou (8) on aura toujours

$$(9) \qquad r < 1.$$

Cela posé, pour résoudre le problème ci-dessus énoncé, il suffira évidemment d'attribuer aux fonctions $\varphi(x)$ et $\chi(x)$ des formes telles que la valeur de ϖ déterminée par l'équation (7) se réduise, pour $r = 1$, à une fonction déterminée de l'angle p. Nommons $\psi(p)$ cette dernière fonction; $\varphi(x)$ et $\chi(x)$ devront être choisies de manière que l'on ait, pour $r = 1$,

$$(10) \qquad \varphi(u) + \chi(v) = \psi(p).$$

Dans le cas particulier où la base de la surface cylindrique se réduit au cercle représenté par l'équation

$$(11) \qquad x^2 + y^2 = 1,$$

les formules (5), (6) donnent

$$(12) \qquad \begin{cases} \alpha = \cos p, & 6 = \sin p, \\ u = e^{p\sqrt{-1}}, & v = e^{-p\sqrt{-1}}. \end{cases}$$

Alors p, r se trouvent liées à x, y par les formules

$$(13) \qquad x = r\cos p, \qquad y = r\sin p$$

et deviennent des coordonnées polaires. Alors aussi on peut satisfaire à la condition (10), en prenant pour $\varphi(u)$ et $\chi(v)$ deux fonctions telles que, pour un module de r inférieur ou tout au plus égal à l'unité, $\varphi(r)$ et $\chi(r)$ soient développables en séries convergentes ordonnées suivant les puissances ascendantes de r. En effet, supposons

$$(14)\qquad \begin{cases} \varphi(r) = \mathrm{a}_0 + \mathrm{a}_1 r + \mathrm{a}_2 r^2 + \ldots, \\ \chi(r) = \qquad \mathrm{b}_1 r + \mathrm{b}_2 r^2 + \ldots; \end{cases}$$

les formules (7) et (10), jointes aux formules (12), donneront

$$(15)\qquad \begin{cases} \varpi = \mathrm{a} + \mathrm{a}_1 ur + \mathrm{a}_2 u^2 r^2 + \ldots \\ \qquad + \mathrm{b}_1 vr + \mathrm{b}_2 v^2 r^2 + \ldots, \end{cases}$$

ou, ce qui revient au même,

$$(16)\qquad \begin{cases} \varpi = \mathrm{a}_0 + \mathrm{a}_1\; re^{p\sqrt{-1}} + \mathrm{a}_2\; r^2 e^{2p\sqrt{-1}} + \ldots \\ \qquad + \mathrm{a}_{-1} re^{-p\sqrt{-1}} + \mathrm{a}_{-2} r^2 e^{-2p\sqrt{-1}} + \ldots \end{cases}$$

et

$$(17)\qquad \psi(p) = \Sigma \mathrm{a}_n e^{np\sqrt{-1}},$$

la somme indiquée par le signe Σ s'étendant à toutes les valeurs entières, positives, nulles ou négatives de n, et les coefficients

$$\mathrm{a}_{-1},\quad \mathrm{a}_{-2},\quad \mathrm{a}_{-3},\quad \ldots$$

se confondant avec ceux que nous avons représentés par

$$\mathrm{b}_1,\quad \mathrm{b}_2,\quad \mathrm{b}_3,\quad \ldots$$

dans la seconde des formules (14). D'ailleurs on tirera immédiatement de la formule (17)

$$(18)\qquad \mathrm{a}_n = \frac{1}{2\pi}\int_0^{2\pi} e^{-np\sqrt{-1}}\,\psi(p)\,dp$$

et, par suite,

$$(19)\qquad \psi(p) = \frac{1}{2\pi}\Sigma e^{np\sqrt{-1}}\int_0^{2\pi} e^{-np\sqrt{-1}}\,\psi(p)\,dp,$$

tandis que la formule (16) donnera

$$(20)\qquad \varpi = \frac{1}{2\pi}\int_0^{2\pi} \Theta\,\psi(\mathrm{p})\,d\mathrm{p},$$

p étant distinct de p, et la valeur de Θ étant déterminée par la formule

$$\Theta = 1 + 2\Sigma r^n \cos n(p - \text{p}),$$

dans laquelle le signe Σ s'étendra seulement aux valeurs entières et positives de n. Enfin, comme la somme réelle

$$1 + r\cos p + r^2 \cos 2p + \ldots$$

se réduit à la partie réelle de la somme imaginaire

$$1 + re^{p\sqrt{-1}} + r^2 e^{2p\sqrt{-1}} + \ldots = \frac{1}{1 - re^{p\sqrt{-1}}},$$

c'est-à-dire à

$$\frac{1 - r\cos p}{1 - 2r\cos p + r^2},$$

on trouvera

(21) $$\Theta = \frac{1 - r^2}{1 - 2r\cos(p - \text{p}) + r^2},$$

et par suite l'équation (20) donnera

(22) $$\varpi = \frac{1}{2\pi}\int_0^{2\pi} \frac{1 - r^2}{1 - 2r\cos(p - \text{p}) + r^2}\psi(\text{p})\,d\text{p}.$$

Or, en désignant par ε un nombre infiniment petit et posant

$$r = 1 - \varepsilon,$$

on réduira le second membre de la formule (22) à une intégrale singulière dont la valeur sera précisément $\psi(p)$. Donc la formule (19) subsistera toujours, quelle que soit la fonction $\psi(p)$; ou, en d'autres termes, la valeur de ϖ déterminée par l'équation (22) se réduira toujours à $\psi(p)$ pour $r = 1$, et, comme cette même valeur de ϖ, ne différant pas de celle que fournit l'équation (15) jointe à la formule

$$\text{a}_n = \text{b}_{-n} = \frac{1}{2\pi}\int_0^{2\pi} e^{-np\sqrt{-1}}\psi(p)\,dp,$$

vérifiera certainement l'équation (1), nous devons conclure qu'elle remplira toutes les conditions requises dans le cas particulier où la base de la surface cylindrique sera le cercle représenté par la formule (11).

Pour s'assurer directement que la valeur de ϖ, déterminée par la formule (20) ou (22), vérifie l'équation (1), il suffit de prouver que, dans l'intégrale que cette formule renferme, la fonction sous le signe $\int$ est la somme de deux autres qui dépendent, la première du produit ur, la seconde du produit vr. Or effectivement, si l'on nomme

$$\mathrm{u},\quad \mathrm{v}$$

ce que deviennent

$$u,\quad v$$

quand on remplace p par p, on trouvera

$$1 - 2r\cos(p-\mathrm{p}) + r^2 = \left(1 - \frac{u}{\mathrm{u}}r\right)\left(1 - \frac{\mathrm{u}}{u}r\right),$$

et par suite la formule (21) donnera

$$\Theta = \frac{(1-r^2)u\mathrm{u}}{(\mathrm{u}-ur)(u-\mathrm{u}r)} = \left(\frac{1}{\mathrm{u}-ur} + \frac{r}{u-\mathrm{u}r}\right)\mathrm{u}.$$

D'autre part, on aura

$$uv = 1, \tag{23}$$

par conséquent $u = \frac{1}{v}$. Donc on trouvera encore

$$\Theta = \frac{\mathrm{u}}{\mathrm{u}-ur} + \frac{\mathrm{u}}{\frac{1}{vr} - \mathrm{u}}. \tag{24}$$

Or, cette valeur de Θ se composant de deux parties, dont l'une est fonction de ur, l'autre fonction de vr, il en résulte immédiatement que la valeur de ϖ, déterminée par la formule (20), est de la forme

$$\varphi(ur) + \psi(vr).$$

Si, pour plus de commodité, on nomme U ce que devient la valeur de u tirée de l'équation (23) quand on y remplace v par vr, on aura

$$(25)\qquad U=\frac{1}{vr};$$

et la formule (24) sera réduite à

$$\Theta=\left(\frac{1}{\mathrm{u}-ur}+\frac{1}{U-\mathrm{u}}\right)\mathrm{u}.$$

Par suite, l'équation (20) donnera

$$(26)\qquad \varpi=\frac{1}{2\pi}\int_0^{2\pi}\left(\frac{1}{\mathrm{u}-ur}+\frac{1}{U-\mathrm{u}}\right)\mathrm{u}\,\psi(\mathrm{p})\,d\mathrm{p},$$

ou, ce qui revient au même, eu égard à l'équation identique $\mathrm{u}=\frac{1}{\sqrt{-1}}\mathrm{D}_{\mathrm{p}}\mathrm{u}$,

$$(27)\qquad \varpi=\frac{1}{2\pi\sqrt{-1}}\int_0^{2\pi}\left(\frac{1}{\mathrm{u}-ur}+\frac{1}{U-\mathrm{u}}\right)\psi(\mathrm{p})\,\mathrm{D}_{\mathrm{p}}\mathrm{u}\,d\mathrm{p}.$$

Dans le cas général où la base de la surface cylindrique cesse d'être un cercle représenté par la formule (11), les variables imaginaires u et v se trouvent liées entre elles, non plus par la formule (23), mais par une équation qui résulte de l'élimination de p, contenu dans α et $\mathcal{C}$, entre les formules (6). Nommons

$$\mathrm{f}(v)$$

la valeur u tirée de cette équation, et posons

$$(28)\qquad U=\mathrm{f}(vr);$$

alors, dans la valeur de ϖ déterminée par la formule (27), la fonction sous le signe $\int$ pourra encore être considérée comme la somme de deux termes dont l'un sera fonction de ur, l'autre de vr. Donc cette valeur de ϖ vérifiera encore l'équation (1). Mais ce n'est pas tout : comme on aura, pour $r=1$,

$$U=u,$$

la somme

$$\frac{1}{\mathrm{u}-ur}+\frac{1}{U-\mathrm{u}}$$

s'évanouira généralement pour des valeurs de r très voisines de l'unité, à moins que l'angle p ne diffère très peu de p; et par suite, si l'on pose

$$r = 1 - \varepsilon,$$

ε désignant un nombre infiniment petit, la formule (27) donnera pour valeur de ϖ une intégrale définie singulière. Or, comme cette intégrale singulière, calculée à l'aide des formules que renferme le Ier Volume des *Exercices de Mathématiques*, se réduira sensiblement à $\psi(p)$, nous devons conclure que, dans tous les cas, l'équation (27), jointe à la formule (28), fournira une valeur imaginaire de ϖ qui remplira toutes les conditions prescrites. La partie réelle de cette valeur, remplissant encore les mêmes conditions, résoudra par suite le problème énoncé à la page 301.

206.

Calcul intégral. — *Remarques sur les intégrales des équations aux dérivées partielles, et sur l'emploi de ces intégrales dans les questions de Physique mathématique.*

C. R., T. XVI, p. 572 (13 mars 1843).

A l'aide des principes exposés dans un de mes précédents Mémoires (*voir* la séance du 18 juillet dernier), on peut généralement intégrer par série une équation aux différences partielles de l'ordre m, entre une inconnue ϖ et plusieurs variables indépendantes $x, y, z, \ldots, t$, lorsque l'inconnue ϖ doit non seulement vérifier l'équation donnée, quel que soit t, mais encore se réduire, avec ses dérivées relatives à t, et d'un ordre inférieur à m, à des fonctions données de $x, y, z, \ldots$, pour une certaine valeur particulière τ de la variable t. Je montre, dans le premier paragraphe du présent Mémoire, comment on doit opérer, lorsque les conditions particulières auxquelles l'inconnue se trouve assujettie se rapportent, non plus à une certaine valeur τ de la variable t, mais à certains systèmes de valeurs des variables $x, y, z, \ldots,$

par exemple, à ceux qui vérifient une certaine équation de forme déterminée. Alors il devient utile de recourir à un changement de variables indépendantes. Si d'ailleurs la question, qui exige l'intégration de l'équation proposée aux dérivées partielles, est un problème de Mécanique rationnelle ou de Physique mathématique, alors, avant d'affirmer que cette question est résolue par l'intégrale exprimée à l'aide des nouvelles variables indépendantes, on devra soigneusement examiner cette intégrale. Ainsi, en particulier, si les nouvelles variables indépendantes sont des coordonnées curvilignes d'un point mobile, et si l'inconnue doit varier par degrés insensibles avec la position de ce point, on devra s'assurer que l'intégrale obtenue reprend la même valeur pour les divers systèmes de valeurs des coordonnées qui peuvent correspondre à un même point.

Le deuxième paragraphe du Mémoire est relatif à une transformation remarquable des équations homogènes et de quelques autres.

Le troisième paragraphe se rapporte à l'intégration des équations homogènes du second ordre, spécialement de celle qui représente l'équilibre des températures dans un corps solide, et à des intégrales particulières de cette équation qui sont exprimées en termes finis.

Analyse.

§ I. — *De l'intégration des équations aux dérivées partielles sous des conditions données.*

Considérons une équation aux dérivées partielles de l'ordre m, entre une inconnue ϖ et plusieurs variables indépendantes $x, y, z, \ldots, t$. Supposons encore que cette équation renferme la dérivée

$$D_t^m \varpi$$

et puisse être ramenée à la forme

$$D_t^m \varpi = K, \tag{1}$$

K désignant une fonction déterminée des variables indépendantes, de l'inconnue ϖ et de ses dérivées d'un ordre égal ou inférieur à m. Enfin supposons que, pour une certaine valeur τ de la variable t, l'inconnue ϖ et ses dérivées relatives à t, mais d'un ordre inférieur à m, doivent se réduire à des fonctions données de $x, y, z, \ldots$. On pourra développer, par le théorème de Taylor, la valeur de l'inconnue ϖ en une série ordonnée suivant les puissances ascendantes de $t - \tau$, et l'on conclura des principes établis dans un précédent Mémoire (*voir* Extrait n° 171), non seulement que la série obtenue sera convergente quand le module de la différence $t - \tau$ ne dépassera pas une certaine limite, mais encore que la somme de cette série convergente représentera l'intégrale cherchée

Concevons maintenant que l'équation donnée renferme seulement trois variables indépendantes

$$x, \quad y, \quad z,$$

qui pourront être censées représenter trois coordonnées rectangulaires. Supposons encore que l'inconnue ϖ de cette équation se trouve assujettie à vérifier certaines conditions relatives, non plus à une valeur particulière de l'une des variables indépendantes, mais à certains points situés sur une surface courbe et fermée, représentée par une équation de la forme

$$(2) \qquad \mathscr{F}(x, y, z) = 0.$$

On pourra aux coordonnées rectangulaires x, y, z substituer des coordonnées curvilignes p, q, r, tellement choisies que l'équation (2) se réduise à la forme

$$(3) \qquad r = \rho,$$

ρ désignant une quantité constante, et alors il ne s'agira plus que d'intégrer une équation aux dérivées partielles de l'ordre m entre l'inconnue ϖ et les variables indépendantes p, q, r, en assujettissant l'inconnue ϖ à vérifier certaines conditions relatives à une certaine valeur ρ de la variable r. Supposons, pour fixer les idées, qu'en vertu de ces conditions

$$\varpi, \quad D_r\varpi, \quad D_r^2\varpi, \quad \ldots, \quad D_r^{m-1}\varpi$$

doivent se réduire, pour $r = \rho$, à des fonctions données des variables p, q. Si d'ailleurs l'équation transformée renferme la dérivée partielle $D_r^m \varpi$ et peut être résolue par rapport à cette dérivée, on pourra développer par le théorème de Taylor la valeur de l'inconnue ϖ en une série ordonnée suivant les puissances ascendantes de $r - \rho$, et l'on prouvera toujours de la même manière, non seulement que la série obtenue est convergente quand le module de la différence $r - \rho$ ne dépasse pas une certaine limite, mais encore que la somme de cette série convergente représente l'intégrale cherchée.

Puisque les fonctions données de p, q, qui représenteront les valeurs de

$$\varpi, \quad D_r\varpi, \quad \ldots, \quad D_r^{m-1}\varpi,$$

correspondantes à $r = \rho$, peuvent d'ailleurs être choisies arbitrairement, il en résulte que l'intégrale obtenue comme on vient de le dire renfermera généralement, ainsi qu'on devait s'y attendre, m fonctions arbitraires. Si, pour fixer les idées, on suppose $m = 2$, c'est-à-dire si l'équation donnée est du second ordre, les deux fonctions arbitraires, introduites par les conditions ci-dessus énoncées, seront les valeurs de ϖ et de $D_r\varpi$ correspondantes à $r = \rho$. On pourrait d'ailleurs remplacer ces deux fonctions arbitraires par celles qui représenteraient les valeurs de ϖ correspondantes à deux valeurs particulières de la variable r: en d'autres termes, on pourrait assujettir l'intégrale d'une équation du second ordre à prendre des valeurs déterminées dans les divers points situés sur deux surfaces qui serviraient d'enveloppes intérieure et extérieure à un même solide.

Lorsqu'on fait usage de coordonnées rectangulaires, ou du moins de coordonnées rectilignes x, y, z, alors à chaque point de l'espace répond un seul système de valeurs de x, y, z, et réciproquement. Mais ces conditions ne sont plus généralement remplies quand, à des coordonnées rectilignes x, y, z, on substitue des coordonnées curvilignes p, q, r. Ainsi, en particulier, si p, r représentent deux coordonnées polaires, savoir, un angle polaire et un rayon vecteur, tracés dans un même plan, la position du point correspondant à ces coordonnées ne variera pas quand on fera croître ou décroître l'angle polaire p d'un multiple quelconque de la circonférence 2π. Cela posé, si une équation donnée aux dérivées partielles se rapporte à un problème de Mécanique rationnelle ou de Physique mathématique, si d'ailleurs l'inconnue et ses dérivées doivent être fonctions continues des variables indépendantes, il est clair qu'une intégrale obtenue à l'aide des principes ci-dessus exposés ne pourra être considérée comme fournissant la solution de ce problème, qu'autant qu'elle reprendra la même valeur pour les divers systèmes de valeurs des coordonnées qui répondront à un même point.

§ II. — *Sur une transformation remarquable des équations homogènes et de quelques autres.*

Supposons que, $F(x, y, z, \ldots)$ désignant une fonction entière et homogène des variables $x, y, z, \ldots$, on prenne

$$\nabla = F(D_x, D_y, D_z, \ldots);$$

l'équation linéaire aux dérivées partielles

$$\nabla \varpi = 0 \tag{1}$$

sera ce que nous appelons une équation homogène. Supposons encore que, dans l'intégrale ϖ de cette équation, l'on remplace les variables indépendantes $x, y, z, \ldots$ par d'autres $p, q, r, \ldots$, liées aux premières de telle sorte que, si r vient à varier, $x, y, z, \ldots$, considérées comme fonctions de $p, q, r, \ldots$, varient proportionnellement à r. Les équations qui subsisteront entre $x, y, z, \ldots$ et $p, q, r, \ldots$ seront de la forme

$$x = \alpha r, \qquad y = 6 r, \qquad z = \gamma r, \qquad \ldots, \tag{2}$$

$\alpha, 6, \gamma, \ldots$ désignant des quantités qui renfermeront les nouvelles variables $p, q, \ldots$, distinctes de r; et, lorsqu'on aura effectué le changement de variables indépendantes, on trouvera, comme nous l'avons remarqué dans l'avant-dernière séance,

$$(3)\qquad \nabla = \nabla_0 D_r^m + \frac{1}{r}\nabla_1 D_r^{m-1} + \ldots + \frac{1}{r^{m-1}}\nabla_{m-1} D_r + \frac{1}{r^m}\nabla_m,$$

$\nabla_0, \nabla_1, \ldots, \nabla_{m-1}, \nabla_m$ désignant des fonctions de $p, q, \ldots, D_p, D_q, \ldots$ qui ne renfermeront plus r ni D_r.

Concevons maintenant que l'on pose

$$(4)\qquad r = \rho e^s,$$

s désignant une nouvelle variable, et ρ un coefficient constant. En substituant à la variable indépendante r la variable s, et en ayant égard à la formule

$$(5)\qquad D_s(e^{as}\varpi) = e^{as}(D_s + a)\varpi,$$

qui subsiste quelle que soit la constante a, on trouvera, non seulement

$$D_r\varpi = D_r s D_s\varpi = \frac{1}{r} D_s\varpi = \frac{1}{\rho} e^{-s} D_s\varpi,$$

mais encore

$$D_r^2\varpi = \frac{1}{\rho^2} e^{-2s} D_s(D_s - 1)\varpi,$$

$$D_r^3\varpi = \frac{1}{\rho^3} e^{-3s} D_s(D_s - 1)(D_s - 2)\varpi,$$

....

et généralement

$$D_r^m\varpi = \frac{1}{\rho^m} e^{-ms} D_s(D_s - 1)\ldots(D_s - m + 1)\varpi$$

ou, ce qui revient au même,

$$(6)\qquad D_r^m\varpi = \frac{1}{r^m} D_s(D_s - 1)\ldots(D_s - m + 1)\varpi.$$

Cela posé, on tirera de la formule (3)

$$(7)\qquad \nabla = \frac{1}{r^m}\square.$$

la valeur de $\square$ étant

(8) $\square = \nabla_0 D_s(D_s - 1)\ldots(D_s - m + 1) + \ldots + \nabla_{m-2} D_s(D_s - 1) + \nabla_{m-1} D_s + \nabla_m.$

Ajoutons qu'en vertu de la formule (8) on aura

(9) $$\square = \square_0 D_s^m + \square_1 D_s^{m-1} + \ldots + \square_{m-1} D_s + \square_m,$$

$\square_0, \square_1, \ldots, \square_{m-1}, \square_m$ désignant des fonctions de $p, q, \ldots, D_p, D_q, \ldots$ qui ne renfermeront ni s, ni D_s, et qui seront liées à $\nabla_0, \nabla_1, \ldots, \nabla_{m-1}, \nabla_m$ par les formules

$$\square_0 = \nabla_0, \qquad \square_1 = \nabla_1 - \frac{m(m-1)}{2}\nabla_0, \qquad \ldots, \qquad \square_m = \nabla_m.$$

Or l'équation (1), jointe à la formule (7), donnera

(10) $$\square \varpi = 0$$

ou, ce qui revient au même,

(11) $$(\square_0 D_s^m + \square_1 D_s^{m-1} + \ldots + \square_{m-1} D_s + \square_m)\varpi = 0.$$

D'autre part, on tirera des équations (2) et (4)

(12) $$x = \rho\alpha e^s, \qquad y = \rho 6 e^s, \qquad z = \rho\gamma e^s, \qquad \ldots.$$

Donc, *pour transformer l'équation* (1), *supposée linéaire et homogène, en une autre équation linéaire qui soit de la forme* (11) *et renferme, avec l'inconnue ϖ, les dérivées de ϖ relatives à la nouvelle variable s, sans renfermer cette variable même, il suffit de substituer aux variables indépendantes $x, y, z, \ldots$ d'autres variables $p, q, \ldots, s$ liées aux premières de telle sorte que, si s vient à varier, $x, y, z, \ldots$, considérés comme fonctions de $p, q, \ldots, s$, varient proportionnellement à l'exponentielle e^s.*

Exemple I. — Si l'on transforme les coordonnées rectangulaires x, y, réduites à deux, en coordonnées polaires r et p, à l'aide des formules

(13) $$x = r\cos p, \qquad y = r\sin p,$$

alors des formules (13), jointes à l'équation

$$r = \rho e^s,$$

on tirera

$$(14)\qquad x = \rho e^s \cos p, \qquad y = \rho e^s \sin p$$

et, par suite,

$$(15)\qquad D_x^2 + D_y^2 = \frac{1}{\rho^2} e^{-2s} (D_p^2 + D_s^2).$$

Donc, si l'équation (1) se réduit à

$$(16)\qquad (D_x^2 + D_y^2)\varpi = 0,$$

cette équation, transformée à l'aide des formules (14), deviendra

$$(17)\qquad (D_p^2 + D_s^2)\varpi = 0,$$

ce qu'avait déjà remarqué M. Lamé. Au reste, il est facile de s'assurer *a posteriori* que toute fonction ϖ de x et de y qui vérifie l'équation (16) est en même temps une fonction de p, s propre à vérifier l'équation (17). En effet, l'intégrale générale de l'équation (16) est de la forme

$$(18)\qquad \varpi = \varphi(x + y\sqrt{-1}) + \chi(x - y\sqrt{-1});$$

et comme, en vertu des formules (14), on aura

$$x + y\sqrt{-1} = \rho e^{s+p\sqrt{-1}}, \qquad x - y\sqrt{-1} = \rho e^{s-p\sqrt{-1}},$$

il suffira évidemment de poser

$$\varphi(\rho e^s) = \Phi(s), \qquad \chi(\rho e^s) = \mathrm{X}(s)$$

pour réduire l'équation (18) à

$$(19)\qquad \varpi = \Phi(s + p\sqrt{-1}) + \mathrm{X}(s - p\sqrt{-1}).$$

Or cette dernière valeur de ϖ est évidemment l'intégrale générale de l'équation (17).

Exemple II. — Comme on tire de la formule (15)

$$(D_x^2 + D_y^2)^2 = \frac{1}{\rho^4} e^{-2s}(D_p^2 + D_s^2)\,[e^{-2s}(D_p^2 + D_s^2)]$$

ou, ce qui revient au même,

$$(D_x^2 + D_y^2)^2 = \frac{1}{\rho^4} e^{-4s}(D_p^2 + D_s^2)[D_p^2 + (D_s - 2)^2],$$

il en résulte que, si, à l'aide des formules (14), on transforme l'équation

$$(20) \qquad (D_x^2 + D_y^2)^2 \varpi = 0,$$

cette équation deviendra

$$(21) \qquad (D_p^2 + D_s^2)[D_p^2 + (D_s - 2)^2]\varpi = 0.$$

Si, en prenant toujours pour ∇ une fonction homogène de D_x, D_y, D_z, ..., on substituait à l'équation (1) une autre équation linéaire, homogène ou non homogène, et de la forme

$$(22) \qquad D_t^2 \varpi = a \nabla \varpi,$$

t désignant une nouvelle variable indépendante, n un nombre entier quelconque, et a un coefficient constant, alors, en opérant toujours de la même manière et transformant l'équation (22) à l'aide des formules (12) et (7), on trouverait

$$(23) \qquad D_t^n \varpi = \frac{a}{\rho^m} e^{-ms} \square \varpi,$$

la valeur de $\square$ étant déterminée par la formule (9).

Ainsi, en particulier, les formules (14) réduiront l'équation du mouvement de la chaleur, savoir

$$(24) \qquad D_t \varpi = a(D_x^2 + D_y^2)\varpi,$$

à la formule

$$(25) \qquad D_t \varpi = \frac{a}{\rho^2} e^{-2s}(D_p^2 + D_s^2)\varpi,$$

et l'équation du mouvement d'une plaque élastique isotrope, savoir

$$(26) \qquad D_t^2 \varpi + a^2(D_x^2 + D_y^2)^2 \varpi = 0,$$

à la formule

$$(27)\qquad D_t^2\varpi + \frac{a^2}{\rho^4}e^{-4s}(D_p^2 + D_s^2)[D_p^2 + (D_s - 2)^2]\varpi = 0.$$

§ III. — *Sur l'intégration d'une équation linéaire du second ordre, spécialement de celle qui représente l'équilibre de la chaleur, et sur des intégrales particulières de cette équation, qui se trouvent exprimées en termes finis.*

Considérons une équation linéaire et homogène du second ordre, c'est-à-dire une équation de la forme

$$(1)\qquad \nabla\varpi = 0,$$

∇ étant une fonction entière et homogène de D_x, D_y, D_z, ... Comme nous l'avons remarqué, un changement des variables indépendantes suffira pour réduire la valeur de ∇ à la forme

$$(2)\qquad \nabla = D_x^2 + D_y^2 + D_z^2 + \ldots.$$

De plus, pour vérifier l'équation (1), en supposant ∇ déterminé par la formule (2), il suffira de prendre

$$(3)\qquad \varpi = \frac{B}{\iota^{n-2}} + C,$$

B, C désignant deux constantes arbitraires, n étant le nombre des variables indépendantes $x, y, z, \ldots$, et la valeur de ι^2 étant donnée par la formule

$$(4)\qquad \iota^2 = (x-f)^2 + (y-g)^2 + (z-h)^2 + \ldots,$$

dans laquelle $f, g, h, \ldots$ désignent encore des constantes arbitraires. Faisons maintenant, pour abréger,

$$(5)\qquad x^2 + y^2 + z^2 + \ldots = r^2, \qquad f^2 + g^2 + h^2 + \ldots = \rho^2,$$

et posons encore

$$(6)\qquad \frac{fx + gy + hz + \ldots}{r\rho} = \cos\delta,$$

ou, ce qui revient au même,

$$\cos\delta = \frac{\lambda x + \mu y + \nu z + \ldots}{r}, \tag{7}$$

$\lambda, \mu, \nu, \ldots$ désignant des constantes nouvelles liées à $f, g, h, \ldots$ et à la constante ρ par les formules

$$\lambda = \frac{f}{\rho}, \qquad \mu = \frac{g}{\rho}, \qquad \nu = \frac{h}{\rho}, \qquad \ldots, \tag{8}$$

desquelles on tire, en les joignant à la seconde des équations (5),

$$\lambda^2 + \mu^2 + \nu^2 + \ldots = 1. \tag{9}$$

La formule (4) donnera

$$\iota^2 = r^2 - 2r\rho\cos\delta + \rho^2. \tag{10}$$

On pourra donc prendre

$$\iota = \rho^{\frac{1}{2}}\left(\rho - 2r\cos\delta + \frac{r^2}{\rho}\right)^{\frac{1}{2}},$$

et, en conséquence, la valeur de ϖ déterminée par la formule (3) deviendra

$$\varpi = \frac{B}{\rho^{\frac{n}{2}-1}}\left(\rho - 2r\cos\delta + \frac{r^2}{\rho}\right)^{-\frac{n}{2}+1} + C.$$

Si, dans cette dernière équation, on pose

$$B = b\rho^{\frac{n}{2}-1}, \qquad C = 0,$$

on obtiendra la formule

$$\varpi = b\left(\rho - 2r\cos\delta + \frac{r^2}{\rho}\right)^{-\frac{n}{2}+1} \tag{11}$$

Cette dernière valeur de ϖ étant propre à vérifier l'équation (1) pour des valeurs quelconques des constantes b, ρ et pour toutes les valeurs de $\lambda, \mu, \nu, \ldots$ qui satisfont à la condition (9), on peut affirmer que l'équation (1) continuera d'être vérifiée si l'on prend pour ϖ la dérivée du second membre de la formule (11) relative à ρ, c'est-à-dire si l'on pose

$$\varpi = \mathrm{b}\, \mathrm{D}_\rho \left(\rho - 2r\cos\delta + \frac{r^2}{\rho}\right)^{-\frac{n}{2}+1},$$

ou, ce qui revient au même,

$$\varpi = \mathrm{A} \frac{\rho^2 - r^2}{(\rho^2 - 2\rho r\cos\delta + r^2)^{\frac{n}{2}}}, \tag{12}$$

la valeur de A étant

$$\mathrm{A} = -\left(\frac{n}{2} - 1\right)\mathrm{b}\rho^{\frac{n}{2}-2}.$$

On peut aisément, à l'aide de la formule (12), intégrer l'équation d'équilibre de la chaleur, et l'intégrer de telle sorte que l'intégrale acquière des valeurs données sur les diverses arêtes d'une surface cylindrique droite à base circulaire, ou dans les divers points d'une surface sphérique. En effet, supposons que la surface dont il s'agit, rapportée à des coordonnées rectangulaires x, y, ou x, y, z, se trouve représentée par l'équation

$$x^2 + y^2 = \rho^2 \tag{13}$$

ou par l'équation

$$x^2 + y^2 + z^2 = \rho^2, \tag{14}$$

ρ désignant le rayon de la surface cylindrique ou sphérique. Soient d'ailleurs p, r, ou p, q, r deux ou trois coordonnées polaires, liées aux coordonnées rectangulaires x, y, ou x, y, z, dans le premier cas par les formules

$$x = r\cos p, \qquad y = r\sin p; \tag{15}$$

dans le second cas par les formules

$$x = r\cos p, \qquad y = r\sin p\cos q, \qquad z = r\sin p\sin q. \tag{16}$$

Pour résoudre le problème énoncé, on devra, dans le premier cas, intégrer l'équation

$$(17)\qquad (D_x^2 + D_y^2)\varpi = 0$$

de manière que l'inconnue ϖ se réduise, pour $r = \rho$, à une fonction donnée $\psi(p)$ de l'angle polaire p, et, dans le second cas, intégrer l'équation

$$(18)\qquad (D_x^2 + D_y^2 + D_z^2)\varpi = 0$$

de manière que l'inconnue ϖ se réduise, pour $r = \rho$, à une fonction donnée $\psi(p, q)$ des angles p, q. Or il suit de la formule (12) que l'on vérifiera l'équation (17) en posant

$$(19)\qquad \varpi = \mathrm{A}\frac{\rho^2 - r^2}{\rho^2 - 2\rho r\cos\delta + r^2},$$

la valeur de $\cos\delta$ étant

$$\cos\delta = \frac{\lambda x + \mu y}{r} = \lambda\cos p + \mu\sin p,$$

et A, λ, μ désignant trois constantes arbitraires dont les deux dernières devront être assujetties à la condition

$$\lambda^2 + \mu^2 = 1.$$

Si, pour remplir cette condition, on prend

$$\lambda = \cos \mathrm{p}, \qquad \mu = \sin \mathrm{p},$$

p désignant un angle arbitraire, on trouvera simplement

$$(20)\qquad \cos\delta = \cos(p - \mathrm{p}),$$

et l'on pourra supposer, dans l'équation (19),

$$\mathrm{A} = \Psi(\mathrm{p}),$$

$\Psi(\mathrm{p})$ désignant une fonction arbitraire de p. On vérifiera donc l'équation (17) en prenant

$$(21)\qquad \varpi = \frac{\rho^2 - r^2}{\rho^2 - 2\rho r\cos(p - \mathrm{p}) + r^2}\Psi(\mathrm{p});$$

il y a plus : on la vérifiera encore en substituant au second membre de la formule (21) l'intégrale de ce second membre prise, par rapport à p, entre deux limites fixes, par exemple en supposant

$$(22) \qquad \varpi = \int_0^{2\pi} \frac{\rho^2 - r^2}{\rho^2 - 2\rho r \cos(p - \mathrm{p}) + r^2} \Psi(\mathrm{p})\, d\mathrm{p}.$$

D'ailleurs cette dernière valeur de ϖ se réduit, pour une valeur de r inférieure à ρ, mais très peu différente de ρ, à une intégrale définie singulière dont la valeur est sensiblement représentée par le produit

$$2\pi \Psi(p).$$

Donc la formule (22) fournira une intégrale de l'équation (17) qui aura la propriété de se réduire à $\psi(p)$ pour $r = \rho$ si l'on prend

$$2\pi \Psi(p) = \psi(p)$$

ou, ce qui revient au même,

$$\Psi(p) = \frac{1}{2\pi} \psi(p).$$

Donc, pour obtenir une telle intégrale, il suffira de poser

$$(23) \qquad \varpi = \frac{1}{2\pi} \int_0^{2\pi} \frac{\rho^2 - r^2}{\rho^2 - 2\rho r \cos(p - \mathrm{p}) + r^2} \psi(\mathrm{p})\, d\mathrm{p}.$$

Il suit encore de la formule (12) que l'on vérifiera l'équation (18) en posant

$$(24) \qquad \varpi = \mathrm{A} \frac{\rho^2 - r^2}{(\rho^2 - 2\rho r \cos\delta + r^2)^{\frac{3}{2}}},$$

la valeur de $\cos\delta$ étant

$$\cos\delta = \frac{\lambda x + \mu y + \nu z}{r} = \lambda \cos p + \mu \sin p \cos q + \nu \sin p \sin q,$$

et A, λ, μ, ν désignant quatre constantes arbitraires dont les trois dernières devront être assujetties à la condition

$$\lambda^2 + \mu^2 + \nu^2 = 1.$$

Si, pour remplir cette condition, on pose

$$\lambda = \cos \mathrm{p}, \qquad \mu = \sin \mathrm{p} \cos \mathrm{q}, \qquad \nu = \sin \mathrm{p} \sin \mathrm{q},$$

p, q désignant des angles arbitraires, on trouvera simplement

$$(25) \qquad \cos\delta = \cos p \cos \mathrm{p} + \sin p \sin \mathrm{p} \cos(q - \mathrm{q}),$$

et l'on pourra supposer, dans l'équation (24),

$$\mathrm{A} = \Psi(\mathrm{p}, \mathrm{q}),$$

$\Psi(\mathrm{p}, \mathrm{q})$ désignant une fonction arbitraire des angles p, q. Par suite, on vérifiera l'équation (18) en prenant

$$(26) \qquad \varpi = \frac{\rho^2 - r^2}{(\rho^2 - 2\rho r \cos\delta + r^2)^{\frac{3}{2}}} \Psi(\mathrm{p}, \mathrm{q})$$

ou même en prenant

$$(27) \qquad \varpi = \int_0^{\pi} \int_0^{2\pi} \frac{\rho^2 - r^2}{(\rho^2 - 2\rho r \cos\delta + r^2)^{\frac{3}{2}}} \Psi(\mathrm{p}, \mathrm{q})\, d\mathrm{p}\, d\mathrm{q}$$

et attribuant à $\cos\delta$ la valeur que détermine la formule (25). D'ailleurs, sous cette condition, la dernière valeur de ϖ se réduira, pour une valeur de r inférieure à ρ, mais très peu différente de ρ, à une intégrale définie singulière, dont la valeur sera sensiblement représentée par le produit

$$\frac{4\pi \Psi(p, q)}{\rho \sin p}.$$

Donc la formule (27) fournira une intégrale de l'équation (18), qui aura la propriété de se réduire à $\psi(p, q)$, pour $r = \rho$, si l'on prend

$$\frac{4\pi \Psi(p, q)}{\rho \sin p} = \psi(p, q)$$

ou, ce qui revient au même,

$$\Psi(p, q) = \frac{\rho}{4\pi} \psi(p, q) \sin p.$$

Donc, pour obtenir une telle intégrale, il suffira de poser

$$(28) \qquad \varpi = \frac{\rho}{4\pi}\int_0^{\pi}\int_0^{2\pi}\frac{\rho^2 - r^2}{(\rho^2 - 2\rho r\cos\delta + r^2)^{\frac{3}{2}}}\psi(\mathrm{p}, \mathrm{q})\sin\mathrm{p}\,d\mathrm{p}\,d\mathrm{q}.$$

Les formules (23) et (27) ont cela de remarquable, qu'elles fournissent pour les équations (17) et (18) des intégrales exprimées en termes finis. Pour en déduire les formules connues à l'aide desquelles on résout le problème de l'équilibre de la chaleur dans un cylindre droit à base circulaire, ou dans une sphère, en supposant la température constante, c'est-à-dire indépendante du temps sur chaque arête de la surface qui termine le cylindre, ou en chaque point de la surface sphérique, il suffit de développer les seconds membres de ces mêmes formules en séries ordonnées suivant les puissances ascendantes de r. Remarquons d'ailleurs que, chacune des formules (23), (28), renfermant une seule fonction arbitraire $\psi(p)$ ou $\psi(p, q)$, ne saurait être considérée comme propre à fournir la solution la plus générale du problème ci-dessus mentionné, et doit plutôt être regardée comme représentant une intégrale particulière de l'équation (17) ou (18), qui remplit les seules conditions auxquelles l'inconnue se trouve assujettie dans l'énoncé de ce problème. La même observation s'applique à la formule que j'ai donnée, dans la séance précédente, pour résoudre le problème de l'équilibre de la chaleur dans un cylindre de forme quelconque. On arrive à des solutions plus générales de ces sortes de problèmes quand on se propose d'intégrer l'équation (17) ou (18) de manière que l'inconnue ϖ acquière une valeur déterminée en chacun des points situés sur deux enveloppes, l'une extérieure, l'autre intérieure à un corps solide. Alors, en effet, les intégrales qu'on obtient renferment chacune, comme on devait s'y attendre, autant de fonctions arbitraires qu'il y a d'unités dans l'ordre de l'équation (17) ou (18), c'est-à-dire deux fonctions arbitraires. Je m'occuperai plus en détail de ces sortes d'intégrales dans un autre article, où j'établirai directement la proposition suivante.

Supposons qu'il s'agisse d'intégrer l'équation

$$(D_x^2 + D_y^2)\varpi = 0$$

de telle manière que, pour deux valeurs différentes de r, représentées par

$$\rho \quad \text{et} \quad \theta\rho,$$

l'inconnue ϖ se réduise à deux fonctions données de l'angle polaire p représentées par

$$\varphi(p) \quad \text{et} \quad \chi(p).$$

Alors, en posant, pour abréger,

$$s = \mathrm{l}\left(\frac{r}{\rho}\right), \qquad \varsigma = \mathrm{l}(\theta),$$

on réduira [1] le problème à l'intégration de l'équation

$$(D_p^2 + D_s^2)\varpi = 0, \tag{29}$$

sous la condition que l'inconnue ϖ vérifie, pour $s = 0$, la formule

$$\varpi = \varphi(p),$$

et pour $s = \varsigma$, la formule

$$\varpi = \chi(p).$$

Or, pour effectuer cette intégration, il suffira de prendre

$$\left\{\begin{aligned} \varpi = {} & \frac{1}{\varsigma}\int_{\mathrm{p}_0}^{\mathrm{p}_1} \frac{\sin\frac{\pi s}{\varsigma}}{e^{\frac{\pi}{\varsigma}(\mathrm{p}-p)} - 2\cos\frac{\pi s}{\varsigma} + e^{\frac{\pi}{\varsigma}(p-\mathrm{p})}}\,\varphi(\mathrm{p})\,d\mathrm{p} \\ & + \frac{1}{\varsigma}\int_{\mathrm{p}_0}^{\mathrm{p}_1} \frac{\sin\frac{\pi s}{\varsigma}}{e^{\frac{\pi}{\varsigma}(\mathrm{p}-p)} + 2\cos\frac{\pi s}{\varsigma} + e^{\frac{\pi}{\varsigma}(p-\mathrm{p})}}\,\chi(\mathrm{p})\,d\mathrm{p}, \end{aligned}\right. \tag{30}$$

p_0, p_1 désignant deux valeurs particulières de la variable p, qui com-

[1] Les avantages qu'offre, dans la question présente, la réduction de l'équation (17) à l'équation (29), ont été remarqués par M. Lamé dans un Mémoire que renferme le Ier Volume du *Journal de Mathématiques* de M. Liouville.

prennent entre elles l'angle p. Ces deux valeurs particulières devront se réduire à

$$(31) \qquad \mathrm{p}_0 = -\infty, \qquad \mathrm{p}_1 = \infty$$

si les deux conditions relatives à $s = 0$ et à $s = \varsigma$ doivent subsister, non seulement pour les valeurs de p comprises entre les limites $p = 0$, $p = 2\pi$, mais généralement pour des valeurs quelconques de p. Il y a plus : ces valeurs de p_0, p_1 devront être de celles que fournissent les équations (31), si, l'angle p étant supposé toujours compris entre les limites $p = 0$, $p = 2\pi$, la valeur de l'inconnue ϖ fournie par l'équation (30) est assujettie à reprendre la même valeur pour $p = 0$ et pour $p = 2\pi$.

207.

Géométrie analytique. — *Rapport sur un Mémoire de* M. Amyot *relatif aux surfaces du second ordre.*

C. R., T. XVI, p. 783 (17 avril 1843).

L'Académie nous a chargés, M. Liouville et moi, de lui rendre compte d'un Mémoire de M. Amyot, qui a pour titre : *Nouvelle méthode de génération et de discussion des surfaces du second ordre.*

Dans ce Mémoire, l'auteur fait connaître de nouvelles propriétés des surfaces du second degré, autrement appelées surfaces du second ordre, et montre le parti qu'on peut en tirer pour la discussion de ces surfaces mêmes. Les résultats auxquels il est parvenu offrent assez d'intérêt pour qu'il nous paraisse convenable d'entrer à ce sujet dans quelques détails.

On sait que, étant donné dans un plan un point mobile dont les distances à un centre fixe et à un axe fixe conservent toujours entre elles le même rapport, ce point mobile décrit une courbe du second degré, que l'on peut faire coïncider avec l'une quelconque des sections coniques. Alors le centre fixe est ce qu'on nomme un *foyer* de la courbe, l'axe en est une *directrice*, et le rapport entre les distances du point mobile au centre et à l'axe fixe est ce que l'on nomme l'*excentricité*. Ce rapport est inférieur, égal ou supérieur à l'unité, suivant que la courbe est une ellipse, une parabole ou une hyperbole. De plus, l'ellipse et l'hyperbole offrent chacune deux foyers et deux directrices situées à égales distances du centre de la courbe. Enfin, comme la distance des deux directrices est évidemment la somme ou la différence des distances qui les séparent d'un point de la courbe, il est clair que le produit de la première distance par l'excentricité se réduit à la somme ou à la différence des rayons vecteurs menés des deux foyers au point dont il s'agit. Donc les deux rayons vecteurs offrent une somme constante dans l'ellipse, une différence constante dans l'hyperbole, et l'on se trouve ainsi ramené à l'une des propriétés les plus anciennement connues de ces deux courbes du second degré.

On sait encore que, étant donnés un point et une courbe du second degré, les tangentes menées à la courbe par l'extrémité d'une sécante qui renferme ce point se coupent sur une certaine droite; que cette droite se nomme la *polaire* du point, tandis que le point est appelé le *pôle* de la droite, et que le pôle d'une droite quelconque, située dans le plan d'une section conique, appartient aux polaires de tous les points de cette droite.

Cela posé, il est facile de reconnaître que chaque directrice d'une courbe du second degré n'est autre chose que la polaire du foyer correspondant à cette directrice, et que le point où la directrice rencontre le grand axe ou l'axe réel de la courbe se confond précisément avec le pôle de la droite menée par le foyer perpendiculairement à cet axe.

Observons, en outre, que la considération des directrices des courbes du second degré fournit le moyen de résoudre très simplement divers problèmes de Géométrie. On pourra ainsi, par exemple, et sans employer d'autres instruments que la règle et le compas, fixer le point où une droite donnée rencontrera, soit une ellipse ou une hyperbole dont les foyers et le grand axe ou l'axe réel seraient connus, soit même la surface engendrée par la révolution de cette ellipse ou de cette hyperbole autour de ce grand axe ou de cet axe réel. On pourra, par suite, résoudre avec la plus grande facilité divers problèmes qui se ramènent aux deux précédents, par exemple le problème du cercle tangent à trois cercles donnés ou de la sphère tangente à quatre autres.

D'ailleurs les définitions que l'on donne communément des foyers et des directrices dans les courbes du second degré, c'est-à-dire les définitions que nous avons ci-dessus rappelées, peuvent être, avec les propositions qui s'y rattachent, étendues et généralisées comme il suit.

Considérons, dans un plan, un point mobile dont la distance à un centre fixe doive conserver toujours le même rapport, non plus avec la distance de ce point à un axe fixe, mais avec la moyenne géométrique entre les distances de ce point à deux axes distincts. Nommons *foyer* le centre fixe, *directrices* les deux axes fixes, et *module* le rapport constant dont il s'agit. On s'assurera aisément que le point mobile décrira, en général, non plus une seule courbe, mais deux courbes du second degré. En effet, les axes coordonnés étant supposés rectangulaires, la distance du point mobile à chaque directrice se trouvera représentée par la valeur numérique d'une certaine fonction linéaire des coordonnées x, y du point mobile, c'est-à-dire par cette fonction linéaire prise avec le signe + si le point mobile est situé, par rapport à la directrice, du même côté que l'origine, et avec le signe — dans le cas contraire. Cela posé, le produit des distances du point mobile aux deux directrices par le carré du module se trouvera représenté par la valeur numérique d'une fonction du second degré, c'est-à-dire par cette fonction prise avec le signe + si le point mobile est situé, par rapport aux deux directrices à la fois, du même côté que l'origine ou du côté opposé, prise avec le signe — dans le cas contraire; et comme pour obtenir l'équation de la courbe décrite il suffira d'égaler ce produit à la fonction du second degré qui représentera le carré de la distance du point mobile au foyer, il est clair qu'on se trouvera définitivement conduit à une équation du second degré qui renfermera un double signe, et qui par suite représentera en général deux courbes distinctes.

Concevons maintenant que l'on veuille faire coïncider l'une de ces deux courbes avec une section conique de forme déterminée. La question reviendra évidemment à choisir le foyer, les directrices et le module de telle sorte que l'équation obtenue s'accorde avec une équation donnée du second degré entre x et y. D'ailleurs une équation du second degré entre deux variables renferme généralement six termes dont les coefficients peuvent être quelconques. D'autre part, l'équation de la courbe décrite par le point mobile renfermera sept constantes arbitraires qui pourront être censées représenter les deux coordonnées du foyer, les quatre coordonnées des pieds des deux perpendiculaires abaissées de l'origine sur les deux directrices et le module. Enfin, pour réduire à l'équation donnée celle de la courbe décrite par le point mobile, il suffira de multiplier tous les termes de cette dernière par un certain coefficient qui, en raison de l'usage auquel il sera consacré, peut être appelé *coefficient de réduction*. Cela posé, la comparaison des termes semblables des deux équations du second degré fournira seize relations distinctes entre le coefficient de réduction et les sept constantes arbitraires. Donc, après avoir choisi à volonté, non seulement le coefficient de réduction, mais en outre l'une des sept constantes arbitraires, on pourra déterminer encore les six autres constantes, de manière à faire coïncider l'équation de la courbe décrite avec l'équation donnée. Il est important d'observer que la comparaison des termes du second degré, dans ces deux équations, fournit trois relations entre le module, le coefficient de réduction et les deux angles formés par les directrices avec l'un des axes coordonnés, par exemple avec l'axe des abscisses. Donc le coefficient de réduction étant donné, on peut en déduire immédiatement le module, ainsi que les angles formés par les directrices avec les axes coordonnés. Mais on ne saurait en dire autant des coordonnées du foyer, dont l'une peut être arbitrairement choisie, et, par suite, sans que la courbe décrite soit altérée, le foyer pourra se déplacer arbitrairement sur une courbe nouvelle. Cette courbe nouvelle, qu'il est naturel d'appeler la *focale*, sera elle-même une courbe du second degré, dont les axes principaux se confondront avec ceux de la courbe décrite par le point mobile. Donc, si celle-ci est une courbe à centre, savoir, une ellipse ou une hyperbole, on pourra en dire autant de la focale qui aura le même centre.

Il est bon d'observer encore que la somme des termes du second degré, dans le carré de la distance du point mobile au foyer et dans le produit de ses distances aux deux directrices, se réduit au carré de la distance qui sépare le point mobile de l'origine, et au produit des distances de ce point mobile à deux axes fixes menés par l'origine parallèlement aux deux directrices, ou du moins à une quantité qui ne peut différer de ce produit que par le signe. Cela posé, concevons que, dans l'équation donnée, le premier membre se compose de tous les termes du second degré, le second terme étant la somme des autres termes. Supposons d'ailleurs qu'après avoir divisé le premier membre par le coefficient de réduction on en retranche le carré de la distance du point mobile à l'origine. Le reste devra représenter, au signe près, le produit du carré du module par les distances du point mobile à deux axes fixes, menés par l'origine parallèlement aux deux directrices. Donc le système de ces deux axes fixes sera représenté par l'équation du second degré que l'on obtiendra en égalant le reste dont il s'agit à zéro. Il est aisé d'en conclure que les deux directrices correspondantes à un même foyer formeront toujours des angles égaux avec chaque axe principal de la courbe décrite par le point mobile. Donc, si ces deux directrices deviennent parallèles l'une à l'autre, chacune d'elles sera perpendiculaire à un axe principal de la courbe. Alors aussi la focale se réduira simplement à cet axe, ou, en d'autres termes, les divers foyers seront situés sur cet axe. Si, la courbe étant une hyperbole, l'axe principal dont il s'agit est celui qui ne rencontre pas la courbe, on pourra prendre pour foyer un point quelconque de cet axe. Mais si le même axe se réduit au grand axe, ou à l'axe réel d'une ellipse, d'une parabole ou d'une hyperbole, alors tout foyer auquel correspondront deux directrices perpendiculaires à cet axe ne pourra être que l'un des points situés sur le même axe, soit entre les deux foyers de l'ellipse décrite, soit au delà du foyer ou des foyers de la parabole ou de l'hyperbole.

Jusqu'ici nous avons tacitement supposé que la focale correspondante au coefficient de réduction donné était une courbe réelle, et que les angles formés par les directrices avec un axe principal de la courbe donnée étaient pareillement réels. Alors l'équation du second degré qui représente le système des axes fixes, menés par l'origine parallèlement aux directrices, a nécessairement pour premier membre un trinôme décomposable en deux facteurs réels du premier degré. Mais il peut arriver que la focale devienne imaginaire. Il peut arriver aussi que, la focale étant réelle, le trinôme dont nous venons de parler offre pour termes deux quantités de même signe, et se décompose par suite en deux facteurs linéaires, mais non réels. Dans ce dernier cas, eu égard aux définitions adoptées, les directrices imaginaires correspondent à des foyers que le calcul indiquait comme existants. Mais, pour retrouver des directrices réelles, il suffira de modifier ces définitions et d'admettre que la distance du point mobile au foyer est le produit du module par une longueur dont le carré représente, non plus le produit des distances du point mobile aux deux directrices, mais la demi-somme des carrés de ces distances. Alors, pour obtenir les équations des deux axes menés par l'origine parallèlement aux deux directrices, il suffira de décomposer le trinôme ci-dessus mentionné en deux facteurs imaginaires du premier degré, puis d'égaler à zéro chacun de ces facteurs, en y remplaçant $\sqrt{-1}$ par l'unité.

On prouve aisément que, dans le cas où les deux directrices correspondantes à un même foyer se coupent, le point d'intersection, considéré comme pôle de la courbe décrite, a pour polaire une droite passant par le foyer. Pour cette raison, nous désignerons désormais sous le nom de *pôle* le point de rencontre de deux directrices non parallèles et correspondantes à un foyer donné.

Lorsque la courbe donnée se réduit à une circonférence de cercle, les deux directrices se coupent à angles droits, et par suite la demi-somme des carrés des distances du point mobile aux deux directrices se réduit à la moitié du carré de la distance comprise entre ce point et le pôle. Donc alors les distances du point mobile au foyer et au pôle sont entre elles dans un rapport constant, savoir, dans le rapport du module à la racine carrée du nombre 2. Alors aussi, le foyer et le pôle se trouvent situés sur un même diamètre de cercle, et l'on est immédiatement ramené à une proposition connue, savoir, qu'une circonférence de cercle représente la courbe décrite par un point mobile dont les distances à deux points fixes conservent toujours entre elles le même rapport.

Puisque, pour un coefficient de réduction donné, ou, ce qui revient au même, pour un module donné, les deux directrices forment des angles déterminés et invariables avec les axes principaux de la courbe décrite, il est clair que chacun des deux angles compris entre ces directrices restera encore invariable, quelle que soit la position du foyer sur la focale. Si le plus petit de ces deux angles ne se réduit pas à zéro, les deux directrices correspondantes à un même foyer se couperont. Mais leur point d'intersection ou le pôle changera de position avec le foyer, en se déplaçant à son tour sur une certaine courbe du second degré, distincte de la focale. Cette nouvelle courbe, ou le lieu géométrique des pôles correspondants à un même coefficient de réduction, est, non seulement réelle ou imaginaire en même temps que la focale, mais, de plus, elle est toujours de même espèce que la focale, les deux courbes se réduisant simultanément à deux ellipses, ou à deux paraboles, ou à deux hyperboles.

Considérons maintenant un point de la courbe donnée qui soit situé sur une droite menée par le pôle parallèlement à un axe principal de la courbe. Ce point se trouvera placé à égale distance des deux directrices. Donc le produit de ses distances aux deux directrices et la demi-somme des carrés de ces distances se réduiront à l'une d'elles. Donc les distances de ce point au foyer et au pôle seront entre elles dans un rapport équivalent au produit du module par le sinus de l'angle qu'une directrice forme avec l'axe principal que l'on considère. D'autre part, une droite parallèle à cet axe principal renfermera généralement deux pôles correspondants à deux foyers que l'on peut appeler *foyers conjugués*. Cela posé, il est clair que la distance de ces deux pôles sera dans un rapport constant avec la somme des rayons vecteurs menés des deux foyers au point dont il s'agit, et se réduira au produit qu'on obtient quand on multiplie cette somme par le module et par le sinus de l'angle que forme une directrice avec l'axe principal. Enfin, comme la même droite parallèle à un même axe principal coupe généralement la courbe donnée en deux points, on peut affirmer que les sommes des rayons vecteurs menés des foyers conjugués à l'un et à l'autre de ces deux points seront égales entre elles. Ajoutons que, en chacun de ces points, comme il est aisé de le prouver, les deux rayons vecteurs formeront des angles égaux avec la normale à la courbe donnée.

Pour réduire à une forme très simple l'équation de la courbe donnée, il suffit de faire coïncider les axes coordonnés supposés rectangulaires, ou du moins l'axe des abscisses, avec les axes principaux ou avec l'axe principal de cette courbe, et de prendre en même temps pour origine le centre de la courbe, si elle en a un, ou son sommet dans le cas contraire. Alors, si l'on fait passer dans le premier membre de l'équation tous les termes du second degré, ce premier membre renfermera seulement les carrés des coordonnées ou le carré de l'ordonnée, chacun de ces carrés étant multiplié par un coefficient constant, et le second membre étant une quantité constante ou proportionnelle à l'abscisse. Alors aussi, en prenant l'unité pour coefficient de réduction, on obtiendra facilement le module, l'équation de la focale et l'équation du lieu géométrique des pôles à l'aide des règles très simples que nous allons énoncer.

1° Pour obtenir le module, il suffira de retrancher du premier membre de l'équation donnée le carré de la distance du point mobile à l'origine. Les valeurs numériques des coefficients que renfermera le reste ainsi trouvé donneront pour somme le carré du module. Par conséquent, ce carré ne sera autre chose que la somme des valeurs des différences qu'on formera en retranchant successivement de l'unité les coefficients qui affectent les carrés des coordonnées dans le premier membre de l'équation proposée. De plus, pour obtenir les équations des axes fixes menés par l'origine parallèlement aux directrices, il suffira de décomposer le reste en deux facteurs linéaires et d'égaler ces deux facteurs à zéro, en ayant soin d'y remplacer, s'ils deviennent imaginaires, $\sqrt{-1}$ par l'unité.

2° Pour obtenir l'équation de la focale, il suffira, si la courbe donnée est une ellipse ou une hyperbole, de diviser, dans le premier membre de l'équation proposée, le coefficient du carré de chaque coordonnée par l'unité diminuée de ce même coefficient. Si la courbe donnée est une parabole, on devra de plus, dans le second membre de l'équation proposée, soustraire de l'abscisse du point mobile la moitié du coefficient de cette abscisse.

3° Pour obtenir, au lieu de l'équation de la focale, l'équation du lieu géométrique des pôles, il suffira de changer la division et la soustraction ci-dessus indiquées en multiplication et en addition.

En vertu des règles que nous venons d'énoncer, si la courbe proposée est une ellipse réelle ou une hyperbole, la focale et le lieu géométrique des pôles seront encore deux ellipses réelles ou deux hyperboles, à moins que, le second membre de l'équation donnée étant positif, le terme positif ou les termes positifs du premier membre n'offrent des coefficients supérieurs à l'unité.

Si la courbe proposée se transforme en une parabole, la focale et le lieu géométrique des pôles seront toujours deux autres paraboles qui offriront des sommets situés à égales distances du sommet de la première.

Enfin, si, dans l'équation proposée, le carré de l'une des coordonnées a pour coefficient l'unité, les deux directrices correspondantes à un même foyer deviendront parallèles entre elles et perpendiculaires à un même axe principal. Alors aussi, comme on devait s'y attendre, l'équation de la focale se trouvera réduite à l'équation de cet axe principal. Quant au lieu géométrique des pôles, il n'y aura plus lieu de s'en occuper, puisque les pôles ou les points de rencontre des directrices parallèles disparaîtront évidemment.

Il est juste d'observer qu'un Mémoire de M. Chasles, inséré dans le

Tome III du *Journal de M. Liouville,* renferme une partie des résultats jusqu'ici énoncés, savoir, ceux qui se rapportent au cas où une courbe du second degré est considérée comme engendrée par un point mobile dont la distance à un point fixe reste proportionnelle à la moyenne géométrique entre les distances de ce point à deux axes fixes.

Si nous nous sommes arrêtés quelques instants à la considération des foyers, des directrices, des pôles et des focales qui correspondent à divers modules pour une courbe donnée du second degré, c'est que, ces notions une fois établies, il devient très facile de saisir et même de démontrer les nouvelles propriétés des surfaces du second ordre auxquelles M. Amyot a été conduit par les recherches consignées dans le Mémoire dont nous avions à rendre compte.

Dans ce Mémoire, l'auteur rappelle d'abord qu'une courbe quelconque du second degré peut être engendrée par un point mobile dont les distances à un foyer et à un axe fixe situés dans le même plan restent proportionnelles l'une à l'autre; puis, en cherchant un mode de génération analogue pour les surfaces du second ordre, il observe que, pour obtenir l'équation la plus générale de ces surfaces, il suffit de poser la question suivante :

Quel est le lieu géométrique décrit dans l'espace par un point mobile dont la distance à un centre fixe offre un carré constamment proportionnel au rectangle construit sur les distances du même point à deux plans fixes donnés.

M. Amyot appelle *foyer* le centre fixe, *plans directeurs* les deux plans fixes, *axe directeur* la droite d'intersection de ces deux plans; puis, en résolvant le problème que nous venons d'énoncer, il parvient à des résultats qui paraissent dignes d'attention et que nous allons indiquer en peu de mots.

D'abord, il est aisé de reconnaître, avec M. Amyot, qu'au problème énoncé répond une équation du second degré, par conséquent une équation qui représente une surface du second ordre. En effet, les axes coordonnés étant supposés rectangulaires entre eux, la distance du point mobile à chaque plan directeur se trouvera représentée par la valeur numérique d'une certaine fonction linéaire des coordonnées x, y, z du point mobile, c'est-à-dire par cette fonction linéaire prise avec le signe $+$, si le point mobile est situé par rapport au plan directeur du même côté que l'origine, et avec le signe $-$ dans le cas contraire. Cela posé, appelons *module* le rapport constant qui doit exister entre la distance du point mobile au foyer et la moyenne géométrique entre ses distances aux deux plans directeurs. Le produit de ces dernières distances par le carré du module se trouvera représenté par la valeur numérique d'une certaine fonction du second degré, c'est-à-dire par cette fonction prise avec le signe $+$, si le point mobile est situé, par rapport aux deux plans directeurs à la fois, du même côté que l'origine ou du côté opposé, prise avec le signe $-$ dans le cas contraire; et, comme pour obtenir l'équation de la surface décrite par le point mobile, il suffira d'égaler ce produit à la fonction du second degré qui représentera le carré de la distance du point mobile au foyer, il est clair qu'on se trouvera définitivement conduit à une équation du second degré. Nous pouvons même ajouter que cette équation, qui renfermera un double signe, représentera en général deux surfaces du second ordre distinctes l'une de l'autre.

Concevons maintenant que l'on veuille faire coïncider l'une de ces surfaces avec une surface du second ordre, de forme déterminée. La question reviendra évidemment à choisir le foyer, les plans directeurs et le module, de telle sorte que l'équation obtenue s'accorde avec une équation donnée du second degré entre x, y, z. D'ailleurs, une équation du second degré entre trois variables renferme généralement dix termes dont les coefficients peuvent être quelconques. D'autre part, l'équation de la surface décrite par le point mobile renfermera dix constantes arbitraires qui pourront être censées représenter les trois coordonnées du foyer, les six coordonnées des pieds des deux perpendiculaires abaissées de l'origine sur les deux plans directeurs et le module. Enfin, pour réduire à l'équation donnée celle de la surface décrite par le point mobile, il suffira de multiplier tous les termes de cette dernière par un certain coefficient qui, en raison de l'usage auquel il sera consacré, peut être appelé *coefficient de réduction*. Cela posé, la comparaison des termes semblables des deux équations du second degré fournira dix relations distinctes entre le coefficient de réduction et les dix constantes arbitraires. Il est bon d'observer que la comparaison des termes du second degré, renfermés dans l'une et l'autre équation, fournira en particulier six relations entre le coefficient de réduction, le module et les quatre angles formés par les deux plans directeurs avec deux des plans coordonnés. Donc, pour la surface donnée du second ordre, ce coefficient, ce module et ces quatre angles se trouveront complètement déterminés. Mais on ne pourra en dire autant des coordonnées du foyer, dont l'une pourra être arbitrairement choisie, et par suite, sans que la surface décrite soit altérée, le foyer pourra se déplacer sur une certaine courbe. M. Amyot prouve que cette courbe, qu'il nomme avec raison la *focale*, est toujours renfermée dans un des plans principaux de la surface du second ordre. Il observe qu'à chaque position du foyer correspond une position particulière de l'axe directeur, et nomme *synfocale* la courbe décrite dans le plan de la focale par le pied de cet axe. Il fait voir que la focale et la synfocale sont toujours deux sections de même espèce, qui offrent le même axe principal quand elles se réduisent à deux paraboles et, dans le cas contraire, les mêmes axes principaux, par conséquent le même centre; cet axe, ou ces axes, étant aussi l'axe principal ou les axes principaux de la section faite par le plan des deux courbes dans la surface du second ordre. Il prouve enfin que les deux plans directeurs, correspondants à chaque foyer, sont perpendiculaires au plan de la focale, et forment avec les axes principaux de cette courbe des angles égaux; puis il discute les équations des focales et des synfocales que peuvent renfermer les divers plans principaux d'une surface du second ordre, et il arrive en particulier aux conclusions suivantes :

La focale et la synfocale sont généralement réelles sur deux plans principaux d'une surface quelconque de second degré, et toujours imaginaires sur le troisième pour les surfaces qui offrent trois plans principaux.

La détermination et la construction de la focale peuvent s'effectuer facilement dans chaque cas. Supposons, pour fixer les idées, que la surface donnée soit un ellipsoïde. Alors, sur le plan du plus grand et du plus petit axe, la focale sera un hyperbole qui aura pour foyers et pour sommets les foyers des deux ellipses principales, dont l'axe commun coïncidera en direction avec l'axe même de la focale. Quant à la synfocale, elle aura pour asymptotes deux droites qui formeront avec les asymptotes de la focale un système de diamètres conjugués appartenant à l'une des deux ellipses, savoir : à l'ellipse située dans leur plan, et elle aura pour sommets, non plus les deux foyers de l'autre ellipse, mais les deux plans correspondants à ces foyers.

Étant données la focale et la synfocale que renferme un plan principal d'une surface du second ordre, si l'on coupe à la fois la synfocale et la surface par un nouveau plan parallèle à un autre plan principal, la section faite dans la surface ne pourra offrir un centre, en se confondant avec une ellipse ou une hyperbole, sans que la synfocale offre le même centre. Donc alors le plan sécant rencontrera la synfocale en deux points auxquels correspondront deux foyers distincts, que l'on peut nommer avec M. Amyot *foyers conjugués*. Or, comme l'auteur le démontre, l'ellipse ou l'hyperbole qui représentera la section faite dans la surface du second degré, et les deux foyers conjugués, jouiront des deux propriétés suivantes :

1° Les deux rayons vecteurs, menés des deux foyers conjugués à un point de l'ellipse ou de l'hyperbole, offriront une somme ou une différence constante;

2° Ces deux rayons vecteurs formeront des angles égaux avec la normale menée par le même point à la surface du second ordre.

La seconde de ces propriétés fournit évidemment un moyen général et fort simple de construire en un point donné une normale à une surface quelconque du second ordre.

Une remarque importante à faire, c'est que les plans directeurs, tels qu'ils ont été définis par M. Amyot, peuvent devenir imaginaires, lors même que la focale et la synfocale sont réelles. Ainsi en particulier, suivant l'auteur du Mémoire, les plans directeurs deviennent imaginaires pour toutes les surfaces susceptibles d'être engendrées par une ligne droite, et, pour les autres surfaces, ces plans ne sont réels que relativement à l'une des deux focales.

Les calculs par lesquels M. Amyot a été conduit aux diverses propositions énoncées dans son Mémoire, et spécialement à celles que nous avons rappelées, sont exacts et assez simples. Toutefois on peut les simplifier encore, les généraliser même, et arriver à des propositions nouvelles à l'aide des considérations suivantes :

Considérons, dans l'espace, la surface décrite par un point mobile dont la distance à un centre fixe est dans un rapport constant, ou bien avec la moyenne géométrique entre ses distances à deux plans fixes, ou bien encore avec la racine carrée de la demi-somme des carrés de ces distances. Nommons, dans l'un et l'autre cas, *foyer* le centre fixe, *plans directeurs* les deux plans fixes, et *module* le rapport constant dont il s'agit. La surface engendrée par le point mobile sera évidemment une surface du second ordre, ou plutôt le système de deux semblables surfaces. D'ailleurs on peut supposer, ou que les deux plans fixes soient parallèles entre eux, ou qu'ils se coupent suivant un certain axe : dans la première supposition, la surface engendrée sera évidemment une surface de révolution, l'axe de révolution étant la perpendiculaire menée par le foyer aux deux plans directeurs. Il y a plus : si, par l'axe de révolution on fait passer un plan quelconque, la section méridienne suivant laquelle ce plan coupera la surface, et les deux droites suivant lesquelles il coupera les plans directeurs, seront une courbe du second degré et les deux directrices de cette courbe correspondantes au foyer et au module donné.

Lorsque les deux plans directeurs, au lieu d'être parallèles entre eux, se couperont suivant un certain axe, le plan mené par le foyer perpendiculairement à cet axe partagera évidemment la surface du second degré en deux parties symétriques, et sera par suite un plan principal de cette surface. Il y a plus : la section faite dans la surface par ce plan, les deux droites suivant lesquelles il coupera les plans directeurs, et le point d'intersection de ces deux droites, seront évidemment une section principale de la surface, deux directrices de cette section principale correspondantes au foyer et au module donné, enfin un pôle de la même section correspondant au même foyer. Ce n'est pas tout : si l'on conçoit que ce pôle devienne le sommet d'un cône circonscrit à la surface du second degré, le plan de la courbe suivant laquelle le cône touchera la surface, c'est-à-dire le plan polaire correspondant au pôle dont il s'agit, renfermera toujours le foyer. Pour cette raison, le pôle de la section principale ci-dessus mentionnée pourra être aussi appelé un *pôle* de la surface correspondant au foyer donné.

Concevons maintenant qu'il s'agisse de trouver, non plus la surface correspondante à un foyer, à un module et à des plans directeurs donnés, mais les foyers, les pôles et les plans directeurs correspondants à une surface donnée. Alors on déduira immédiatement des définitions que nous avons adoptées, et des observations que nous venons d'y joindre, les conclusions suivantes :

1° Les foyers et les pôles de la surface donnée du second ordre seront en même temps les foyers et les pôles d'une section faite dans cette surface par l'un des plans principaux, ou, ce qui revient au même, les foyers et les pôles d'une section principale, pour un module égal au module de la surface. Par conséquent les focales et les synfocales de la surface se confondront avec les focales qui renfermeront les foyers des sections principales correspondantes à ce module, et avec les lieux géométriques des plans de ces mêmes sections.

2° Pour un foyer donné dans le plan d'une section principale, les plans directeurs se confondront avec les plans menés par les deux directrices de cette section perpendiculairement à son plan. Par suite, quand la focale sera réelle, les plans directeurs seront eux-mêmes toujours réels, ce qui n'avait pas lieu quand on adoptait exclusivement dans tous les cas les définitions données par M. Amyot.

3° L'une des propriétés les plus remarquables des sections faites dans la surface par des plans parallèles aux plans principaux, cette propriété qui consiste en ce que les rayons vecteurs menés de deux foyers conjugués aux différents points d'une semblable section offrent une somme ou une différence constante, sera, dans tous les cas, une conséquence immédiate des définitions mêmes que nous avons adoptées, et cette propriété se démontrera synthétiquement à l'aide des seuls raisonnements dont nous avons fait usage pour établir les propositions qui se rapportent aux foyers conjugués des courbes du second degré.

4° Si la surface donnée se réduit à une surface de révolution qui ait un centre, c'est-à-dire à un ellipsoïde ou à un hyperboloïde de révolution, et si de plus le foyer donné est situé dans le plan principal mené par le centre perpendiculairement à l'axe de révolution, les deux plans directeurs se couperont à angles droits. Par suite, les distances d'un point de la surface au foyer et à l'axe directeur seront entre elles dans un rapport constant dont le carré sera la moitié du carré du module. Cette dernière proposition se déduit encore immédiatement de la proposition analogue qui se rapporte à une circonférence de cercle.

M. Amyot observe avec raison que, chercher un foyer d'une surface du second ordre, c'est tout simplement chercher un point tel que le carré de sa distance à un point quelconque de la surface soit décomposable en deux facteurs réels ou imaginaires, mais représentés par des fonctions linéaires des coordonnées de ce dernier point. Il aurait pu ajouter qu'étant donnée une équation du second degré dont le dernier membre se réduit à zéro, avec un foyer d'une surface représentée par cette équation, il suffira toujours de retrancher du premier membre, considéré comme fonction des coordonnées x, y, z d'un point mobile, le produit du coefficient de réduction par le carré de la distance du point mobile au foyer donné, pour obtenir un reste décomposable en deux facteurs *linéaires*, réels ou imaginaires. Observons encore que, pour trouver les équations des deux plans directeurs correspondants au foyer donné, il suffira d'égaler ces deux facteurs linéaires à zéro, après y avoir remplacé, s'ils deviennent imaginaires, $\sqrt{-1}$ par l'unité.

Si le premier membre de l'équation donnée renferme seulement les termes du second degré, les autres termes étant tous réunis dans le second membre, alors, en retranchant du premier membre divisé par le coefficient de réduction le carré de la distance du point mobile à l'origine, on obtiendra un reste qui représentera, au signe près, le produit du carré du module par les distances du point mobile à deux plans fixes, menés par l'origine parallèlement aux plans directeurs, ou par la demi-somme des carrés de ces distances. Donc, pour trouver les équations de ces deux plans fixes, il suffira de décomposer le reste obtenu en deux facteurs linéaires et d'égaler ces facteurs à zéro, en ayant soin d'y remplacer, quand ils deviendront imaginaires, $\sqrt{-1}$ par l'unité.

Pour réduire à une forme très simple l'équation de la surface donnée, il suffit, comme l'on sait, de faire coïncider les trois plans coordonnés supposés rectangulaires, ou du moins les deux plans qui renferment l'axe des x, avec les plans principaux de la surface, et de prendre en même temps pour origine le centre de la surface, si elle en a un, ou son sommet, dans le cas contraire. Alors, si l'on fait passer dans le premier membre de l'équation tous les termes du second degré, ce premier terme renfermera seulement les carrés des trois coordonnées x, y, z, ou des deux coordonnées y, z, multipliés chacun par un coefficient constant, et le second membre sera une quantité constante ou proportionnelle à l'abscisse x. D'ailleurs, comme en retranchant de ce premier membre le coefficient de réduction multiplié par la somme de ces carrés on devra faire disparaître au moins l'un d'entre eux, le coefficient de réduction devra toujours se réduire à l'un des trois coefficients par lesquels ces carrés se trouvent multipliés dans le premier membre.

Il importe d'observer qu'on peut toujours supposer, non seulement l'équation de la surface du second ordre réduite à la forme très simple dont nous venons de parler, mais de plus le coefficient du carré de l'ordonnée z réduit, dans cette même équation, à l'unité. Or, dans cette supposition, pour tout foyer compris dans le plan des x, y, le coefficient de réduction sera évidemment l'unité. Donc alors, pour obtenir la focale et la synfocale de la surface, renfermées dans le plan principal des x, y, il suffira de chercher la focale et le lieu géométrique des pôles de la section principale faite dans la surface par ce plan, en prenant d'ailleurs pour coefficient de réduction l'unité même. D'ailleurs ce dernier problème est précisément celui que nous avons déjà résolu en nous occupant des foyers et des pôles des courbes du second degré. Donc, à l'aide des règles que nous avons tracées, on pourra déterminer la focale et la synfocale renfermées dans le plan des x, y, qui peut être l'un quelconque des plans principaux de la surface donnée. De cette seule observation l'on déduit immédiatement divers théorèmes que M. Amyot a énoncés, et qui sont relatifs aux foyers, aux pôles, aux focales et aux synfocales d'une surface quelconque du second ordre.

Nous avons vu que, dans le cas où l'équation d'une surface du second ordre se trouve réduite à sa forme la plus simple et, par suite, renferme seulement trois termes du second degré respectivement proportionnels aux carrés des trois coordonnées, avec un terme constant ou proportionnel à l'abscisse, les coefficients de ces carrés sont précisément les trois valeurs du coefficient de réduction. D'autre part, étant donnée l'équation d'une surface du second ordre, un changement de coordonnées rectangulaires, produit par une rotation des axes autour de l'origine, ne saurait altérer ni les valeurs du module et du coefficient de réduction, ni la somme des carrés des coordonnées d'un point mobile. Cela posé, on peut évidemment, de ce qui a été dit ci-dessus, conclure, avec M. Amyot, que, pour une surface représentée par une équation donnée du second degré, les trois valeurs du coefficient de réduction sont les trois racines de l'équation auxiliaire à laquelle on est conduit lorsque, sans déplacer l'origine, on fait tourner les axes de manière à chasser de l'équation de la surface les produits des coordonnées.

Au reste, comme l'a fait voir M. Amyot, on peut établir la proposition que nous venons de rappeler, par une démonstration directe, fondée sur un théorème d'Analyse qui mérite d'être remarqué. Ce théorème, réduit à sa plus simple expression, se trouve renfermé lui-même dans un autre théorème plus général qu'on peut énoncer comme il suit :

THÉORÈME I. — *Étant données n quantités variables, si l'on forme n fractions dont chaque terme se réduise à une fonction linéaire de ces variables et s'évanouisse avec elle, ces fractions seront généralement liées les unes aux autres par une seule équation rationnelle.*

Pour démontrer ce théorème, il suffit d'observer que, si l'on représente chaque fraction par une lettre, les n fractions se trouveront liées aux n quantités variables par n équations que l'on pourra rendre linéaires par rapport à ces mêmes quantités. Or ces équations, divisées par l'une des quantités dont il s'agit, ne renfermeront plus que les n fractions et $n - 1$ rapports variables. En éliminant ces rapports on obtiendra une seule relation entre les fractions diverses.

Le théorème que nous venons de rappeler comprend évidemment le suivant :

THÉORÈME II. — *Plusieurs quantités variables étant rangées dans un certain ordre sur une circonférence de cercle, si, après avoir divisé la différence de deux variables consécutives par leur somme, on ajoute la fraction ainsi obtenue à l'unité, le produit des sommes de cette espèce ne variera pas lorsque dans ce produit chaque fraction changera de signe.*

Pour démontrer ce dernier théorème, il suffit d'exprimer à l'aide des diverses fractions les rapports entre les diverses variables prises consécutivement et deux à deux, puis d'observer que le produit de tous ces rapports se réduit à l'unité.

En supposant les variables données réduites à trois, on déduit aisément du théorème précédent l'équation du troisième degré qui a pour racines les trois valeurs du coefficient de réduction correspondantes à une surface donnée du second ordre, et l'on reconnaît, avec M. Amyot : 1° que cette équation du troisième degré se confond avec l'équation auxiliaire dont nous avons parlé ; 2° qu'elle se présente sous la forme qui lui a été donnée par M. Jacobi et qui met en évidence la réalité des trois racines. Ajoutons qu'à chaque racine de l'équation auxiliaire correspond généralement un plan principal de la surface, et que dans l'équation de ce plan le coefficient de chaque terme peut être exprimé, comme l'a remarqué M. Amyot, en fonction rationnelle de cette racine.

M. Amyot termine son Mémoire en appliquant les principes qu'il avait établis à la discussion des surfaces du second ordre, que représentent des équations données.

Nous en avons dit assez pour faire sentir l'intérêt qui s'attache aux recherches de M. Amyot sur les surfaces du second ordre. Nous pensons que des remercîments sont dus à l'auteur pour la communication du Mémoire où elles se trouvent exposées, et que ce Mémoire est digne d'être approuvé par l'Académie.

Les conclusions de ce Rapport sont adoptées.

Nota. — A ce Rapport se trouvent jointes quelques Notes que le rapporteur a composées, dans le dessein de mieux faire saisir l'objet de quelques réflexions consignées dans le Rapport, et l'extension qui peut être donnée à quelques-uns des théorèmes établis par M. Amyot.

208.

GÉOMÉTRIE ANALYTIQUE. — *Notes annexées au Rapport sur le Mémoire de M. Amyot.*

C. R., T. XVI, p. 798 (17 avril 1843).

NOTE PREMIÈRE.

Sur l'expression des distances d'un point mobile à un centre fixe et à un plan fixe.

Supposons les divers points de l'espace rapportés à des coordonnées rectangulaires.

Soient

x, y, z les coordonnées d'un point mobile;
x, y, z celles d'un centre fixe;
r la distance entre les deux points.

On aura

(1) $$r = [(x - \text{x})^2 + (y - \text{y})^2 + (z - \text{z})^2]^{\frac{1}{2}},$$

par conséquent

(2) $$r^2 = (x - \text{x})^2 + (y - \text{y})^2 + (z - \text{z})^2.$$

Soient maintenant

k la longueur de la perpendiculaire OA abaissée de l'origine O sur un plan fixe;
α, β, γ les cosinus des angles formés par la droite OA avec les demi-axes des coordonnées positives;
ξ, η, ζ les coordonnées d'un point situé dans le plan fixe;
ρ le rayon vecteur mené du point mobile (x, y, z) au point fixe (ξ, η, ζ);
δ l'angle aigu ou obtus formé par ce rayon vecteur avec la droite OA.

Les cosinus des angles formés par ce même rayon vecteur avec les demi-axes des coordonnées positives seront

$$\frac{\xi - x}{\rho}, \quad \frac{\eta - y}{\rho}, \quad \frac{\zeta - z}{\rho},$$

et l'on aura, par suite,

$$\cos\delta = \alpha\frac{\xi - x}{\rho} + \beta\frac{\eta - y}{\rho} + \gamma\frac{\zeta - z}{\rho},$$

(3) $$\rho\cos\delta = \alpha(\xi - x) + \beta(\eta - y) + \gamma(\zeta - z).$$

Si le point (x, y, z) devient l'origine même, alors, l'angle δ étant aigu, le produit $\rho\cos\delta$ sera positif et se réduira évidemment à la longueur désignée par k. On aura donc

(4) $$k = \alpha\xi + \beta\eta + \gamma\zeta,$$

en sorte que la formule (3) pourra être réduite à

$$(5)\qquad \rho\cos\delta = k - \alpha x - 6y - \gamma z.$$

Soit maintenant ι la distance du point (x, y, z) au plan fixe. On aura

$$\iota = \pm\,\rho\cos\delta$$

et, par suite,

$$(6)\qquad \iota = \pm(k - \alpha x - 6y - \gamma z),$$

le double signe $\pm$ devant être réduit au signe $+$ ou au signe $-$, suivant que l'angle δ sera aigu ou obtus, c'est-à-dire, en d'autres termes, suivant que le point (x, y, z) se trouvera situé, par rapport au plan fixe, du même côté que l'origine ou du côté opposé.

Si le point (x, y, z) appartient au plan fixe, la distance

$$\iota = \pm\,\rho\cos\delta$$

s'évanouira. Donc, en vertu des formules (3) et (6), l'équation du plan fixe sera

$$(7)\qquad \alpha(\xi - x) + 6(\eta - y) + \gamma(\zeta - z) = 0$$

ou

$$(8)\qquad \alpha x + 6y + \gamma z = k.$$

Si le point (ξ, η, ζ) se confond avec le pied de la perpendiculaire abaissée de l'origine sur le plan fixe, on aura

$$\alpha = \frac{\xi}{k},\qquad 6 = \frac{\eta}{k},\qquad \gamma = \frac{\zeta}{k},$$

$$k = (\xi^2 + \eta^2 + \zeta^2)^{\frac{1}{2}},$$

et l'équation (7) deviendra

$$(9)\qquad \xi(\xi - x) + \eta(\eta - y) + \zeta(\zeta - z) = 0.$$

Telle est la forme très simple sous laquelle se présente l'équation d'un plan lorsque les constantes renfermées dans cette équation se réduisent aux trois coordonnées du pied de la perpendiculaire abaissée de l'origine sur ce plan.

Si l'on transformait les coordonnées rectangulaires en coordonnées obliques, les degrés des fonctions de x, y, z renfermées dans les seconds membres des équations (2) et (6) ne varieraient pas, et la valeur de τ resterait toujours affectée du double signe $\pm$. En conséquence, on peut énoncer la proposition suivante :

Théorème I. — *Si l'on fait usage des coordonnées rectilignes x, y, z, le carré de la distance d'un point mobile (x, y, z) à un centre fixe sera représenté par une fonction du second degré des coordonnées x, y, z. De plus, la distance d'un point mobile à un plan fixe sera représentée par la valeur numérique d'une fonction linéaire des coordonnées, savoir, par cette fonction prise avec le signe + si le point mobile est situé par rapport au plan fixe du même côté que l'origine, et prise avec le signe — dans le cas contraire.*

En supposant le point mobile renfermé dans un plan, on verrait le théorème qui précède se réduire au suivant :

Théorème II. — *Si, dans un plan, on fait usage de coordonnées rectilignes x, y, le carré de la distance d'un point mobile (x, y) à un centre fixe sera représenté par une fonction du second degré des coordonnées x, y. De plus, la distance du point mobile à un axe fixe sera représentée par la valeur numérique d'une fonction linéaire des coordonnées, savoir, par cette fonction prise avec le signe + si le point mobile est situé par rapport à l'axe fixe du même côté que l'origine, et prise avec le signe — dans le cas contraire.*

Observons encore que l'équation (2) entraîne immédiatement la proposition suivante :

Théorème III. — *Les coordonnées étant supposées rectilignes dans un plan ou dans l'espace, la différence entre les carrés des distances d'un point mobile à deux centres fixes sera toujours représentée par une fonction linéaire des coordonnees de ce point.*

NOTE DEUXIÈME.

Sur les plans tangents, les plans polaires, les plans diamétraux et les centres des surfaces du second ordre.

Considérons une surface du second ordre, c'est-à-dire une surface représentée par une équation du second degré ou de la forme

$$Ax^2 + By^2 + Cz^2 + 2Dyz + 2Ezx + 2Fxy + 2Gx + 2Hy + 2Iz = K,$$

x, y, z désignant des coordonnées rectilignes, et A, B, C, D, E, F, G, H, I, K des coefficients constants. Si l'on pose, pour abréger,

$$S = Ax^2 + By^2 + Cz^2 + 2Dyz + 2Ezx + 2Fxy + 2Gx + 2Hy + 2Iz - K,$$

l'équation de cette surface sera réduite à celle-ci

$$(1) \qquad S = 0.$$

Soient maintenant

$$\xi, \quad \eta, \quad \zeta$$

les coordonnées courantes d'un plan tangent à la surface. L'équation du plan tangent sera de la forme

$$(2) \qquad (\xi - x)D_x S + (\eta - y)D_y S + (\zeta - z)D_z S = 0,$$

x, y, z étant les coordonnées du point de contact. Si ce plan tangent devient parallèle à l'axe des x, on vérifiera l'équation (2) en posant

$$\eta = y, \qquad \zeta = z,$$

et l'on aura, par suite,

$$D_x S = 0.$$

Cette dernière équation, étant du premier degré par rapport aux coordonnées x, y, z, représentera, si l'on y considère ces coordonnées comme variables, un nouveau plan qui devra renfermer tous les points de contact de la surface donnée avec les plans tangents parallèles à l'axe des x et, par conséquent, la courbe de contact de cette surface avec celle du cylindre circonscrit dont la génératrice serait parallèle à l'axe des x. Ce nouveau plan sera donc un plan diamétral. On obtiendra de la même manière les trois plans diamétraux qui renfermeront les courbes de contact de la surface donnée avec celles des cylindres circonscrits dont les arêtes seraient parallèles aux trois axes coordonnés, et l'on reconnaîtra que ces trois plans diamétraux sont représentés par les trois équations

$$(3) \qquad D_x S = 0, \qquad D_y S = 0, \qquad D_z S = 0.$$

Ajoutons que les droites suivant lesquelles ces plans diamétraux se couperont deux à deux seront celles qui renfermeront les points de contact de la surface avec les plans tangents parallèles aux plans coordonnés.

La surface donnée se réduirait évidemment à une surface conique qui aurait l'origine pour sommet, si S devenait une fonction homogène du second degré. Dans le même cas, on aurait, en vertu du théorème des fonctions homogènes,

$$(4) \qquad x D_x S + y D_y S + z D_z S = 2S.$$

Dans le cas contraire, la différence entre les deux membres de l'équation (4) ne sera pas identiquement nulle, mais se réduira du moins à une fonction linéaire de x, y, z. Donc, pour faire disparaître les termes qui, dans l'équation (2), sont du second degré en x, y, z, il suffira toujours d'ajouter au premier membre le double de la fonction S. On obtiendra ainsi la formule

$$(5) \qquad (\xi - x) D_x S + (\eta - y) D_y S + (\zeta - z) D_z S + 2S = 0.$$

Si, dans cette dernière, qui se déduit immédiatement des formules (1) et (2), considérées comme existantes simultanément, on regarde ξ, η, ζ comme constantes et x, y, z comme variables, elle représentera un plan qui ne pourra être que le lieu des points de contact de la surface donnée avec les plans tangents menés à cette surface par le point (ξ, η, ζ). En d'autres termes, l'équation (5) représentera le plan de la courbe de contact de la surface donnée avec la surface d'un cône circonscrit qui aurait pour sommet le point (ξ, η, ζ), ou ce qu'on nomme le *plan polaire* de la surface correspondant au pôle (ξ, η, ζ).

Si le point (ξ, η, ζ) était, non pas extérieur, mais intérieur à la surface représentée par l'équation (1), on ne pourrait circonscrire à la surface donnée un cône qui aurait ce point pour sommet. Toutefois, à ce point correspondrait encore un plan représenté par l'équation (5), et ce plan serait encore ce qu'on appelle le plan polaire correspondant au pôle (ξ, η, ζ).

Soit maintenant ρ la distance de l'origine au point (ξ, η, ζ), et posons

$$(6) \qquad \frac{\xi}{\rho} = \alpha, \qquad \frac{\eta}{\rho} = 6, \qquad \frac{\zeta}{\rho} = \gamma.$$

Si le point (ξ, η, ζ) vient à varier sur un axe fixe mené par l'origine, ξ, η, ζ varieront proportionnellement à ρ et, par suite, $\alpha, 6, \gamma$ seront trois constantes qui dépendront uniquement des angles formés par l'axe fixe avec les axes coordonnés. D'ailleurs, en vertu des formules (6), l'équation (5) pourra être réduite à la suivante

$$\alpha D_x S + 6 D_y S + \gamma D_z S = \frac{1}{\rho}(x D_x S + y D_y S + z D_z S - 2S),$$

et cette dernière, si l'on y suppose $\rho = \pm \infty$, deviendra

$$(7) \qquad \alpha D_x S + 6 D_y S + \gamma D_z S = 0.$$

Mais, dans cette même supposition, comme le pôle (ξ, η, ζ), c'est-à-dire le sommet du cône ci-dessus mentionné, s'éloigne à une distance infinie de l'origine, ce cône se transforme évidemment en un cylindre; donc l'équation (7) appartient à la courbe de contact de la surface donnée avec la surface d'un cylindre circonscrit dont la génératrice est parallèle à une droite menée par l'origine et représentée par la formule

$$(8) \qquad \frac{\xi}{\alpha} = \frac{\eta}{6} = \frac{\zeta}{\gamma}.$$

Il y a plus : l'équation (7) représente le plan de cette courbe, et par conséquent un plan diamétral quelconque.

Si la surface donnée a un centre, ce centre sera le point commun à tous les plans diamétraux; donc les coordonnées x, y, z de ce centre vérifieront l'équation (7), quelle que soit la droite représentée par la formule (8), c'est-à-dire pour tous les systèmes de valeurs que l'on peut attribuer, dans cette formule, aux constantes α, 6, γ. Il suit immédiatement de cette remarque que le centre de la surface sera déterminé par le système des équations (3).

Si, dans l'équation (1), la fonction S devient indépendante de z, en sorte qu'on ait simplement

$$S = Ax^2 + By^2 + 2Fxy + 2Gx + 2Hy - K,$$

l'équation (1) pourra être censée représenter, non plus une surface du second ordre donnée dans l'espace, mais une courbe du second degré tracée dans le plan des x, y. Alors l'équation (2), réduite à

$$(9)\qquad (\xi - x)\,D_x S + (\eta - y)\,D_y S = 0,$$

représentera la tangente menée à la courbe par le point (x, y); les formules (2), réduites aux suivantes

$$D_x S = 0, \qquad D_y S = 0,$$

détermineront les coordonnées x, y du centre de la courbe; l'équation (5), réduite à

$$(10)\qquad (\xi - x)\,D_x S + (\eta - y)\,D_y S + 2S = 0,$$

sera linéaire par rapport aux coordonnées x, y, et représentera la *polaire* correspondante au *pôle* (ξ, η); enfin l'équation

$$(11)\qquad \alpha D_x S + 6 D_y S = 0$$

sera celle de la droite qui renfermera les points de contact de la courbe avec des tangentes parallèles à l'axe fixe que représente l'équation

$$(12)\qquad \frac{\xi}{\alpha} = \frac{\eta}{6}.$$

NOTE TROISIÈME.

Sur diverses propriétés des lignes et des surfaces du premier et du second ordre.

Supposons les différents points d'un plan ou de l'espace rapportés à des coordonnées rectilignes. Soient d'ailleurs

$$r,\quad r_{\prime},\quad r_{\prime\prime},\quad \ldots$$

les distances d'un point mobile à des centres fixes, et

$$z,\quad z_{\prime},\quad z_{\prime\prime},\quad \ldots$$

les distances du même point à des plans fixes, ou à des axes fixes, tracés dans le plan donné.

Si l'on établit entre ces distances une relation quelconque exprimée par une équation de la forme

$$F(r, r_{\prime}, r_{\prime\prime}, \ldots, z, z_{\prime}, z_{\prime\prime}, \ldots) = 0, \tag{1}$$

le point mobile se trouvera par cela même assujetti à décrire dans le plan donné une certaine ligne, ou dans l'espace une certaine surface représentée par cette équation. D'autre part, comme on l'a remarqué dans la Note I, les carrés des distances

$$r,\quad r_{\prime},\quad r_{\prime\prime},\quad \ldots$$

seront des fonctions du second degré des coordonnées du point mobile; mais les différences entre ces carrés et les valeurs numériques des distances

$$z,\quad z_{\prime},\quad z_{\prime\prime},\quad \ldots$$

se réduiront à des fonctions linéaires de ces mêmes coordonnées. Cela posé, on pourra évidemment énoncer les propositions suivantes :

Théorème I. — *Si l'équation* (1) *établit une relation linéaire entre les distances*

$$z,\quad z_{\prime},\quad z_{\prime\prime},\quad \ldots$$

et les différences respectives des carrés des distances

$$r,\quad r_{\prime},\quad r_{\prime\prime},\quad \ldots,$$

la ligne ou la surface engendrée par le point mobile, dans le plan donné ou dans l'espace, se réduira, soit à une droite ou à un système de plusieurs droites, soit à un plan ou à un système de plusieurs plans, la multiplicité des plans ou des droites provenant des doubles signes que renfermeront les valeurs de $\mathfrak{r}, \mathfrak{r}_{,}, \mathfrak{r}_{,,}, \ldots$.

Théorème II. — *Si l'équation* (1), *étant du second degré par rapport aux distances*

$$r, \quad r_{,}, \quad r_{,,}, \quad \ldots \quad \text{et} \quad \mathfrak{r}, \quad \mathfrak{r}_{,}, \quad \mathfrak{r}_{,,}, \quad \ldots,$$

renferme seulement les carrés des premières distances

$$r, \quad r_{,}, \quad r_{,,}, \quad \ldots,$$

la ligne ou la surface engendrée par le point mobile, dans le plan donné ou dans l'espace, se réduira soit à une section conique ou à un système de plusieurs sections coniques, soit à une surface du second ordre, ou à un système de plusieurs surfaces du second ordre, la multiplicité des sections coniques ou des surfaces du second ordre provenant des doubles signes que renfermeront les valeurs de $\mathfrak{r}, \mathfrak{r}_{,}, \mathfrak{r}_{,,}, \ldots$.

Il importe d'observer que, dans certains cas particuliers, une ligne ou une surface du second degré pourra être simplement représentée par une équation linéaire entre les distances

$$\mathfrak{r}, \quad \mathfrak{r}_{,}, \quad \mathfrak{r}_{,,}, \quad \ldots$$

et quelques-unes des distances

$$r, \quad r_{,}, \quad r_{,,}, \quad \ldots.$$

C'est, en effet, ce qui aura lieu dans les suppositions suivantes :

Supposons en particulier que, dans un plan donné, $\mathfrak{r}$, $\mathfrak{r}_{,}$ représentent les distances d'un point mobile à deux axes fixes. Les équations de ces deux axes seront

$$\mathfrak{r} = 0, \qquad \mathfrak{r}_{,} = 0, \tag{1}$$

et, si les deux axes se coupent, une équation du second degré entre $\mathfrak{r}$ et $\mathfrak{r}_{,}$ représentera une ellipse ou une hyperbole. Ainsi, par exemple, en désignant par c une constante arbitraire, on reconnaîtra que l'équation

$$(2) \qquad \mathfrak{r}\mathfrak{r}_{\prime} = c$$

représente une hyperbole dont les deux axes sont les asymptotes. Au contraire, l'équation

$$(3) \qquad \tfrac{1}{2}(\mathfrak{r}^2 + \mathfrak{r}_{\prime}^2) = c$$

représentera évidemment une courbe fermée qui aura pour centre le point d'intersection des deux axes. Cette courbe, étant d'ailleurs du second degré, se réduira nécessairement à une ellipse. Donc l'ellipse jouit de cette propriété remarquable, que par son centre on peut mener généralement deux axes tels que les carrés des distances d'un point de la courbe à ces deux axes offrent une demi-somme constante. Les deux axes dont il s'agit ici sont ceux que nous appellerons les *axes quadratiques* de l'ellipse.

Il importe d'observer que, dans certains cas particuliers, une ligne ou une surface du second degré pourra être simplement représentée par une équation linéaire entre les distances

$$\mathfrak{r}, \quad \mathfrak{r}_{\prime}, \quad \mathfrak{r}_{\prime\prime}, \quad \ldots$$

et quelques-unes des distances

$$r, \quad r_{\prime}, \quad r_{\prime\prime}, \quad \ldots.$$

C'est, en effet, ce qui aura lieu dans les suppositions suivantes :

1° Si la distance r du point mobile à un centre fixe est représentée par une fonction linéaire des distances

$$\mathfrak{r}, \quad \mathfrak{r}_{\prime}, \quad \mathfrak{r}_{\prime\prime}, \quad \ldots,$$

comprises entre ce point et des axes fixes ou des plans fixes, le carré de la première distance sera une fonction du second degré par rapport aux autres, et en conséquence chacune des courbes ou surfaces qui pourront être engendrées par le point mobile sera du second ordre. Il y a plus : pour chacune de ces courbes ou surfaces, la distance r, étant une fonction linéaire des coordonnées, sera toujours égale à la distance qui séparera le point mobile d'un certain axe fixe ou d'un certain plan fixe.

2° On peut immédiatement ramener au cas précédent celui dans lequel les distances

$$r, \quad r_{\prime}$$

du point mobile à deux centres fixes offrent une somme ou une différence constante. En effet, comme le produit

$$(r + r_{\prime})(r - r_{\prime}) = r^2 - r_{\prime}^2,$$

toujours représenté par une fonction linéaire des coordonnées, sera en conséquence proportionnel à la distance $\mathfrak{r}$ qui sépare le point mobile d'un plan fixe ou d'un axe fixe, il est clair que, dans l'hypothèse admise, l'un des facteurs de ce produit sera constant, l'autre proportionnel à $\mathfrak{r}$. Donc la demi-somme de ces facteurs, ou la distance r, se réduira simplement à une fonction linéaire de la distance $\mathfrak{r}$; donc, si le point mobile est renfermé dans un plan, il décrira une section conique. Alors le centre fixe sera ce qu'on nomme un *foyer* de la courbe décrite, l'axe fixe sera une *directrice* de cette courbe, enfin le rapport entre les distances du point mobile au foyer et à la directrice sera ce qu'on nomme l'*excentricité*.

3° Si les distances

$$r, \quad r_{\prime}$$

du point mobile à deux centres fixes sont proportionnelles l'une à l'autre, les carrés de ces distances seront encore entre eux dans un rapport constant et, par suite, le point mobile décrira une courbe ou une surface du second degré, qui se réduira même simplement, comme il est facile de le voir, à une circonférence de cercle ou à une surface sphérique.

Observons encore que les degrés des courbes ou surfaces engendrées par le point mobile, et représentées par l'équation (1), ne seront point altérés si l'on suppose que les distances

$$\mathfrak{r}, \quad \mathfrak{r}_{\prime}, \quad \mathfrak{r}_{\prime\prime}, \quad \ldots$$

du point mobile aux axes fixes ou aux plans fixes soient mesurées, non plus sur des perpendiculaires à ces axes ou à ces plans, mais sur des obliques et parallèlement à des droites données. En effet, admettre une telle supposition revient simplement à faire croître, dans un rapport donné, chacune des distances $\mathfrak{r}$, $\mathfrak{r}_{\prime}$, $\mathfrak{r}_{\prime\prime}$, ...

NOTE QUATRIÈME.

Sur les foyers et les pôles des lignes et surfaces du second ordre.

Pour montrer une application des principes énoncés dans la Note précédente, supposons que la distance r du point mobile à un centre fixe doive être, dans un plan donné ou dans l'espace, proportionnelle, soit à la moyenne géométrique entre les distances $\mathfrak{r}$, $\mathfrak{r}_{\prime}$ du même point à deux axes fixes ou à deux plans fixes, soit à la racine carrée de la demi-somme des carrés de ces distances, et, par conséquent, équivalente au produit de cette moyenne ou de cette racine carrée par un certain coefficient auquel nous donnerons le nom de *module*. Nommons *foyer* le centre fixe, et *directrices* ou *plans directeurs* les axes fixes ou les plans fixes. Si l'on désigne par θ le carré du module, la ligne ou surface que décrira le point mobile se trouvera représentée ou par l'équation

$$(1) \qquad r^2 = \theta \mathfrak{r}\mathfrak{r}_{\prime},$$

ou par l'équation

$$(2) \qquad r^2 = \frac{\theta}{2}(\mathfrak{r}^2 + \mathfrak{r}_{\prime}^2);$$

et sera, dans l'un et l'autre cas, une ligne ou surface du second degré, cette ligne ou surface étant double dans le premier cas, en raison du double signe que renfermera la valeur du produit $\mathfrak{r}\mathfrak{r}_{\prime}$ exprimée en fonction des coordonnées du point mobile. D'ailleurs, comme, en posant

$$\mathfrak{r}_{\prime} = \mathfrak{r},$$

on réduira chacune des équations précédentes à

$$(3) \qquad r^2 = \theta \imath^2,$$

il est clair que, pour chacun des points situés sur la ligne ou sur la surface du second degré, à égales distances des directrices ou des plans directeurs, le rapport des longueurs r, $\imath$ sera précisément égal au module.

Pour que la ligne ou surface décrite par le point mobile se réduise à une ligne ou à une surface du second ordre, représentée par une équation donnée

$$(4) \qquad S = 0,$$

dans laquelle S désignerait une fonction des coordonnées de ce point entière et du second degré, il sera nécessaire et il suffira que cette fonction S se réduise au produit de la différence

$$r^2 - \theta \imath \imath_, \quad \text{ou} \quad r^2 - \frac{\theta}{2}(\imath^2 + \imath_,^2)$$

par un facteur constant s que nous nommerons *coefficient de réduction*, et que l'on ait en conséquence, pour des valeurs quelconques des coordonnées,

$$(5) \qquad S = s(r^2 - \theta \imath \imath_,)$$

ou

$$(6) \qquad S = s\left[r^2 - \frac{\theta}{2}(\imath^2 + \imath_,^2)\right].$$

Si le point mobile se meut dans l'espace, alors, en nommant

x, y, z les coordonnées du foyer;

k, $k_,$ les longueurs des perpendiculaires abaissées de l'origine sur les plans directeurs;

α, β, γ; $\alpha_,$, $\beta_,$, $\gamma_,$ les cosinus des angles formés par ces deux perpendiculaires avec les demi-axes des coordonnées positives;

on aura, non seulement

$$(7)\qquad r^2 = (x - \mathrm{x})^2 + (y - \mathrm{y})^2 + (z - \mathrm{z})^2$$

et

$$(8)\qquad \iota = \mp(\alpha x + 6y + \gamma z - k), \qquad \iota_{,} = \mp(\alpha_{,}x + 6_{,}y + \gamma_{,}z - k_{,}),$$

mais encore

$$(9)\qquad \alpha^2 + 6^2 + \gamma^2 = 1, \qquad \alpha_{,}^2 + 6_{,}^2 + \gamma_{,}^2 = 1.$$

Alors aussi, l'équation (4) pouvant être présentée sous la forme

$$(10)\qquad \mathrm{A}x^2 + \mathrm{B}y^2 + \mathrm{C}z^2 + 2\mathrm{D}yz + 2\mathrm{E}zx + 2\mathrm{F}xy + 2\mathrm{G}x + 2\mathrm{H}y + 2\mathrm{I}z = \mathrm{K},$$

on pourra supposer

$$(11)\qquad \mathrm{S} = \mathrm{A}x^2 + \mathrm{B}y^2 + \mathrm{C}z^2 + 2\mathrm{D}yz + 2\mathrm{E}zx + 2\mathrm{F}xy + 2\mathrm{G}x + 2\mathrm{H}y + 2\mathrm{I}z - \mathrm{K};$$

et, comme cette valeur de S renferme dix termes distincts, l'équation (5) ou (6) établira dix relations distinctes entre les treize constantes arbitraires

$$\mathrm{S}, \quad \theta, \qquad \mathrm{x}, \quad \mathrm{y}, \quad \mathrm{z}, \qquad k, \quad k_{,}, \qquad \alpha, \quad 6, \quad \gamma, \qquad \alpha_{,}, \quad 6_{,}, \quad \gamma_{,},$$

qui pourront être réduites à onze, eu égard aux formules (9). Parmi ces relations, celles qui proviendront de la comparaison des termes semblables du second degré seront évidemment celles que l'on obtiendrait en substituant dans les formules (5), (6) les valeurs de S, r^2, ι et $\iota_{,}$ fournies, non plus par les équations (7), (8), (11), mais par les suivantes :

$$(12)\qquad r^2 = x^2 + y^2 + z^2,$$

$$(13)\qquad \iota = \mp(\alpha x + 6y + \gamma z), \qquad \iota_{,} = \mp(\alpha_{,}x + 6_{,}y + \gamma_{,}z),$$

$$(14)\qquad \mathrm{S} = \mathrm{A}x^2 + \mathrm{B}y^2 + \mathrm{C}z^2 + 2\mathrm{D}yz + 2\mathrm{E}zx + 2\mathrm{F}xy.$$

Par conséquent six relations distinctes, que l'on pourra joindre aux formules (9), lieront entre elles les huit constantes arbitraires

$$s, \quad \theta, \qquad \alpha, \quad 6, \quad \gamma, \qquad \alpha_{,}, \quad 6_{,}, \quad \gamma_{,},$$

dont chacune se trouvera, par suite, complètement déterminée. Les quatre autres relations, qui lieront l'une à l'autre les cinq constantes arbitraires

$$\mathrm{x},\quad \mathrm{y},\quad \mathrm{z},\qquad k,\quad k_{,},$$

ne suffiront pas pour déterminer complètement celles-ci, dont l'une, x par exemple, pourra être choisie arbitrairement. Donc, pour une surface donnée du second ordre, le coefficient de réduction, le module et les angles formés par les plans directeurs avec les plans coordonnés ont des valeurs déterminées, mais on ne saurait en dire autant du foyer, qui peut se déplacer arbitrairement sur une ou plusieurs courbes. Il est naturel de donner à ces courbes le nom de *focales*, et à la ligne d'intersection de deux plans directeurs, lorsque ces deux plans se coupent, le nom d'*axe directeur*. Cela posé, à chaque point d'une focale, considéré comme foyer de la surface donnée, correspondra généralement un certain système de plans directeurs, et, si ces deux plans se coupent, un certain axe directeur.

Si le point mobile se meut, non plus dans l'espace, mais sur un plan donné, alors, ce plan étant pris pour plan des x, y, les équations (7), (8), (9), (10), (11) se trouvent remplacées par d'autres équations de la forme

$$r^2 = (x-\mathrm{x})^2 + (y-\mathrm{y})^2, \tag{15}$$

$$\imath = \mp(\alpha x + 6y - k), \qquad \imath_{,} = \mp(\alpha_{,} x + 6_{,} y - k_{,}), \tag{16}$$

$$\alpha^2 + 6^2 = 1, \qquad \alpha_{,}^2 + 6_{,}^2 = 1, \tag{17}$$

$$\mathrm{A}x^2 + \mathrm{B}y^2 + 2\mathrm{F}xy + 2\mathrm{G}x + 2\mathrm{H}y = \mathrm{K}, \tag{18}$$

$$\mathrm{S} = \mathrm{A}x^2 + \mathrm{B}y^2 + 2\mathrm{F}xy + 2\mathrm{G}x + 2\mathrm{H}y - \mathrm{K}, \tag{19}$$

dans lesquelles x, y représenteront les coordonnées du foyer, k, $k_{,}$ les longueurs des perpendiculaires abaissées de l'origine sur les deux directrices, et α, 6, $\alpha_{,}$, $6_{,}$ les cosinus des angles formés par ces perpendiculaires avec les demi-axes des coordonnées positives. Alors aussi, comme la valeur de S renfermera six termes seulement, l'équation (5) ou (6) établira six relations entre les dix constantes arbitraires

$$s,\quad \theta,\qquad \mathrm{x},\quad \mathrm{y},\qquad k,\quad k_{,},\qquad \alpha,\quad 6,\qquad \alpha_{,},\quad 6_{,},$$

qui pourront être réduites à huit, eu égard aux formules (17). Parmi ces relations, celles qui proviendront de la comparaison des termes semblables du second degré seront évidemment celles qu'on obtiendrait en substituant dans les formules (5), (6) les valeurs de

$$S, \quad r^2, \quad \imath \ \text{et} \ \imath_{,}$$

fournies, non plus par les équations (15), (16), (19), mais par les suivantes :

$$(20) \qquad r^2 = x^2 + y^2,$$

$$(21) \qquad \imath = \mp(\alpha x + 6y), \qquad \imath_{,} = \mp(\alpha_{,} x + 6_{,} y),$$

$$(22) \qquad S = Ax^2 + By^2 + 2Fxy.$$

Par conséquent trois relations distinctes, que l'on pourra joindre aux formules (17), lieront entre elles les six constantes arbitraires

$$s, \quad \theta, \quad \alpha, \quad 6, \quad \alpha_{,}, \quad 6_{,},$$

dont l'une, s par exemple, restera complètement indéterminée. Mais, pour une courbe donnée et pour une valeur donnée du coefficient de réduction s, le module et les angles formés par les directrices avec les axes coordonnés auront des valeurs déterminées. Quant aux trois autres relations, qui lieront l'une à l'autre les quatre constantes arbitraires

$$\mathrm{x}, \quad \mathrm{y}, \quad k, \quad k_{,},$$

elles ne suffiront pas, même après la détermination dont nous venons de parler, pour fixer complètement les valeurs de ces quatre constantes, dont l'une, x par exemple, pourra être choisie arbitrairement. Donc, pour une courbe donnée du second ordre et pour un coefficient de réduction donné, le foyer pourra se déplacer arbitrairement sur une ou plusieurs courbes qu'il est naturel d'appeler *focales*. D'ailleurs, à chaque point d'une focale, considéré comme foyer de la courbe donnée, correspondra généralement un système de directrices, dont le point d'intersection, si elles se coupent, se déplacera en même temps que le foyer.

Revenons maintenant à la surface du second degré représentée par l'équation (4), dans laquelle on suppose la valeur de S déterminée par la formule (5) ou (6), jointe aux équations (7) et (8). Si l'on prend pour plan des x, y un plan mené par le foyer, perpendiculairement aux plans directeurs, on aura, dans les équations (7), (8),

$$\mathrm{z} = 0, \qquad \gamma = 0, \qquad \gamma_{,} = 0.$$

Par suite, l'équation (7) donnera simplement

$$r^2 = (x - \mathrm{x})^2 + (y - \mathrm{y})^2 + z^2,$$

et, comme ι, $\iota_{,}$ deviendront indépendantes de z, S, considéré comme fonction de z, renfermera seulement le carré de z. Donc, le plan des x, y partagera la surface du second degré en deux parties symétriques, comme on pouvait aisément le prévoir, et sera ce qu'on nomme un plan *principal* de cette surface. Donc, pour une surface quelconque du second ordre, chaque focale est nécessairement une courbe plane renfermée dans un plan principal, et à un point d'une focale considéré comme foyer de la surface correspondent deux plans directeurs perpendiculaires à ce plan principal.

Si le point mobile se meut dans un plan et décrit, en conséquence, non plus une surface du second ordre, mais une section conique, alors aux formules (7), (8) on devra substituer les formules (15), (16). Si d'ailleurs les deux directrices deviennent parallèles l'une à l'autre, et si l'on prend alors pour axe des x la droite menée par le foyer perpendiculairement à chacune d'elles, on aura, dans les équations (15) et (16),

$$\mathrm{y} = 0, \qquad 6 = 0, \qquad 6_{,} = 0.$$

Par suite, l'équation (15) donnera simplement

$$r^2 = (x - \mathrm{x})^2 + y^2;$$

et, comme ι, $\iota_{,}$ deviendront indépendantes de y, S, considéré comme fonction de y, renfermera seulement le carré de y. Donc l'axe des x partagera la courbe du second degré en deux parties symétriques, comme on pouvait aisément le prévoir, et sera un axe principal de cette courbe. Donc, lorsque les deux directrices correspondantes à un même foyer d'une section conique sont parallèles l'une à l'autre, on peut affirmer que ce foyer est situé sur un axe principal, et que les deux directrices sont perpendiculaires à cet axe.

Concevons maintenant qu'à un foyer donné d'une surface du second ordre ou d'une section conique correspondent deux plans directeurs ou deux directrices qui se coupent. Désignons d'ailleurs par ξ, η, ζ, lorsque le point mobile se meut dans l'espace, et par ξ, η, lorsqu'il se meut dans un plan, les coordonnées d'un point quelconque de l'*axe directeur*, c'est-à-dire de l'axe suivant lequel se coupent les plans directeurs, ou du point unique commun aux deux directrices. En vertu de la formule (4) de la Note première, on pourra, si le mobile se meut dans l'espace, joindre aux équations (8) les deux suivantes

$$(23) \qquad k = \alpha\xi + \beta\eta + \gamma\zeta, \qquad k_{,} = \alpha_{,}\xi + \beta_{,}\eta + \gamma_{,}\zeta,$$

et, par conséquent, les équations (8) donneront

$$(24) \qquad \begin{cases} \mp \iota = \alpha(x-\xi) + \beta(y-\eta) + \gamma(z-\zeta), \\ \mp \iota_{,} = \alpha_{,}(x-\xi) + \beta_{,}(y-\eta) + \gamma_{,}(z-\zeta). \end{cases}$$

Cela posé, si l'on représente par $\theta\mathfrak{R}$ le second membre de l'équation (1) ou (2), c'est-à-dire si l'on prend

$$\mathfrak{R} = \iota\iota_{,} \qquad \text{ou bien} \qquad \mathfrak{R} = \tfrac{1}{2}(\iota^2 + \iota_{,}^2),$$

l'équation (1) ou (2), réduite à

$$(25) \qquad r^2 = \theta\mathfrak{R},$$

offrira pour premier et pour second membre deux fonctions entières de x, y, z qui seront homogènes et du second degré, l'une par rapport aux trois binômes

$$x - \mathrm{x}, \quad y - \mathrm{y}, \quad z - \mathrm{z},$$

l'autre par rapport aux trois binômes

$$x - \xi, \quad y - \eta, \quad z - \zeta;$$

et l'on aura, en vertu du théorème des fonctions homogènes,

$$(26)\qquad (x-\xi)\,D_x\mathcal{R}+(y-\eta)\,D_y\mathcal{R}+(z-\zeta)\,D_z\mathcal{R}=2\mathcal{R}.$$

D'ailleurs, si le point (ξ, η, ζ) est pris pour pôle de la surface représentée par l'équation (4), l'équation du plan polaire correspondant à ce pôle sera

$$(27)\qquad (\xi-x)\,D_x S+(\eta-y)\,D_y S+(\zeta-z)\,D_z S+2S=0;$$

et, puisque la même surface est encore représentée par l'équation (25), on pourra, dans la formule (27), substituer à la fonction S la différence

$$\theta\mathcal{R}-r^2.$$

Or, en effectuant cette substitution, puis ayant égard aux formules (7) et (26), on verra l'équation du plan polaire se réduire à

$$(28)\qquad (\xi-\mathrm{x})(x-\mathrm{x})+(\eta-\mathrm{y})(y-\mathrm{y})+(\zeta-\mathrm{z})(z-\mathrm{z})=0.$$

Donc on vérifiera cette équation en posant

$$x=\mathrm{x},\qquad y=\mathrm{y},\qquad z=\mathrm{z},$$

c'est-à-dire que *le foyer* (x, y, z) *sera compris dans le plan polaire correspondant au pôle* (ξ, η, ζ). Nous dirons, pour cette raison, que les deux points (x, y, z) et (ξ, η, ζ) sont un *foyer* et un *pôle* correspondants de la surface décrite par le point mobile (x, y, z).

On pourrait, au reste, démontrer encore que, le foyer (x, y, z) étant pris pour pôle, le plan polaire de la surface renfermera toujours le point (ξ, η, ζ).

Si du pôle (ξ, η, ζ) on abaisse une perpendiculaire sur le plan polaire que représente l'équation (28), cette perpendiculaire se trouvera elle-même représentée par les deux équations comprises dans la formule

$$(29)\qquad \frac{x-\xi}{\xi-\mathrm{x}}=\frac{y-\eta}{\eta-\mathrm{y}}=\frac{z-\zeta}{\zeta-\mathrm{z}}.$$

Or cette dernière formule se vérifie évidemment lorsqu'on y pose

$$x=\mathrm{x},\qquad y=\mathrm{y},\qquad z=\mathrm{z}.$$

Donc *le foyer* (x, y, z) *coïncidera toujours avec le pied de la perpendiculaire abaissée du pôle* (ξ, η, ζ) *sur le plan polaire correspondant à ce même pôle.*

Il importe d'observer que cette dernière proposition, étant une conséquence immédiate des formules (28), (29), ou, ce qui revient au même, de l'équation (27) jointe à la formule (26), continuera de subsister si, dans le second membre de l'équation (25), on prend pour $\mathcal{R}$ l'une quelconque des fonctions propres à vérifier la formule (26), c'est-à-dire si l'on suppose que la surface donnée du second ordre soit représentée par l'équation

$$r^2 = \theta\mathcal{R}, \tag{30}$$

$\mathcal{R}$ désignant une fonction des trois différences

$$x - \xi, \quad y - \eta, \quad z - \zeta,$$

entière, homogène, et du second degré. Observons encore que, dans ce cas, l'équation

$$\mathcal{R} = \text{const.}$$

représenterait une autre surface du second ordre qui aurait pour centre le point (ξ, η, ζ).

Si le point mobile se meut, non plus dans l'espace, mais dans un plan, alors, en prenant ce plan pour plan des x, y, on verra les formules (24) se réduire aux suivantes

$$\mp\iota = \alpha(x-\xi) + 6(y-\eta), \qquad \mp\iota_{,} = \alpha_{,}(x-\xi) + 6_{,}(y-\eta), \tag{31}$$

et les équations (28) et (29), réduites à celles-ci

$$(\xi - \mathrm{x})(x - \mathrm{x}) + (\eta - \mathrm{y})(y - \mathrm{y}) = 0, \tag{32}$$

$$\frac{x-\xi}{\xi - \mathrm{x}} = \frac{y-\eta}{\eta - \mathrm{y}}, \tag{33}$$

représenteront : 1° la polaire qui correspond au point (ξ, η) considéré comme pôle de la courbe du second degré décrite par le point mobile; 2° la perpendiculaire abaissée sur cette polaire du pôle (ξ, η). Or on vérifiera l'équation (32) en posant

$$x = \mathrm{x}, \qquad y = \mathrm{y}.$$

Donc *le foyer* (x, y) *sera un point de la polaire correspondante au pôle* (ξ, η). Nous dirons, pour cette raison, que les deux points (x, y), (ξ, η) sont un foyer et un pôle correspondants de la courbe décrite par le point mobile. Il y a plus : comme l'équation (32) sera elle-même vérifiée quand on posera

$$x = \mathrm{x}, \qquad y = \mathrm{y},$$

il est clair que *le foyer* (x, y) *sera le pied de la perpendiculaire abaissée du pôle* (ξ, η) *sur la polaire correspondante à ce pôle.* Enfin, cette dernière proposition continuera évidemment de subsister si l'on suppose que la courbe décrite par le point mobile soit représentée par l'équation (30), $\mathfrak{R}$ étant une fonction homogène quelconque des deux différences

$$x - \xi, \quad y - \eta.$$

Dans le cas particulier où $\mathfrak{R}$ devient proportionnel au produit des distances du point mobile à deux axes fixes, la dernière proposition se confond avec l'une de celles que renferme un Mémoire de M. Chasles, relatif aux lignes conjointes dans les coniques (*voir* le Tome III du *Journal de M. Liouville*, p. 390).

NOTE CINQUIÈME.

Sur les courbes tracées dans le plan d'une section conique par des foyers et des pôles correspondants.

Considérons, comme dans la Note précédente, une courbe décrite par un point mobile, dont la distance r à un certain foyer offre un carré proportionnel, soit au produit de ses distances $\mathfrak{r}$, $\mathfrak{r}_{\prime}$ à deux directrices, soit à la demi-somme des carrés de ces mêmes distances. L'équation de cette courbe sera de la forme

$$r^2 = \theta\mathfrak{R}, \tag{1}$$

la valeur de $\mathfrak{R}$ étant déterminée par l'une des formules

$$(2)\qquad \mathfrak{R} = \mathfrak{r}\mathfrak{r}_{,}, \qquad \mathfrak{R} = \tfrac{1}{2}(\mathfrak{r}^2 + \mathfrak{r}_{,}^2),$$

et le module θ étant une constante positive. D'autre part, si, en supposant les axes coordonnés rectangulaires, on nomme

x, y les coordonnées du point mobile;
x, y celles du foyer;
k, $k_{,}$ les longueurs des perpendiculaires abaissées de l'origine sur la directrice;
α, β, $\alpha_{,}$, $\beta_{,}$ les cosinus des angles formés par ces perpendiculaires avec les demi-axes des coordonnées positives;

on aura [*voir* les formules (15), (16), (17) de la Note quatrième]

$$(3)\qquad r^2 = (x - \mathrm{x})^2 + (y - \mathrm{y})^2$$

et

$$(4)\qquad \mathfrak{r} = \mp(\alpha x + \beta y - k), \qquad \mathfrak{r}_{,} = \mp(\alpha_{,} x + \beta_{,} y - k_{,}),$$

les coefficients

$$\alpha, \quad \beta, \quad \alpha_{,}, \quad \beta_{,}$$

étant liés entre eux par les équations

$$(5)\qquad \alpha^2 + \beta^2 = 1, \qquad \alpha_{,}^2 + \beta_{,}^2 = 1.$$

Si les deux directrices deviennent parallèles l'une à l'autre, alors, en prenant pour axe des x une droite menée par le foyer perpendiculairement à chacune d'elles, on aura

$$\mathrm{y} = 0, \qquad \alpha = \pm 1, \qquad \beta = 0, \qquad \alpha_{,} = \pm 1, \qquad \beta_{,} = 0,$$

et, par suite, les formules (3), (4) deviendront

$$(6)\qquad r^2 = (x - \mathrm{x})^2 + y^2,$$

$$(7)\qquad \mathfrak{r} = \pm(x - l), \qquad \mathfrak{r}_{,} = \pm(x - l_{,}),$$

l, $l_{,}$ désignant deux quantités positives ou négatives, dont les valeurs numériques seront précisément k et $k_{,}$, en sorte qu'on ait

$$l = \pm k, \qquad l_{,} = \pm k_{,}.$$

Cela posé, la première ou la seconde des formules (2) donnera

$$(8) \qquad \theta \mathcal{R} = \mu (x - i)(x - j),$$

la valeur de μ étant

$$(9) \qquad \mu = \pm \theta,$$

et les deux lettres i, j désignant, ou les deux quantités réelles déjà représentées par l, $l_{,}$, en sorte qu'on ait identiquement

$$(10) \qquad i = l, \qquad j = l_{,},$$

ou les deux racines imaginaires de l'équation

$$(x - l)^2 + (x - l_{,})^2 = 0,$$

déterminées elles-mêmes par la formule

$$(11) \qquad i = \frac{l + l_{,}}{2} + \frac{l - l_{,}}{2}\sqrt{-1}, \qquad j = \frac{l + l_{,}}{2} - \frac{l - l_{,}}{2}\sqrt{-1}.$$

Enfin, en vertu des formules (6) et (8), l'équation (1) pourra être réduite à

$$(12) \qquad (x - \mathrm{x})^2 + y^2 = \mu (x - i)(x - j).$$

Cette dernière équation représente évidemment une section conique dont un axe principal coïncide avec l'axe des x. Il reste à chercher quelles sont les valeurs qui devront être attribuées aux constantes

$$\mathrm{x}, \quad \mu, \quad i, \quad j$$

et, par suite, aux constantes positives

$$\theta, \quad l, \quad l_{,},$$

si l'on veut faire coïncider la section conique dont il s'agit avec une ellipse, une hyperbole, ou une parabole donnée.

L'équation générale d'une section conique dont le plan se confond avec celui des x, y, et dont un axe principal coïncide avec l'axe des x, est de la forme

$$y^2 = \mathrm{a} + 2\mathrm{b}x + \mathrm{c}x^2, \tag{13}$$

a, b, c désignant trois coefficients constants. Or, pour que l'équation (13) se réduise à l'équation (12), il est nécessaire et il suffit que l'on ait identiquement, c'est-à-dire pour une valeur quelconque de x,

$$\mu(x-i)(x-j) - (x-\mathrm{x})^2 = \mathrm{a} + 2\mathrm{b}x + \mathrm{c}x^2, \tag{14}$$

par conséquent

$$\mu = 1 + \mathrm{c} \tag{15}$$

et

$$\mu(i+j) = 2(\mathrm{x}-\mathrm{b}), \qquad \mu ij = \mathrm{a}. \tag{16}$$

Lorsque les coefficients a, b, c seront donnés, l'équation (15) fournira immédiatement la valeur de μ. Quant aux valeurs de

$$\mathrm{x}, \quad i, \quad j,$$

elles ne seront pas complètement déterminées par les formules (16); mais, après avoir choisi arbitrairement l'une d'entre elles, x par exemple, on devra, en vertu de ces formules, prendre pour i et j les deux racines de l'équation

$$(x-\mathrm{x})^2 + \mathrm{a} + 2\mathrm{b}x + \mathrm{c}x^2 = 0. \tag{17}$$

On arrivera directement à la même conclusion, si l'on observe que i, j sont les deux racines de l'équation

$$(x-i)(x-j) = 0, \tag{18}$$

et que, la formule (14) étant identique, les équations (17), (18) se réduisent l'une à l'autre.

Les constantes μ, x, i, j étant une fois connues, on déduira aisément de l'équation (9) et des formules (10) ou (11) les valeurs des trois constantes

$$\theta,\quad l,\quad l_{,}.$$

La première θ sera, dans tous les cas, la valeur numérique de μ. De plus, si les constantes i et j sont réelles, alors, en vertu des formules (10), l, $l_{,}$ se réduiront simplement à i et à j. Mais, si les constantes i, j deviennent deux expressions imaginaires conjuguées ou de la forme

$$i = g + h\sqrt{-1},\qquad j = g - h\sqrt{-1},$$

g, h désignant deux quantités réelles, alors, en vertu des formules (11), on aura

$$g = \frac{l + l_{,}}{2},\qquad h = \frac{l - l_{,}}{2},$$

par conséquent

(19) $$l = g + h,\qquad l_{,} = g - h.$$

Ajoutons que, dans l'un et l'autre cas, les équations des deux directrices seront

(20) $$\iota = 0,\qquad \iota_{,} = 0$$

ou, ce qui revient au même,

(21) $$x = l,\qquad x = l_{,}.$$

Considérons maintenant le cas où les deux directrices, cessant d'être parallèles l'une à l'autre, se coupent en un certain point, et nommons ξ, η les coordonnées de ce point, qui sera le pôle correspondant au foyer donné. Les équations (4), réduites aux formules (31) de la Note quatrième, deviendront

(22) $$\mp\iota = \alpha(x - \xi) + 6(y - \eta),\qquad \mp\iota_{,} = \alpha_{,}(x - \xi) + 6_{,}(y - \eta).$$

Si d'ailleurs on prend pour axe des x un axe parallèle à l'une des droites qui divisent en parties égales les angles compris entre deux directrices, on aura

$$\alpha_{,} = \pm\alpha;$$

et, comme les formules (5) donneront alors

$$\mathfrak{G}_{,}^{2} - \mathfrak{G}^{2} = \alpha^{2} - \alpha_{,}^{2} = 0,$$

on trouvera encore

$$\mathfrak{G}_{,} = \pm \mathfrak{G};$$

puis on en conclura

$$(23) \qquad \frac{\alpha_{,}}{\alpha} = -\frac{\mathfrak{G}_{,}}{\mathfrak{G}} = \pm 1,$$

attendu que, les directrices n'étant pas parallèles, on ne pourra supposer

$$\frac{\alpha_{,}}{\alpha} = \frac{\mathfrak{G}_{,}}{\mathfrak{G}} = \pm 1.$$

Donc alors les formules (22) donneront

$$(24) \qquad \imath = \pm [\alpha(x - \xi) + \mathfrak{G}(y - \eta)], \qquad \imath_{,} = \pm [\alpha(x - \xi) - \mathfrak{G}(y - \eta)].$$

De ces dernières, combinées avec la première ou la seconde des formules (2), on tirera immédiatement

$$(25) \qquad \mathfrak{R} = \pm [\alpha^{2}(x - \xi)^{2} - \mathfrak{G}^{2}(y - \eta)^{2}]$$

ou

$$(26) \qquad \mathfrak{R} = \alpha^{2}(x - \xi)^{2} + \mathfrak{G}^{2}(y - \eta)^{2},$$

par conséquent

$$(27) \qquad \theta\mathfrak{R} = \mu(x - \xi)^{2} + \nu(y - \eta)^{2},$$

les coefficients μ, ν étant liés aux coefficients α, $\mathfrak{G}$, θ par l'une des formules

$$(28) \qquad \frac{\mu}{\theta\alpha^{2}} = \frac{-\nu}{\theta\mathfrak{G}^{2}} = \pm 1, \qquad \frac{\mu}{\theta\alpha^{2}} = \frac{\nu}{\theta\mathfrak{G}^{2}} = 1$$

ou, ce qui revient au même, eu égard à la première des formules (5), par l'un des deux systèmes d'équations

$$(29) \qquad \theta = \pm(\mu - \nu), \qquad \alpha^{2} = \pm \frac{\mu}{\mu - \nu}, \qquad \mathfrak{G}^{2} = \pm \frac{\nu}{\mu - \nu},$$

$$(30) \qquad \theta = \mu + \nu, \qquad \alpha^{2} = \frac{\mu}{\mu + \nu}, \qquad \mathfrak{G}^{2} = \frac{\nu}{\mu + \nu}.$$

Enfin, en vertu des formules (3) et (27), l'équation (1) deviendra

$$(31)\qquad (x - \mathrm{x})^2 + (y - \mathrm{y})^2 = \mu(x - \xi)^2 + \nu(y - \eta)^2.$$

Les équations (29) et (30) fournissent le moyen de tirer les valeurs de α, β, θ des valeurs supposées connues des coefficients μ et ν. Il reste à chercher quelles valeurs on doit attribuer aux constantes

$$\mathrm{x},\quad \mathrm{y},\quad \xi,\quad \eta,\quad \mu,\quad \nu$$

pour faire coïncider la courbe du second degré, représentée par l'équation (26), avec une ellipse, une hyperbole ou une parabole donnée.

L'équation (31) représentera une ellipse ou une hyperbole dont les axes principaux seront parallèles aux axes des x et des y, si chacune des constantes μ, ν diffère de l'unité. De plus, le centre de cette ellipse ou de cette hyperbole sera l'origine même des coordonnées, si l'on a

$$(32)\qquad \mathrm{x} = \mu\xi, \qquad \mathrm{y} = \nu\eta,$$

et alors la formule (31) sera réduite à

$$(33)\qquad (1 - \mu)x^2 + (1 - \nu)y^2 = \mu\xi^2 + \nu\eta^2 - \mathrm{x}^2 - \mathrm{y}^2.$$

D'autre part, l'équation générale d'une ellipse ou d'une hyperbole, rapportée à son centre et à ses axes principaux, est de la forme

$$(34)\qquad \mathrm{A}x^2 + \mathrm{B}y^2 = \mathrm{K};$$

et, pour faire coïncider l'équation (34) avec l'équation (33), il suffira de poser

$$(35)\qquad \mu = 1 - \mathrm{A}, \qquad \nu = 1 - \mathrm{B},$$

$$(36)\qquad \mu\xi^2 + \nu\eta^2 - \mathrm{x}^2 - \mathrm{y}^2 = \mathrm{K}.$$

Enfin de l'équation (36), jointe aux équations (32) et (35), on tirera évidemment

$$(37)\qquad \frac{\mathrm{A}}{1 - \mathrm{A}}\mathrm{x}^2 + \frac{\mathrm{B}}{1 - \mathrm{B}}\mathrm{y}^2 = \mathrm{K},$$

$$(38)\qquad \mathrm{A}(1 - \mathrm{A})\xi^2 + \mathrm{B}(1 - \mathrm{B})\eta^2 = \mathrm{K}.$$

Il est bon d'observer qu'on pourrait encore réduire l'équation (34) à l'équation (33), en supposant que dans ces deux équations les coefficients des termes correspondants fussent, non plus égaux, mais proportionnels, le rapport des uns aux autres étant un certain coefficient de réduction s. Alors on devrait, dans les formules (37), (38), substituer aux deux binômes

$$1 - A, \qquad 1 - B$$

les deux binômes

$$1 - \frac{A}{s}, \qquad 1 - \frac{B}{s}.$$

Dans le cas particulier que nous avons ici considéré, le coefficient de réduction est simplement l'unité. Dans ce même cas, les formules (32) déterminent complètement les valeurs des constantes μ, ν; mais les formules (32), (36) ne suffisent pas à la détermination des constantes

$$\mathrm{x}, \quad \mathrm{y}, \quad \xi, \quad \eta,$$

dont l'une, x par exemple, peut être choisie arbitrairement. Donc le foyer (x, y) et le pôle correspondant (ξ, η) peuvent se déplacer sur deux courbes. Ces deux courbes, c'est-à-dire la focale et le lieu géométrique des pôles, se trouvent précisément représentées par les équations (37), (38) et, par suite, chacune d'elles se réduit à une nouvelle ellipse ou à une nouvelle hyperbole.

Comme nous l'avons vu dans la Note quatrième, et comme on peut le conclure immédiatement de l'équation (31), le foyer (x, y) est, dans le plan de la courbe représentée par l'équation (31), un point de la polaire correspondante au pôle (ξ, η). J'ajoute que ce même foyer est aussi un point de la perpendiculaire abaissée de l'origine des coordonnées sur la polaire de l'ellipse ou de l'hyperbole représentée par une équation de la forme

$$\mu x^2 + \nu y^2 = c, \tag{39}$$

c désignant une constante que l'on peut réduire à l'unité. En effet, les équations de cette autre polaire et de la perpendiculaire abaissée sur elle de l'origine seront respectivement

$$\mu\xi x + \nu\eta y = c \tag{40}$$

et, par suite,

$$\frac{x}{\mu\xi} = \frac{y}{\nu\eta}; \tag{41}$$

or il suit évidemment des formules (32) que l'on vérifiera l'équation (41) en posant

$$x = \mathrm{x}, \qquad y = \mathrm{y}. \tag{42}$$

Observons d'ailleurs que, en vertu des formules (29) ou (30), on tire de l'équation (39)

$$\alpha^2 x^2 - 6^2 y^2 = \text{const.}$$

ou

$$\alpha^2 x^2 + 6^2 y^2 = \text{const.}$$

Il est aisé d'en conclure que l'équation (39) représentera, ou une hyperbole dont les asymptotes se confondront avec les droites représentées par les équations

$$\alpha x + 6 y = 0, \qquad \alpha x - 6 y = 0, \tag{43}$$

c'est-à-dire, avec les axes fixes menés par l'origine parallèlement aux directrices données, ou une ellipse dont ces mêmes droites seront les axes quadratiques.

Comme dans les formules (28) les constantes α, 6, θ sont assujetties seulement à vérifier la première des conditions (5), il est clair que, étant donnée dans le plan des x, y une ellipse ou une hyperbole, on peut choisir arbitrairement le module θ et l'angle formé par chacune des directrices avec un axe principal. Cela posé, les remarques diverses que nous venons de faire entraînent évidemment la proposition suivante :

Théorème I. — *Soient donnés, dans le plan d'une ellipse ou d'une hyperbole, deux axes fixes qui passent par le centre de cette courbe et forment des angles égaux avec chaque axe principal. Soient d'ailleurs, pour un module donné,* F *et* P *un foyer et un pôle correspondants de la courbe, auxquels répondent des directrices parallèles aux deux axes fixes. Le foyer* F *sera le point de rencontre de la polaire correspondante au pôle* P *avec la perpendiculaire abaissée de l'origine sur une autre polaire qui appartiendra, non plus à l'ellipse ou à l'hyperbole donnée, mais à une hyperbole ou à une ellipse dont le centre sera le même, et dont les asymptotes ou les axes quadratiques coïncideront avec les deux axes fixes.*

Observons encore que, en supposant le coefficient de réduction différent de l'unité, on pourra toujours choisir ce coefficient de manière à faire passer la focale ou le lieu géométrique par un point quelconque du plan des x, y. Il en résulte que, dans le même plan, l'un des deux points P, F peut être pris arbitrairement. Mais, en vertu du théorème que nous venons d'énoncer, la position de l'un de ces points étant donnée, la position de l'autre s'en déduira immédiatement.

Supposons maintenant que l'une des constantes μ, ν, par exemple la constante μ, se réduise à l'unité. Alors la formule (31) sera réduite à

$$(x-\mathrm{x})^2+(y-\mathrm{y})^2=(x-\xi)^2+\nu(y-\eta)^2 \tag{44}$$

et représentera une parabole dont l'axe principal sera parallèle à l'axe des x. Le sommet de cette parabole sera l'origine même des coordonnées, si l'on a

$$\mathrm{y}=\nu\eta, \qquad \mathrm{x}^2+\mathrm{y}^2=\xi^2+\nu\eta^2, \tag{45}$$

et alors la formule (44) deviendra

$$(1-\nu)y^2+2(\xi-\mathrm{x})x=0. \tag{46}$$

D'autre part, l'équation générale d'une parabole dont le sommet coïncide avec l'origine, et l'axe principal avec l'axe des x, est de la forme

$$\mathrm{B}y^2+2\mathrm{G}x=0; \tag{47}$$

et pour faire coïncider l'équation (47) avec l'équation (46), il suffira de poser

$$(48) \qquad \nu = 1 - B, \qquad \xi - x = G.$$

Enfin des équations (45), jointes aux équations (48), on tirera évidemment

$$(49) \qquad \frac{B}{1-B} y^2 + 2Gx + G^2 = 0,$$

$$(50) \qquad B(1-B)\eta^2 + 2G\xi - G^2 = 0.$$

Ces deux dernières formules sont celles que doivent vérifier les coordonnées x, y ou ξ, η d'un foyer et d'un pôle correspondants de la parabole représentée par l'équation (47), dans le cas où le coefficient de réduction est l'unité. Si ce même coefficient, étant distinct de l'unité, se trouvait représenté par la lettre s, on devrait, dans les formules (49) et (50), c'est-à-dire, dans les équations de la focale ou du lieu géométrique des pôles, substituer au binôme $1 - B$ le binôme $1 - \frac{B}{s}$, et au carré G^2 le rapport $\frac{G^2}{s}$.

Enfin, si, en supposant $\mu = 1$, on laisse le coefficient de réduction arbitraire, l'un des deux points P, F qui représentent un pôle et un foyer correspondants pourra être pris arbitrairement. Mais la position de l'un de ces points étant donnée, la position de l'autre s'en déduira immédiatement, en vertu de la première des équations (45). Alors aussi l'on obtiendra, au lieu du théorème I, la proposition suivante :

Théorème II. — *Soient donnés, dans le plan d'une parabole, deux axes fixes qui passent par le sommet de cette courbe et forment des angles égaux avec son axe principal. Soient d'ailleurs, pour un module donné,* F *et* P *un foyer et un pôle correspondants de la parabole, auxquels répondent des directrices parallèles aux deux axes fixes. Enfin, construisons une hyperbole ou une ellipse qui ait pour centre un point situé sur l'axe principal de la parabole à une très grande distance de l'origine, et pour asymptotes ou pour axes quadratiques deux droites parallèles aux deux axes fixes. Le foyer* F *se confondra sensiblement avec le point où la polaire correspondante au pôle* P *de la parabole sera rencontrée par la perpendiculaire abaissée du centre de l'hyperbole ou de l'ellipse sur une autre polaire appartenant à cette hyperbole ou à cette ellipse.*

Si les coefficients μ, ν se réduisaient l'un et l'autre à l'unité, l'équation (31), réduite à la formule

$$(x - \mathrm{x})^2 + (y - \mathrm{y})^2 = (x - \xi)^2 + (y - \eta)^2 \tag{51}$$

ou, ce qui revient au même, à la suivante

$$2(\xi - \mathrm{x})x + 2(\eta - \mathrm{y})y = \xi^2 + \eta^2 - \mathrm{x}^2 - \mathrm{y}^2, \tag{52}$$

représenterait, non plus une courbe du second degré, mais une ligne droite. Alors aussi, en posant, pour abréger,

$$\left\{\begin{aligned} &\xi - \mathrm{x} = \mathrm{G}, \qquad \eta - \mathrm{y} = \mathrm{H}, \\ &\xi^2 + \eta^2 - \mathrm{x}^2 - \mathrm{y}^2 = \mathrm{K}, \end{aligned}\right. \tag{53}$$

on verrait l'équation (52) se réduire à

$$2\mathrm{G}x + 2\mathrm{H}y = \mathrm{K}, \tag{54}$$

et, à la place des équations (37), (38), on obtiendrait les suivantes :

$$2\mathrm{G}\mathrm{x} + 2\mathrm{H}\mathrm{y} + \mathrm{G}^2 + \mathrm{H}^2 = \mathrm{K}, \tag{55}$$

$$2\mathrm{G}\xi + 2\mathrm{H}\eta - \mathrm{G}^2 - \mathrm{H}^2 = \mathrm{K}. \tag{56}$$

Alors enfin un foyer et un pôle correspondants seraient toujours deux points situés à égales distances de la droite donnée, sur une perpendiculaire à cette droite, et la formule (51) exprimerait seulement que tout point de la droite est également éloigné de ce foyer et de ce pôle.

209.

GÉOMÉTRIE ANALYTIQUE. — *Suite des Notes annexées au Rapport sur le Mémoire de* M. Amyot.

C. R., T. XVI, p. 885 (24 avril 1843).

NOTE SIXIÈME.

Sur les courbes qui renferment les foyers et les pôles correspondants d'une surface du second ordre.

Considérons, comme dans la Note quatrième, une surface du second ordre décrite par un point mobile dont les distances

$$r, \quad \mathfrak{r}, \quad \mathfrak{r}_{\prime}$$

à un certain foyer et à deux plans directeurs soient liées entre elles par une équation de la forme

$$r^2 = \theta \mathfrak{R}, \tag{1}$$

θ désignant une constante positive, et la valeur de $\mathfrak{R}$ étant elle-même déterminée par l'une des équations

$$\mathfrak{R} = \mathfrak{r}\mathfrak{r}_{\prime}, \qquad \mathfrak{R} = \tfrac{1}{2}(\mathfrak{r}^2 + \mathfrak{r}_{\prime}^2). \tag{2}$$

Si, en supposant tous les points de l'espace rapportés à trois axes rectangulaires, on prend pour plan des x, y un plan mené par le foyer perpendiculairement aux plans directeurs, on obtiendra pour $\mathfrak{R}$ une fonction entière des coordonnées x, y. D'ailleurs, en nommant alors x, y les coordonnées du foyer, mesurées parallèlement aux axes des x et des y, on aura encore

$$r^2 = (x - \mathrm{x})^2 + (y - \mathrm{y})^2 + z^2. \tag{3}$$

Cela posé, l'équation (1) deviendra

$$(x - \mathrm{x})^2 + (y - \mathrm{y})^2 + z^2 = \theta \mathfrak{R}, \tag{4}$$

et représentera évidemment une surface du second ordre dont un plan principal sera le plan même des x, y.

Si l'on veut obtenir la section faite dans la surface par le plan des x, y, il suffira de poser, dans l'équation (3), $z = 0$. Alors cette équation se trouvera réduite à la formule

$$(x - \mathrm{x})^2 + (y - \mathrm{y})^2 = \theta \mathfrak{R}, \tag{5}$$

qui coïncidera précisément avec l'équation (1) de la Note quatrième, et représentera une section conique. Ajoutons que cette section conique aura pour foyer le foyer de la surface, et pour directrices les traces des plans directeurs donnés.

Concevons maintenant que l'on veuille faire coïncider la surface représentée par l'équation (3) avec une surface donnée du second ordre. On pourra, dans l'équation de cette dernière surface, faire évanouir le coefficient de z, en prenant pour plan des x, y un des plans principaux, puis diviser ensuite tous les termes par le coefficient de z^2, et réduire ainsi ce coefficient à l'unité. Alors, pour faire coïncider l'équation de la nouvelle surface avec l'équation (3), il suffira d'y remplacer z^2 par zéro, puis de faire coïncider l'équation ainsi obtenue avec l'équation (5), en suivant la marche tracée dans la Note précédente.

NOTE SEPTIÈME.

Sur un théorème d'Analyse et sur diverses conséquences de ce théorème.

Théorème. — *Supposons que, plusieurs variables x, y, z, ... étant rangées sur une circonférence de cercle, on divise la différence de deux variables consécutives par leur somme. En désignant par u, v, w, ... les rapports ainsi obtenus, on aura*

$$(1+u)(1+v)(1+w)\ldots = (1-u)(1-v)(1-w)\ldots. \tag{1}$$

Démonstration. — Si, pour fixer les idées, on suppose les variables x, y, z réduites à trois, on trouvera

$$u = \frac{y-z}{y+z}, \qquad v = \frac{z-x}{z+x}, \qquad w = \frac{x-y}{x+y}; \tag{2}$$

puis on en conclura

$$\frac{y}{z} = \frac{1+u}{1-u}, \qquad \frac{z}{x} = \frac{1+v}{1-v}, \qquad \frac{x}{y} = \frac{1+w}{1-w},$$

et, par suite, l'équation identique

$$\frac{y}{z}\,\frac{z}{x}\,\frac{x}{y} = 1$$

donnera

$$\frac{1+u}{1-u}\,\frac{1+v}{1-v}\,\frac{1+w}{1-w} = 1$$

ou, ce qui revient au même,

(3) $$(1+u)(1+v)(1+w) = (1-u)(1-v)(1-w).$$

La même démonstration subsistera évidemment, quel que soit le nombre des variables $x, y, z, \ldots$.

Corollaire I. — Lorsque le nombre des variables se réduit à trois, alors, en développant les deux membres de la formule (3), on trouve

(4) $$u+v+w+uvw = 0$$

ou, ce qui revient au même,

(5) $$\frac{1}{vw} + \frac{1}{wu} + \frac{1}{uv} + 1 = 0;$$

et de la dernière équation, jointe aux formules (2), on tire

(6) $$\frac{z+x}{z-x}\,\frac{x+y}{x-y} + \frac{x+y}{x-y}\,\frac{y+z}{y-z} + \frac{y+z}{y-z}\,\frac{z+x}{z-x} + 1 = 0.$$

Corollaire II. — Soient maintenant

$$\alpha, \quad 6, \quad \gamma, \qquad \alpha_{,}, \quad 6_{,}, \quad \gamma_{,}$$

les cosinus des angles formés par deux axes fixes avec trois axes coordonnés rectangulaires, et posons dans la formule (6)

$$x = \frac{\alpha_{,}}{\alpha}, \qquad y = \frac{6_{,}}{6}, \qquad z = \frac{\gamma_{,}}{\gamma}.$$

Cette formule donnera

$$(7) \quad \frac{\gamma_{,}\alpha+\gamma\alpha_{,}}{\gamma_{,}\alpha-\gamma\alpha_{,}}\frac{\alpha_{,}6+\alpha6_{,}}{\alpha_{,}6-\alpha6_{,}}+\frac{\alpha_{,}6+\alpha6_{,}}{\alpha_{,}6-\alpha6_{,}}\frac{6_{,}\gamma+6\gamma_{,}}{6_{,}\gamma-6\gamma_{,}}+\frac{6_{,}\gamma+6\gamma_{,}}{6_{,}\gamma-6\gamma_{,}}\frac{\gamma_{,}\alpha+\gamma\alpha_{,}}{\gamma_{,}\alpha-\gamma\alpha_{,}}+1=0.$$

Corollaire III. — Considérons une surface du second ordre décrite par un point mobile dont les distances

$$r, \quad \mathfrak{r}, \quad \mathfrak{r}_{,}$$

à un certain foyer et à deux plans directeurs soient liées entre elles par l'équation

$$(8) \qquad r^2 = \theta\mathfrak{r}\mathfrak{r}_{,},$$

θ désignant une constante positive. Si l'on nomme

x, y, z les coordonnées du point mobile rapporté à trois axes rectangulaires;

x, y, z les coordonnées du foyer;

k, $k_{,}$ les perpendiculaires abaissées de l'origine sur les plans directeurs;

$\alpha, 6, \gamma, \alpha_{,}, 6_{,}, \gamma_{,}$ les cosinus des angles formés par ces perpendiculaires avec les demi-axes des coordonnées positives,

on aura

$$r^2 = (x-\mathrm{x})^2 + (y-\mathrm{y})^2 + (z-\mathrm{z})^2,$$

$$\mathfrak{r} = \mp(\alpha x + 6y + \gamma z - k), \qquad \mathfrak{r}_{,} = \mp(\alpha_{,}\mathrm{x} + 6_{,}\mathrm{y} + \gamma_{,}\mathrm{z} - k_{,});$$

et, par suite, la formule (8) donnera

$$(9) \quad \begin{cases} (x-\mathrm{x})^2 + (y-\mathrm{y})^2 + (z-\mathrm{z})^2 \\ \quad = \pm\theta(\alpha x + 6y + \gamma z - k)(\alpha_{,}x + 6_{,}y + \gamma_{,}z - k_{,}). \end{cases}$$

Si maintenant on veut que la surface du second ordre, représentée par la formule (9), coïncide avec celle dont l'équation serait

$$(10) \quad \mathrm{A}x^2 + \mathrm{B}y^2 + \mathrm{C}z^2 + 2\mathrm{D}yz + 2\mathrm{E}zx + 2\mathrm{F}xy + 2\mathrm{G}x + 2\mathrm{H}y + 2\mathrm{I}z = \mathrm{K},$$

il faudra qu'on puisse réduire la formule (9), en multipliant tous ses

termes par un certain coefficient s, à l'équation (10). Alors on aura,
quels que soient x, y, z,

$$(11) \quad \left\{ \begin{array}{l} A x^2 + B y^2 + C z^2 + 2 D yz + 2 E zx + 2 F xy + 2 G x + 2 H y + 2 I z - K \\ = s[(x-\mathrm{x})^2 + (y-\mathrm{y})^2 + (z-\mathrm{z})^2 \mp \theta(\alpha x + \delta y + \gamma z - k)(\alpha_{,} x + \delta_{,} y + \gamma_{,} z - k_{,})] \end{array} \right.$$

et, par suite,

$$(12) \quad \left\{ \begin{array}{l} A x^2 + B y^2 + C z^2 + 2 D yz + 2 E zx + 2 F xy \\ = s[x^2 + y^2 + z^2 \mp \theta(\alpha x + \delta y + \gamma z)(\alpha_{,} x + \delta_{,} y + \gamma_{,} z)] \end{array} \right.$$

ou, ce qui revient, au même,

$$(13) \quad \left\{ \begin{array}{l} (A - s)x^2 + (B - s)y^2 + (C - s)z^2 + 2 D yz + 2 E zx + 2 F xy \\ = \mp \theta s(\alpha x + \delta y + \gamma z)(\alpha_{,} x + \delta_{,} y + \gamma_{,} z). \end{array} \right.$$

On aura donc

$$(14) \quad \frac{A - s}{\alpha \alpha_{,}} = \frac{B - s}{\delta \delta_{,}} = \frac{C - s}{\gamma \gamma_{,}} = \frac{2 D}{\delta \gamma_{,} + \delta_{,} \gamma} = \frac{2 E}{\gamma \alpha_{,} + \gamma_{,} \alpha} = \frac{2 F}{\alpha \delta_{,} + \alpha_{,} \delta} = \mp \theta s :$$

et, comme on trouvera d'ailleurs

$$(\gamma \alpha_{,} - \gamma_{,} \alpha)(\delta \alpha_{,} - \delta_{,} \alpha) = (\gamma \alpha_{,} + \gamma_{,} \alpha)(\delta \alpha_{,} + \delta_{,} \alpha) - 2 \alpha \alpha_{,}(\delta \gamma_{,} + \delta_{,} \gamma),$$

. . . .

on tirera de la formule (14)

$$\frac{EF}{(\gamma \alpha_{,} + \gamma_{,} \alpha)(\delta \alpha_{,} + \delta_{,} \alpha)} = \frac{EF + D(s - A)}{(\gamma \alpha_{,} - \gamma_{,} \alpha)(\delta \alpha_{,} - \delta_{,} \alpha)}, \quad \ldots$$

ou, ce qui revient au même,

$$\frac{\gamma_{,} \alpha + \gamma \alpha_{,}}{\gamma_{,} \alpha - \gamma \alpha_{,}} \cdot \frac{\alpha_{,} \delta + \alpha \delta_{,}}{\alpha_{,} \delta - \alpha \delta_{,}} = - \frac{EF}{EF + D(s - A)}, \quad \ldots$$

Cela posé, la formule (7) donnera

$$(15) \quad \frac{EF}{EF + D(s - A)} + \frac{FD}{FD + E(s - B)} + \frac{DE}{DE + F(s - C)} = 1.$$

Telle est l'équation du troisième degré qui déterminera généralement
la valeur du coefficient de réduction s. Cette équation est aussi celle à

laquelle on parvient quand on fait tourner les plans coordonnés autour de l'origine, de manière à les rendre parallèles aux plans principaux de la surface représentée par l'équation (10).

210.

Analyse mathématique. — *Mémoire sur la synthèse algébrique.*

C. R., T. XVI, p. 867 (24 avril 1843).

On sait qu'en cultivant plusieurs branches des Sciences mathématiques, surtout la Géométrie et la Mécanique, les anciens et les modernes eux-mêmes ont d'abord uniquement employé la synthèse ou méthode synthétique; en d'autres termes, ils ont déduit de quelques notions fondamentales et de quelques axiomes généralement admis les démonstrations successives de divers théorèmes, ou les solutions de divers problèmes qui offrent un intérêt spécial. Plus tard on a reconnu qu'on pouvait, non seulement représenter par des nombres ou par des lettres les diverses quantités dont s'occupent la Géométrie et la Mécanique, par exemple les longueurs, les aires, les volumes, le temps, les vitesses et les forces, mais encore représenter par des équations ou par des formules algébriques les lignes, les surfaces et généralement les systèmes de points matériels pris dans l'état de repos ou de mouvement. Cela posé, on a pu, dans la culture de la Géométrie, de la Mécanique et des Sciences analogues, substituer à la méthode synthétique l'Algèbre ou la méthode analytique, et rendre beaucoup plus faciles les recherches qui ont pour objet ou les propriétés générales des figures, ou les lois d'équilibre et de mouvement des corps, en réduisant ces recherches à des questions de pure Analyse. Alors, en particulier, les problèmes de Géométrie, ramenés à des problèmes d'Algèbre, ont pu être résolus dans tous les cas; et même, à l'aide de règles fixes et invariables, on a aisément transformé les solutions algébriques en solutions géométriques, pour les problèmes qu'il était possible de résoudre à l'aide de la règle et du compas.

Toutefois, il est juste de le reconnaître, les solutions géométriques, déduites, comme on vient de le dire, de l'Algèbre ou de la méthode analytique, sont généralement plus compliquées et beaucoup moins élégantes que les solutions directement déduites de la méthode synthétique. Mais on peut faire disparaître cet inconvénient, et, pour y parvenir, il suffit d'unir entre elles les deux méthodes, malgré leur opposition apparente. Alors on obtient une méthode mixte, que j'appellerai *synthèse algébrique*, et qui paraît digne d'attention, puisqu'elle nous permet de tirer de l'Analyse des solutions comparables, sous le rapport de l'élégance, à celle que la méthode synthétique peut fournir.

Pour faire bien comprendre en quoi consiste la méthode mixte dont il s'agit, rappelons-nous d'abord que tout problème de Géométrie plane peut être réduit au tracé de certaines figures, ou, ce qui revient au même, au tracé de certains points et de certaines lignes qui doivent être des droites ou des circonférences de cercles, pour un problème dont la solution peut s'effectuer à l'aide de la règle ou du compas. D'ailleurs, pour qu'une droite soit complètement déterminée, il suffit que l'on connaisse deux points de cette droite; et pour qu'une circonférence de cercle soit complètement déterminée, il suffit que l'on connaisse, ou trois points de cette circonférence, ou l'un de ses points et le centre. Enfin, les problèmes de la Géométrie à trois dimensions peuvent être ramenés, comme l'on sait, à des problèmes de Géométrie plane. Cela posé, il est clair que tout problème de Géométrie qui pourra se résoudre à l'aide de la règle et du compas se réduira toujours à la fixation d'un certain nombre de points inconnus. Les coordonnées de ces points seront précisément les inconnues du problème qui devra fournir toutes les équations nécessaires à leur détermination.

Concevons maintenant que les valeurs des inconnues, tirées des équations d'un problème, se trouvent représentées ou par des fonctions rationnelles de longueurs données, ou par des fonctions algébriques qui renferment uniquement des radicaux du second degré. Alors ces valeurs pourront en effet se construire géométriquement à l'aide de la règle et du compas; mais la solution géométrique qui résultera de leur construction sera en général très compliquée. On obtiendra une solution beaucoup plus simple, si, au lieu de résoudre les équations proposées, on les combine entre elles de manière à obtenir des équations nouvelles dont chacune renferme, non pas une seule inconnue, mais les coordonnées d'un seul point, et si l'on construit immédiatement la ligne ou surface que chacune des nouvelles équations représente. Alors la position de chaque point inconnu se trouvera déterminée, non plus à l'aide de constructions géométriques qui fourniront séparément les valeurs des trois coordonnées, mais à l'aide de deux lignes ou de trois surfaces qui, sur le plan donné ou dans l'espace, renfermeront ce même point. Ainsi la considération directe de ces lignes ou de ces surfaces nous dispensera de la résolution algébrique des équations proposées.

Pour être en état d'appliquer à un problème spécial la méthode mixte que nous venons d'indiquer, il ne suffit pas généralement de savoir quelles sont les lignes ou surfaces que représentent les équations primitives du problème : il est ordinairement nécessaire de savoir encore quelles sont les quantités que représentent les premiers membres de ces équations quand on a fait passer tous les termes dans ces premiers membres en réduisant les seconds membres à zéro. Cette dernière question se trouve traitée pour divers cas, dans le premier paragraphe du présent Mémoire, et je me trouve ainsi conduit à diverses propositions qui paraissent dignes de remarque. Parmi ces propositions, je citerai la suivante :

Théorème I. — *Supposons que, dans le plan donné ou dans l'espace, une ligne ou une surface, rapportée à des axes coordonnés rectangulaires, se trouve représentée par une équation dont le second membre se réduise à zéro et le premier membre à une fonction des coordonnées, entière et du* *degré n. Considérons d'ailleurs une ligne ou surface auxiliaire, représentée par une autre équation dont le second membre se réduise, au signe près, à l'unité, et le premier membre à la somme des termes du degré n compris dans l'équation proposée. Enfin, concevons que, par l'origine des coordonnées et par un autre point* P *choisi arbitrairement dans le plan donné ou dans l'espace, on mène deux droites parallèles. Si la seconde droite coupe la ligne ou surface que représente l'équation proposée en n points réels, le premier membre de cette équation sera égal, au signe près, au rapport qui existera entre le produit des distances de ces points réels au point* P *et la $n^{\text{ième}}$ puissance de la distance mesurée sur la première droite à partir de l'origine jusqu'à la ligne ou surface auxiliaire.*

De ce premier théorème on déduit aisément les propositions suivantes, qui sont particulièrement relatives aux courbes et aux surfaces du second degré.

Théorème II. — *Supposons une ellipse, une parabole ou une hyperbole représentée par une équation du second degré dont le dernier membre se réduise à zéro, et le premier membre à une fonction entière de deux coordonnées rectangulaires. Considérons, de plus, une ellipse, une droite ou une hyperbole auxiliaire, représentée par une autre équation dont le second membre se réduise, au signe près, à l'unité, et le premier membre à la somme des termes du second degré appartenant à l'équation proposée. Enfin, concevons que, par l'origine des coordonnées et par un autre point* P *pris arbitrairement dans le plan de la courbe proposée, on mène deux droites parallèles. Si la seconde droite coupe cette courbe en deux points réels, le premier membre de l'équation de la courbe sera égal, au signe près, au rapport qui existera entre le produit des distances de ces points réels au point* P *et le carré de la distance mesurée sur la première droite à partir de l'origine jusqu'à la ligne auxiliaire. Si la seconde droite touche la courbe proposée, les deux premières distances deviendront égales, et leur produit se réduira au carré de chacune d'elles.*

Théorème III. — *Supposons une surface du second degré représentée par une équation dont le dernier membre se réduise à zéro, et le premier membre à une fonction entière de trois coordonnées rectangulaires. Considérons, de plus, une surface auxiliaire représentée par une autre équation dont le second membre se réduise, au signe près, à l'unité, et le premier membre à la somme des termes du second degré appartenant à l'équation proposée. Enfin, concevons que, par l'origine des coordonnées et par un point* P *choisi arbitrairement dans l'espace, on mène deux droites parallèles. Si la seconde droite coupe la surface proposée en deux points réels, le premier membre de l'équation de cette surface sera égal, au signe près, au rapport qui existera entre le produit des distances de ces points réels au point* P *et le carré de la distance mesurée sur la première droite à partir de l'origine jusqu'à la surface auxiliaire. Si la seconde droite touche la surface proposée, les deux premières distances deviendront égales, et leur produit se réduira au carré de chacune d'elles.*

Théorème IV. — *Si, par un point* P *choisi arbitrairement dans le plan d'une ellipse ou d'une hyperbole, on mène des sécantes diverses, et si l'on multiplie l'une par l'autre les distances du point* P *aux deux points d'intersection de chaque sécante avec la courbe, les produits ainsi obtenus seront entre eux comme les carrés des diamètres parallèles aux diverses sécantes.*

Théorème V. — *Si, par un point* P *choisi arbitrairement dans l'espace, on mène plusieurs droites dont chacune coupe en deux points la surface d'un ellipsoïde ou d'un hyperboloïde à une ou à deux nappes, et si l'on multiplie l'une par l'autre les distances du point* P *aux deux points d'intersection de chaque droite avec la surface, les produits ainsi obtenus seront entre eux comme les carrés des diamètres parallèles aux diverses droites.*

Théorème VI. — *Si, par un point* P *choisi arbitrairement dans le plan d'une parabole, on mène des sécantes diverses, et si l'on multiplie l'une par l'autre les distances du point* P *aux deux points d'intersection de chaque sécante avec la courbe, les produits ainsi obtenus seront entre eux comme les carrés des distances mesurées sur les mêmes sécantes entre le point* P *et l'axe de la parabole.*

Dans les derniers paragraphes du présent Mémoire, j'applique la synthèse algébrique à divers problèmes dont cette méthode fournit des solutions très simples et très élégantes, particulièrement au problème d'une sphère tangente à quatre autres.

Analyse.

§ I. — *Notions préliminaires.*

Si l'on veut appliquer la synthèse algébrique à la solution d'un problème de Géométrie, il sera d'abord nécessaire de traduire en Algèbre l'énoncé de la question et de poser ainsi les équations du problème; mais, au lieu de résoudre ces équations et de construire géométriquement les valeurs trouvées de leurs racines réelles, on devra combiner ces mêmes équations les unes avec les autres, de manière à obtenir des équations nouvelles qui représentent des lieux géométriques dont la construction suffise à la détermination des points inconnus. Pour que la solution fournie par cette méthode puisse s'effectuer à l'aide de la règle et du compas, il suffira que les équations nouvelles représentent des lignes droites ou des circonférences de cercle. D'ailleurs la manière la plus simple de combiner entre elles les équations proposées, dont nous pouvons toujours supposer les seconds membres réduits à zéro, sera de combiner entre elles par voie d'addition ou ces équations mêmes, ou du moins ces équations multipliées chacune par un facteur constant. Or, concevons que l'on ait eu recours à une semblable combinaison. Pour que l'on puisse aisément interpréter l'équation résultante, et construire la ligne ou la surface courbe qu'elle représente, il ne suffira pas de savoir quelles sont les lignes ou surfaces que représentent les équations proposées, il sera encore généralement nécessaire de savoir quelles sont les quantités représentées par les premiers membres de ces équations. La solution de ce dernier problème peut s'effectuer dans un grand nombre de cas à l'aide des propositions que nous allons établir.

THÉORÈME I. — *Soient x, y les coordonnées rectangulaires d'un point mobile dans un plan donné. Soient, de plus,*

$F(x, y)$ *une fonction des coordonnées x, y, entière et du degré n;*

$f(x, y)$ *la somme des termes qui, dans cette même fonction, sont précisément du degré n;*

ρ *la distance mesurée, à partir de l'origine des coordonnées, et sur un certain axe* OA *mené arbitrairement par cette origine jusqu'au point où cet axe rencontre la ligne représentée par l'équation*

$$f(x, y) = \pm 1. \tag{1}$$

Si la droite menée parallèlement à l'axe OA, *par un point* P *dont les coordonnées seront x, y, rencontre en n points réels* R, R′, R″, ... *la ligne droite ou courbe que représente l'équation*

$$F(x, y) = 0, \tag{2}$$

alors, en désignant par

$$\tau, \quad \tau', \quad \tau'', \quad \ldots$$

les distances

$$\mathrm{PR}, \quad \mathrm{PR}', \quad \mathrm{PR}'', \quad \ldots,$$

on aura

$$F(x, y) = \pm \frac{\tau\tau'\tau''\ldots}{\rho^n}. \tag{3}$$

Démonstration. — Soient

α, β les cosinus des angles formés par l'axe OA avec les demi-axes des coordonnées positives;

x, y les coordonnées du point R où la droite menée parallèlement à l'axe OA par le point (x, y) rencontre la ligne représentée par l'équation (2);

$s = \pm \tau$ la distance du point P au point R, prise avec le signe $+$ si cette distance se mesure dans le sens OA, prise avec le signe $-$ dans le sens contraire.

On aura tout à la fois

$$F(\mathrm{x}, \mathrm{y}) = 0 \tag{4}$$

et

$$(5)\qquad \frac{\mathrm{x}-x}{\alpha}=\frac{\mathrm{y}-y}{6}=s$$

ou, ce qui revient au même,

$$(6)\qquad \mathrm{x}=x+\alpha s,\qquad \mathrm{y}=y+6s.$$

Par conséquent, l'équation (4) donnera

$$(7)\qquad \mathrm{F}(x+\alpha s,\ y+6s)=0.$$

Si l'on développe le premier membre de cette dernière suivant les puissances ascendantes de s, on trouvera

$$(8)\quad \mathrm{F}(x,y)+s(\alpha\mathrm{D}_x+6\mathrm{D}_y)\,\mathrm{F}(x,y)+\ldots+\frac{s^n}{1.2\ldots n}(\alpha\mathrm{D}_x+6\mathrm{D}_y)^n\,\mathrm{F}(x,y)=0.$$

D'ailleurs, en vertu des notations admises, la somme des termes proportionnels à s^n dans le développement de la fonction

$$\mathrm{F}(x+\alpha s,\ y+6s)$$

sera évidemment

$$\mathrm{f}(\alpha s,\ 6s)=s^n\,\mathrm{f}(\alpha,6).$$

Donc l'équation (8) pourra être réduite à

$$(9)\qquad \mathrm{F}(x,y)+\ldots+s^n\,\mathrm{f}(\alpha,6)=0.$$

Cela posé, nommons s, s', s'', ... les n racines réelles ou imaginaires de l'équation (7) ou, ce qui revient au même, de l'équation (9), résolue par rapport à s; on aura évidemment

$$s\,s's''\ldots=(-1)^n\frac{\mathrm{F}(x,y)}{\mathrm{f}(\alpha,6)},$$

par conséquent

$$(10)\qquad \mathrm{F}(x,y)=(-1)^n\,s\,s's''\ldots\,\mathrm{f}(\alpha,6).$$

Ce n'est pas tout : si, par l'origine des coordonnées, on mène une droite qui forme avec les demi-axes des coordonnées positives les angles α, 6, alors, en nommant ρ la distance mesurée sur cette droite entre l'origine et la ligne représentée par l'équation (1), on aura

$$f(\alpha\rho, 6\rho) = \pm 1$$

ou, ce qui revient au même,

$$\rho^n f(\alpha, 6) = \pm 1$$

et, par suite,

$$f(\alpha, 6) = \pm \frac{1}{\rho^n}.$$

Donc la formule (10) donnera

$$F(x, y) = \pm \frac{s s' s'' \ldots}{\rho^n}. \tag{11}$$

Si maintenant on suppose que les racines

$$s, \quad s', \quad s'', \quad \ldots$$

de l'équation (7) soient toutes réelles, alors, en nommant

$$\varsigma, \quad \varsigma', \quad \varsigma'', \quad \ldots$$

leurs valeurs numériques, on trouvera

$$s = \pm \varsigma, \qquad s' = \pm \varsigma', \qquad s'' = \pm \varsigma'', \qquad \ldots, \tag{12}$$

et par conséquent la formule (11) sera immédiatement réduite à l'équation (3).

Corollaire. — Si les lignes que représentent les équations (1) et (2) sont remplacées par des surfaces, alors, en raisonnant toujours de la même manière, on obtiendra, au lieu du théorème I, la proposition suivante :

Théorème II. — *Soient*

x, y, z *les coordonnées rectangulaires d'un point de l'espace ;*

$F(x, y, z)$ *une fonction des coordonnées* x, y, z, *entière et du degré* n ;

$f(x, y, z)$ *la somme des termes qui, dans cette même fonction, sont précisément du degré* n ;

ρ *la distance mesurée, à partir de l'origine des coordonnées, sur un certain axe* OA *mené arbitrairement par cette origine jusqu'au point où cet axe rencontre la surface représentée par l'équation*

$$(13) \qquad f(x, y, z) = \pm 1.$$

Si la droite menée parallèlement à l'axe OA, *par un point* P *dont les coordonnées sont* x, y, z, *rencontre en* n *points réels*

$$R, \quad R', \quad R'', \quad \ldots$$

la surface représentée par l'équation

$$(14) \qquad F(x, y, z) = 0,$$

alors, en nommant

$$\text{r}, \quad \text{r}', \quad \text{r}'', \quad \ldots$$

les distances

$$PR, \quad PR', \quad PR'', \quad \ldots$$

qui séparent le point P *des points* R, R', R'', ..., *on aura*

$$(15) \qquad F(x, y, z) = \pm \frac{\text{r}\,\text{r}'\text{r}''\ldots}{\rho^n}.$$

Si le degré n de la fonction $F(x, y)$ ou $F(x, y, z)$ se réduit au nombre 2, alors, à la place des théorèmes que nous venons d'énoncer, on obtiendra les suivants :

Théorème III. — *Supposons que, les divers points d'un plan étant rapportés à deux axes rectangulaires, on mène, par l'origine* O *des coordonnées, un certain axe* OA, *et par le point* P, *dont les coordonnées sont* x, y, *une droite parallèle à cet axe. Supposons encore que cette droite rencontre en deux points réels* R, R' *une section conique représentée par l'équation*

$$(16) \qquad Ax^2 + By^2 + 2Cxy + 2Dx + 2Ey - K = 0,$$

et nommons

$$\text{r}, \quad \text{r}'$$

les deux distances

$$PR, \quad PR'.$$

Enfin, soit ρ la distance mesurée sur l'axe OA *entre l'origine et la courbe représentée par l'équation*

$$(17)\qquad Ax^2 + By^2 + 2Cxy = \pm 1.$$

On aura généralement

$$(18)\qquad Ax^2 + By^2 + 2Cxy + 2Dx + 2Ey - K = \pm \frac{\iota\iota'}{\rho^2}.$$

Corollaire I. — Les distances ι, ι' deviendront égales entre elles, si les points R, R' se réunissent en un seul, c'est-à-dire, en d'autres termes, si la ligne PR devient tangente à la courbe du second degré représentée par l'équation (16), ou bien encore, si le point P est le milieu de la corde RR'. Dans l'un et l'autre cas, la formule

$$\iota' = \iota$$

réduira l'équation (18) à la suivante :

$$(19)\qquad Ax^2 + By^2 + 2Cxy + 2Dx + 2Ey - K = \pm \frac{\iota^2}{\rho^2}.$$

Corollaire II. — Si l'équation (16) représente une ellipse ou une hyperbole, l'équation (17) représentera encore une ellipse ou une hyperbole semblable à la première, les axes principaux de l'une étant parallèles aux axes principaux de l'autre. Donc alors, si l'axe OA vient à changer de direction, la distance ρ variera proportionnellement au rayon ou demi-diamètre qui, dans l'ellipse ou l'hyperbole, serait parallèle à ce même axe. Cela posé, la formule (18) entraînera évidemment la proposition dont voici l'énoncé : *Si, par un point* P *situé dans le plan d'une ellipse ou d'une hyperbole, on mène plusieurs droites dont chacune rencontre cette courbe en deux points, si d'ailleurs on multiplie l'une par l'autre les distances mesurées sur chaque droite entre le point* P *et les deux points de rencontre dont il s'agit, les produits ainsi obtenus seront proportionnels aux rayons menés par le centre de la courbe parallèlement à ces mêmes droites. Ajoutons que, si l'une des droites se réduit ou à une tangente ou à une corde dont le point* P *soit le milieu, les deux distances mesurées sur cette droite deviendront égales, en sorte que leur produit se réduira simplement au carré de chacune d'elles.*

Corollaire III. — Si l'équation (16) représente un cercle, la proposition énoncée dans le corollaire précédent se réduira évidemment à une proposition déjà connue, suivant laquelle le produit de deux parties d'une corde qui renferme un point donné P est constamment égal au carré de la moitié de la corde dont ce point est le milieu, ou le produit d'une sécante et de sa partie extérieure constamment égal au carré d'une tangente qui part du même point. Observons d'ailleurs que si l'on représente par r le rayon du cercle dont il s'agit, et par a, b les coordonnées du centre, l'équation (16) pourra être réduite à

$$(x-a)^2+(y-b)^2-r^2=0. \tag{20}$$

Alors l'équation (17), réduite à

$$x^2+y^2=1, \tag{21}$$

représentera une circonférence de cercle qui aura pour centre l'origine et pour rayon l'unité. On aura donc, dans la formule (19), $\rho=1$, et par suite cette formule donnera

$$(x-a)^2+(y-b)^2-r^2=\pm\, \iota^2. \tag{22}$$

Donc *le premier membre de l'équation* (20) *représentera, ou le carré de la tangente menée au cercle par le point* (x, y), *ou le carré de la moitié de la corde dont le point* (x, y) *sera le milieu, le dernier carré étant pris avec le signe* —. Au reste, on arriverait directement à la même conclusion en observant que la tangente ou la demi-corde dont il s'agit est l'un des côtés d'un triangle rectangle dans lequel l'autre côté et l'hypoténuse sont, ou le rayon mené au point de contact et la distance du point (x, y) au centre du cercle, ou cette distance et le rayon mené à l'extrémité de la corde.

Corollaire IV. — Si la courbe représentée par l'équation (16) est une parabole, le premier membre de l'équation (17) sera, au signe près, un carré parfait, et l'équation (17) représentera deux droites menées à égales distances de l'origine parallèlement à l'axe principal de la parabole. Cela posé, l'équation (18) entraînera évidemment la proposition suivante : *Si, par un point* P *situé dans le plan d'une parabole, on mène plusieurs droites dont chacune coupe la parabole en deux points, si d'ailleurs on multiplie l'une par l'autre les distances mesurées sur chaque droite entre le point* P *et les deux points dont il s'agit, les produits ainsi obtenus seront respectivement proportionnels aux distances mesurées sur les mêmes droites entre le point* P *et un axe quelconque parallèle à l'axe principal de la parabole.* On peut encore, à cette proposition, substituer celle dont voici l'énoncé : *Si, par un point* P *situé dans le plan d'une parabole, on mène plusieurs droites dont chacune coupe la parabole en deux points, si d'ailleurs on projette sur la directrice de la parabole les deux distances mesurées sur chaque droite entre le point* P *et les deux points dont il s'agit, les produits ainsi obtenus seront tous égaux entre eux et par conséquent égaux au carré de la projection de chacune des deux tangentes menées à la parabole par le point* P.

Corollaire V. — On pourrait encore déduire des équations (18), (19) diverses conclusions dignes de rémarque. Ainsi, en particulier, on reconnaîtra sans peine que, dans le cas où l'équation (16), réduite à la forme

$$b^2x^2 + a^2y^2 - a^2b^2 = 0, \tag{23}$$

représente en conséquence une ellipse dont les demi-axes sont a et b, le premier membre de cette équation représente le carré d'une surface égale au double de la surface du triangle qui a pour sommet le centre de l'ellipse et pour base la tangente menée à la courbe par le point (x, y). Ainsi encore on conclut de l'équation (19) que, si deux ellipses de même dimension sont tracées dans le même plan, de manière que leurs grands axes soient parallèles entre eux, il existera une droite dont chaque point extérieur aux deux ellipses pourra être considéré comme le sommet de deux triangles égaux en surfaces qui auront pour côtés les tangentes menées de ce point aux deux ellipses et les rayons vecteurs menés des deux centres aux points de contact. Lorsque les deux ellipses se couperont, la droite dont il s'agit sera celle qui renfermera les deux points d'intersection. Enfin, si les deux ellipses, sans être de mêmes dimensions, sont du moins semblables l'une à l'autre, les surfaces des deux triangles cesseront d'être égales, mais conserveront toujours entre elles le même rapport.

THÉORÈME IV. — *Supposons que, les divers points de l'espace étant rapportés à trois axes rectangulaires, on mène, par l'origine* O *des coordonnées, un certain axe* OA, *et par le point* P, *dont les coordonnées sont* x, y, z, *une droite parallèle à cet axe. Supposons encore que cette droite rencontre en deux points réels* R, R′ *une surface du second ordre représentée par l'équation*

$$(24)\quad Ax^2+By^2+Cz^2+2Dyz+2Ezx+2Fxy+2Gx+2Hy+2Iz-K=0,$$

et nommons

$$\mathfrak{r},\quad \mathfrak{r}'$$

les deux distances

$$\mathrm{PR},\quad \mathrm{PR}'.$$

Enfin, soit ρ *la distance mesurée sur l'axe* OA, *entre l'origine et la surface représentée par l'équation*

$$(25)\qquad Ax^2+By^2+Cz^2+2Dyz+2Ezx+2Fxy=\pm 1.$$

On aura généralement

$$(26)\quad \left\{\begin{aligned} &Ax^2+By^2+Cz^2+2Dyz+2Ezx+2Fxy\\ &\qquad +2Gx+2Hy+2Iz-K=\pm\frac{\mathfrak{r}\mathfrak{r}'}{\rho^2}.\end{aligned}\right.$$

Corollaire I. — Les distances

$$\mathfrak{r},\quad \mathfrak{r}'$$

deviendront égales entre elles si les points R, R′ se réunissent en un seul, c'est-à-dire, en d'autres termes, si la ligne PR devient tangente à la surface du second ordre représentée par l'équation (24), ou bien encore si le point P est le milieu de la corde RR'. Dans l'un et l'autre cas, la formule

$$\imath' = \imath$$

réduira l'équation (26) à la suivante :

$$(27)\quad \left\{ \begin{aligned} & Ax^2 + By^2 + Cz^2 + 2Dyz + 2Ezx + 2Fxy \\ & \qquad + 2Gx + 2Hy + 2Iz - K = \pm \frac{\imath^2}{\rho^2}. \end{aligned} \right.$$

Corollaire II. — Si l'équation (24) représente un ellipsoïde ou un hyperboloïde, l'équation (26) représentera encore un ellipsoïde ou un hyperboloïde semblable au premier, les axes principaux de l'un étant parallèles aux axes principaux de l'autre. Donc alors, si l'axe OA vient à changer de direction, la distance ρ variera proportionnellement au rayon ou demi-diamètre qui dans l'ellipsoïde ou l'hyperboloïde serait parallèle à ce même axe. Cela posé, la formule (18) entraînera évidemment la proposition dont voici l'énoncé : *Si, par un même point* P, *on mène plusieurs droites dont chacune rencontre en deux points réels la surface d'un ellipsoïde ou d'un hyperboloïde, si d'ailleurs on multiplie l'une par l'autre les distances mesurées sur chaque droite entre le point* P *et les deux points dont il s'agit, les produits ainsi obtenus seront proportionnels aux rayons menés par le centre de la surface, parallèlement à ces mêmes droites. Ajoutons que, si l'une des droites se réduit ou à une tangente ou à une corde dont le point* P *soit le milieu, les deux distances mesurées sur cette droite deviendront égales, en sorte que leur produit se réduira simplement au carré de chacune d'elles.*

Corollaire III. — Si l'équation (24) représente la surface d'une sphère, la proposition énoncée dans le corollaire précédent se réduira évidemment à une proposition déjà connue, suivant laquelle le produit des deux parties d'une corde qui renferme un point donné P est constamment égal au carré du rayon du cercle qui a ce point pour centre, ou le produit d'une sécante et de sa partie extérieure constamment égal au carré d'une tangente qui part du même point. Observons d'ailleurs que, si l'on représente par r le rayon de la sphère dont il s'agit, et par a, b, c les coordonnées du centre, l'équation (24) pourra être réduite à

$$(28) \qquad (x-a)^2+(y-b)^2+(z-c)^2-r^2=0.$$

Or, dans ce cas, l'équation (25), réduite à

$$(29) \qquad x^2+y^2+z^2=1,$$

représentera évidemment une nouvelle sphère dont le rayon sera l'unité. On aura donc, dans les formules (26), (27),

$$\rho=1;$$

en sorte que la formule (27) donnera

$$(30) \qquad (x-a)^2+(y-b)^2+(z-c)^2-r^2=\pm\iota^2.$$

Donc alors, *le premier membre de l'équation* (28) *représentera, ou le carré de la tangente menée à la sphère par le point* P *dont les coordonnées sont* x, y, z, *ou le carré du rayon du cercle tracé sur la sphère et qui a pour centre le point* P. Au reste, on peut arriver directement à la même conclusion en observant que cette tangente ou ce rayon est un des côtés d'un triangle rectangle dans lequel l'autre côté et l'hypoténuse sont représentés par deux longueurs dont chacune se réduit, soit à un rayon de la sphère, soit à la distance qui sépare du centre de la sphère le point (x, y, z).

211.

Analyse mathématique. — *Mémoire sur la synthèse algébrique* (suite).

C. R., T. XVI, p. 967 (8 mai 1843).

§ II. — *Solution des problèmes de Géométrie plane.*

Avant de rechercher quels avantages peut offrir l'application de l'Analyse, et particulièrement de la synthèse algébrique, à la solution des problèmes de Géométrie plane, il ne sera pas inutile de rappeler la marche que l'on doit suivre généralement pour arriver, sans le secours du calcul, à résoudre ces sortes de problèmes.

Dans tout problème de Géométrie plane, il s'agit de tracer sur un plan, d'après des conditions données, une ou plusieurs lignes droites ou courbes, un ou plusieurs angles, un ou plusieurs points. Le problème pourra être résolu à l'aide de la règle ou du compas si le système entier des lignes à tracer et des lignes de construction se réduit à un système de droites et de circonférences de cercle.

D'autre part, une droite est complètement déterminée quand on connaît deux points de cette droite; une circonférence de cercle est complètement déterminée quand on connaît le centre et un point de la circonférence, ou trois points de cette circonférence; enfin un angle est complètement déterminé quand on connaît les deux côtés de cet angle, ou, ce qui revient au même, le sommet de l'angle et deux points situés sur les deux côtés. Donc le tracé d'un système de droites, de cercles, d'angles et de points, et, par suite, la solution d'un problème de Géométrie, quand ce problème sera résoluble à l'aide de la règle et du compas, pourra être réduit à la détermination d'un certain nombre de points inconnus. Nous appellerons *problème simple* celui qui se réduit à la détermination d'un seul point inconnu; *problème composé* celui qui exige la détermination de plusieurs points. Pour un problème composé, la nature de la solution peut varier, non seulement avec le nombre et la nature des points que l'on se propose de déterminer, mais encore avec l'ordre dans lequel on les détermine; et l'on conçoit dès lors comment il arrive qu'un même problème de Géométrie peut admettre différentes solutions plus ou moins élégantes. Mais, comme les divers points inconnus doivent être nécessairement déterminés l'un après l'autre, il est clair que, pour résoudre un problème composé, il suffira toujours de résoudre successivement plusieurs problèmes simples.

Il nous reste à dire comment un problème simple peut être résolu.

Dans tout problème simple, le point inconnu est généralement déterminé par deux conditions, dont chacune se trouve exprimée par une équation, quand on traduit en Analyse l'énoncé de ce problème. En vertu d'une seule des conditions dont il s'agit, le point inconnu ne serait pas complètement déterminé : il se trouverait seulement assujetti à coïncider avec l'un des points situés sur une certaine ligne droite ou courbe correspondante à cette condition, et représentée par l'équation qui l'exprime. Mais, si l'on a égard aux deux conditions réunies, le point inconnu, devant être situé en même temps sur les deux lignes correspondantes aux deux conditions, ne pourra être que l'un des points communs à ces deux lignes. Donc, si les deux lignes ne se rencontrent pas, le problème de Géométrie proposé sera insoluble. Il admettra une solution unique si les deux lignes se rencontrent en un seul point; il admettra plusieurs solutions distinctes si les deux lignes se rencontrent en plusieurs points. Ainsi un problème simple, mais déterminé, peut être considéré comme résultant de la combinaison de deux autres problèmes simples, mais indéterminés, dont chacun consiste à trouver un point qui remplisse une seule condition, ou plutôt le lieu géométrique de tous les points qui, en nombre infini, remplissent la condition donnée. Si cette condition se réduit à ce que le point inconnu se trouve sur une certaine ligne, le lieu géométrique cherché sera évidemment cette ligne elle-même. Ajoutons que très souvent le lieu géométrique correspondant à une condition donnée comprendra le système de plusieurs lignes droites ou courbes. Ainsi, en particulier, si le point inconnu doit se trouver à une distance donnée d'une droite donnée, le lieu géométrique cherché sera le système de deux parallèles menées à cette droite et séparées d'elle par la distance dont il s'agit.

Remarquons encore qu'un problème simple déterminé ou indéterminé sera résoluble par la règle et le compas, si chacun des lieux géométriques qui servent à le résoudre se réduit au système de plusieurs droites et circonférences de cercle.

Pour éclaircir ce qui vient d'être dit, nous allons indiquer ici les solutions de quelques problèmes simples et indéterminés.

Problème I. — *Trouver un point qui soit situé sur une droite donnée.*

Solution. — Le lieu géométrique qui résout ce problème est la droite elle-même.

Problème II. — *Trouver un point qui soit situe sur une circonférence de cercle donnée.*

Solution. — Le lieu géométrique qui résout ce problème est la circonférence elle-même.

Problème III. — *Trouver un point qui soit à une distance donnée d'un point donné.*

Solution. — Le lieu géométrique qui résout ce problème est la circonférence de cercle décrite du point donné comme centre avec un rayon équivalent à la distance donnée.

Problème IV. — *Trouver un point qui soit situé à une distance donnée d'une droite donnée.*

Solution. — Le lieu géométrique qui résout ce problème est le système de deux droites menées parallèlement à la droite donnée, et séparées d'elle par la distance donnée.

Problème V. — *Trouver un point qui soit à une distance donnée d'une circonférence de cercle donnee.*

Solution. — Le lieu géométrique qui résout ce problème est le système de deux circonférences de cercle qui, étant concentriques à la première, offrent pour rayons respectifs le rayon de la première augmenté ou diminué de la distance donnée.

Problème VI. — *Trouver un point qui soit situé à égale distance de deux points donnés.*

Solution. — Le lieu géométrique qui résout ce problème est la perpendiculaire élevée sur le milieu de la droite qui joint les deux points donnés.

Problème VII. — *Trouver un point qui soit situé à égale distance de deux droites parallèles données.*

Solution. — Le lieu géométrique qui résout ce problème est une troisième droite parallèle aux deux autres, et qui divise leur distance mutuelle en parties égales.

Problème VIII. — *Trouver un point qui soit à égale distance de deux droites qui se coupent.*

Solution. — Le lieu géométrique qui résout ce problème est le système de deux nouvelles droites qui divisent en parties égales les angles compris entre les deux droites données.

Problème IX. — *Trouver un point situé à égale distance des circonférences de deux cercles concentriques donnés.*

Solution. — Le lieu géométrique qui résout ce problème est une troisième circonférence de cercle, concentrique aux deux autres, et qui divise leur distance mutuelle en parties égales.

Problème X. — *Trouver un point duquel on voie une droite, donnée en longueur et en direction, sous un angle droit.*

Solution. — Le lieu géométrique qui résout ce problème est une circonférence de cercle qui a pour diamètre la droite donnée.

Problème XI. — *Trouver un point duquel on voie une droite, donnée en longueur et en direction, sous un angle aigu ou obtus.*

Solution. — Le lieu géométrique qui résout ce problème est le système de deux segments de cercle, construits sur cette droite comme corde, et capables de l'angle donné.

Problème XII. — *Trouver un point dont les distances à deux points donnés soient entre elles dans un rapport donné.*

Solution. — Le lieu géométrique qui résout ce problème est une circonférence de cercle, dont un diamètre a pour extrémités les deux points qui remplissent la condition prescrite, sur la droite menée par les deux points donnés.

Problème XIII. — *Trouver un point dont les distances à deux droites données soient entre elles dans un rapport donné.*

Solution. — Le lieu géométrique qui résout ce problème est le système de deux nouvelles droites qui divisent les angles compris entre les deux droites données en parties dont les sinus sont entre eux dans le rapport donné.

Problème XIV. — *Trouver un point dont les distances à deux points donnés fournissent des carrés dont la différence soit un carré donné.*

Solution. — Le lieu géométrique qui résout ce problème est la perpendiculaire élevée, sur la droite qui joint les deux points donnés, par le point de cette droite qui remplit la condition donnée.

Problème XV. — *Trouver un point dont les distances à deux points donnés fournissent des carrés dont la somme soit un carré donné.*

Solution. — Le lieu géométrique qui résout ce problème est la circonférence de cercle dont un diamètre a pour extrémités les deux points qui remplissent la condition prescrite sur la droite menée par les deux points donnés.

Problème XVI. — *Trouver un point tel que l'oblique menée de ce point à une droite sous un angle donné ait une longueur donnée.*

Solution. — Le lieu géométrique qui résout ce problème est le système de deux nouvelles droites menées, parallèlement à la droite donnée, par les extrémités d'une sécante qui, ayant son milieu sur cette droite, la coupe sous l'angle donné, et qui offre d'ailleurs une longueur double de la longueur donnée.

Problème XVII. — *Trouver un point tel que la sécante menée de ce point à une circonférence de cercle, parallèlement à une droite donnée, ait une longueur donnée.*

Solution. — Le lieu géométrique qui résout ce problème est le système de deux nouvelles circonférences, dont les rayons sont égaux à celui de la circonférence donnée, et dont les centres sont les extrémités d'une droite qui, ayant pour milieu le centre de la circonférence donnée, est parallèle à la droite donnée, et présente une longueur double de la longueur donnée.

Problème XVIII. — *Étant donnés un point et une droite, trouver un second point qui soit le milieu d'une sécante menée d'un point à la droite.*

Solution. — Le lieu géométrique qui résout ce problème est une nouvelle droite menée parallèlement à la droite donnée, et qui divise en parties égales la distance du point donné à cette droite.

Problème XIX. — *Étant donnés un point et une circonférence de cercle, trouver un second point qui soit le milieu d'une sécante menée de ce point à la circonférence.*

Solution. — Le lieu géométrique qui résout ce problème est une nouvelle circonférence de cercle qui a pour rayon la moitié du rayon de la circonférence donnée, et pour centre le milieu de la distance du point donné au centre du cercle donné.

Problème XX. — *Trouver un point dont la distance à un point donné ait son milieu sur une droite donnée.*

Solution. — Le lieu géométrique qui résout ce problème est une nouvelle droite, menée parallèlement à la droite donnée, à une distance égale à celle qui sépare cette droite du point donné.

Problème XXI. — *Trouver un point dont la distance à un point donné ait son milieu sur la circonférence d'un cercle donné.*

Solution. — Le lieu géométrique qui résout ce problème est une nouvelle circonférence de cercle qui a pour rayon le double du rayon de la circonférence donnée et pour centre l'extrémité d'une droite dont la moitié est la distance du point donné au centre du cercle donné.

Problème XXII. — *Étant donnés deux points symétriquement placés de part et d'autre d'un certain axe, trouver un troisième point tel que la droite menée de ce troisième point au premier rencontre l'axe donné à égale distance du second point et du troisième.*

Solution. — Le lieu géométrique qui résout ce problème est une droite menée parallèlement à l'axe donné, à une distance égale à celle qui sépare cet axe du point donné.

Problème XXIII. — *Étant donnés un cercle et une corde, trouver un point tel que la droite menée de ce point à l'une des extrémités de la corde rencontre la circonférence du cercle à égale distance de ce point et de l'autre extrémité.*

Solution. — Le lieu géométrique qui résout ce problème est le système de deux nouvelles circonférences de cercles qui ont pour corde commune la corde donnée et pour centres les extrémités du diamètre perpendiculaire à cette corde dans le cercle donné.

Problème XXIV. — *Étant données deux droites perpendiculaires l'une à l'autre, trouver un point qui soit le milieu d'une sécante de longueur donnée, comprise entre ces deux droites.*

Solution. — Le lieu géométrique qui résout ce problème est une circonférence de cercle qui a pour centre le point commun aux deux droites et pour rayon la moitié de la longueur donnée.

Problème XXV. — *Trouver, dans un cercle donné, un point qui soit le milieu d'une corde de longueur donnée.*

Solution. — Le lieu géométrique qui résout ce problème est une circonférence de cercle qui a pour centre le centre même du cercle donné et pour rayon la distance de ce centre à l'une quelconque des cordes, tracées de manière à offrir la longueur donnée.

Problème XXVI. — *Trouver, hors d'un cercle donné, un point qui soit l'extrémité d'une tangente de longueur donnée.*

Solution. — Le lieu géométrique qui résout ce problème est une circonférence de cercle qui a pour centre le centre même du cercle donné et pour rayon la distance de ce centre à l'extrémité de l'une quelconque des tangentes tracées de manière à offrir la longueur donnée.

PROBLÈME XXVII. — *Trouver, hors d'un cercle donné, le point de concours de deux tangentes menées par les extrémités d'une corde qui renferme un point donné.*

Solution. — Le lieu géométrique qui résout ce problème est la polaire correspondante au point donné.

Les solutions que nous venons d'énoncer se déduisent aisément de divers théorèmes bien connus de Géométrie. Nous pourrions d'ailleurs indiquer encore un grand nombre de problèmes simples et indéterminés dont les solutions se réduiraient pareillement à des systèmes de lignes droites et de circonférences de cercles. Observons de plus que, étant données les solutions de n problèmes de cette espèce, dans chacun desquels le point inconnu est assujetti à une seule condition, on pourra en déduire immédiatement les solutions de $\frac{n(n+1)}{2}$ problèmes simples et déterminés, dans chacun desquels le point inconnu serait assujetti à deux conditions. En effet, pour obtenir un problème simple et déterminé, il suffira de combiner entre elles deux conditions correspondantes à deux problèmes simples et indéterminés, ou même deux conditions pareilles l'une à l'autre et correspondantes à un seul problème indéterminé. D'autre part, on sait que le nombre des combinaisons différentes que l'on peut former avec n quantités, combinées deux à deux de toutes les manières possibles, est

$$\frac{n(n-1)}{2}.$$

Or, en ajoutant à ce nombre celui des quantités elles-mêmes, on obtiendra la somme

$$\frac{n(n-1)}{2}+n=\frac{n(n+1)}{2}.$$

Cette somme croît très rapidement pour des valeurs constantes de n. Si l'on pose en particulier $n = 27$, on trouvera $\frac{n(n+1)}{2} = 378$. Ainsi les solutions des 27 problèmes indéterminés que nous avons énoncés plus haut fournissent déjà le moyen de résoudre 378 problèmes simples et déterminés.

Pour faire mieux saisir les principes que nous venons de rappeler, appliquons-les à la solution de quelques problèmes déterminés.

Supposons d'abord qu'il s'agisse de mener une tangente à un cercle par un point extérieur. La question pourra être réduite à la recherche du point inconnu où la tangente touchera le cercle. D'ailleurs les deux conditions auxquelles le point de contact devra satisfaire sont : 1° que ce point soit situé sur la circonférence du cercle; 2° que de ce point on voie sous un angle droit la distance qui sépare le point donné du centre du cercle. Donc la question à résoudre sera un problème déterminé résultant de la combinaison des problèmes indéterminés II et XI. Les solutions combinées des problèmes II et XI fourniront effectivement les deux solutions connues du problème proposé.

Supposons en second lieu qu'il s'agisse de circonscrire un cercle à un triangle donné. La question pourra être réduite à la recherche du centre du cercle. D'ailleurs les deux conditions auxquelles ce centre devra satisfaire seront d'être, non seulement à égale distance du premier et du second sommet du triangle donné, mais encore à égale distance du premier sommet et du troisième. Donc la question à résoudre sera un problème déterminé résultant de la combinaison de deux problèmes déterminés semblables l'un à l'autre et au problème VI. Effectivement, la solution du problème VI, deux fois répétée, fournira deux lieux géométriques réduits à deux droites qui se couperont en un seul point, et l'on obtiendra ainsi la solution connue du problème proposé.

Supposons encore qu'il s'agisse de tracer un cercle tangent aux trois côtés d'un triangle donné. La question pourra être réduite à la recherche du centre du cercle. D'ailleurs les deux conditions auxquelles ce centre devra satisfaire seront d'être, non seulement à égale distance du premier et du second côté du triangle donné, mais encore à égale distance du premier côté et du troisième. Donc la question à résoudre sera un problème déterminé résultant de la combinaison de deux problèmes indéterminés semblables l'un à l'autre et au problème VIII. Effectivement, la solution du problème VIII, deux fois répétée, fournira deux lieux géométriques qui, réduits chacun au système de deux droites, se couperont mutuellement en quatre points, et l'on obtiendra ainsi les quatre solutions connues du système proposé.

Supposons enfin qu'il s'agisse d'inscrire, entre une corde d'un cercle et sa circonférence, une droite égale et parallèle à une droite donnée. La question pourra être réduite à la recherche de l'un quelconque des deux points inconnus qui formeront les deux extrémités de cette droite, et par suite à un problème déterminé résultant de la combinaison de deux problèmes indéterminés, savoir, des problèmes I et XVII, ou des problèmes II et XVI. Effectivement, à l'aide de cette combinaison, on résoudra sans peine la question proposée, et l'une des extrémités de la droite cherchée se trouvera déterminée, ou par la rencontre de la circonférence de cercle donnée avec une nouvelle droite, ou par la rencontre de la corde donnée avec une nouvelle circonférence de cercle. On voit ici comment la solution obtenue peut se modifier quand on vient à intervertir l'ordre dans lequel se déterminent les points inconnus.

La construction du lieu géométrique qui correspond à un problème simple et indéterminé peut exiger elle-même la solution d'un ou de plusieurs problèmes déterminés. On doit observer à ce sujet que, dans le cas où le problème est résoluble par la règle et le compas, le lieu géométrique dont il s'agit doit se réduire à un système de droites et de cercles. Donc, puisque chaque droite ou chaque circonférence de cercle se trouve complètement déterminée quand on en connaît deux ou trois points, la construction du lieu géométrique correspondant à un problème simple et indéterminé pourra toujours se déduire de la construction d'un certain nombre de points propres à vérifier la condition que doit remplir, en vertu de l'énoncé du problème, le point inconnu.

Ainsi, en particulier, s'agit-il de résoudre le problème VI, c'est-à-dire de trouver un point qui soit situé à égale distance de deux points donnés, et par conséquent de construire le lieu géométrique qui renfermera tout point propre à remplir cette condition, on commencera par chercher un semblable point, par exemple celui dont la distance aux points donnés est une longueur donnée suffisamment grande. Or la solution de ce dernier problème se déduira immédiatement de la solution du problème III, deux fois répétée, et fournira même d'un seul coup deux points qui rempliront la condition proposée, par conséquent deux points qui suffiront pour déterminer le lieu géométrique demandé.

Ainsi encore, s'agit-il de résoudre le problème XV, c'est-à-dire de trouver un point dont les distances à deux points donnés fournissent des carrés dont la somme soit un carré donné, et, par conséquent, de construire le lieu géométrique qui renferme tout point propre à remplir cette condition, on pourra commencer par chercher un semblable point, par exemple celui qui sera situé à égale distance des deux points donnés, et, par conséquent, séparé de chacun d'eux par une distance équivalente à la moitié de la diagonale du carré donné. Or, la solution de ce dernier problème se déduira encore immédiatement de la solution du problème III, deux fois répétée, et fournira même d'un seul coup deux points qui rempliront la condition proposée. Il y a plus : ces deux points seront précisément les deux extrémités d'un diamètre du cercle dont la circonférence représentera le lieu géométrique demandé.

Dans le paragraphe qu'on vient de lire, nous nous sommes contenté de rappeler la marche que l'on doit généralement suivre quand on se propose de résoudre, sans le secours de l'Analyse, les problèmes de Géométrie plane. Il est bon d'entrer à ce sujet dans quelques détails, pour faire plus facilement comprendre ce qui nous reste à dire sur l'application de l'Analyse à la solution de ces mêmes problèmes.

Du reste, autant que j'en puis juger lorsque je consulte des souvenirs qui remontent déjà fort loin, ce que j'ai dit ici sur la résolution des problèmes de Géométrie n'est que le développement de quelques-uns des principes exposés par M. Dinet dans le cours si utile que cet habile professeur faisait au lycée Napoléon, il y a près de quarante années.

212.

ANALYSE MATHÉMATIQUE. — *Mémoire sur la synthèse algébrique* (suite).

C. R., T. XVI, p. 1039 (15 mai 1843).

§ III. — *Application de l'Analyse à la solution des problèmes de Géométrie plane.*

Comme nous l'avons remarqué dans le paragraphe précédent, lorsqu'un problème quelconque de Géométrie plane est résoluble par la règle et le compas, la solution de ce problème peut toujours être réduite à la détermination successive d'un certain nombre de points, par conséquent à la solution de plusieurs problèmes simples, dans chacun desquels il s'agit de déterminer un seul point inconnu. D'ailleurs, dans tout problème simple de cette espèce, le point inconnu est généralement déterminé par deux conditions, dont chacune se trouve exprimée par une équation quand on traduit en Analyse l'énoncé de ce problème. En vertu d'une seule de ces deux conditions, le point inconnu ne serait pas complètement déterminé : il se trouverait seulement assujetti à coïncider avec l'un des points situés sur une certaine ligne droite ou courbe correspondante à cette condition, et représentée par l'équation qui l'exprime. Mais, si l'on a égard aux deux conditions réunies, le point inconnu, devant être situé en même temps sur les deux lignes correspondantes aux deux conditions, ne pourra être que l'un des points communs à ces deux lignes. Ainsi un problème simple et déterminé peut toujours être considéré comme résultant de la combinaison de deux autres problèmes simples, mais indéterminés, dont chacun consiste à trouver un point qui remplisse une seule condition, ou plutôt le lieu géométrique de tous les points qui, en nombre infini, remplissent la condition donnée; et la solution des problèmes de Géométrie plane peut être généralement réduite à la recherche des lieux géométriques qui correspondent à certaines conditions. Dans le § II, nous avons passé en revue divers problèmes simples et indéterminés dont les solutions se déduisent assez facilement de théorèmes connus de Géométrie; mais il importe d'observer que l'on arriverait à ces mêmes conditions d'une manière plus directe, et sans aucun tâtonnement, si l'on commençait par traduire l'énoncé de chaque problème en Analyse. Ainsi, en particulier, s'agit-il de résoudre les problèmes VI, XII, XIV, XV du § II, c'est-à-dire de trouver, dans un plan donné, un point dont les distances r, $r_{,}$, à deux points donnés, soient égales entre elles, ou soient entre elles dans un rapport donné θ, ou fournissent des carrés r^2, $r_{,}^2$, dont la somme ou la différence soit un carré donné k^2, alors le lieu géométrique correspondant à la condition proposée se trouvera représenté par l'une des équations

(1) $$r = r_{,},$$

(2) $$r = \theta r_{,},$$

(3) $$r^2 + r_{,}^2 = k^2,$$

(4) $$r^2 - r_{,}^2 = k^2.$$

Si d'ailleurs on nomme x, y les coordonnées rectangulaires du point inconnu; a, b, $a_{,}$, $b_{,}$ celles des points donnés, on aura

(5) $$r^2 = (x-a)^2 + (y-b)^2, \qquad r_{,}^2 = (x-a_{,})^2 + (y-b_{,})^2;$$

et, par suite, pour transformer les deux membres de l'équation (1) ou (2) en fonctions entières de x, y, il suffira d'élever chacun d'eux au carré. En opérant ainsi, on obtiendra, au lieu de l'équation (1), la formule

$$r^2 = r_{,}^2$$

ou

(6) $$r^2 - r_{,}^2 = 0;$$

et, au lieu de l'équation (2), la formule

$$r^2 = \theta^2 r_{,}^2$$

ou

(7) $$r^2 - \theta^2 r_{,}^2 = 0.$$

Or il résulte immédiatement des formules (5) que les premiers membres des équations (4), (6) se réduiront à des fonctions linéaires de x, y, et les premiers membres des équations (3), (7) à des fonctions du second degré, dans lesquelles les carrés de x et de y se trouveront multipliés par le même coefficient. Donc les équations (4), (6) représenteront deux lignes droites, et les équations (3), (7) deux circonférences de cercle. Il y a plus : comme les valeurs de r^2 et de $r_{,}^2$, et, par suite, les premiers membres des équations (3), (4), (6), (7) cesseront de renfermer un terme proportionnel à l'ordonnée y, si les ordonnées b, $b_{,}$ des deux points donnés s'évanouissent, on peut affirmer que les lieux géométriques représentés par les équations (4) et (6), ou par les équations (3) et (7), seront, d'une part, des axes perpendiculaires à la droite qui joint les deux points donnés; d'autre part, des circonférences de cercle dont les centres seront situés sur cette même droite. Donc, pour résoudre les problèmes VI et XV, ou XII et XIV du § II, il suffira de joindre les deux points donnés par une droite, puis d'élever une perpendiculaire à cette droite par celui de ses points qui remplit la condition donnée, ou de tracer une circonférence de cercle dont un diamètre ait pour extrémités les deux points qui, sur la même droite, remplissent la condition prescrite. On se trouvera ainsi ramené aux solutions que nous avons données, dans le § II, des quatre problèmes ci-dessus rappelés. Ajoutons que, dans ces mêmes solutions, le point unique ou les deux points par lesquels doit passer le lieu géométrique cherché pourraient être censés coïncider, non plus avec un ou deux points de la droite qui joint les deux points donnés, mais avec l'un quelconque ou avec deux quelconques des points qui remplissent la condition énoncée.

Parmi les conditions auxquelles peut être assujetti un point (x, y) donné dans un plan, on doit remarquer celle qui exprime que les tangentes menées de ce point à deux cercles donnés sont égales entre elles. Soient r, $r_{\prime}$ les rayons de ces deux cercles, et a, b, $a_{\prime}$, $b_{\prime}$ les coordonnées de leurs centres. Les équations des deux cercles seront de la forme

$$R = 0, \qquad R_{\prime} = 0, \tag{8}$$

les valeurs de R, $R_{\prime}$ étant

$$\left\{ \begin{aligned} R &= (x - a)^2 + (y - b)^2 - r^2, \\ R_{\prime} &= (x - a_{\prime})^2 + (y - b_{\prime})^2 - r_{\prime}^2; \end{aligned} \right. \tag{9}$$

et, si le point (x, y) est extérieur aux deux cercles, R, $R_{\prime}$ seront précisément, en vertu de la remarque faite à la page 393, les carrés des tangentes menées du point (x, y) aux deux cercles donnés. Donc le lieu géométrique de tous les points qui rempliront la condition ci-dessus énoncée sera représenté par l'équation

$$R - R_{\prime} = 0, \tag{10}$$

ou, ce qui revient au même, par l'équation

$$R = R_{\prime}. \tag{11}$$

D'ailleurs, comme la différence $R_{\prime} - R$ sera une fonction linéaire de x, y, ce lieu géométrique se réduira toujours à une droite. Si les deux cercles se coupent, cette droite passera nécessairement par les deux points d'intersection et se confondra, en conséquence, avec la corde commune aux deux cercles. Alors, en vertu de l'équation (11) et de ce qui a été dit dans le § I, chaque point de la droite intérieur aux deux cercles sera le milieu de deux cordes égales inscrites dans l'un et l'autre cercle. Dans tous les cas, si par un point O de la droite on mène deux sécantes dont l'une rencontre le premier cercle, l'autre le second, le produit des deux distances mesurées sur la première sécante, entre le point O et la première circonférence, sera équivalent au produit des deux distances mesurées sur la deuxième sécante entre le point O et la seconde circonférence. Enfin la racine carrée de chaque produit sera en même temps la longueur de la tangente ou de la plus petite corde menée à l'une des circonférences par le point O.

La droite dont nous venons de rappeler les propriétés est celle qui a été nommée par M. Poncelet la *sécante commune réelle ou idéale* de deux cercles donnés, et par M. Gaultier, de Tours, l'*axe radical* du système de ces deux cercles. Pour la tracer, il suffira de construire deux de ses points ou d'en construire un seul, et d'abaisser de ce point une perpendiculaire sur la droite qui joint les centres des deux cercles donnés.

Si, au lieu de deux cercles, on en considère trois dont les équations soient respectivement

$$R = 0, \qquad R_{\prime} = 0, \qquad R_{\prime\prime} = 0, \tag{12}$$

la valeur de $R_{\prime\prime}$ étant de la forme

$$R_{\prime\prime} = (x - a_{\prime\prime})^2 + (y - b_{\prime\prime})^2 - r_{\prime\prime}^2, \tag{13}$$

les trois axes radicaux relatifs à ces mêmes cercles combinés deux à deux se couperont évidemment en un seul point dont les coordonnées seront déterminées par la formule

$$R = R_{\prime} = R_{\prime\prime}. \tag{14}$$

Ce point unique est celui que M. Gaultier, de Tours, a nommé le *centre radical* du système des trois cercles donnés. Pour le déterminer, il suffit de couper les circonférences des trois cercles donnés par une quatrième circonférence de cercle; de trouver les cordes communes au nouveau cercle et aux trois premiers; puis d'abaisser des sommets du triangle formé par ces trois cordes des perpendiculaires sur les trois côtés du triangle formé avec les centres des cercles donnés. Le point de concours de ces perpendiculaires sera précisément le centre radical cherché. On pourrait aussi, après avoir coupé les circonférences des trois premiers cercles par deux circonférences nouvelles, se contenter de joindre par trois droites les sommets correspondants des deux triangles formés par les cordes d'intersection de chacune des nouvelles circonférences avec les trois circonférences données. Les trois droites, ainsi construites, aboutiraient encore au centre radical cherché.

Faisons voir maintenant comment l'Analyse, appliquée à des problèmes de Géométrie plane, peut conduire à des solutions simples et même élégantes, lorsque ces problèmes sont résolubles par la règle et le compas.

Supposons d'abord qu'il s'agisse de *mener par un point donné une tangente à un cercle donné*. Si, en prenant pour origine le centre du cercle, on nomme r son rayon, l'équation du cercle sera

$$x^2 + y^2 = r^2. \tag{15}$$

Si, de plus, on nomme x, y les coordonnées courantes de la tangente, l'équation de cette droite sera

$$x(\mathrm{x} - x) + y(\mathrm{y} - y) = 0, \tag{16}$$

x, y désignant alors les coordonnées du point de contact. Enfin, si l'on suppose que, dans l'équation (16), les coordonnées x, y deviennent précisément celles du point donné, les coordonnées x, y du point de contact se trouveront complètement déterminées par cette équation (16) jointe à la formule (15). Or, dans cette nouvelle hypothèse, l'équation (16) représentera évidemment, non plus une droite dont les coordonnées courantes seront x, y, mais une circonférence de cercle dont les coordonnées courantes seront x, y, et qui aura pour diamètre la droite menée de l'origine au point donné (x, y). Donc le point de contact sera le point où cette nouvelle circonférence rencontrera la circonférence donnée que représente la formule (15); et l'on se trouvera ainsi ramené à la solution connue du problème ci-dessus énoncé.

Supposons, en second lieu, qu'il s'agisse de *tracer, dans un plan donné, un cercle tangent à trois cercles donnés*. Nommons

r, $r_{,}$, $r_{,,}$ les rayons des trois cercles donnés;

a, b, $a_{,}$, $b_{,}$, $a_{,,}$, $b_{,,}$ les coordonnées de leurs centres C, $C_{,}$, $C_{,,}$;

ρ le rayon du cercle tangent aux trois cercles;

x, y les coordonnées du centre du dernier cercle;

x, y les coordonnées du point où ce nouveau cercle touchera le premier des trois cercles donnés.

Et concevons d'abord, pour fixer les idées, que, les trois cercles donnés étant extérieurs l'un à l'autre, le nouveau cercle doive toucher chacun d'eux extérieurement. Puisque la distance du point (x, y) au point (a, b) sera $r+\rho$, on aura

$$(17)\quad \begin{cases} (x-a)^2+(y-b)^2=(r+\rho)^2; & \text{on trouvera de même} \\ (x-a_{,})^2+(y-b_{,})^2=(r_{,}+\rho)^2, \\ (x-a_{,,})^2+(y-b_{,,})^2=(r_{,,}+\rho)^2, \end{cases}$$

et l'on pourra déduire immédiatement des équations (17) les valeurs des trois inconnues x, y, ρ. Ce n'est pas tout : puisque les trois points (a, b), (x, y) et (x, y) seront situés sur une même droite, le premier étant séparé du second par la distance r, et du troisième par la distance $r+\rho$, on aura

$$(18)\qquad \frac{\mathrm{x}-a}{x-a}=\frac{\mathrm{y}-b}{y-b}=\frac{r}{r+\rho},$$

et, à l'aide des deux équations que représente la formule (18), on pourra déduire les valeurs des deux inconnues x, y de celles des trois inconnues x, y, ρ. Mais, si l'on voulait construire géométriquement les valeurs des inconnues

$$x,\quad y,\quad \rho,\quad \mathrm{x},\quad \mathrm{y},$$

tirées par le calcul des équations (17) et (18), on obtiendrait une solution fort peu élégante du problème proposé. Or on peut éviter cet inconvénient en opérant de la manière suivante.

Chacune des équations (17) est du second degré par rapport aux trois inconnues x, y, ρ. Mais, comme les termes du second degré se réduisent, dans le premier membre de chacune d'elles, à la somme x^2+y^2, et, dans le second membre, au carré de ρ, il suffira évidemment de combiner ces trois équations entre elles par voie de soustraction pour obtenir deux équations distinctes du premier degré entre les trois inconnues x, y, ρ. Si, pour abréger, on nomme $\mathcal{R}, \mathcal{R}_{,}, \mathcal{R}_{,,}$ trois fonctions de ces inconnues déterminées par les trois formules

$$(19)\quad \begin{cases} \mathcal{R} = (x-a)^2+(y-b)^2-(r+\rho)^2, \\ \mathcal{R}_{,} = (x-a_{,})^2+(y-b_{,})^2-(r_{,}+\rho)^2, \\ \mathcal{R}_{,,} = (x-a_{,,})^2+(y-b_{,,})^2-(r_{,,}+\rho)^2, \end{cases}$$

les équations (17) deviendront

$$(20)\qquad \mathcal{R}=0, \qquad \mathcal{R}_{,}=0, \qquad \mathcal{R}_{,,}=0,$$

et celles que l'on en déduira, par voie de soustraction, savoir

$$(21)\qquad \mathcal{R}_{,}-\mathcal{R}=0, \qquad \mathcal{R}_{,,}-\mathcal{R}=0,$$

seront deux équations linéaires entre x, y et ρ. Or il suffira évidemment d'éliminer l'inconnue ρ entre ces deux équations linéaires pour obtenir, entre les seules coordonnées x, y, une troisième équation linéaire qui représentera une certaine droite OA, sur laquelle devra se trouver le centre du cercle cherché.

Ce n'est pas tout : il est aisé de s'assurer que, si l'on élimine les trois inconnues x, y, ρ entre les quatre équations représentées par les formules (18) et (21), on obtiendra une nouvelle équation linéaire entre les seules inconnues x, y. En effet, soient $K_{,}$ et $K_{,,}$ ce que deviennent les valeurs de $\mathcal{R}_{,}$, $\mathcal{R}_{,,}$ fournies par les équations (19), quand on y suppose à la fois

$$x=a, \qquad y=b, \qquad \rho=-r.$$

Comme cette même supposition réduit $\mathcal{R}$ à zéro, par conséquent

$$\mathcal{R}_{,}-\mathcal{R} \text{ à } K_{,}$$

et

$$\mathcal{R}_{,,}-\mathcal{R} \text{ à } K_{,,},$$

elle réduira chacun des rapports

$$\frac{\mathcal{R}_{,}-\mathcal{R}}{K_{,}},\quad \frac{\mathcal{R}_{,,}-\mathcal{R}}{K_{,,}}$$

à l'unité. Donc, pour vérifier l'équation linéaire

$$(22)\qquad \frac{\mathcal{R}_{,}-\mathcal{R}}{K_{,}}=\frac{\mathcal{R}_{,,}-\mathcal{R}}{K_{,,}},$$

qui se déduit immédiatement des formules (21), il suffira de poser

$$x-a=0,\qquad y-b=0,\qquad r+\rho=0.$$

Donc l'équation (22) sera de la forme

$$(23)\qquad \alpha(x-a)+6(y-b)+\gamma(\rho+r)=0,$$

α, 6, γ désignant des coefficients constants. Or, de l'équation (23) jointe à la formule (18), on tire

$$(24)\qquad \alpha(\mathrm{x}-a)+6(\mathrm{y}-b)+\gamma r=0.$$

Donc l'élimination des inconnues x, y, ρ entre les formules (18) et (21) fournira, entre les seules inconnues x, y, une nouvelle équation linéaire, par conséquent l'équation d'une nouvelle droite PB qui devra renfermer le point (x, y). Ce point, devant d'ailleurs être situé sur la circonférence du premier des cercles donnés, ne pourra être que l'un des points communs à cette circonférence et à la nouvelle droite dont il s'agit. D'autre part, le point (x, y) étant connu, il suffira de joindre ce point au centre du premier des cercles donnés pour obtenir une droite dont le prolongement coupera la droite OA au point cherché (x, y); et, de cette manière, on obtiendra facilement le centre du cercle tangent extérieurement aux trois cercles donnés. Ajoutons que, si le cercle cherché devait être touché, non plus extérieurement, mais intérieurement, par un ou plusieurs des cercles donnés, les éliminations ci-dessus indiquées fourniraient toujours les équations de deux droites, dont l'une OA renfermerait le point (x, y), l'autre PB le point (x, y). Seulement, avant d'effectuer ces éliminations, on devrait, dans les formules (17), (18), (19), c'est-à-dire dans les équations fournies par l'énoncé du problème, remplacer respectivement un ou plusieurs des trois binômes

$$r+\rho,\quad r_{,}+\rho,\quad r_{,,}+\rho$$

par un ou plusieurs des trois binômes correspondants

$$r-\rho,\quad r_{,}-\rho,\quad r_{,,}-\rho.$$

Enfin, sous cette condition, on peut évidemment étendre les conclusions auxquelles nous venons de parvenir au cas même où les trois cercles donnés ne seraient plus extérieurs l'un à l'autre, comme on l'avait primitivement supposé. Alors les valeurs de

$$\mathcal{R},\quad \mathcal{R}_{,},\quad \mathcal{R}_{,,},$$

ou les premiers membres des équations (20), se trouveront généralement déterminées, non plus par les équations (19), mais par les suivantes

$$(25)\qquad \begin{cases} \mathcal{R}\ = (x-a\ )^2+(y-b\ )^2-(r\ \pm\rho)^2, \\ \mathcal{R}_{,} = (x-a_{,})^2+(y-b_{,})^2-(r_{,}\pm\rho)^2, \\ \mathcal{R}_{,,} = (x-a_{,,})^2+(y-b_{,,})^2-(r_{,,}\pm\rho)^2, \end{cases}$$

et à la formule (18) on pourra substituer celle-ci

$$(26)\qquad \frac{\mathrm{x}-a}{x-a}=\frac{\mathrm{y}-b}{y-b}=\frac{r}{r\pm\rho},$$

le choix du signe qui doit affecter ρ étant réglé de la même manière dans la formule (26) et dans la première des équations (25).

Il est bon d'observer que les équations (21) peuvent être remplacées par la seule formule

$$(27)\qquad \mathcal{R}=\mathcal{R}_{,}=\mathcal{R}_{,,},$$

et que, en conséquence, les équations des deux droites OA, PB pourront toujours se déduire des formules (26), (27). D'ailleurs, si les cinq inconnues

$$x,\quad y,\quad \mathrm{x},\quad \mathrm{y},\quad \rho$$

sont uniquement assujetties aux quatre équations représentées par les deux formules (26) et (27), ces inconnues ne se trouveront pas complètement déterminées. Mais alors, pour chaque valeur donnée de ρ, on obtiendra des valeurs correspondantes de x, y et de x, y, qui représenteront les coordonnées de deux points A et B situés l'un sur la droite OA, l'autre sur la droite OB. Il y a plus : ces deux points seront faciles à construire pour chaque valeur de ρ, comme nous allons le faire voir.

Remarquons d'abord que, eu égard aux formules (25), les équations (20) représenteront, pour une valeur nulle de ρ, les circonférences des trois cercles donnés, et pour une valeur quelconque de ρ les circonférences de trois nouveaux cercles concentriques aux trois premiers, mais dont les rayons seront les valeurs numériques des trois sommes ou des trois différences qu'on obtiendra, en augmentant ou diminuant de la longueur ρ les trois rayons r, $r_{\prime}$, $r_{\prime\prime}$. Cela posé, si les trois nouveaux cercles se rencontrent deux à deux, les équations (21), dont chacune sera linéaire, représenteront nécessairement les cordes d'intersection du premier avec le second et avec le troisième; par conséquent les coordonnées x, y, déterminées en fonction de ρ, par la formule (27), seront celles du point d'intersection des trois cordes communes aux trois nouveaux cercles, combinés deux à deux. Dans tous les cas, le point (x, y) ne sera autre chose que le centre radical correspondant au système des trois cercles représentés par les équations (27), c'est-à-dire au système des trois cercles décrits des centres C, $C_{\prime}$, $C_{\prime\prime}$ avec les rayons représentés par les valeurs numériques des binômes

$$r \pm \rho, \quad r_{\prime} \pm \rho, \quad r_{\prime\prime} \pm \rho.$$

Après avoir construit, pour une valeur donnée de ρ, le point A dont les coordonnées x, y sont déterminées par les équations (21), ou, ce qui revient au même, par la formule (27), on pourra sans difficulté construire encore le point B dont les coordonnées x, y seront déterminées par la formule (26). Car, en vertu de cette dernière formule, si l'on joint par une droite le point dont les coordonnées sont a, b, c'est-à-dire le centre C du premier des cercles donnés, au point (x, y), il suffira, pour obtenir le nouveau point (x, y), de porter, à partir du point C, sur la même droite ou sur son prolongement, une longueur qui soit à celle de la droite dans le rapport de la distance r à la valeur numérique de la somme $r \pm \rho$, le prolongement de la droite devant être substitué à la droite elle-même lorsque $r \pm \rho$ se réduit à $r - \rho$, et $r - \rho$ à une quantité négative.

Une observation importante à faire, c'est qu'il existe deux valeurs particulières de ρ pour lesquelles la détermination du point B se simplifie notablement. Ces deux valeurs sont

$$\rho = 0, \qquad \rho = r.$$

Lorsqu'on adopte la première, la formule (26) donne

$$\mathrm{x} = x, \qquad \mathrm{y} = y, \tag{28}$$

et, par suite, le point (x, y) se confond avec le point (x, y). Donc le point d'intersection des axes radicaux, dont chacun sera commun à deux des cercles donnés, appartiendra simultanément aux deux droites OA, PB. Nous désignerons par O ce même point, avec lequel nous ferons coïncider le point P, en sorte que les deux droites OA et PB ou OB pourront être censées partir l'une et l'autre du point O.

Supposons maintenant $\rho = r$, et réduisons dans la formule (26) le double signe au signe $+$. Cette formule donnera

$$\frac{\mathrm{x} - a}{x - a} = \frac{\mathrm{y} - b}{y - b} = \frac{1}{2}. \tag{29}$$

Donc alors le point B ou (x, y) sera le milieu de la droite menée du point C au point A ou (x, y).

Remarquons encore que les équations des droites OA, OB, étant indépendantes de la valeur attribuée à ρ, ne seront point altérées si, dans les formules (25) et (26), on change ρ en $-\rho$. Par suite, les positions que pourra prendre chacune des droites OA, OB, en raison du double signe renfermé dans les trois binômes

$$r \pm \rho, \quad r_{,} \pm \rho, \quad r_{,,} \pm \rho$$

que contiennent les formules (25) et (26), seront, non pas au nombre de huit, comme d'abord on aurait pu le croire, mais au nombre de quatre seulement.

En résumant ce qui précède, et supposant, pour fixer les idées, que r désigne le plus petit des trois rayons r, $r_{,}$, $r_{,,}$, on obtient la solution suivante du problème, qui consiste à tracer dans un plan donné un cercle tangent à trois cercles donnés, décrits des centres C, $C_{,}$, $C_{,,}$ avec les rayons r, $r_{,}$, $r_{,,}$.

On déterminera d'abord le centre radical O *correspondant au système des cercles donnés, puis le centre radical* A *correspondant au système des trois cercles décrits des mêmes centres* C, $C_{,}$, $C_{,,}$ *avec les rayons*

$$2r, \quad r_{,} \pm r, \quad r_{,,} \pm r.$$

Enfin on joindra le point O *au milieu* B *de la droite* CA. *La droite* OB *ainsi tracée coupera le premier des cercles donnés en deux points* T, *dont chacun sera un point de contact de ce cercle avec un nouveau cercle tangent aux trois cercles donnés. Pour avoir le centre correspondant du nouveau cercle, il suffira de chercher le point où le rayon* CT *du premier cercle rencontrera la droite* OA.

On voit que la méthode qui nous a conduit à cette solution consiste, non pas à résoudre les équations qui représentent l'énoncé du problème traduit en analyse, mais à combiner ces équations entre elles, à l'aide d'une espèce de synthèse algébrique, de manière à obtenir des équations nouvelles et plus simples qui représentent des lignes dont la construction fournisse la solution cherchée.

Au reste, il est juste d'observer que plusieurs solutions élégantes, données par divers auteurs, du problème que nous venons de rappeler, particulièrement celles qui ont été publiées par MM. Hachette, Gaultier (de Tours), Gergonne, Poncelet, Steiner et Plücker, reposent, comme la précédente, sur la construction du centre radical O et des droites OA, OB. La principale différence entre ces solutions et celle que j'ai indiquée consiste dans la manière d'obtenir le point B. On doit remarquer surtout un Mémoire de M. Gergonne, lu à l'Académie de Turin, le 2 mai 1814, et publié par cette Académie. Dans ce Mémoire, qui jusqu'ici avait échappé à mes recherches, l'auteur se sert aussi, pour arriver à la solution du problème, d'une analyse avec laquelle la mienne s'accorde sur plusieurs points, tandis qu'elle en diffère sur quelques autres. Son Mémoire peut être considéré comme offrant une application de la synthèse algébrique à la Géométrie.

§ IV. — *Sur la solution des problèmes de Géométrie dans l'espace.*

Ce que nous avons dit dans les paragraphes précédents peut être facilement étendu au cas où il s'agit de résoudre un problème de Géométrie dans l'espace. Ainsi, par exemple, un tel problème, quand il sera résoluble par la règle et le compas, pourra toujours être réduit à la recherche d'un certain nombre de points, et par conséquent décomposé en problèmes simples dont chacun aura pour objet la recherche d'un seul point. De plus, un point inconnu devant être généralement déterminé à l'aide de trois conditions, chaque problème simple et déterminé se décomposera encore en trois problèmes simples, mais indéterminés, dont chacun donnera pour solution une surface plane ou courbe, propre à représenter le lieu géométrique de tous les points qui rempliront une seule des trois conditions données. Enfin la solution des problèmes simples et indéterminés s'effectuera aisément à l'aide de l'Analyse. On pourra même, par la synthèse algébrique, obtenir des solutions élégantes de problèmes déterminés, par exemple de celui qui consiste à *tracer une sphère tangente à quatre sphères données dont les centres sont* C, $C_{\prime}$, $C_{\prime\prime}$, $C_{\prime\prime\prime}$ *et les rayons* r, $r_{\prime}$, $r_{\prime\prime}$, $r_{\prime\prime\prime}$.

Si l'on applique en particulier à ce dernier problème une analyse semblable à celle que nous avons employée dans le second paragraphe, alors, en supposant, pour fixer les idées, que r soit le plus petit des quatre rayons, on obtiendra la solution suivante :

Déterminez le centre radical O *correspondant au système des quatre sphères, puis le centre radical* A *correspondant au système de quatre nouvelles sphères décrites des centres* C, $C_{\prime}$, $C_{\prime\prime}$, $C_{\prime\prime\prime}$ *avec les rayons*

$$2r,\quad r_{\prime}\pm r,\quad r_{\prime\prime}\pm r,\quad r_{\prime\prime\prime}\pm r.$$

Enfin joignez le point O *au milieu* B *de la droite* CA. *La droite* OB *ainsi tracée coupera la première des sphères données en deux points* T, *dont chacun sera un point de contact de cette sphère avec une sphère nouvelle tangente aux quatre sphères données. Pour avoir le centre correspondant de la nouvelle sphère, il suffira de chercher le point où le rayon* CT *de la première des sphères données rencontrera la droite* OA.

Observons, au reste, que déjà M. Gergonne avait déduit de l'Analyse une solution très élégante de ce problème dans le Mémoire de 1814 que nous avons précédemment rappelé.

213.

Physique mathématique. — *Mémoire sur les pressions ou tensions intérieures mesurées dans un double système de points matériels que sollicitent des forces d'attraction ou de répulsion mutuelle.*

C. R., T. XVI, p. 954 (8 mai 1843).

Dans un Mémoire (*voir* Extrait n° 201) que renferme le *Compte rendu* de la séance du 6 février dernier, j'ai développé les formules qui servent à déterminer les pressions ou tensions intérieures, dans un seul système de points matériels sollicités par des forces d'attraction ou de répulsion mutuelle, et j'ai ajouté qu'il était facile d'étendre ces formules au cas où l'on considère plusieurs semblables systèmes, superposés l'un à l'autre, c'est-à-dire, renfermés dans le même espace C'est ce que je vais faire voir, en considérant spécialement le cas où deux systèmes de points matériels se trouvent superposés l'un à l'autre.

§ I. — *Équilibre et mouvement de deux systèmes de points matériels, superposés l'un à l'autre. Pressions ou tensions mesurées dans ces deux systèmes.*

Considérons deux systèmes de molécules que nous supposerons réduites à des points matériels et sollicitées par des forces d'attraction ou de répulsion mutuelle. Soient, dans l'état d'équilibre,

x, y, z les coordonnées rectangulaires d'une molécule $\mathfrak{m}$ du premier système ou d'une molécule $\mathfrak{m}_{,}$ du second système;

$x+\mathrm{x}$, $y+\mathrm{y}$, $z+\mathrm{z}$ les coordonnées d'une autre molécule m du premier système, ou d'une autre molécule $m_{,}$ du second système;

r le rayon vecteur mené de la molécule $\mathfrak{m}$ ou $\mathfrak{m}_{,}$ à la molécule m ou $m_{,}$, et lié à x, y, z par l'équation

$$r^2 = \mathrm{x}^2 + \mathrm{y}^2 + \mathrm{z}^2. \tag{1}$$

Soient encore

$\mathfrak{m}mr f(r)$ l'action mutuelle des molécules $\mathfrak{m}$, m;

$\mathfrak{m}_{,}m_{,}r f_{,}(r)$ l'action mutuelle des molécules $\mathfrak{m}_{,}$, $m_{,}$;

$\mathfrak{m}m_{,}r \mathfrak{f}(r)$ l'action exercée sur la molécule $\mathfrak{m}$ par la molécule $m_{,}$;

$\mathfrak{m}_{,}mr \mathfrak{f}_{,}(r)$ l'action exercée sur la molécule $\mathfrak{m}_{,}$ par la molécule m; chacune des fonctions $f(r)$, $f_{,}(r)$, $\mathfrak{f}(r)$, $\mathfrak{f}_{,}(r)$ étant positive lorsque les molécules s'attirent, négative lorsqu'elles se repoussent;

$\mathfrak{d}$ la densité du premier système au point (x, y, z);

$\mathfrak{d}_{,}$ la densité du second système au même point;

$\mathfrak{m}\mathcal{X}$, $\mathfrak{m}\mathcal{Y}$, $\mathfrak{m}\mathcal{Z}$ les projections algébriques de la résultante des actions exercées sur la molécule $\mathfrak{m}$ par les autres molécules;

$\mathfrak{m}_{,}\mathcal{X}_{,}$, $\mathfrak{m}_{,}\mathcal{Y}_{,}$, $\mathfrak{m}_{,}\mathcal{Z}_{,}$ les projections algébriques de la résultante des actions exercées sur la molécule $\mathfrak{m}_{,}$.

Enfin, soient

$$\begin{matrix} \mathcal{A}, & \mathcal{F}, & \mathcal{E}, \\ \mathcal{F}, & \mathcal{B}, & \mathcal{D}, \\ \mathcal{E}, & \mathcal{D}, & \mathcal{C} \end{matrix}$$

les projections algébriques des pressions ou tensions supportées au point (x, y, z), du côté des coordonnées positives, par trois plans perpendiculaires aux axes des x, des y et des z.

Les équations d'équilibre de la molécule $\mathfrak{m}$ seront

$$(2)\qquad \mathcal{X} = 0, \qquad \mathcal{Y} = 0, \qquad \mathcal{Z} = 0,$$

les valeurs de $\mathcal{X}$, $\mathcal{Y}$, $\mathcal{Z}$ étant

$$(3)\qquad \mathcal{X} = \mathrm{S}[m\,\mathrm{x}\,f(r)] + \mathrm{S}[m_{\prime}\,\mathrm{x}\,\mathfrak{f}(r)],$$

$$\ldots\ldots\ldots\ldots\ldots\ldots\ldots\ldots,$$

et la somme qu'indique la lettre S s'étendant aux diverses molécules, distinctes de $\mathfrak{m}$, qui se trouvent comprises dans la sphère d'activité sensible de $\mathfrak{m}$. Pareillement les équations d'équilibre de la molécule $\mathfrak{m}_{\prime}$ seront

$$(4)\qquad \mathcal{X}_{\prime} = 0, \qquad \mathcal{Y}_{\prime} = 0, \qquad \mathcal{Z}_{\prime} = 0,$$

les valeurs de $\mathcal{X}_{\prime}$, $\mathcal{Y}_{\prime}$, $\mathcal{Z}_{\prime}$ étant

$$(5)\qquad \mathcal{X}_{\prime} = \mathrm{S}[m_{\prime}\,\mathrm{x}\,f_{\prime}(r)] + \mathrm{S}[m\,\mathrm{x}\,\mathfrak{f}_{\prime}(r)],$$

$$\ldots\ldots\ldots\ldots\ldots\ldots\ldots\ldots$$

De plus, si chaque système de molécules est homogène, c'est-à-dire si les diverses molécules, offrant des masses égales, se trouvent distribuées à très peu près de la même manière autour de l'une quelconque d'entre elles, on aura sensiblement

$$(6)\qquad \left\{\begin{aligned} \mathcal{A} &= \frac{\mathfrak{d}}{2}\,\mathrm{S}[m\,\mathrm{x}^2 f(r)] + \frac{\mathfrak{d}}{2}\,\mathrm{S}[m_{\prime}\,\mathrm{x}^2\,\mathfrak{f}(r)] \\ &\quad + \frac{\mathfrak{d}_{\prime}}{2}\,\mathrm{S}[m_{\prime}\,\mathrm{x}^2 f_{\prime}(r)] + \frac{\mathfrak{d}_{\prime}}{2}\,\mathrm{S}[m\,\mathrm{x}^2\,\mathfrak{f}_{\prime}(r)],\end{aligned}\right.$$

$$\ldots\ldots\ldots\ldots\ldots\ldots\ldots\ldots,$$

$$(7)\qquad \left\{\begin{aligned} \mathcal{D} &= \frac{\mathfrak{d}}{2}\,\mathrm{S}[m\,\mathrm{yz}\,f(r)] + \frac{\mathfrak{d}}{2}\,\mathrm{S}[m_{\prime}\,\mathrm{yz}\,\mathfrak{f}(r)] \\ &\quad + \frac{\mathfrak{d}_{\prime}}{2}\,\mathrm{S}[m_{\prime}\,\mathrm{yz}\,f_{\prime}(r)] + \frac{\mathfrak{d}_{\prime}}{2}\,\mathrm{S}[m\,\mathrm{yz}\,\mathfrak{f}_{\prime}(r)],\end{aligned}\right.$$

$$\ldots\ldots\ldots\ldots\ldots\ldots\ldots\ldots$$

Supposons maintenant que le double système de molécules vienne à se mouvoir, et soient, au bout du temps t,

ξ, η, ζ les déplacements de la molécule $\mathfrak{m}$ mesurés parallèlement aux axes des x, des y et des z;

$\xi_{,}$, $\eta_{,}$, $\zeta_{,}$ les déplacements semblables de la molécule $\mathfrak{m}_{,}$;

$\xi+\Delta\xi$, $\eta+\Delta\eta$, $\zeta+\Delta\zeta$ les déplacements correspondants de la molécule m;

$\xi_{,}+\Delta\xi_{,}$, $\eta_{,}+\Delta\eta_{,}$, $\zeta_{,}+\Delta\zeta_{,}$ les déplacements correspondants de la molécule $m_{,}$;

υ la dilatation du volume, mesurée dans le premier système autour de la molécule $\mathfrak{m}$;

$\upsilon_{,}$ la dilatation du volume, mesurée dans le second système autour de la molécule $\mathfrak{m}_{,}$;

$\mathcal{X}+\mathfrak{X}$, $\mathcal{Y}+\mathfrak{Y}$, $\mathcal{Z}+\mathfrak{Z}$ ce que deviennent dans l'état de mouvement les forces accélératrices $\mathcal{X}$, $\mathcal{Y}$, $\mathcal{Z}$;

$\mathcal{X}_{,}+\mathfrak{X}_{,}$, $\mathcal{Y}_{,}+\mathfrak{Y}_{,}$, $\mathcal{Z}_{,}+\mathfrak{Z}_{,}$ ce que deviennent les forces accélératrices $\mathcal{X}_{,}$, $\mathcal{Y}_{,}$, $\mathcal{Z}_{,}$;

$\mathcal{A}+\mathfrak{A}$, $\mathcal{B}+\mathfrak{B}$, $\mathcal{C}+\mathfrak{C}$, $\mathcal{D}+\mathfrak{D}$, $\mathcal{E}+\mathfrak{E}$, $\mathcal{F}+\mathfrak{F}$ ce que deviennent les pressions $\mathcal{A}$, $\mathcal{B}$, $\mathcal{C}$, $\mathcal{D}$, $\mathcal{E}$, $\mathcal{F}$.

Enfin, concevons que, dans l'état de mouvement,

la distance r des molécules $\mathfrak{m}$,	m	devienne	$r+\rho$,
la distance r des molécules $\mathfrak{m}$,	$m_{,}$	»	$r+\varsigma$,
la distance r des molécules $\mathfrak{m}_{,}$,	$m_{,}$	»	$r+\rho_{,}$,
la distance r des molécules $\mathfrak{m}_{,}$,	m	»	$r+\varsigma_{,}$.

Les équations du mouvement de la molécule $\mathfrak{m}$ seront, eu égard aux formules (2),

(8) $$D_t^2\xi=\mathfrak{X},\qquad D_t^2\eta=\mathfrak{Y},\qquad D_t^2\zeta=\mathfrak{Z},$$

tandis que les équations du mouvement de la molécule $\mathfrak{m}_{,}$ seront, eu égard aux formules (4),

(9) $$D_t^2\xi_{,}=\mathfrak{X}_{,},\qquad D_t^2\eta_{,}=\mathfrak{Y}_{,},\qquad D_t^2\zeta_{,}=\mathfrak{Z}_{,};$$

et l'on aura, non seulement

$$(10)\quad \begin{cases} (r+\rho\,)^2 = (x+\Delta\xi\,)^2 + (y+\Delta\eta\,)^2 + (z+\Delta\zeta\,)^2, \\ (r+\rho_{,})^2 = (x+\Delta\xi_{,})^2 + (y+\Delta\eta_{,})^2 + (z+\Delta\zeta_{,})^2, \end{cases}$$

$$(11)\quad \begin{cases} (r+\varsigma\,)^2 = (x-\xi+\xi_{,}+\Delta\xi_{,})^2 + (y-\eta+\eta_{,}+\Delta\eta_{,})^2 + (z-\zeta+\zeta_{,}+\Delta\zeta_{,})^2, \\ (r+\varsigma_{,})^2 = (x-\xi_{,}+\xi+\Delta\xi\,)^2 + (y-\eta_{,}+\eta+\Delta\eta\,)^2 + (z-\zeta_{,}+\zeta+\Delta\zeta\,)^2, \end{cases}$$

mais encore

$$(12)\quad \mathcal{X}+\mathfrak{X} = \mathrm{S}[m\,(x+\Delta\xi\,)\,f(r+\rho\,)] + \mathrm{S}[m_{,}(x-\xi+\xi_{,}+\Delta\xi_{,})\,\mathfrak{f}(r+\varsigma\,)],$$

. . . . ,

$$(13)\quad \mathcal{X}_{,}+\mathfrak{X}_{,} = \mathrm{S}[m_{,}(x+\Delta\xi_{,})\,f_{,}(r+\rho_{,})] + \mathrm{S}[m_{,}(x-\xi_{,}+\xi+\Delta\xi\,)\,\mathfrak{f}_{,}(r+\varsigma_{,})],$$

. . . .

$$(14)\quad \begin{cases} \mathcal{A}+\mathfrak{A} = \dfrac{\frac{1}{2}\mathfrak{d}}{1+\upsilon}\,\mathrm{S}[m\,(x+\Delta\xi\,)^2 f(r+\rho\,)] + \dfrac{\frac{1}{2}\mathfrak{d}}{1+\upsilon}\,\mathrm{S}[m_{,}(x-\xi+\xi_{,}+\Delta\xi_{,})^2\,\mathfrak{f}(r+\varsigma\,)] \\ \qquad + \dfrac{\frac{1}{2}\mathfrak{d}_{,}}{1+\upsilon_{,}}\,\mathrm{S}[m_{,}(x+\Delta\xi_{,})^2 f_{,}(r+\rho_{,})] + \dfrac{\frac{1}{2}\mathfrak{d}_{,}}{1+\upsilon_{,}}\,\mathrm{S}[m\,(x-\xi_{,}+\xi+\Delta\xi\,)^2\,\mathfrak{f}_{,}(r+\varsigma_{,})], \\ \ldots\ldots\ldots\ldots\ldots\ldots\ldots\ldots\ldots\ldots\ldots\ldots\ldots\ldots, \end{cases}$$

$$(15)\quad \begin{cases} \mathcal{D}+\mathfrak{D} = \dfrac{\frac{1}{2}\mathfrak{d}}{1+\upsilon}\,\mathrm{S}[m\,(y+\Delta\eta)(z+\Delta\zeta)\,f(r+\rho)] \\ \qquad + \dfrac{\frac{1}{2}\mathfrak{d}}{1+\upsilon}\,\mathrm{S}[m_{,}(x-\xi+\xi_{,}+\Delta\xi_{,})(y-\eta+\eta_{,}+\Delta\eta_{,})\,\mathfrak{f}(r+\varsigma)] \\ \qquad + \dfrac{\frac{1}{2}\mathfrak{d}_{,}}{1+\upsilon_{,}}\,\mathrm{S}[m_{,}(y+\Delta\eta_{,})(z+\Delta\zeta_{,})\,f_{,}(r+\rho_{,})] \\ \qquad + \dfrac{\frac{1}{2}\mathfrak{d}_{,}}{1+\upsilon_{,}}\,\mathrm{S}[m\,(x-\xi_{,}+\xi+\Delta\xi)(y-\eta_{,}+\eta+\Delta\eta)\,\mathfrak{f}_{,}(r+\varsigma_{,})], \\ \ldots\ldots\ldots\ldots\ldots\ldots\ldots\ldots\ldots\ldots\ldots\ldots \end{cases}$$

Si le mouvement que l'on considère est infiniment petit, les équations (10), (11), jointes à la formule (1), donneront

$$(16)\quad \rho = \frac{x\,\Delta\xi + y\,\Delta\eta + z\,\Delta\zeta}{r}, \qquad \rho_{,} = \frac{x\,\Delta\xi_{,} + y\,\Delta\eta_{,} + z\,\Delta\zeta_{,}}{r},$$

$$(17)\quad \begin{cases} \varsigma = \dfrac{x[(1+\Delta)\xi_{,}-\xi\,] + y[(1+\Delta)\eta_{,}-\eta\,] + z[(1+\Delta)\zeta_{,}-\zeta\,]}{r}, \\ \varsigma_{,} = \dfrac{x[(1+\Delta)\xi-\xi_{,}] + y[(1+\Delta)\eta-\eta_{,}] + z[(1+\Delta)\zeta-\zeta_{,}]}{r}, \end{cases}$$

et l'on aura, de plus,

$$(18)\qquad \begin{cases} \upsilon = D_x\xi + D_y\eta + D_z\zeta, \\ \upsilon_{,} = D_x\xi_{,} + D_y\eta_{,} + D_z\zeta_{,}. \end{cases}$$

Alors on tirera des formules (12), (13), (14), (15), jointes aux formules (3), (5), (6), (7),

$$(19)\qquad \begin{cases} \mathfrak{X} = S[m\,f(r)\Delta\xi] + S\{m_{,}\,\mathfrak{f}(r)[(1+\Delta)\xi_{,} - \xi]\} \\ \quad + S\left[m\frac{f'(r)}{r}\mathrm{x}\rho\right] + S\left[m_{,}\frac{\mathfrak{f}'(r)}{r}\mathrm{x}\varsigma\right], \\ \ldots\ldots\ldots\ldots\ldots\ldots, \end{cases}$$

$$(20)\qquad \begin{cases} \mathfrak{X}_{,} = S[m_{,}f_{,}(r)\Delta\xi_{,}] + S\{m\,\mathfrak{f}_{,}(r)[(1+\Delta)\xi - \xi_{,}]\} \\ \quad + S\left[m_{,}\frac{f'_{,}(r)}{r}\mathrm{x}\rho\right] + S\left[m\frac{\mathfrak{f}'_{,}(r)}{r}\mathrm{x}\varsigma_{,}\right], \\ \ldots\ldots\ldots\ldots\ldots\ldots; \end{cases}$$

$$(21)\qquad \begin{cases} \mathfrak{A} = \frac{\mathfrak{d}}{2}\{2S[m\,f(r)\mathrm{x}\Delta\xi] + S[m\,f'(r)\mathrm{x}^2\rho]\} \\ \quad + \frac{\mathfrak{d}}{2}\{2S[m_{,}\mathfrak{f}(r)\mathrm{x}(\xi_{,} + \Delta\xi_{,} - \xi)] + S[m_{,}\mathfrak{f}'(r)\mathrm{x}^2\varsigma]\} \\ \quad + \frac{\mathfrak{d}_{,}}{2}\{2S[m_{,}f_{,}(r)x\Delta\xi_{,}] + S[m_{,}f'_{,}(r)\mathrm{x}^2\rho_{,}]\} \\ \quad + \frac{\mathfrak{d}_{,}}{2}\{2S[m\,\mathfrak{f}_{,}(r)\mathrm{x}(\xi + \Delta\xi - \xi_{,})] + S[m\,\mathfrak{f}'_{,}(r)\mathrm{x}^2\varsigma_{,}]\} \\ \quad - \frac{\mathfrak{d}}{2}\upsilon S\{[m\,f(r) + m_{,}\mathfrak{f}(r)]\mathrm{x}^2\} - \frac{\mathfrak{d}_{,}}{2}\upsilon_{,}S\{[m_{,}f_{,}(r) + m\,\mathfrak{f}_{,}(r)]\mathrm{x}^2\}, \\ \ldots\ldots\ldots\ldots\ldots\ldots; \end{cases}$$

$$(22)\qquad \begin{cases} \mathfrak{D} = \frac{\mathfrak{d}}{2}\{S[m\,f(r)(\mathrm{z}\Delta\eta + \mathrm{y}\Delta\zeta)] + S[m\,f'(r)\mathrm{yz}\rho]\} \\ \quad + \frac{\mathfrak{d}}{2}\left(S\{m_{,}\mathfrak{f}(r)[\mathrm{z}(\eta_{,} + \Delta\eta_{,} - \eta) + \mathrm{y}(\zeta_{,} + \Delta\zeta_{,} - \zeta)]\} + S[m_{,}\mathfrak{f}'(r)\mathrm{yz}\varsigma]\right) \\ \quad + \frac{\mathfrak{d}_{,}}{2}\{S[m_{,}f'_{,}(r)(\mathrm{z}\Delta\eta_{,} + \mathrm{y}\Delta\zeta_{,})] + S[m\,f_{,}(r)\mathrm{yz}\rho_{,}]\} \\ \quad + \frac{\mathfrak{d}_{,}}{2}\left(S\{m\,\mathfrak{f}_{,}(r)[\mathrm{z}(\eta + \Delta\eta - \eta_{,}) + \mathrm{y}(\zeta + \Delta\zeta - \zeta_{,})]\} + S[m\,\mathfrak{f}'_{,}(r)\mathrm{yz}\varsigma_{,}]\right) \\ \quad - \frac{\mathfrak{d}}{2}\upsilon S\{[m\,f(r) + m_{,}\mathfrak{f}(r)]\mathrm{yz}\} - \frac{\mathfrak{d}_{,}}{2}\upsilon_{,}S\{[m_{,}f_{,}(r) + m\,\mathfrak{f}_{,}(r)]\mathrm{yz}\}, \\ \ldots\ldots\ldots\ldots\ldots\ldots \end{cases}$$

Dans les calculs qui précèdent, nous avons, pour plus de généralité, distingué l'une de l'autre les deux forces accélératrices $r\mathfrak{f}(r)$, $r\mathfrak{f}_{,}(r)$ qui correspondent à l'action d'une molécule du second milieu sur une molécule du premier, et d'une molécule du premier sur une molécule du second. Lorsqu'on suppose la réaction égale à l'action, non seulement entre les molécules de même nature, mais aussi entre les molécules de natures diverses, on a

$$\mathfrak{f}_{,}(r) = \mathfrak{f}(r).$$

Observons encore que, dans les différentes formules ci-dessus établies, la lettre caractéristique Δ indique l'accroissement que prend une fonction des variables indépendantes

$$x, \quad y, \quad z$$

quand on attribue à ces variables les accroissements

$$\Delta x = \mathrm{x}, \qquad \Delta y = \mathrm{y}, \qquad \Delta z = \mathrm{z}.$$

Cela posé, en désignant par 8 une fonction quelconque de x, y, z, on aura

$$\Delta 8 = (e^{\mathrm{x}\,\mathrm{D}_x + \mathrm{y}\,\mathrm{D}_y + \mathrm{z}\,\mathrm{D}_z} - 1)8. \tag{23}$$

Si, les systèmes de molécules donnés étant homogènes, le mouvement infiniment petit, propagé dans ces systèmes, se réduit à un mouvement simple dont le symbole caractéristique soit

$$e^{ux + vy + wz + st},$$

u, v, w désignant des coefficients réels, alors, en prenant pour 8 une fonction linéaire quelconque des déplacements ξ, η, ζ, $\xi_{,}$, $\eta_{,}$, $\zeta_{,}$ et de leurs dérivées, on trouvera

$$\Delta 8 = (e^{\mathrm{x}u + \mathrm{y}v + \mathrm{z}w} - 1)8; \tag{24}$$

et, en posant, pour abréger,

$$\iota = \mathrm{x}u + \mathrm{y}v + \mathrm{z}w, \tag{25}$$

on aura

$$\Delta 8 = (e^{\iota} - 1)8, \tag{26}$$

par conséquent

$$\Delta = e^{\iota} - 1. \tag{27}$$

Cela posé, les formules (16), (17), (18) donneront

$$\rho = \frac{\mathrm{x}\xi + \mathrm{y}\eta + \mathrm{z}\zeta}{r}(e^{\iota} - 1), \qquad \rho_{,} = \frac{\mathrm{x}\xi_{,} + \mathrm{y}\eta_{,} + \mathrm{z}\zeta_{,}}{r}(e^{\iota} - 1); \tag{28}$$

$$\left\{\begin{aligned} \varsigma &= \frac{(\mathrm{x}\xi_{,} + \mathrm{y}\eta_{,} + \mathrm{z}\zeta_{,})e^{\iota} - (\mathrm{x}\xi + \mathrm{y}\eta + \mathrm{z}\zeta)}{r}, \\ \varsigma_{,} &= \frac{(\mathrm{x}\xi + \mathrm{y}\eta + \mathrm{z}\zeta)e^{\iota} - (\mathrm{x}\xi_{,} + \mathrm{y}\eta_{,} + \mathrm{z}\zeta_{,})}{r}; \end{aligned}\right. \tag{29}$$

$$\upsilon = u\xi + v\eta + w\zeta, \qquad \upsilon_{,} = u\xi_{,} + v\eta_{,} + w\zeta_{,}; \tag{30}$$

et, comme on aura encore

$$\mathrm{x} = \mathrm{D}_u \iota, \qquad \mathrm{y} = \mathrm{D}_v \iota, \qquad \mathrm{z} = \mathrm{D}_w \iota,$$

on tirera des formules (19), (20), (21), (22), jointes aux équations (28), (29), (30),

$$\left\{\begin{aligned} \mathfrak{X} &= (\mathrm{G} - \mathrm{I})\xi + \mathrm{D}_u(\xi\mathrm{D}_u + \eta\mathrm{D}_v + \zeta\mathrm{D}_w)(\mathrm{H} - \mathrm{K}) \\ &\quad + \mathfrak{G}\xi_{,} + \mathrm{D}_u(\xi_{,}\mathrm{D}_u + \eta_{,}\mathrm{D}_v + \zeta_{,}\mathrm{D}_w)\mathfrak{H}, \\ &\ldots\ldots\ldots\ldots\ldots\ldots\ldots\ldots\ldots\ldots\ldots\ldots; \end{aligned}\right. \tag{31}$$

$$\left\{\begin{aligned} \mathfrak{X}_{,} &= (\mathrm{G}_{,} - \mathrm{I}_{,})\xi_{,} + \mathrm{D}_u(\xi_{,}\mathrm{D}_u + \eta_{,}\mathrm{D}_v + \zeta_{,}\mathrm{D}_w)(\mathrm{H}_{,} - \mathrm{K}_{,}) \\ &\quad + \mathfrak{G}_{,}\xi + \mathrm{D}_u(\xi\mathrm{D}_u + \eta\mathrm{D}_v + \zeta\mathrm{D}_w)\mathfrak{H}_{,}, \\ &\ldots\ldots\ldots\ldots\ldots\ldots\ldots\ldots\ldots\ldots\ldots\ldots; \end{aligned}\right. \tag{32}$$

$$\left\{\begin{aligned} \mathfrak{A} = {} & 2\xi\,\mathrm{D}_u \frac{\mathfrak{d}(\mathrm{G} - \mathfrak{I}) + \mathfrak{d}_{,}\mathfrak{G}_{,}}{2} + \mathrm{D}_u^2(\xi\,\mathrm{D}_u + \eta\,\mathrm{D}_v + \zeta\,\mathrm{D}_w)\frac{\mathfrak{d}(\mathrm{H} - \mathfrak{K}) + \mathfrak{d}_{,}\mathfrak{H}_{,}}{2} \\ & + 2\xi_{,}\mathrm{D}_u \frac{\mathfrak{d}_{,}(\mathrm{G}_{,} - \mathfrak{I}_{,}) + \mathfrak{d}\mathfrak{G}}{2} + \mathrm{D}_u^2(\xi_{,}\mathrm{D}_u + \eta_{,}\mathrm{D}_v + \zeta_{,}\mathrm{D}_w)\frac{\mathfrak{d}_{,}(\mathrm{H}_{,} - \mathfrak{K}_{,}) + \mathfrak{d}\mathfrak{H}}{2} \\ & - \frac{\mathfrak{d}}{2}\upsilon\,\mathrm{S}\{[m f(r) + m_{,}\mathfrak{f}(r)]\mathrm{x}^2\} - \frac{\mathfrak{d}_{,}}{2}\upsilon_{,}\mathrm{S}\{[m_{,}f_{,}(r) + m\,\mathfrak{f}_{,}(r)]\mathrm{x}^2\}, \\ & \ldots\ldots\ldots\ldots\ldots\ldots\ldots\ldots\ldots\ldots\ldots\ldots\ldots\ldots; \end{aligned}\right. \tag{33}$$

$$\left\{\begin{aligned} \mathfrak{D} = {} & (\eta\,\mathrm{D}_w + \zeta\,\mathrm{D}_v)\frac{\mathfrak{d}(\mathrm{G} - \mathfrak{I}) + \mathfrak{d}_{,}\mathfrak{G}_{,}}{2} + \mathrm{D}_v\mathrm{D}_w(\xi\mathrm{D}_u + \eta\mathrm{D}_v + \zeta\mathrm{D}_w)\frac{\mathfrak{d}(\mathrm{H} - \mathfrak{K}) + \mathfrak{d}_{,}\mathfrak{H}_{,}}{2} \\ & + (\eta_{,}\mathrm{D}_w + \zeta_{,}\mathrm{D}_v)\frac{\mathfrak{d}_{,}(\mathrm{G}_{,} - \mathfrak{I}_{,}) + \mathfrak{d}\mathfrak{G}}{2} + \mathrm{D}_v\mathrm{D}_w(\xi_{,}\mathrm{D}_u + \eta_{,}\mathrm{D}_v + \zeta_{,}\mathrm{D}_w)\frac{\mathfrak{d}_{,}(\mathrm{H}_{,} - \mathfrak{K}_{,}) + \mathfrak{d}\mathfrak{H}}{2} \\ & - \frac{\mathfrak{d}}{2}\upsilon\,\mathrm{S}\{[m f(r) + m_{,}\mathfrak{f}(r)]\mathrm{yz}\} - \frac{\mathfrak{d}_{,}}{2}\upsilon_{,}\mathrm{S}\{[m_{,}f_{,}(r) + m\,\mathfrak{f}_{,}(r)]\mathrm{yz}\}, \\ & \ldots\ldots\ldots\ldots\ldots\ldots\ldots\ldots\ldots\ldots\ldots\ldots\ldots\ldots, \end{aligned}\right. \tag{34}$$

les valeurs des quantités

$$\mathrm{G},\quad \mathrm{H},\quad \mathfrak{G},\quad \mathfrak{H},\quad \mathrm{I},\quad \mathrm{K},\quad \mathfrak{I},\quad \mathfrak{K},$$
$$\mathrm{G}_{,},\quad \mathrm{H}_{,},\quad \mathfrak{G}_{,},\quad \mathfrak{H}_{,},\quad \mathrm{I}_{,},\quad \mathrm{K}_{,},\quad \mathfrak{I}_{,},\quad \mathfrak{K}_{,}$$

étant

$$(35)\quad \begin{cases} \mathrm{G} = \mathrm{S}[m\,f(r)e^{\iota}], & \mathrm{H} = \mathrm{S}\left[m\,\dfrac{f'(r)}{r}\,e^{\iota}\right], \\ \mathfrak{G} = \mathrm{S}[m_{,}\,\mathfrak{f}(r)e^{\iota}], & \mathfrak{H} = \mathrm{S}\left[m_{,}\,\dfrac{\mathfrak{f}'(r)}{r}\,e^{\iota}\right]; \end{cases}$$

$$(36)\quad \begin{cases} \mathrm{I} = \mathrm{S}\,[m\,f(r) + m_{,}\,\mathfrak{f}(r)], & \mathrm{K} = \mathrm{S}\left[\dfrac{m\,f'(r) + m_{,}\,\mathfrak{f}'_{,}(r)}{r}\,\dfrac{\iota^2}{2}\right], \\ \mathfrak{I} = \mathrm{S}\{[m\,f(r) + m_{,}\,\mathfrak{f}(r)]\,\iota\}, & \mathfrak{K} = \mathrm{S}\left[\dfrac{m\,f'(r) + m_{,}\,\mathfrak{f}'_{,}(r)}{r}\,\dfrac{\iota^3}{2.3}\right]; \end{cases}$$

$$(37)\quad \begin{cases} \mathrm{G}_{,} = \mathrm{S}[m_{,}\,f_{,}(r)e^{\iota}], & \mathrm{H}_{,} = \mathrm{S}\left[m_{,}\,\dfrac{f'_{,}(r)}{r}\,e^{\iota}\right], \\ \mathfrak{G}_{,} = \mathrm{S}[m\,\mathfrak{f}_{,}(r)e^{\iota}], & \mathfrak{H}_{,} = \mathrm{S}\left[m\,\dfrac{\mathfrak{f}'_{,}(r)}{r}\,e^{\iota}\right]; \end{cases}$$

$$(38)\quad \begin{cases} \mathrm{I}_{,} = \mathrm{S}[m_{,}f_{,}(r) + m\,\mathfrak{f}_{,}(r)], & \mathrm{K}_{,} = \mathrm{S}\left[\dfrac{m_{,}\,f'_{,}(r) + m\,\mathfrak{f}'_{,}(r)}{r}\,\dfrac{\iota^2}{2}\right], \\ \mathfrak{I}_{,} = \mathrm{S}[m\,f(r) + m_{,}\,\mathfrak{f}(r)\,\iota], & \mathfrak{K}_{,} = \mathrm{S}\left[\dfrac{m_{,}\,f'_{,}(r) + m\,\mathfrak{f}'_{,}(r)}{r}\,\dfrac{\iota^2}{2.3}\right]. \end{cases}$$

En comparant la formule (23) à la formule (24), on obtient immédiatement la conclusion suivante :

Pour obtenir les valeurs générales des forces accélératrices

$$\mathfrak{X},\quad \mathfrak{Y},\quad \mathfrak{Z},\quad \mathfrak{X}_{,},\quad \mathfrak{Y}_{,},\quad \mathfrak{Z}_{,}$$

qui correspondent à un mouvement infiniment petit quelconque de deux systèmes homogènes de points matériels, il suffit de calculer les valeurs particulières de ces quantités qui correspondent au mouvement simple dont le symbole caractéristique est

$$e^{ux+vy+wz+st},$$

u, v, w *désignant des quantités réelles; puis de remplacer, dans ces valeurs particulières, les coefficients*

$$u,\quad v,\quad w$$

par les lettres caractéristiques

$$D_x,\quad D_y,\quad D_z,$$

qui devront s'appliquer aux déplacements

$$\xi,\quad \eta,\quad \zeta,\quad \xi_{,},\quad \eta_{,},\quad \zeta_{,}$$

considérés comme fonctions de x, y, z.

Dans le cas particulier où le mouvement du double système de points matériels se réduit, en réalité, à un mouvement simple dont le symbole caractéristique est

$$e^{ux+vy+wz+st},$$

alors, pour obtenir les équations symboliques et finies du mouvement simple, il suffit de remplacer, dans les formules (31), (32), les déplacements effectifs

$$\xi,\quad \eta,\quad \zeta,\quad \xi_{,},\quad \eta_{,},\quad \zeta_{,}$$

par les déplacements symboliques

$$\bar{\xi},\quad \bar{\eta},\quad \bar{\zeta},\quad \bar{\xi}_{,},\quad \bar{\eta}_{,},\quad \bar{\zeta}_{,},$$

et les forces accélératrices

$$\mathfrak{X},\quad \mathfrak{Y},\quad \mathfrak{Z},\quad \mathfrak{X}_{,},\quad \mathfrak{Y}_{,},\quad \mathfrak{Z}_{,}$$

par les produits

$$s^2\bar{\xi},\quad s^2\bar{\eta},\quad s^2\bar{\zeta},\quad s^2\bar{\xi}_{,},\quad s^2\bar{\eta}_{,},\quad s^2\bar{\zeta}_{,}.$$

Donc les équations symboliques et finies d'un mouvement simple seront

$$(39)\quad \left\{\begin{aligned} s^2\bar{\xi} &= (G - I)\bar{\xi} + D_u(\bar{\xi}\, D_u + \bar{\eta}\, D_v + \bar{\zeta}\, D_w)(H - K) \\ &\quad + \mathcal{G}\,\bar{\xi}_{,} + D_u(\bar{\xi}_{,} D_u + \bar{\eta}_{,} D_v + \bar{\zeta}_{,} D_w)\mathfrak{H}, \\ &\ldots\ldots\ldots\ldots\ldots\ldots\ldots\ldots, \end{aligned}\right.$$

$$(40)\quad \left\{\begin{aligned} s^2\bar{\xi}_{,} &= (G_{,} - I_{,})\bar{\xi}_{,} + D_u(\bar{\xi}_{,} D_u + \bar{\eta}_{,} D_v + \bar{\zeta}_{,} D_w)(H_{,} - K_{,}) \\ &\quad + \mathcal{G}_{,}\,\bar{\xi} + D_u(\bar{\xi}\, D_u + \bar{\eta}\, D_v + \bar{\zeta}\, D_w)\mathfrak{H}_{,}, \\ &\ldots\ldots\ldots\ldots\ldots\ldots\ldots\ldots; \end{aligned}\right.$$

chacun des coefficients

$$u, \quad v, \quad w, \quad s$$

pouvant d'ailleurs être ou réel ou imaginaire. Ajoutons qu'il suffira d'éliminer les déplacements symboliques

$$\bar{\xi}, \quad \bar{\eta}, \quad \bar{\zeta}, \quad \bar{\xi}_{,}, \quad \bar{\eta}_{,}, \quad \bar{\zeta}_{,}$$

entre les équations (39), (40) pour obtenir celle qui déterminera la valeur du coefficient s^2 en fonction des coefficients u, v, w.

§ II. — *Réduction des formules, dans le cas où les systèmes donnés deviennent isotropes.*

Si les systèmes donnés deviennent isotropes, alors les fonctions de u, v, w, désignées, dans les formules (31), (32), ... du § I, par les lettres

$$\mathbf{G}, \quad \mathbf{H}, \quad \mathcal{G}, \quad \mathfrak{H}, \quad \mathbf{I}, \quad \mathbf{K}; \quad \mathbf{G}_{,}, \quad \mathbf{H}_{,}, \quad \mathcal{G}_{,}, \quad \mathfrak{H}_{,}, \quad \mathbf{I}_{,}, \quad \mathbf{K}_{,},$$

se réduiront à des fonctions de

$$k^2 = u^2 + v^2 + w^2. \tag{1}$$

En même temps les fonctions

$$\mathfrak{I}, \quad \mathcal{K}, \quad \mathfrak{I}_{,}, \quad \mathcal{K}_{,}$$

s'évanouiront. Cela posé, les formules (31), (32), (33), (34) du § I donneront

$$\left\{\begin{array}{l} \mathfrak{X} = \mathbf{M}\,\xi + \mathcal{M}\,\xi_{,} + u(\mathbf{N}\,\upsilon + \mathcal{N}\,\upsilon_{,}), \\ \ldots\ldots\ldots\ldots\ldots\ldots\ldots\ldots\ldots, \end{array}\right. \tag{2}$$

$$\left\{\begin{array}{l} \mathfrak{X}_{,} = \mathbf{M}_{,}\xi_{,} + \mathcal{M}_{,}\xi + u(\mathbf{N}_{,}\upsilon_{,} + \mathcal{N}_{,}\upsilon), \\ \ldots\ldots\ldots\ldots\ldots\ldots\ldots\ldots\ldots, \end{array}\right. \tag{3}$$

$$\left\{\begin{array}{l} \mathfrak{A} = 2u\xi\frac{1}{k}\mathbf{D}_k\frac{\mathfrak{d}\mathbf{M} + \mathfrak{d}_{,}\mathcal{M}_{,}}{2} + 2u_{,}\xi_{,}\frac{1}{k}\mathbf{D}_k\frac{\mathfrak{d}_{,}\mathbf{M}_{,} + \mathfrak{d}\mathcal{M}}{2} \\ \qquad + \upsilon\left(1 + \frac{u^2}{k}\mathbf{D}_k\right)\frac{\mathfrak{d}\mathbf{N} + \mathfrak{d}_{,}\mathcal{N}_{,}}{2} + \upsilon_{,}\left(1 + \frac{u^2}{k}\mathbf{D}_k\right)\frac{\mathfrak{d}_{,}\mathbf{N}_{,} + \mathfrak{d}\mathcal{N}}{2} \\ \qquad - \frac{\mathfrak{d}}{2}\upsilon\,\mathbf{S}\{[m\,f(r) + m_{,}\,\mathfrak{f}(r)]\mathrm{x}^2\} - \frac{\mathfrak{d}_{,}}{2}\upsilon_{,}\,\mathbf{S}\{[m_{,}\,f_{,}(r) + m\,\mathfrak{f}_{,}(r)]\mathrm{x}^2\}, \\ \ldots\ldots\ldots\ldots\ldots\ldots\ldots\ldots\ldots\ldots\ldots\ldots\ldots, \end{array}\right. \tag{4}$$

$$(5)\quad \left\{\begin{aligned} \mathfrak{D} = {} & (\eta w + \zeta v)\frac{1}{k}\mathrm{D}_k\frac{\mathfrak{d}\mathrm{M} + \mathfrak{d}_{,}\mathcal{M}_{,}}{2} + (\eta_{,} w + \zeta_{,} v)\frac{1}{k}\mathrm{D}_k\frac{\mathfrak{d}_{,}\mathrm{M}_{,} + \mathfrak{d}\mathcal{M}}{2} \\ & + \upsilon\frac{vu}{k}\,\frac{\mathfrak{d}\mathrm{N} + \mathfrak{d}_{,}\mathcal{N}_{,}}{2} + \upsilon_{,}\frac{vw}{k}\,\frac{\mathfrak{d}_{,}\mathrm{N}_{,} + \mathfrak{d}\mathcal{N}}{2} \\ & - \frac{\mathfrak{d}}{2}\upsilon\,\mathrm{S}\{[m\,f(r) + m_{,}\,\mathfrak{f}(r)]\mathrm{yz}\} - \frac{\mathfrak{d}_{,}}{2}\upsilon_{,}\,\mathrm{S}\{[m_{,}\,f_{,}(r) + m\,\mathfrak{f}_{,}(r)]\mathrm{yz}\}, \\ & \ldots\ldots\ldots\ldots\ldots\ldots\ldots\ldots\ldots\ldots\ldots\ldots\ldots\ldots, \end{aligned}\right.$$

les valeurs de

$$\mathrm{M},\quad \mathrm{N},\quad \mathcal{M},\quad \mathcal{N}$$

étant déterminées par les formules

$$(6)\quad \left\{\begin{aligned} \mathrm{M} &= \mathrm{G} - \mathrm{I} + \frac{1}{k}\mathrm{D}_k(\mathrm{H} - \mathrm{K}), \\ \mathrm{N} &= \frac{1}{k}\mathrm{D}_k\left[\frac{1}{k}\mathrm{D}_k(\mathrm{H} - \mathrm{K})\right], \end{aligned}\right.$$

$$(7)\quad \left\{\begin{aligned} \mathcal{M} &= \mathcal{G} + \frac{1}{k}\mathrm{D}_k\mathcal{H}, \\ \mathcal{N} &= \frac{1}{k}\mathrm{D}_k\left(\frac{1}{k}\mathrm{D}_k\mathcal{H}\right), \end{aligned}\right.$$

et

$$\mathrm{M}_{,},\quad \mathrm{N}_{,},\quad \mathcal{M}_{,},\quad \mathcal{N}_{,}$$

étant ce que deviennent

$$\mathrm{M},\quad \mathrm{N},\quad \mathcal{M},\quad \mathcal{N}$$

quand on échange entre eux les deux systèmes de points matériels. Ajoutons que, dans les formules (2), (3), (4), (5), on aura

$$(8)\qquad \upsilon = u\xi + v\eta + w\zeta$$

et

$$(9)\qquad \upsilon_{,} = u\xi_{,} + v\eta_{,} + w\zeta_{,}.$$

Si d'ailleurs on pose

$$(10)\qquad \bar{\upsilon} = u\bar{\xi} + v\bar{\eta} + w\bar{\zeta}$$

et

$$(11)\qquad \upsilon_{,} = u\bar{\xi}_{,} + v\bar{\eta}_{,} + w\bar{\zeta}_{,},$$

les formules (39), (40) du § I donneront

$$(12)\quad \begin{cases} s^2\overline{\xi} = \mathrm{M}\overline{\xi} + \mathfrak{M}\overline{\xi}_{,} + u(\mathrm{N}\overline{\upsilon} + \mathfrak{N}\overline{\upsilon}_{,}), \\ \dots\dots\dots\dots\dots\dots\dots\dots\dots\dots, \end{cases}$$

$$(13)\quad \begin{cases} s^2\overline{\xi}_{,} = \mathrm{M}_{,}\overline{\xi}_{,} + \mathfrak{M}_{,}\overline{\xi} + u(\mathrm{N}_{,}\overline{\upsilon}_{,} + \mathfrak{N}_{,}\overline{\upsilon}), \\ \dots\dots\dots\dots\dots\dots\dots\dots\dots\dots \end{cases}$$

Enfin, si l'on a égard aux formules rappelées dans le § II du Mémoire du 6 février, on tirera des équations (6), (7), jointes à celles qui dans le § I déterminent les valeurs de G, H, $\mathcal{G}$, $\mathcal{H}$, I, K,

$$(14)\quad \begin{cases} \mathrm{M} = \mathrm{S}\left\{\dfrac{m}{r^2}\mathrm{D}_r\left[\left(\dfrac{1}{k^2}\mathrm{D}_r\dfrac{e^{kr}-e^{-kr}}{2kr} - \dfrac{r}{3}\right)r^2 f(r)\right]\right\} - \dfrac{1}{3}\mathrm{S}\left\{\dfrac{m_{,}}{r^2}\mathrm{D}_r[r^3\,\mathfrak{f}(r)]\right\}, \\ \mathrm{N} = \dfrac{1}{k^4}\mathrm{S}\left[mr^2 f'(r)\,\mathrm{D}_r\left(\dfrac{1}{r}\mathrm{D}_r\dfrac{e^{kr}-e^{-kr}}{2kr}\right)\right], \end{cases}$$

$$(15)\quad \begin{cases} \mathfrak{M} = \mathrm{S}\left\{\dfrac{m_{,}}{r^2}\mathrm{D}_r\left[\dfrac{r^2\,\mathfrak{f}(r)}{k^2}\mathrm{D}_r\dfrac{e^{kr}-e^{-kr}}{2kr}\right]\right\}, \\ \mathfrak{N} = \dfrac{1}{k^4}\mathrm{S}\left[m_{,}r^2\,\mathfrak{f}'(r)\,\mathrm{D}_r\left(\dfrac{1}{r}\mathrm{D}_r\dfrac{e^{kr}-e^{-kr}}{2kr}\right)\right]. \end{cases}$$

On peut observer que, dans la valeur de $\mathfrak{M}$, développée suivant les puissances ascendantes de k, le terme indépendant de k sera l'expression qu'on obtient lorsque, dans cette valeur, on remplace le rapport

$$\frac{e^{kr}-e^{-kr}}{2} \quad \text{par} \quad \frac{1}{2}k^2r^2.$$

Ce terme sera donc

$$\mathrm{S}\left\{\frac{m}{r^2}\mathrm{D}_r\left[\frac{r^2\,\mathfrak{f}(r)}{k^2}\mathrm{D}_r\frac{k^2r^2}{2}\right]\right\}$$

ou, plus simplement,

$$\mathrm{S}\left\{\frac{m}{r^2}\mathrm{D}_r[r^3\,\mathfrak{f}(r)]\right\}.$$

Donc ce terme s'évanouira si le produit $r^3\,\mathfrak{f}(r)$ se réduit à une constante, ou, ce qui revient au même, si la force accélératrice

$$r\,\mathfrak{f}(r)$$

est réciproquement proportionnelle au carré de r.

Ajoutons que, dans ce cas, la valeur de M, développée suivant les puissances ascendantes de k, cessera elle-même de renfermer un terme constant.

Ces observations entraînent évidemment la proposition suivante :

Les équations différentielles des mouvements infiniment petits d'un double système isotrope de molécules ne renfermeront pas les inconnues hors des signes de différentiation, si les forces accélératrices qui proviennent de l'action mutuelle des deux systèmes sont réciproquement proportionnelles au carré de la distance.

On tire des équations (10) et (11), jointes aux formules (12) et (13),

$$(16)\qquad \begin{cases} (s^2 - \mathbf{M} - \mathbf{N}k^2)\bar{\upsilon} - (\mathfrak{M}_{,} + \mathfrak{N}_{,}k^2)\bar{\upsilon}_{,} = 0, \\ (s^2 - \mathbf{M}_{,} - \mathbf{N}_{,}k^2)\bar{\upsilon}_{,} - (\mathfrak{M} + \mathfrak{N}k^2)\bar{\upsilon} = 0; \end{cases}$$

puis on en conclut

$$(17)\qquad (s^2 - \mathbf{M} - \mathbf{N}k^2)(s^2 - \mathbf{M}_{,} - \mathbf{N}_{,}k^2) - (\mathfrak{M} + \mathfrak{N}k^2)(\mathfrak{M}_{,} + \mathfrak{N}_{,}k^2) = 0$$

ou

$$(18)\qquad \bar{\upsilon} = 0, \qquad \bar{\upsilon}_{,} = 0,$$

et alors, les formules (12), (13) étant réduites à

$$(19)\qquad \begin{cases} s^2\bar{\xi} = \mathbf{M}\,\bar{\xi} + \mathfrak{M}\,\bar{\xi}_{,}, \\ \ldots\ldots\ldots\ldots\ldots, \end{cases}$$

$$(20)\qquad \begin{cases} s^2\bar{\xi}_{,} = \mathbf{M}_{,}\bar{\xi}_{,} + \mathfrak{M}_{,}\bar{\xi}, \\ \ldots\ldots\ldots\ldots\ldots, \end{cases}$$

on en conclut

$$(21)\qquad (s^2 - \mathbf{M})(s^2 - \mathbf{M}_{,}) - \mathfrak{M}\mathfrak{M}_{,} = 0.$$

Les formules (17), (21) sont les équations qui, pour un double système isotrope, déterminent s^2 en fonction de u, v, w. Les équations (16), (17), (21) sont précisément celles que fournissent, pour un mouvement simple, les formules (19), (25) et (28) des pages 129 et 130 du Ier Volume des *Exercices d'Analyse et de Physique mathématique* (1).

(1) *OEuvres de Cauchy*, S. II, T. XI.

Les formules (2), (3), (14), (15), (17) et (21) coïncident avec quelques-unes de celles que renferme une Lettre écrite de Christiania par M. Broch. On devait naturellement s'attendre à cette coïncidence, puisque l'auteur de la Lettre annonce lui-même qu'il a pris pour point de départ l'analyse développée dans plusieurs de mes Mémoires.

214.

Physique mathématique. — *Addition au Mémoire sur les pressions ou tensions intérieures, mesurées dans un double système de points matériels.*

C. R., T. XVI, p. 1035 (15 mai 1843).

Considérons de nouveau deux systèmes de molécules que nous supposerons réduites à des points matériels et sollicitées par des forces d'attraction ou de répulsion mutuelle.

Soient

$\mathfrak{m}$, m deux molécules du premier système;
$\mathfrak{m}_{,}$, $m_{,}$ deux molécules du second système.

Soient de plus, dans l'état d'équilibre,

x, y, z les coordonnées rectangulaires de la molécule $\mathfrak{m}$ ou $\mathfrak{m}_{,}$;
$x + \mathrm{x}, y + \mathrm{y}, z + \mathrm{z}$ les coordonnées de la molécule m ou $m_{,}$;
r la distance de la molécule $\mathfrak{m}$ ou $\mathfrak{m}_{,}$ à la molécule m ou $m_{,}$;
$\mathfrak{m}mr f(r)$ l'action mutuelle des molécules $\mathfrak{m}$, m;
$\mathfrak{m}_{,}m_{,}r f_{,}(r)$ l'action mutuelle des molécules $\mathfrak{m}_{,}$, $m_{,}$;
$\mathfrak{m}m_{,}r \mathfrak{f}(r)$ l'action exercée sur la molécule $\mathfrak{m}$ par la molécule $m_{,}$;
$\mathfrak{m}_{,}mr \mathfrak{f}_{,}(r)$ l'action exercée sur la molécule $\mathfrak{m}_{,}$ par la molécule m;
chacune des fonctions $f(r)$, $f_{,}(r)$, $\mathfrak{f}(r)$, $\mathfrak{f}_{,}(r)$ étant positive lorsque les molécules s'attirent, négative lorsqu'elles se repoussent;
$\mathfrak{d}$ la densité du premier système au point (x, y, z);
$\mathfrak{d}_{,}$ la densité du second système au même point,

et nommons

$$\begin{matrix} \mathcal{A}, & \mathcal{F}, & \mathcal{E}, \\ \mathcal{F}, & \mathcal{B}, & \mathcal{D}, \\ \mathcal{E}, & \mathcal{D}, & \mathcal{C} \end{matrix}$$

les projections algébriques des pressions ou tensions supportées au point (x, y, z), du côté des coordonnées positives, par trois plans perpendiculaires aux axes des x, y, z. Supposons d'ailleurs que, le double système de molécules venant à se mouvoir, on nomme, au bout du temps t,

ξ, η, ζ les déplacements de la molécule $\mathfrak{m}$ mesurés parallèlement aux axes des x, des y et des z;

$\xi_{,}, \eta_{,}, \zeta_{,}$ les déplacements semblables de la molécule $\mathfrak{m}_{,}$;

υ la dilatation du volume, mesurée dans le premier système autour de la molécule $\mathfrak{m}$;

$\upsilon_{,}$ la dilatation du volume, mesurée dans le second système autour de la molécule $\mathfrak{m}_{,}$,

et soient

$\mathcal{A} + \mathfrak{A}$, $\mathcal{B} + \mathfrak{B}$, $\mathcal{C} + \mathfrak{C}$, $\mathcal{D} + \mathfrak{D}$, $\mathcal{E} + \mathfrak{E}$, $\mathcal{F} + \mathfrak{F}$ ce que deviennent à la même époque les pressions $\mathcal{A}$, $\mathcal{B}$, $\mathcal{C}$, $\mathcal{D}$, $\mathcal{E}$, $\mathcal{F}$.

Enfin, concevons que, dans l'état de mouvement,

la distance	des molécules $\mathfrak{m}$, m	reçoive l'accroissement	ρ,
celle	des molécules $\mathfrak{m}$, $m_{,}$	»	ς,
celle	des molécules $\mathfrak{m}_{,}$, $m_{,}$	»	$\rho_{,}$,
celle	des molécules $\mathfrak{m}_{,}$, m	»	$\varsigma_{,}$.

Si le mouvement propagé dans le double système de molécules, étant infiniment petit, se réduit à un mouvement simple dont le symbole caractéristique soit

$$e^{ux+vy+wz+st},$$

alors, en posant, pour abréger,

$$\iota = \mathrm{x}u + \mathrm{y}v + \mathrm{z}w,$$

on aura, en vertu des formules établies à la page 430,

$$(1)\quad \left\{\begin{aligned} \mathfrak{A} = &+ 2\xi D_u \frac{\delta(G - \mathfrak{I}) + \delta_{,}\mathcal{G}_{,}}{2} + D_u^2(\xi D_u + \eta D_v + \zeta D_w)\frac{\delta(H - \mathcal{K}) + \delta_{,}\mathfrak{H}_{,}}{2} \\ &+ 2\xi_{,} D_u \frac{\delta_{,}(G_{,} - \mathfrak{I}_{,}) + \delta\mathcal{G}}{2} + D_u^2(\xi_{,} D_u + \eta_{,} D_v + \zeta_{,} D_w)\frac{\delta_{,}(H_{,} - \mathcal{K}_{,}) + \delta\mathfrak{H}}{2} \\ &- \frac{\delta}{2}\upsilon D_u^2 J - \frac{\delta_{,}}{2}\upsilon_{,} D_u^2 J_{,}, \\ &\ldots\ldots\ldots\ldots, \end{aligned}\right.$$

$$(2)\quad \left\{\begin{aligned} \mathfrak{D} = &+ (\eta D_w + \zeta D_v)\frac{\delta(G - \mathfrak{I}) + \delta_{,}\mathcal{G}_{,}}{2} + D_v D_w(\xi D_u + \eta D_v + \zeta D_w)\frac{\delta(H - \mathcal{K}) + \delta_{,}\mathfrak{H}_{,}}{2} \\ &+ (\eta_{,} D_w + \zeta_{,} D_v)\frac{\delta_{,}(G_{,} - \mathfrak{I}_{,}) + \delta\mathcal{G}}{2} + D_v D_w(\xi_{,} D_u + \eta_{,} D_v + \zeta_{,} D_w)\frac{\delta_{,}(H_{,} - \mathcal{K}_{,}) + \delta\mathfrak{H}}{2} \\ &- \frac{\delta}{2}\upsilon D_v D_w J - \frac{\delta_{,}}{2}\upsilon_{,} D_v D_w J_{,}, \\ &\ldots\ldots\ldots\ldots, \end{aligned}\right.$$

les valeurs de

$$G,\ H,\ \mathcal{G},\ \mathfrak{H},\ I,\ K,\ \mathfrak{I},\ \mathcal{K},\ J$$

étant

$$(3)\quad \left\{\begin{aligned} G &= S[m f(r) e^{\iota}], & H &= S\left[m \frac{f'(r)}{r} e^{\iota}\right], \\ \mathcal{G} &= S[m_{,} \mathfrak{f}(r) e^{\iota}], & \mathfrak{H} &= S\left[m_{,} \frac{\mathfrak{f}'(r)}{r} e^{\iota}\right], \end{aligned}\right.$$

$$(4)\quad \left\{\begin{aligned} I &= S[m f(r) + m_{,}\mathfrak{f}(r)], & K &= S\left[\frac{m f'(r) + m_{,}\mathfrak{f}'(r)}{r}\frac{\iota^2}{2}\right], \\ \mathfrak{I} &= S\{[m f(r) + m_{,}\mathfrak{f}(r)]\iota\}, & \mathcal{K} &= S\left[\frac{m f'(r) + m_{,}\mathfrak{f}'(r)}{r}\frac{\iota^3}{2.3}\right], \end{aligned}\right.$$

$$(5)\qquad J = S\left\{[m f(r) + m_{,}\mathfrak{f}(r)]\frac{\iota^2}{2}\right\},$$

et

$$G_{,},\ H_{,},\ \mathcal{G}_{,},\ \mathfrak{H}_{,},\ I_{,},\ K_{,},\ \mathfrak{I}_{,},\ \mathcal{K}_{,},\ J_{,}$$

étant ce que deviennent

$$G,\ H,\ \mathcal{G},\ \mathfrak{H},\ I,\ K,\ \mathfrak{I},\ \mathcal{K},\ J$$

quand on échange entre eux les deux systèmes de points matériels.

Ajoutons que, pour déduire des formules (1), (2) les valeurs des pressions correspondantes à un mouvement infiniment petit quelconque, il suffira de remplacer u, v, w par les lettres caractéristiques D_x, D_y, D_z, qui devront s'appliquer aux déplacements ξ, η, ζ, $\xi_\prime$, $\eta_\prime$, $\zeta_\prime$, considérés comme fonctions de x, y, z.

Lorsque les deux systèmes donnés deviennent isotropes, ses équations (1) et (2) se réduisent aux suivantes

$$(6)\quad \left\{\begin{aligned} \mathfrak{A} = {} & 2u\xi\frac{1}{k}D_k\frac{\delta M + \delta_\prime \mathfrak{M}_\prime}{2} + 2u\xi_\prime\frac{1}{k}D_k\frac{\delta_\prime M_\prime + \delta\mathfrak{M}}{2} \\ & + v\left(1+\frac{u^2}{k}\right)D_k\frac{\delta N + \delta_\prime \mathfrak{N}_\prime}{2} + v_\prime\left(1+\frac{u^2}{k}D_k\right)\frac{\delta_\prime N_\prime + \delta\mathfrak{N}}{2} \\ & - \frac{\delta}{2}vD_k^2 J - \frac{\delta_\prime}{2}v_\prime D_k^2 J_\prime, \\ & \ldots\ldots\ldots\ldots\ldots\ldots\ldots\ldots\ldots\ldots, \end{aligned}\right.$$

$$(7)\quad \left\{\begin{aligned} \mathfrak{D} = {} & (\eta w + \zeta v)\frac{1}{k}D_k\frac{\delta M + \delta_\prime \mathfrak{M}_\prime}{2} + (\eta_\prime w + \zeta_\prime v)\frac{1}{k}D_k\frac{\delta_\prime M_\prime + \delta\mathfrak{M}}{2} \\ & + v\frac{vw}{k}D_k\frac{\delta N + \delta_\prime \mathfrak{N}_\prime}{2} + v_\prime\frac{vw}{k}D_k\frac{\delta_\prime N_\prime + \delta\mathfrak{N}}{2}, \\ & \ldots\ldots\ldots\ldots\ldots\ldots\ldots\ldots\ldots\ldots, \end{aligned}\right.$$

les valeurs de

$$M,\quad N,\quad \mathfrak{M},\quad \mathfrak{N},\quad J$$

étant

$$(8)\quad \left\{\begin{aligned} M &= S\left\{\frac{m}{r^2}D_r\left[\left(\frac{1}{k^2}D_r\frac{e^{kr}-e^{-kr}}{2kr} - \frac{r}{3}\right)r^2 f(r)\right]\right\} - \frac{1}{3}S\left\{\frac{m_\prime}{r^2}D_r[r^3\mathfrak{f}(r)]\right\}, \\ N &= \frac{1}{k^4}S\left[mr^2 f'(r)\,D_r\left(\frac{1}{r}D_r\frac{e^{kr}-e^{-kr}}{2kr}\right)\right], \end{aligned}\right.$$

$$(9)\quad \left\{\begin{aligned} \mathfrak{M} &= S\left\{\frac{m_\prime}{r^2}D_r\left[\frac{r^2\mathfrak{f}'(r)}{k^2}D_r\frac{e^{kr}-e^{-kr}}{2kr}\right]\right\}, \\ \mathfrak{N} &= S\left[m_\prime r^2\mathfrak{f}'(r)\,D_r\left(\frac{1}{r}D_r\frac{e^{kr}-e^{-kr}}{2kr}\right)\right], \end{aligned}\right.$$

$$(10)\quad J = k^2 S\left[\frac{m f(r) + m_\prime \mathfrak{f}(r)}{3}\,\frac{r^2}{2}\right]$$

et

$$M_\prime,\quad N_\prime,\quad \mathfrak{M}_\prime,\quad \mathfrak{N}_\prime,\quad J_\prime$$

étant ce que deviennent

$$M,\quad N,\quad \mathfrak{M},\quad \mathfrak{N},\quad J$$

quand on échange entre eux les deux systèmes de points matériels. Il est d'ailleurs facile de s'assurer que les formules (6), (7) s'accordent avec les formules (4) et (5) des pages 433, 434, et que, dans les formules (5) [*ibidem*], les sommes exprimées à l'aide du signe S s'évanouissent.

215.

ANALYSE MATHÉMATIQUE. — *Remarques à l'occasion d'un Mémoire de M. Binet.*

C. R., T. XVI, p. 1279 (12 juin 1843).

Après la lecture de ce Mémoire, M. Augustin Cauchy annonce que de son côté il a obtenu, sur les pôles et les polaires des divers ordres, quelques théorèmes sur lesquels il pourra revenir dans un prochain *Compte rendu,* et qu'il a communiqués en partie à M. Binet, au moment où celui-ci commençait à énoncer quelques-uns des résultats de son Mémoire. L'un de ces théorèmes est le suivant :

THÉORÈME. — *Soit*

$$\mathcal{S} = 0 \tag{1}$$

l'équation d'une courbe plane, $\mathcal{S}$ *étant une fonction des coordonnées rectangulaires* x, y. *On sait que si, par le point* (x, y), *on mène une tangente à la courbe, les coordonnées courantes de la tangente vérifieront l'équation*

$$(\mathrm{x} - x)\mathrm{D}_x\mathcal{S} + (\mathrm{y} - y)\mathrm{D}_y\mathcal{S} = 0. \tag{2}$$

On sait encore que si, dans l'équation (2), *on regarde* x, y *comme constantes, cette équation et la suivante*

$$\mathrm{x}\,\mathrm{D}_x\mathcal{S} + \mathrm{y}\,\mathrm{D}_y\mathcal{S} = x\,\mathrm{D}_x\mathcal{S} + y\,\mathrm{D}_y\mathcal{S} + \theta\mathcal{S} \tag{3}$$

représenteront des lignes appelées polaires, *qui renfermeront les points de contact de la courbe donnée avec les tangentes issues du pôle* (x, y), *quelque soit d'ailleurs le coefficient* θ, *que l'on peut réduire, pour plus de simplicité, à une constante. Enfin si, le point* (x, y) *étant mobile, on trace, dans le plan de la courbe donnée, une droite* AB *dont les coordonnées courantes soient représentées par* x, y, *l'équation de cette droite sera de la forme*

$$(4) \qquad \alpha \mathrm{x} + 6 \mathrm{y} = 1,$$

α, 6 *désignant des quantités constantes, et il est clair que l'équation* (4) *sera réduite à l'équation* (3) *si les coordonnées* x, y *vérifient la formule*

$$(5) \qquad \frac{D_x S}{\alpha} = \frac{D_y S}{6} = x D_x S + y D_y S + \theta S.$$

Cela posé, on peut affirmer, non seulement que les points (x, y), *déterminés par la formule* (4), *appartiendront à toutes les polaires correspondantes à un pôle quelconque pris sur la droite* AB, *mais encore que, si l'équation* (1) *est de la forme*

$$(6) \qquad F(x - a, y - b) = K,$$

a, b, K *désignant des quantités constantes, et* $F(x, y)$ *une fonction homogène de* x, y, *tous les points en question seront situés sur les droites menées du point* (a, b) *à ceux par lesquels on peut mener à la courbe que représente l'équation* (6) *ou la suivante*

$$(7) \qquad F(x - a, y - b) = 1$$

des tangentes parallèles à la droite que représente l'équation (4).

Le théorème précédent fournit, pour la construction de la tangente menée à un cercle par un point extérieur, divers procédés nouveaux, dont l'un surtout paraît digne de remarque.

Un théorème semblable se rapporte au cas où l'on fait mouvoir sur un plan le pôle qui sert de sommet au cône circonscrit à une surface courbe donnée.

FIN DU TOME VII DE LA PREMIÈRE SÉRIE.

TABLE DES MATIÈRES

DU TOME SEPTIÈME.

PREMIÈRE SÉRIE.

MÉMOIRES EXTRAITS DES RECUEILS DE L'ACADÉMIE DES SCIENCES DE L'INSTITUT DE FRANCE.

NOTES ET ARTICLES EXTRAITS DES COMPTES RENDUS HEBDOMADAIRES DES SÉANCES DE L'ACADÉMIE DES SCIENCES.

FIN DE LA TABLE DES MATIÈRES DU TOME VII DE LA PREMIÈRE SÉRIE.

16874 Paris. — Imprimerie Gauthier-Villars et fils, quai des Grands-Augustins, 55.

Printed in the United States
By Bookmasters